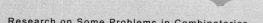

Research on Some Problems in Combinatorics

组合数学中一些问题的研究

朱玉扬 著

中国科学技术大学出版社

内 容 简 介

本书介绍组合数学中的若干问题,对这些问题分别做相应的探讨:给出同类元素不相邻的线排列与圆排列的计数公式,利用发生函数的方法给出方幂和一种新的快速计算方法,求出一般三元不定方程的整数解个数,解决一种裁纸计数问题,运用鸽巢原理给出 Kemnitz 猜想的又一证明,利用组合分析的方法证明 Riemann 假设的一个等价命题成立的概率等于1,给出整数无序分拆数的一个新的表达式,研究极大平图的几个问题,等等.

本书可供数学与应用数学专业的本科生、研究生、教师以及数学爱好者阅读.

图书在版编目(CIP)数据

组合数学中一些问题的研究/朱玉扬著. —合肥:中国科学技术大学出版社,2020.9

ISBN 978-7-312-03661-3

Ⅰ. 组… Ⅱ. 朱… Ⅲ. 组合数学—研究 Ⅳ. O157

中国版本图书馆 CIP 数据核字(2020)第 067687 号

组合数学中一些问题的研究

ZUHE SHUXUE ZHONG YIXIE WENTI DE YANJIU

出版	中国科学技术大学出版社
	安徽省合肥市金寨路 96 号,230026
	http://press.ustc.edu.cn
	https://zgkxjsdxcbs.tmall.com
印刷	安徽国文彩印有限公司
发行	中国科学技术大学出版社
经销	全国新华书店
开本	710 mm×1000 mm 1/16
印张	19.5
字数	393 千
版次	2020 年 9 月第 1 版
印次	2020 年 9 月第 1 次印刷
定价	88.00 元

前　　言

　　组合数学是数学的一个重要分支.几千年前,我国《洛书》中就有对 3 阶幻方的完全解答.现代组合数学始于 18 世纪.由于计算机科学离不开组合数学,因此,随着现代信息技术的发展,对组合数学的研究不断深入,已成为数学研究的主流.尤其是组合数学在自然科学、社会科学等方面都有重要的应用,更加凸显了组合数学的重要性.

　　现代数学主要分为两大类:一类是连续数学,它以分析学为核心;另一类是离散数学,它以组合数学为核心.组合数学主要由组合计数理论和组合设计理论构成.对于后者,我国数学家陆家羲在大集构造问题方面做出了一流工作.在组合计数理论方面,G. Pólya 的计数定理堪称经典.组合计数理论因为在有限群论、表示论、交换代数、代数几何、代数拓扑中都有应用,所以得到了深入的发展,并成为组合数学研究的主流.

　　本书共 8 章,前几章先简要介绍了所需的相关概念与定理,之后介绍了若干专题研究.第 1 章研究了同类元素不相邻的线排列与圆排列问题、一种染色方案的计数问题、多角和的正余切公式在组合数中的应用问题、用留数定理求组合恒等式问题,讨论了二项式系数的几个性质,探讨了等差与等比数列的一些乘积求和问题,最后给出了自然数列有关的几个求和公式.第 2 章运用鸽巢原理给出了 Kemnitz猜想的又一证明、鸽巢原理在染色问题中的几个应用,介绍了 Ramsey 数的几个相关结论、鸽巢原理在初等数论中的几个应用等.第 3 章运用容斥原理解决了一个方格计数问题、求方幂和问题以及容斥原理在数论中的一个应用.第 4 章研究了无序分拆数的一种求解方法,运用生成函数方法求自然数方幂和,讨论了一类某些约束条件下的不定方程解的个数问题,研究了一般二元与三元不定方程非负整数解个数问题,给出了相应解数的解析表达式.对于一般多元情形,也给出了相应解数的一个公式,指出了相应的 Frobenius 数的一种求法.第 5 章研究了一个裁纸问题、一类圆半径倒数和的收敛性、推广的 Hanoi 塔问题、多项式迭代的一个问题.第 6章运用 Pólya 计数定理讨论了几个具体的计数问题.第 7 章讨论了有关极大平图的几个问题,介绍了 Ramsey 函数估值和图论中的渐近方法.第 8 章介绍了组合分析方法的几个实例,证明了 Riemann 假设的一个等价命题成立的概率等于 1.

本书是作者根据多年的教学与科学研究成果汇集而成的,限于学术水平与能力,书中难免有不妥或错误之处,敬请读者批评指正.

本书的出版得到了安徽省高等学校省级质量工程项目(2015gxk059)、亳州学院与亳州市自然科学基金项目的资助.

朱玉扬

2020 年 3 月

符 号 说 明

N,Z⁺:自然数集,即正整数集合

Z:整数集

Q:有理数集

R:实数集

C:复数集

P:素数集

Z$[x]$:全体一元整系数多项式所组成的集合

$a \mid b$:整数 a 整除 b

$a \nmid b$:整数 a 不能整除 b

$a^k \parallel b$:$a^k \mid b$ 但 $a^{k+1} \nmid b$

$a \equiv b \pmod{n}$:a,b 关于模 n 同余,或者 $n \mid (a-b)$

$a \not\equiv b \pmod{n}$:a,b 关于模 n 不同余,或者 $n \nmid (a-b)$

$(a_1, a_2, \cdots, a_n)$ 或 $\gcd(a_1, a_2, \cdots, a_n)$:整数 $a_1, a_2, \cdots, a_n$ 的最大公约数

$[a_1, a_2, \cdots, a_n]$:整数 $a_1, a_2, \cdots, a_n$ 的最小公倍数

$\sigma(n)$:n 的所有因子之和

$\mu(x)$:Möbius 函数

$\varphi(n)$:与 n 互素且不超过 n 的所有自然数的个数,即 Euler 函数

$\pi(x)$:不大于 x 的所有素数的个数

$[x], \lfloor x \rfloor$:不大于 x 的最大整数

$\lceil x \rceil$:不小于 x 的最小整数

$\ln x$:以自然对数为底的对数

$\left(\dfrac{q}{p} \right)$:Legendre 符号

$C_n^m, \dbinom{n}{m}$:从 n 个元素中取出 m 个元素的组合数

目　　录

第1章 排列组合与多项式理论的 几个应用

排列组合与多项式理论是组合数学中最基础的内容,在很多方面都有重要的理论与应用价值.本章 1.1 节介绍排列组合与多项式的基本概念与简单应用.1.2 节研究同类元素不相邻排列的的计数问题.1.3 节考虑一种染色方案的计数问题. 1.4 节研究两角和正余切公式的推广以及在组合数学中的应用问题.1.5 节介绍用留数定理求组合恒等式.1.6 节探讨一类有关组合数的不定方程.1.7 节给出等差、等比数列与组合数的几个恒等式.1.8 节给出与自然数列有关的几个求和公式.

1.1 排列组合与多项式

1.1.1 加法原理与乘法原理

加法原理 如果事件 A_i 有 $a_i(i=1,2)$ 种完成方式,那么事件 A_1 和 A_2 共有 a_1+a_2 种完成方式.

用集合的语言来描述加法原理即为下列定理.

定理 1.1.1 设 A_1,A_2 为有限集,且 $A_1\bigcap A_2=\varnothing$,则

$$|A_1\bigcup A_2|=|A_1|+|A_2|$$

这里 $|A_i|(i=1,2)$ 表示集合 A_i 中元素的个数.

证明 当 A_1 或 A_2 中有一个为空集时,此为平凡情形,结论成立.设 $A_1\neq\varnothing$, $A_2\neq\varnothing$,$A_1=\{a_{11},a_{12},\cdots,a_{1m}\}$,$A_2=\{a_{21},a_{22},\cdots,a_{2n}\}$.做映射

$$f: \quad a_{1i}\rightarrow i \quad (1\leqslant i\leqslant m)$$
$$a_{2j}\rightarrow m+j \quad (1\leqslant j\leqslant n)$$

因为 $A_1\bigcap A_2=\varnothing$,所以

$$a_{1i}\neq a_{2j} \quad (1\leqslant i\leqslant m,1\leqslant j\leqslant n)$$

则 f 是 $A_1\bigcup A_2$ 到集合 $\{1,2,\cdots,m+n\}$ 上的一一映射. □

应用数学归纳法,此定理可推广如下:

推论 1.1.1　设 m 个有限集合 $A_1, A_2, \cdots, A_m$ 满足

$$A_i \bigcap A_j = \varnothing \quad (1 \leqslant i \neq j \leqslant m)$$

则

$$\left| \bigcup_{k=1}^{m} A_k \right| = \sum_{k=1}^{m} |A_k|$$

例 1.1.1　把甲、乙、丙、丁 4 个不同的球分成两组,每组至少有 1 个球,求不同的分组方法数.

解　设所求数为 n. 则满足题意的 n 种分组方法可分为如下两类:

(1) 有一组仅含有 1 个球的分组方法.

因为在 1 个球组中的球可以是甲、乙、丙、丁这 4 个球中的任何一个球,所以此类的分组方法有 4 种.

(2) 两组各含有 2 个球的分组方法.

因为甲所在的组确定以后,另一组也就随之确定,而与甲同组的球可以是乙、丙、丁这 3 个球中的任何一个,所以属于此类的分组方法有 3 种.

由加法原理,$n = 4 + 3 = 7$.　　　　　　　　　　　　　　　　□

乘法原理　做某件事需要 n 个步骤,且完成第 k 个步骤有 a_k 种不同的方法,那么,完成这件事共有 $\prod\limits_{k=1}^{n} a_k$ 种不同的方法.

用集合的语言来描述乘法原理即为下列定理.

定理 1.1.2　设 A_k 为有限集,且 $|A_k| = a_k (k = 1, 2, \cdots, n)$,则

$$|A_1 \times A_2 \times \cdots \times A_n| = |A_1| \times |A_2| \times \cdots \times |A_n| = \prod_{k=1}^{n} a_k$$

这里 $|A_i| (i = 1, 2, \cdots, n)$ 表示集合 A_i 中元素的个数.

证明　仅证明 $n = 2$ 的情形,对于一般情形可用数学归纳法证明. 若 $a_1 = 0$ 或 $a_2 = 0$,则命题显然为真. 设 $a_1 > 0, a_2 > 0$,且记

$$A_1 = \{\alpha_1, \alpha_2, \cdots, \alpha_{a_1}\}, \quad A_2 = \{\beta_1, \beta_2, \cdots, \beta_{a_2}\}$$

定义映射

$$f: (\alpha_i, \beta_j) \rightarrow (i - 1) a_2 + j \quad (1 \leqslant i \leqslant a_1, 1 \leqslant j \leqslant a_2)$$

则 f 是 $A_1 \times A_2$ 到集合 $\{1, 2, \cdots, a_1 a_2 - 1, a_1 a_2\}$ 上的一一映射.　　□

例 1.1.2　自然数 $n (n > 1)$ 的素因数分解式为 $n = \prod\limits_{k=1}^{m} p_k^{\alpha_k}$ (p_k 为素数,α_k 是正整数,$k = 1, 2, \cdots, m$),求 n 的不同正约数的个数.

解　n 的任一个正约数 r 可唯一地表示成 $r = \prod\limits_{k=1}^{m} p_k^{\beta_k}$,其中 $\beta_1, \beta_2, \cdots, \beta_m$ 是整

数,且 $0 \leqslant \beta_k \leqslant \alpha_k (k = 1,2,\cdots,m)$,于是可通过依次确定 $\beta_1,\beta_2,\cdots,\beta_m$ 去做出 n 的正约数.因为 β_k 可以是 $0,1,2,\cdots,\alpha_k$ 这 $\alpha_k + 1$ 个数中的任一个,即确定的方法有 $\alpha_k + 1$ 种.由乘法原理知,n 的不同正约数的个数为

$$(\alpha_1 + 1)(\alpha_2 + 1)\cdots(\alpha_m + 1) = \prod_{k=1}^{m} (\alpha_k + 1)$$ □

1.1.2　排列

n 元集合 A 的一个 m 排列是指从 A 中选出 m 个元素按次序将其排成一列,我们用 $P(n,m)$ 表示 n 元集合 A 的一个 m 排列的个数.当 $n = m$ 时,称 n 元集合 A 的 n 排列为 A 的全排列.相应地,称 $P(n,n)$ 为 n 元集合的全排列.

设 $A = \{a,b,c\}$,则

$$ab,ba,ac,ca,bc,cb$$

是 A 的所有 6 个 2 排列,故 $P(3,2) = 6$.又因为

$$abc,bac,acb,cab,cba,bca$$

是 A 的所有 6 个 3 排列,故 $P(3,3) = 6$.

定理 1.1.3　对正整数 $m,n(m \leqslant n)$,则有

$$P(n,m) = n(n-1)\cdots(n-m+1) = \frac{n!}{(n-m)!}$$

证明　从 n 元集合中取 m 个元素按次序将其排成一列,可分成 m 步完成这一事件.第 1 步从 n 个元素中取一个放在第 1 个位置有 n 种方法,第 1 个位置排定后,从剩下的 $n-1$ 个元素中取出 1 个元素放在第 2 个位置有 $n-1$ 种方法……同理,在前 $m-1$ 个排定后,第 m 个位置有 $n-m+1$ 种方法,由乘法原理知

$$P(n,m) = n(n-1)\cdots(n-m+1) = \frac{n!}{(n-m)!}$$ □

推论 1.1.2　n 元的全排列的个数 $P(n,n) = n!$.

例 1.1.3　有 n 个人站成一排,问:

(1) 某两人相邻的站法有多少种?

(2) 某两人(设为 a 与 b),其中一人必须站在另一个人的左边有多少种站法?

解　(1) 某两人相邻可看作一人,$n-1$ 个人站成一排,由排列数的定义知,总共有 $P(n-1,n-1) = (n-1)!$ 种站法.又因为这两人相邻,其中一人既可以左邻,也可以右邻,因此有两种情况,由乘法原理知,总共有 $2(n-1)!$ 种站法.　□

(2) n 个人站成一排,不同的站法数是 n 个元素的全排列数,故有 $P(n,n) = n!$.但 a 与 b 在站队时,a 在 b 左边与 a 在 b 右边的不同站法是等可能出现的,故

所求的站法数为 $\dfrac{1}{2}P(n,n)=\dfrac{1}{2}n!$. □

定理 1.1.4 从 n 元集合中取 m 个元素进行圆排列,其排列数为 $\dfrac{1}{m}P(n,m)$.

证明 将一个有 m 个元素的圆排列的任意两个相邻元素之间隔开,拉成直线就得到相应的一个 m 元的线排列,而且从不同的位置隔开所得的线排列不同,又因为 m 个元素的圆排列共有 m 个间隔,故从 n 元集合中取 m 个元素进行圆排列,其排列数为 $\dfrac{1}{m}P(n,m)$. □

例 1.1.4 n 对夫妇围坐在一个圆桌周围,如果男女交替围坐,可有多少种方式?

解 先安排男士,由推论 1.1.2 知,有 $(n-1)!$ 种排法,然后在这 n 位男士所形成的 n 个间隔中安排 n 位女士有 $n!$ 种排法,所以共有 $(n-1)!n!$ 种围坐方式. □

1.1.3 多重集的排列

前面所述皆为集合中元素都互不相同的排列,但现实中需要考虑某些元素可能是相同的排列,因此,下面考虑多重集的排列问题.

定义 1.1.1 集合 $M=\{k_1a_1,k_2a_2,\cdots,k_na_n\}$ 表示多重集,其中 $a_1,a_2,\cdots,$ a_n 为 M 中所有互不相同的元素,M 中有 k_i 个 $a_i(1\leqslant i\leqslant n)$,k_i 称为 $a_i(1\leqslant i\leqslant n)$ 的重数,$k_i\in\mathbf{N}^+$ 或 $k_i=\infty$.

定理 1.1.5 多重集 $M=\{k_1a_1,k_2a_2,\cdots,k_na_n\}(k_i\in\mathbf{N}^+)$ 的全排列数为

$$\frac{(k_1+k_2+\cdots+k_n)!}{k_1!k_2!\cdots k_n!}$$

证明 设 M 的全排列的个数为 A ,以 M' 表示把 M 中的 $k_i(i=1,2,\cdots,n)$ 个 a_i 换成 k_i 个相异元 $a_{i1},a_{i2},\cdots,a_{ik_i}$ 所成的集合,则 M' 是 $k_1+k_2+\cdots+k_n$ 元之集,其全排列数为 $(k_1+k_2+\cdots+k_n)!$.事实上,M' 的全排列是由如下两步完成的:先做 M 的全排列,然后把排列中的 $k_i(i=1,2,\cdots,n)$ 个 a_i 换成 $a_{i1},a_{i2},\cdots,$ a_{ik_i} .完成前一步的方法有 A 种,完成后一步的方法有 $k_1!k_2!\cdots k_n!$ 种,由乘法原理知,做 M' 的排列的方法有 $A\cdot k_1!k_2!\cdots k_n!$ 种,因此

$$(k_1+k_2+\cdots+k_n)!=A\cdot k_1!k_2!\cdots k_n!$$

即

$$A=\frac{(k_1+k_2+\cdots+k_n)!}{k_1!k_2!\cdots k_n!}$$

□

1.1.4　集合的组合

n 元集合 A 的 r 组合是指从 A 中取出 r 个元素的一种无序的选择,从集合 A 中取出 r 个元素的所有不同的组合的个数称为从集合 A 中取出 r 个元素的组合数,记为 $\binom{n}{r}$ 或者 C_n^r.易知有如下结果:

定理 1.1.6　若 $0 \leqslant r \leqslant n$,则

$$\binom{n}{r} = \frac{P(n,r)}{r!} = \frac{n!}{r!(n-r)!}$$

定理 1.1.7　多重集合 $M = \{\infty \cdot a_1, \infty \cdot a_2, \cdots, \infty \cdot a_k\}$ 的 r 组合数为 $\binom{k+r-1}{r}$.

1.1.5　多项式定理

定理 1.1.8　设 n 是正整数,$x_1, x_2, \cdots, x_k$ 是任意 k 个实变数,则

$$(x_1 + x_2 + \cdots + x_k)^n = \sum_{\substack{n_1 + n_2 + \cdots + n_k = n \\ n_1, n_2, \cdots, n_k \in \mathbf{Z}^+}} \frac{n!}{n_1! n_2! \cdots n_k!} x_1^{n_1} x_2^{n_2} \cdots x_k^{n_k}$$

1.2　同类元素不相邻排列的计数

带有某些约束条件的排列与组合问题在信息与编码理论以及概率论中都有重要的应用.近年来,人们还考虑圆排列在分子生物学中的应用[3-4].以下考虑同类元素不相邻的排列数的计算问题.设第 1 类有 m_1 个互不相同的元素,第 2 类有 m_2 个互不相同的元素 …… 第 n 类有 m_n 个互不相同的元素,而且各类元素也互不相同.若将这 $\sum_{i=1}^{n} m_i$ 个元素进行排列,且同类元素不相邻,那么不同的线排列与圆排列个数是多少呢?下面将运用多项式反演公式指出,不同的线排列数为

$$m_1! m_2! \cdots m_n! \sum_{\substack{1 \leqslant k_i \leqslant m_i \\ i=1,2,\cdots,n}} \prod_{i=1}^{n} (-1)^{m_i - k_i} \binom{m_i - 1}{k_i - 1} \frac{(k_1 + k_2 + \cdots + k_n)!}{k_1! k_2! \cdots k_n!}$$

不同的圆排列数为

$$C_2(m_1, m_2, \cdots, m_n)$$

$$= \frac{1}{\sum\limits_{k=1}^{n} m_k} \left(m_1! m_2! \cdots m_n! \sum\limits_{\substack{1 \leqslant k_i \leqslant m_i \\ i=1,2,\cdots,n}} \prod\limits_{i=1}^{n} (-1)^{m_i - k_i} \begin{bmatrix} m_i - 1 \\ k_i - 1 \end{bmatrix} \frac{(k_1 + k_2 + \cdots + k_n)!}{k_1! k_2! \cdots k_n!} \right.$$

$$- \sum\limits_{i=1}^{n} \left\{ m_1! m_2! \cdots m_n! \times \sum\limits_{\substack{1 \leqslant k_j \leqslant m_j \\ j \neq i, 1 \leqslant j \leqslant n \\ 1 \leqslant k_i \leqslant m_i - 2}} \left[(-1)^{m_i - 2 - k_i} \begin{bmatrix} m_i - 2 - 1 \\ k_i - 1 \end{bmatrix} \right. \right.$$

$$\left. \left. \left. \cdot \prod\limits_{\substack{1 \leqslant j \leqslant n \\ j \neq i}} (-1)^{m_j - k_j} \begin{bmatrix} m_j - 1 \\ k_j - 1 \end{bmatrix} \frac{(k_1 + k_2 + \cdots + k_n)!}{k_1! k_2! \cdots k_n!} \right] \right\} \right)$$

此外,后面还进一步考虑了同类元素中有部分元素相同和部分元素不同的线排列与圆排列问题,给出了相应的计数公式.

1.2.1 同类元素不相邻线排列问题的解决

定理 1.2.1 设第 1 类有 m_1 个互不相同的元素,第 2 类有 m_2 个互不相同的元素 …… 第 n 类有 m_n 个互不相同的元素.若将这 $\sum\limits_{i=1}^{n} m_i$ 个元素排成一列,且同类元素不相邻,那么不同的排列数为

$$L(m_1, m_2, \cdots, m_n)$$

$$= m_1! m_2! \cdots m_n! \sum\limits_{\substack{1 \leqslant k_i \leqslant m_i \\ i=1,2,\cdots,n}} \prod\limits_{i=1}^{n} (-1)^{m_i - k_i} \begin{bmatrix} m_i - 1 \\ k_i - 1 \end{bmatrix} \frac{(k_1 + k_2 + \cdots + k_n)!}{k_1! k_2! \cdots k_n!}$$

引理 1.2.1 不定方程 $x_1 + x_2 + \cdots + x_s = m$ 的正整数解的个数为 $\begin{pmatrix} m - 1 \\ s - 1 \end{pmatrix}$.

引理 1.2.1 是我们熟知的结论.证略.

引理 1.2.2 设 $h_1, h_2, \cdots, h_r$ 是 r 个给定的非负整数,又设对任意的 r 个非负整数 $m_1, m_2, \cdots, m_r (m_i \geqslant h_i, i = 1, 2, \cdots, r)$, $f(m_1, m_2, \cdots, m_r)$ 及 $g(m_1, m_2, \cdots, m_r)$ 都是实数,且

$$f(m_1, m_2, \cdots, m_r) = \sum\limits_{\substack{h_i \leqslant k_i \leqslant m_i \\ i=1,2,\cdots,r}} \prod\limits_{i=1}^{r} \begin{bmatrix} m_i \\ k_i \end{bmatrix} g(k_1, k_2, \cdots, k_r)$$

则对任意 r 个非负整数 $m_1, m_2, \cdots, m_r (m_i \geqslant h_i, i = 1, 2, \cdots, r)$,有

$$g(m_1, m_2, \cdots, m_r) = \sum\limits_{\substack{h_i \leqslant k_i \leqslant m_i \\ i=1,2,\cdots,r}} \prod\limits_{i=1}^{r} (-1)^{m_i - k_i} \begin{bmatrix} m_i \\ k_i \end{bmatrix} f(k_1, k_2, \cdots, k_r)$$

证明

$$\sum\limits_{\substack{h_i \leqslant k_i \leqslant m_i \\ i=1,2,\cdots,r}} \prod\limits_{i=1}^{r} (-1)^{m_i - k_i} \begin{bmatrix} m_i \\ k_i \end{bmatrix} f(k_1, k_2, \cdots, k_r)$$

$$= \sum_{\substack{h_i \leqslant k_i \leqslant m_i \\ i=1,2,\cdots,r}} \prod_{i=1}^{r} (-1)^{m_i - k_i} \binom{m_i}{k_i} \sum_{\substack{h_i \leqslant s_i \leqslant k_i \\ i=1,2,\cdots,r}} \prod_{i=1}^{r} \binom{k_i}{s_i} g(s_1, s_2, \cdots, s_r)$$

$$= \sum_{\substack{h_i \leqslant s_i \leqslant m_i \\ i=1,2,\cdots,r}} \left[\sum_{\substack{s_i \leqslant k_i \leqslant m_i \\ i=1,2,\cdots,r}} \prod_{i=1}^{r} (-1)^{m_i - k_i} \binom{m_i}{k_i} \binom{k_i}{s_i} \right] g(s_1, s_2, \cdots, s_r)$$

$$= \sum_{\substack{h_i \leqslant s_i \leqslant m_i \\ i=1,2,\cdots,r}} \left(\prod_{i=1}^{r} \sum_{s_i \leqslant k_i \leqslant m_i} (-1)^{m_i - k_i} \binom{m_i}{k_i} \binom{k_i}{s_i} g(s_1, s_2, \cdots, s_r) \right)$$

由熟知的组合恒等式得

$$\sum_{s \leqslant k \leqslant m} (-1)^{m-k} \binom{m}{k} \binom{k}{s} = \begin{cases} 1 & (m = s) \\ 0 & (m > s) \end{cases}$$

即得

$$\sum_{\substack{h_i \leqslant k_i \leqslant m_i \\ i=1,2,\cdots,r}} \prod_{i=1}^{r} (-1)^{m_i - k_i} \binom{m_i}{k_i} f(k_1, k_2, \cdots, k_r) = g(m_1, m_2, \cdots, m_r) \qquad \square$$

定理 1.2.1 的证明　先考虑同类元素皆相同的情形. 设第 $i(i=1,2,\cdots,n)$ 类元素为 a_i. 以 A 表示由 m_1 个 a_1, m_2 个 $a_2 \cdots\cdots m_n$ 个 a_n 组成的全排列之集, 则由定理 1.1.5 知, $|A| = \dfrac{(m_1 + m_2 + \cdots + m_n)!}{m_1! m_2! \cdots m_n!}$. 设 $\alpha \in A$, 若在排列 α 中, $m_i (1 \leqslant i \leqslant n)$ 个 a_i 被其他元素分割成 $k_i (1 \leqslant k_i \leqslant m_i, i=1,2,\cdots,n)$ 段, 则称 α 是 A 的一个形为 $(k_1, k_2, \cdots, k_n)$ 的元素. 因为把长度为 $m_i (1 \leqslant i \leqslant n)$ 的线段切割成长度为正整数的有序的 k_i 段的方法数, 等于不定方程 $x_1 + x_2 + \cdots + x_{s_i} = m_i$ 的正整数解的个数, 由引理 1.2.1 知, 其个数为 $\dbinom{m_i - 1}{k_i - 1}$. 以 $f(m_1, m_2, \cdots, m_n)$ 表示由 m_1 个 a_1, m_2 个 $a_2 \cdots\cdots m_n$ 个 a_n 组成的没有两个相邻元素相同的全排列的个数, 所以 A 中形为 $(k_1, k_2, \cdots, k_n)$ 的排列的个数为

$$\prod_{i=1}^{n} \binom{m_i - 1}{k_i - 1} f(k_1, k_2, \cdots, k_n)$$

由加法原理有

$$\frac{(m_1 + m_2 + \cdots + m_n)!}{m_1! m_2! \cdots m_n!} = \sum_{\substack{1 \leqslant k_i \leqslant m_i \\ i=1,2,\cdots,n}} \prod_{i=1}^{n} \binom{m_i - 1}{k_i - 1} f(k_1, k_2, \cdots, k_n)$$

所以

$$m_1 m_2 \cdots m_n \cdot \frac{(m_1 + m_2 + \cdots + m_n)!}{m_1! m_2! \cdots m_n!}$$

$$= \sum_{\substack{1 \leqslant k_i \leqslant m_i \\ i=1,2,\cdots,n}} \prod_{i=1}^{n} \binom{m_i}{k_i} \cdot k_1 k_2 \cdots k_n \cdot f(k_1, k_2, \cdots, k_n)$$

由引理 1.2.2 得

$$m_1 m_2 \cdots m_n f(m_1, m_2, \cdots, m_n)$$

$$= \sum_{\substack{1 \leqslant k_i \leqslant m_i \\ i=1,2,\cdots,n}} \prod_{i=1}^{n} (-1)^{m_i - k_i} \binom{m_i}{k_i} k_1 k_2 \cdots k_n \cdot \frac{(k_1 + k_2 + \cdots + k_n)!}{k_1! k_2! \cdots k_n!}$$

故

$$f(m_1, m_2, \cdots, m_n) = \sum_{\substack{1 \leqslant k_i \leqslant m_i \\ i=1,2,\cdots,n}} \prod_{i=1}^{n} (-1)^{m_i - k_i} \binom{m_i - 1}{k_i - 1} \frac{(k_1 + k_2 + \cdots + k_n)!}{k_1! k_2! \cdots k_n!}$$

此即是同类皆相同且同类元素不相邻的所有排列的个数. 所以同类元素皆不相同且同类元素不相邻的所有排列个数 (记为 $L(m_1, m_2, \cdots, m_n)$) 是 $f(m_1, m_2, \cdots, m_n)$ 的 $m_1! \ m_2! \cdots m_n!$ 倍, 即

$$L(m_1, m_2, \cdots, m_n)$$

$$= m_1! m_2! \cdots m_n! f(m_1, m_2, \cdots, m_n)$$

$$= m_1! m_2! \cdots m_n! \sum_{\substack{1 \leqslant k_i \leqslant m_i \\ i=1,2,\cdots,n}} \prod_{i=1}^{n} (-1)^{m_i - k_i} \binom{m_i - 1}{k_i - 1} \frac{(k_1 + k_2 + \cdots + k_n)!}{k_1! k_2! \cdots k_n!} \quad \square$$

例 1.2.1 设只有两类元素: 第一类有 3 个不同的元素, 第二类有 2 个不同的元素. 显然在这两类元素中, 同类元素不相邻的排列共有 $3!2! = 12$ 种. 而由定理 1.2.1, 有

$$m_1! m_2! \cdots m_n! \sum_{\substack{1 \leqslant s_i \leqslant m_i \\ i=1,2,\cdots,n}} \prod_{i=1}^{n} (-1)^{m_i - s_i} \binom{m_i - 1}{k_i - 1} \frac{(s_1 + s_2 + \cdots + s_n)!}{s_1! s_2! \cdots s_n!}$$

$$= 3!2! \left[(-1)^{3-1} (-1)^{2-1} \binom{3-1}{1-1} \binom{2-1}{1-1} \frac{(1+1)!}{1!1!} \right.$$

$$\left. + (-1)^{3-1} (-1)^{2-2} \binom{3-1}{1-1} \binom{2-1}{2-1} \frac{(1+2)!}{1!2!} \right]$$

$$+ 3!2! \left[(-1)^{3-2} (-1)^{2-1} \binom{3-1}{2-1} \binom{2-1}{1-1} \frac{(2+1)!}{2!1!} \right.$$

$$\left. + (-1)^{3-2} (-1)^{2-2} \binom{3-1}{2-1} \binom{2-1}{2-1} \frac{(2+2)!}{2!2!} \right]$$

$$+ 3!2! \left[(-1)^{3-3} (-1)^{2-1} \binom{3-1}{3-1} \binom{2-1}{1-1} \frac{(3+1)!}{3!1!} \right.$$

$$+ (-1)^{3-3} (-1)^{2-2} \binom{3-1}{3-1} \binom{2-1}{2-1} \frac{(3+2)!}{3!2!} \Big]$$

$$= 3!2!(-2+3+2\times3-2\times6-4+10) = 3!2!$$

种,与事实相符.　　　　　　　　　　　　　　　　　　　　　□

1.2.2　同类元素不相邻圆排列问题的解决

1. 同类元素是相同的情形

引理 1.2.3　对于 t 个元素满足一定条件的线排列数为 $P(t)$,若将这些线排列的两端相邻而得到圆排列,则这样的不同圆排列数为 $\dfrac{P(t)}{t}$.

引理 1.2.3 是我们熟知的结果,证略.

定理 1.2.2　设第 $i(i=1,2,\cdots,n)$ 类有 $m_i(m_i \geqslant 1)$ 个相同元素,同类元素不相邻的线排列数与圆排列数分别记为 $f(m_1,m_2,\cdots,m_n)$ 与 $C_1(m_1,m_2,\cdots,m_n)$,则

$$C_1(m_1,m_2,\cdots,m_n)$$

$$= \frac{1}{\sum\limits_{k=1}^{n} m_k} \Big[f(m_1,m_2,\cdots,m_n) - \sum_{i=1}^{n} \binom{m_i}{2} f(m_1,\cdots,m_{i-1},m_i-2,m_{i+1},\cdots,m_n) \Big]$$

这里 $\dbinom{m_i}{2}$ 是组合数.

证明　将这 $\sum\limits_{k=1}^{n} m_k$ 个元素排成一列(即线排列),同类元素不相邻,其排列数为 $f(m_1,m_2,\cdots,m_n)$.那么,在这样的所有排列中,两端是同类元素的共有

$$\sum_{i=1}^{n} \binom{m_i}{2} f(m_1,\cdots,m_{i-1},m_i-2,m_{i+1},\cdots,m_n)$$

个.

对于一个同类元素不相邻的线排列,若两端元素不同类,则它即可作为一个同类元素不相邻的圆排列,反之亦然.而同类元素不相邻的线排列中,两端是不同类的共有

$$f(m_1,m_2,\cdots,m_n) - \sum_{i=1}^{n} \binom{m_i}{2} f(m_1,\cdots,m_{i-1},m_i-2,m_{i+1},\cdots,m_n)$$

个.再由引理 1.2.3 知,同类元素不相邻的不同圆排列个数为

$$C_1(m_1,m_2,\cdots,m_n)$$

$$= \frac{1}{\sum\limits_{k=1}^{n} m_k} \left[f(m_1, m_2, \cdots, m_n) - \sum_{i=1}^{n} \binom{m_i}{2} f(m_1, \cdots, m_{i-1}, m_i - 2, m_{i+1}, \cdots, m_n) \right]$$

$\square$

2. 同类元素不相同的情形

用完全类似证明定理 1.2.2 的方法即得：

定理 1.2.3　设第 $i(i=1,2,\cdots,n)$ 类有 $m_i(m_i \geqslant 1)$ 个不同的元素，同类元素不相邻的线排列数与圆排列数分别记为 $L(m_1, m_2, \cdots, m_n)$ 与 $C_2(m_1, m_2, \cdots, m_n)$，则

$$C_2(m_1, m_2, \cdots, m_n)$$

$$= \frac{1}{\sum\limits_{k=1}^{n} m_k} \left[L(m_1, m_2, \cdots, m_n) - \sum_{i=1}^{n} P(m_i, 2) L(m_1, \cdots, m_{i-1}, m_i - 2, m_{i+1}, \cdots, m_n) \right]$$

这里 $P(m_i, 2)$ 是从 m_i 个元素中取出 2 个元素的排列数.

1.2.3　同类元素不相邻圆排列数的计数公式

由定理 1.2.1 的证明知,同类皆相同且同类元素不相邻的所有线排列的个数为

$$f(m_1, m_2, \cdots, m_n) = \sum_{\substack{1 \leqslant k_i \leqslant m_i \\ i=1,2,\cdots,n}} \prod_{i=1}^{n} (-1)^{m_i - k_i} \binom{m_i - 1}{k_i - 1} \frac{(k_1 + k_2 + \cdots + k_n)!}{k_1! k_2! \cdots k_n!}$$

由此以及定理 1.2.2 即有：

定理 1.2.2′　设第 $i(i=1,2,\cdots,n)$ 类有 $m_i(m_i \geqslant 1)$ 个相同元素,同类元素不相邻的圆排列数记为 $C_1(m_1, m_2, \cdots, m_n)$,则

$$C_1(m_1, m_2, \cdots, m_n)$$

$$= \frac{1}{\sum\limits_{k=1}^{n} m_k} \left(\sum_{\substack{1 \leqslant k_i \leqslant m_i \\ i=1,2,\cdots,n}} \prod_{i=1}^{n} (-1)^{m_i - k_i} \binom{m_i - 1}{k_i - 1} \frac{(k_1 + k_2 + \cdots + k_n)!}{k_1! k_2! \cdots k_n!} \right.$$

$$- \sum_{i=1}^{n} \left\{ \sum_{\substack{1 \leqslant k_j \leqslant m_j \\ j \neq i, 1 \leqslant j \leqslant n \\ 1 \leqslant k_i \leqslant m_i - 2}} \left[(-1)^{m_i - 2 - k_i} \binom{m_i - 2 - 1}{k_i - 1} \right. \right.$$

$$\left. \left. \left. \cdot \prod_{\substack{1 \leqslant j \leqslant n \\ j \neq i}} (-1)^{m_j - k_j} \binom{m_j - 1}{k_j - 1} \frac{(k_1 + k_2 + \cdots + k_n)!}{k_1! k_2! \cdots k_n!} \right] \right\} \right)$$

同样地,由定理 1.2.1 以及定理 1.2.3 的结果即得：

定理 1.2.3′　设第 $i(i=1,2,\cdots,n)$ 类有 $m_i(m_i \geqslant 1)$ 个不同元素, 同类元素不相邻的圆排列数记为 $C_2(m_1,m_2,\cdots,m_n)$, 则

$$C_2(m_1,m_2,\cdots,m_n)$$

$$= \frac{1}{\sum\limits_{k=1}^{n} m_k} \left(m_1! m_2! \cdots m_n! \sum\limits_{\substack{1 \leqslant k_i \leqslant m_i \\ i=1,2,\cdots,n}} \prod\limits_{i=1}^{n} (-1)^{m_i-k_i} \begin{bmatrix} m_i-1 \\ k_i-1 \end{bmatrix} \frac{(k_1+k_2+\cdots+k_n)!}{k_1! k_2! \cdots k_n!} \right.$$

$$- \sum\limits_{i=1}^{n} \left\{ P(m_i,2) m_1! \cdots m_{i-1}! (m_i-2)! m_{i+1}! \cdots m_n! \right.$$

$$\cdot \sum\limits_{\substack{1 \leqslant k_j \leqslant m_j \\ j \neq i, 1 \leqslant j \leqslant n \\ 1 \leqslant k_i \leqslant m_i-2}} \left[(-1)^{m_i-2-k_i} \begin{bmatrix} m_i-2-1 \\ k_i-1 \end{bmatrix} \right.$$

$$\left. \left. \cdot \prod\limits_{\substack{1 \leqslant j \leqslant n \\ j \neq i}} (-1)^{m_j-k_j} \begin{bmatrix} m_j-1 \\ k_j-1 \end{bmatrix} \frac{(k_1+k_2+\cdots+k_n)!}{k_1! k_2! \cdots k_n!} \right] \right\} \right)$$

$$= \frac{1}{\sum\limits_{k=1}^{n} m_k} \left(m_1! m_2! \cdots m_n! \right.$$

$$\cdot \sum\limits_{\substack{1 \leqslant k_i \leqslant m_i \\ i=1,2,\cdots,n}} \prod\limits_{i=1}^{n} (-1)^{m_i-k_i} \begin{bmatrix} m_i-1 \\ k_i-1 \end{bmatrix} \frac{(k_1+k_2+\cdots+k_n)!}{k_1! k_2! \cdots k_n!}$$

$$- \sum\limits_{i=1}^{n} \left\{ m_1! m_2! \cdots m_n! \times \sum\limits_{\substack{1 \leqslant k_j \leqslant m_j \\ j \neq i, 1 \leqslant j \leqslant n \\ 1 \leqslant k_i \leqslant m_i-2}} \left[(-1)^{m_i-2-k_i} \begin{bmatrix} m_i-2-1 \\ k_i-1 \end{bmatrix} \right. \right.$$

$$\left. \left. \cdot \prod\limits_{\substack{1 \leqslant j \leqslant n \\ j \neq i}} (-1)^{m_j-k_j} \begin{bmatrix} m_j-1 \\ k_j-1 \end{bmatrix} \frac{(k_1+k_2+\cdots+k_n)!}{k_1! k_2! \cdots k_n!} \right] \right\} \right)$$

1.2.4　一般情形下的计数公式

定理 1.2.4　设第 $i(i=1,2,\cdots,n)$ 类有 $m_i(m_i \geqslant 1)$ 个元素, 其中这 m_i 个元素中有 $r_i(0 \leqslant r_i \leqslant m_i)$ 个元素不相同, 剩下的 m_i-r_i 个元素相同, 将这 n 类元素进行线排列, 若同类元素不相邻, 不同的排列数记为 $L_1(m_1,m_2,\cdots,m_n)$, 那么

$$L_1(m_1,m_2,\cdots,m_n)$$

$$= r_1! r_2! \cdots r_n! \sum\limits_{\substack{1 \leqslant k_i \leqslant m_i \\ i=1,2,\cdots,n}} \prod\limits_{i=1}^{n} (-1)^{m_i-k_i} \begin{bmatrix} m_i-1 \\ k_i-1 \end{bmatrix} \frac{(k_1+k_2+\cdots+k_n)!}{k_1! k_2! \cdots k_n!}$$

证明　由定理 1.2.1 的证明知, 若同类元素皆相同, 则同类元素不相邻的线排

列数为

$$f(m_1,m_2,\cdots,m_n) = \sum_{\substack{1 \leqslant k_i \leqslant m_i \\ i=1,2,\cdots,n}} \prod_{i=1}^{n} (-1)^{m_i-k_i} \begin{pmatrix} m_i-1 \\ k_i-1 \end{pmatrix} \frac{(k_1+k_2+\cdots+k_n)!}{k_1!k_2!\cdots k_n!}$$

而现在由于第 1 类有 r_1 个元素不相同,第 2 类有 r_2 个元素不相同……第 n 类有 r_n 个元素不相同,故这样的线排列数是同类元素皆相同的线排列数的 $r_1!r_2!\cdots r_n!$ 倍. 证毕. □

类似地,我们有关于圆排列的一般性结论:

定理 1.2.5 设第 $i(i=1,2,\cdots,n)$ 类有 $m_i(m_i \geqslant 1)$ 个元素,其中这 m_i 个元素中有 $r_i(0 \leqslant r_i \leqslant m_i)$ 个元素不相同,剩下的 $m_i - r_i$ 个元素相同,将这 n 类元素进行圆排列. 若同类元素不相邻,不同的排列数记为 $R(m_1,m_2,\cdots,m_n)$,那么

$R(m_1,m_2,\cdots,m_n)$

$$= \frac{1}{\sum_{k=1}^{n} m_k} \left(r_1!r_2!\cdots r_n! \sum_{\substack{1 \leqslant k_i \leqslant m_i \\ i=1,2,\cdots,n}} \prod_{i=1}^{n} (-1)^{m_i-k_i} \begin{pmatrix} m_i-1 \\ k_i-1 \end{pmatrix} \frac{(k_1+k_2+\cdots+k_n)!}{k_1!k_2!\cdots k_n!} \right.$$

$$- \sum_{i=1}^{n} \left\{ P(r_i,2)r_1!\cdots r_{i-1}!(r_i-2)!r_{i+1}!\cdots r_n! \right.$$

$$\cdot \sum_{\substack{1 \leqslant k_j \leqslant m_j \\ j \neq i, 1 \leqslant j \leqslant n \\ 1 \leqslant k_i \leqslant m_i-2}} \left[(-1)^{m_i-2-k_i} \begin{pmatrix} m_i-2-1 \\ k_i-1 \end{pmatrix} \right.$$

$$\cdot \left. \left. \prod_{\substack{1 \leqslant j \leqslant n \\ j \neq i}} (-1)^{m_j-k_j} \begin{pmatrix} m_j-1 \\ k_j-1 \end{pmatrix} \frac{(k_1+k_2+\cdots+k_n)!}{k_1!k_2!\cdots k_n!} \right] \right\} \right)$$

$$= \frac{1}{\sum_{k=1}^{n} m_k} \left(r_1!r_2!\cdots r_n! \sum_{\substack{1 \leqslant k_i \leqslant m_i \\ i=1,2,\cdots,n}} \prod_{i=1}^{n} (-1)^{m_i-k_i} \begin{pmatrix} m_i-1 \\ k_i-1 \end{pmatrix} \frac{(k_1+k_2+\cdots+k_n)!}{k_1!k_2!\cdots k_n!} \right.$$

$$- \sum_{i=1}^{n} \left\{ r_1!r_2!\cdots r_n! \sum_{\substack{1 \leqslant k_j \leqslant m_j \\ j \neq i, 1 \leqslant j \leqslant n \\ 1 \leqslant k_i \leqslant m_i-2}} \left[(-1)^{m_i-2-k_i} \begin{pmatrix} m_i-2-1 \\ k_i-1 \end{pmatrix} \right. \right.$$

$$\cdot \left. \left. \prod_{\substack{1 \leqslant j \leqslant n \\ j \neq i}} (-1)^{m_j-k_j} \begin{pmatrix} m_j-1 \\ k_j-1 \end{pmatrix} \frac{(k_1+k_2+\cdots+k_n)!}{k_1!k_2!\cdots k_n!} \right] \right\} \right)$$

1.3　一种染色方案的计数问题

引理 1.2.2 是著名的多元二项式反演公式,当 $r=1$ 时则是一元二项式反演公式,它有许多重要应用,这一节将运用它来研究一类染色问题.

用 m 种颜色去涂 $k \times n$ 的方格,每个格子涂一种颜色,用 $f_m(k,n)$ 表示使得相邻格子异色且每种颜色都用上的涂色方法数,如何求 $f_m(k,n)$?

首先考虑 $1 \times n$ 的方格涂色问题.

定理 1.3.1　$f_m(1,n) = \sum_{i=1}^{m} (-1)^{m-i} C_m^i i (i-1)^{n-1}$.

证明　用 m 种颜色去涂 $1 \times n$ 的方格,每个格子涂一种颜色,使得相邻格子异色涂色方法共有 $m(m-1)^{n-1}$ 种,其中恰好用上 $i(2 \leqslant i \leqslant m)$ 种颜色的涂色方法有 $C_m^i f_i(1,n)$ 种,由加法原理,有

$$m(m-1)^{n-1} = \sum_{i=2}^{m} C_m^i f_i(1,n)$$

由引理 1.2.2 中 $r=1$ 的情形得

$$f_m(1,n) = \sum_{i=2}^{m} (-1)^{m-i} C_m^i i (i-1)^{n-1} \qquad \square$$

对于 $2 \times n$ 的方格涂色问题有如下结论:

定理 1.3.2　设 $g_m(2,n)$ 表示用 m 种颜色去涂 $2 \times n$ 的方格,每个格子涂一种颜色,使得相邻格子异色的涂色方法数,则

$$g_m(2,n) = m(m-1)(m^2 - 3m + 3)$$

证明 1　用 m 种颜色去涂 $2 \times n$ 的方格,如图 1.3.1 所示,使得相邻格子异色的涂色方法有 $g_m(2,n)$ 种,这些方法可分为如下两类:

(1) D 方格与 A 方格同色的涂色方法.

可按如下几个步骤去实现属于此类的涂色方法:先涂前面的 $n-1$ 列方格,使得相邻格子异色,有 $g_m(2,n-1)$ 种方法;然后将 D 方格涂上 A 方格的颜色,有 1 种方法;最后涂

e	f	$\cdots$	A	C
g	h	$\cdots$	B	D

图 1.3.1　$2 \times n$ 的方格

C 方格,使它与 A 方格异色,有 $m-1$ 种方法.由乘法原理知,此类的涂色方法有 $(m-1)g_m(2,n-1)$ 种.

(2) D 方格与 A 方格异色的涂色方法.

此类的涂色方法又可分为如下两类:

① C 方格与 B 方格同色的涂色方法.

属于此类的涂色方法有 $(m-2)g_m(2,n-1)$ 种.

② C 方格与 B 方格异色的涂色方法.

属于此类的涂色方法有 $(m-2)(m-3)g_m(2,n-1)$ 种.

由加法原理知,属于此类的涂色方法的种数为

$$(m-2)g_m(2,n-1) + (m-2)(m-3)g_m(2,n-1)$$
$$= (m^2-4m+4)g_m(2,n-1)$$

综上,得

$$g_m(2,n) = (m-1)g_m(2,n-1) + (m^2-4m+4)g_m(2,n-1)$$
$$= (m^2-3m+3)g_m(2,n-1)$$

因此

$$g_m(2,n) = (m^2-3m+3)g_m(2,n-1)$$
$$= (m^2-3m+3)^2 g_m(2,n-2) = \cdots = (m^2-3m+3)^{n-1}g_m(2,1)$$

因为 $g_m(2,1) = m(m-1)$,所以

$$g_m(2,n) = m(m-1)(m^2-3m+3)^{n-1} \qquad\qquad \Box$$

我们可用概率的方法证明此定理.

证明 2 在证明 1(1) 中,当要求 D 方格与 A 方格异色的涂色方法数时,可以这样考虑:由于 D 方格与 A 方格异色,D 方格与 B 方格异色,所以 D 方格有 $m-2$ 种染色方法,而 C 方格与 A 方格以及 D 方格异色,所以 C 方格有 $m-2$ 种染色方法,故属于此类的涂色方法的种数为 $(m-2)^2 g_m(2,n-1)$,由 (1) 以及 (2),根据加法原理得到

$$g_m(2,n) = (m-1)g_m(2,n-1) + (m-2)^2 g_m(2,n-1)$$
$$= (m^2-3m+3)g_m(2,n-1)$$

由此得到与证明 1 同样的递归关系. $\qquad\qquad \Box$

证明 3 用 m 种颜色去涂 $2\times n$ 的方格,如图 1.3.1 所示,使得相邻格子异色的涂色方法有 $g_m(2,n)$ 种.先涂第一行的 n 个方格,使得相邻格子异色的涂色方法有 $m(m-1)^{n-1}$ 种,然后再依次涂第二行的方格,左边的第一个方格 g 有 $m-1$ 种方法,后面每一个方格都可以这样考虑.对于第二行的第二个方格 h,由于 f,g 涂同色的概率为 $\dfrac{m-1}{(m-1)^2} = \dfrac{1}{m-1}$,$f,g$ 涂异色的概率为 $1 - \dfrac{m-1}{(m-1)^2} = \dfrac{m-2}{m-1}$,因此使得第二个方格 h 染色与相邻格子异色的涂色方法数为

$$\frac{1}{m-1}\times(m-1) + \frac{m-2}{m-1}\times(m-2) = \frac{m^2-3m+3}{m-1}$$

同理,第二行方格 h 后面的方格每个方格按要求染色,其方法数与染方格 h 的方

法数相同,故由乘法原理得到

$$g_m(2,n) = m(m-1)^{n-1}(m-1)\left(\frac{m^2-3m+3}{m-1}\right)^{n-1}$$
$$= m(m-1)(m^2-3m+3)^{n-1}$$

定理 1.3.3　$f_m(2,n) = \sum_{i=1}^{m}(-1)^{m-i}C_m^i i(i^2-3i+3)^{n-1}i(i-1)$.

证明　由定理 1.3.1 知,用 m 种颜色去涂 $2\times n$ 的方格,每个格子涂一种颜色,使得相邻格子异色的涂色方法数为 $g_m(2,n)$,则

$$g_m(2,n) = m(m-1)(m^2-3m+3)$$

而其中恰好用上 $i(2\leqslant i\leqslant m)$ 种颜色的涂色方法有 $C_m^i f_i(2,n)$ 种,由加法原理有

$$g_m(2,n) = m(m-1)(m^2-3m+3) = \sum_{k=2}^{m}C_m^i f_i(2,n)$$

由二项式反演公式得到

$$f_m(2,n) = \sum_{i=1}^{m}(-1)^{m-i}C_m^i i(i^2-3i+3)^{n-1}i(i-1)$$

定理 1.3.4　设 $g_m(3,n)$ 表示用 m 种颜色去涂 $3\times n$ 的方格,每个格子涂一种颜色,使得相邻格子异色的涂色方法数,则

$$g_m(3,n) \geqslant [(m-1)(3m-5) + (m-1)^{-1}(m-2)^4]^{n-1}m(m-1)^2$$

证明　用 m 种颜色去涂 $3\times n$ 的方格,如图 1.3.2 所示,使得相邻格子异色的涂色方法有 $g_m(3,n)$ 种,这些方法可分为如下四类:

h	i	$\cdots$	A	C
j	k	$\cdots$	B	D
l	p	$\cdots$	E	F

图 1.3.2　$3\times n$ 的方格

(1) D 方格与 A 方格以及 E 方格同色的涂色方法.可按如下几个步骤去实现属于此类的涂色方法:先涂前面的 $n-1$ 列方格,使得相邻格子异色,有 $g_m(3,n-1)$ 种方法;然后将 D 方格涂上 A 方格的颜色,有 1 种方法;再涂 C 方格,使它与 A 方格异色,有 $m-1$ 种方法.因 D 方格与 E 方格同色,所以 F 方格涂色有 $m-1$ 种方法.由乘法原理知,使 D 方格与 A 方格以及 E 方格同色的涂色方法有 $1\cdot(m-1)(m-1)g_m(3,n-1)$ 种.

(2) D 方格与 A 方格同色但与 E 方格异色的涂色方法.同样可按如下几个步骤去实现属于此类的涂色方法:先涂前面的 $n-1$ 列方格,使得相邻格子异色,有 $g_m(3,n-1)$ 种方法;然后将 D 方格涂上 A 方格的颜色,有 1 种方法;再涂 C 方格,使它与 A 方格异色,有 $m-1$ 种方法.因 D 方格与 E 方格异色,所以 F 方格涂色有 $m-2$ 种方法.由乘法原理知,使 D 方格与 A 方格同色但与 E 方格异色的涂色方法有 $1\cdot(m-1)(m-2)g_m(3,n-1)$ 种.

(3) D 方格与 E 方格同色但与 A 方格异色的涂色方法.同(2)有

$$1 \cdot (m-1)(m-2)g_m(3,n-1)$$

种涂色方法.

（4）D 方格与 A 方格以及 E 方格都异色的涂色方法. 此时, A 方格与 E 方格有可能同色, 也有可能异色. A 方格与 E 方格同色的概率不超过 $(m-1)^{-1}$, 所以 A 方格与 E 方格异色的概率不小于 $1-(m-1)^{-1}$. 若 A 方格与 E 方格同色, D 方格有 $m-2$ 种涂色方法, 而 C 方格与 F 方格涂色都有 $m-2$ 种方法; 若 A 方格与 E 方格异色, D 方格有 $m-3$ 种涂色方法, 而 C 方格与 F 方格涂色都有 $m-2$ 种方法. 由乘法原理与加法原理知, D 方格与 A 方格以及 E 方格相互都异色的涂色方法有

$$(m-1)^{-1}(m-2)^3 g_m(3,n-1) + [1-(m-1)^{-1}](m-3)(m-2)^2 g_m(3,n-1)$$
$$= (m-1)^{-1}(m-2)^4 g_m(3,n-1)$$

种.

综上, 得

$$g_m(3,n)$$
$$\geqslant [1 \cdot (m-1)(m-1) + 2(m-1)(m-2) + (m-1)^{-1}(m-2)^4]g_m(3,n-1)$$
$$= [(m-1)^2 + 2(m-1)(m-2) + (m-1)^{-1}(m-2)^4]g_m(3,n-1)$$
$$= [(m-1)(3m-5) + (m-1)^{-1}(m-2)^4]g_m(3,n-1)$$

递归得

$$g_m(3,n) \geqslant [(m-1)(3m-5) + (m-1)^{-1}(m-2)^4]^{n-1} g_m(3,1)$$
$$= [(m-1)(3m-5) + (m-1)^{-1}(m-2)^4]^{n-1} m(m-1)^2 \quad \square$$

一般地, 设 $g_m(k,n)$ 表示用 m 种颜色去涂 $k \times n$ 的方格, 每个格子涂一种颜色, 使得相邻格子异色的涂色方法数, 求 $g_m(k,n)$ 的精确值较为困难.

1.4　两角和正余切公式的推广以及在组合数学中的应用

我们熟知, 两角和正切公式为

$$\tan(\alpha_1 + \alpha_2) = \frac{\tan \alpha_1 + \tan \alpha_2}{1 - \tan \alpha_1 \tan \alpha_2}$$

三角和正切公式为

$$\tan(\alpha_1 + \alpha_2 + \alpha_3)$$
$$= \frac{\tan \alpha_1 + \tan \alpha_2 + \tan \alpha_3 - \tan \alpha_1 \tan \alpha_2 \tan \alpha_3}{1 - \tan \alpha_1 \tan \alpha_2 - \tan \alpha_2 \tan \alpha_3 - \tan \alpha_3 \tan \alpha_1}$$

这里 $\alpha_1,\alpha_2,\alpha_3,\alpha_1+\alpha_2+\alpha_3\neq r\pi+\dfrac{\pi}{2}(r\in\mathbf{Z})$.

一般地,有如下结论:

定理 1.4.1　(1) 当 $n=2k(k\geqslant 1,k\in\mathbf{N}^+)$ 时,有

$$\tan(\alpha_1+\alpha_2+\cdots+\alpha_{2k})$$

$$=\frac{\displaystyle\sum_{i=1}^{k}\tan\alpha_i-\sum_{\substack{1\leqslant i_1<i_2\\<i_3\leqslant 2k}}\tan\alpha_{i_1}\tan\alpha_{i_2}\tan\alpha_{i_3}+\cdots+(-1)^{k-1}\sum_{\substack{1\leqslant i_1<i_2<\cdots\\<i_{2k-1}\leqslant 2k}}\tan\alpha_{i_1}\tan\alpha_{i_2}\cdots\tan\alpha_{i_{2k-1}}}{1-\displaystyle\sum_{1\leqslant i_1<i_2\leqslant 2k}\tan\alpha_{i_1}\tan\alpha_{i_2}+\cdots+(-1)^k\sum_{\substack{1\leqslant i_1<i_2<\cdots\\<i_{2k}\leqslant 2k}}\tan\alpha_{i_1}\tan\alpha_{i_2}\cdots\tan\alpha_{i_{2k}}}$$

$$=\left[\sum_{j=1}^{k}(-1)^{j-1}\sum_{1\leqslant i_1<i_2<\cdots<i_{2j-1}\leqslant 2k}\prod_{q=1}^{2j-1}\tan\alpha_{i_q}\right]$$

$$\cdot\left[1-\sum_{j=1}^{k}(-1)^{j-1}\sum_{1\leqslant i_1<i_2<\cdots<i_{2j}\leqslant 2k}\prod_{q=1}^{2j}\tan\alpha_{i_q}\right]^{-1}\tag{1.4.1}$$

(2) 当 $n=2k+1(k\geqslant 1,k\in\mathbf{N}^+)$ 时,有

$$\tan(\alpha_1+\alpha_2+\cdots+\alpha_{2k+1})$$

$$=\frac{\displaystyle\sum_{i=1}^{k}\tan\alpha_i-\sum_{\substack{1\leqslant i_1<i_2\\<i_3\leqslant 2k+1}}\tan\alpha_{i_1}\tan\alpha_{i_2}\tan\alpha_{i_3}+\cdots+(-1)^k\sum_{\substack{1\leqslant i_1<i_2<\cdots\\<i_{2k-1}\leqslant 2k+1}}\tan\alpha_{i_1}\tan\alpha_{i_2}\cdots\tan\alpha_{i_{2k+1}}}{1-\displaystyle\sum_{\substack{1\leqslant i_1<i_2\\\leqslant 2k+1}}\tan\alpha_{i_1}\tan\alpha_{i_2}+\cdots+(-1)^k\sum_{\substack{1\leqslant i_1<i_2<\cdots\\<i_{2k}\leqslant 2k+1}}\tan\alpha_{i_1}\tan\alpha_{i_2}\cdots\tan\alpha_{i_{2k}}}$$

$$=\left[\sum_{j=1}^{k+1}(-1)^{j-1}\sum_{1\leqslant i_1<i_2<\cdots<i_{2j-1}\leqslant 2k+1}\prod_{q=1}^{2j-1}\tan\alpha_{i_q}\right]$$

$$\cdot\left[1-\sum_{j=1}^{k}(-1)^{j-1}\sum_{1\leqslant i_1<i_2<\cdots<i_{2j}\leqslant 2k+1}\prod_{q=1}^{2j}\tan\alpha_{i_q}\right]^{-1}\tag{1.4.2}$$

这里 $\alpha_1,\alpha_2,\cdots,\alpha_n,\alpha_1+\alpha_2+\cdots+\alpha_n\neq r\pi+\dfrac{\pi}{2}(r\in\mathbf{Z})$.

证明　我们用数学归纳法证明(1.4.1)与(1.4.2)两式.由于定理 1.4.1 中 n 为奇数或偶数时,公式不一样,所以在证明中,需假设 n 为偶数时,(1.4.1)式成立,要证明 $n+1$ 为奇数时,(1.4.2)式成立,然后再假设 n 为奇数时,(1.4.2)式成立,要证明 $n+1$ 为偶数时,(1.4.1)式成立,这样,由归纳法原理即证毕.

当 $n=2$ 时,(1.4.1)式即为 $\tan(\alpha_1+\alpha_2)=\dfrac{\tan\alpha_1+\tan\alpha_2}{1-\tan\alpha_1\tan\alpha_2}$,此乃我们熟知的

公式,假设 $n=2m(m\geqslant 1)$ 时,(1.4.1)式成立,那么 $n=2m+1$ 时,

$$\tan(\alpha_1+\alpha_2+\cdots+\alpha_{2m+1})$$

$$=\left[\tan(\alpha_1+\cdots+\alpha_{2m})+\tan\alpha_{2m+1}\right]\left[1-\tan(\alpha_1+\cdots+\alpha_{2m})\tan\alpha_{2m+1}\right]^{-1}$$

$$=\left\{\frac{\displaystyle\sum_{j=1}^{m}(-1)^{j-1}\sum_{1\leqslant i_1<i_2<\cdots<i_{2j-1}\leqslant 2m}\prod_{q=1}^{2j-1}\tan\alpha_{i_q}}{1-\displaystyle\sum_{j=1}^{m}(-1)^{j-1}\sum_{1\leqslant i_1<i_2<\cdots<i_{2j}\leqslant 2m}\prod_{q=1}^{2j}\tan\alpha_{i_q}}+\tan\alpha_{2m+1}\right\}$$

$$\cdot\left\{1-\frac{\displaystyle\sum_{j=1}^{m}(-1)^{j-1}\sum_{1\leqslant i_1<i_2<\cdots<i_{2j-1}\leqslant 2m}\prod_{q=1}^{2j-1}\tan\alpha_{i_q}}{1-\displaystyle\sum_{j=1}^{m}(-1)^{j-1}\sum_{1\leqslant i_1<i_2<\cdots<i_{2j}\leqslant 2m}\prod_{q=1}^{2j}\tan\alpha_{i_q}}\cdot\tan\alpha_{2m+1}\right\}^{-1}$$

$$=\left\{\sum_{j=1}^{m}(-1)^{j-1}\sum_{1\leqslant i_1<i_2<\cdots<i_{2j-1}\leqslant 2m}\prod_{q=1}^{2j-1}\tan\alpha_{i_q}\right.$$

$$\left.+\left[1-\sum_{j=1}^{m}(-1)^{j-1}\sum_{1\leqslant i_1<i_2<\cdots<i_{2j}\leqslant 2m}\prod_{q=1}^{2j}\tan\alpha_{i_q}\right]\tan\alpha_{2m+1}\right\}$$

$$\cdot\left\{\left[1-\sum_{j=1}^{m}(-1)^{j-1}\sum_{1\leqslant i_1<i_2<\cdots<i_{2j}\leqslant 2m}\prod_{q=1}^{2j}\tan\alpha_{i_q}\right]\right.$$

$$\left.-\left[\sum_{j=1}^{m}(-1)^{j-1}\sum_{1\leqslant i_1<i_2<\cdots<i_{2j-1}\leqslant 2m}\prod_{q=1}^{2j-1}\tan\alpha_{i_q}\cdot\tan\alpha_{2m+1}\right]\right\}^{-1}$$

$$=\left[\sum_{j=1}^{m+1}(-1)^{j-1}\sum_{1\leqslant i_1<i_2<\cdots<i_{2j-1}\leqslant 2m+1}\prod_{q=1}^{2j-1}\tan\alpha_{i_q}\right]$$

$$\cdot\left[1-\sum_{j=1}^{m}(-1)^{j-1}\sum_{1\leqslant i_1<i_2<\cdots<i_{2j}\leqslant 2m+1}\prod_{q=1}^{2j}\tan\alpha_{i_q}\right]^{-1}$$

即当 $n=2m+1$ 时,(1.4.2)式成立.

同样地,当 $n=2m+1$ 时,(1.4.2)式成立,那么 $n+1=2m+2=2(m+1)$ 时,利用

$$\tan(\alpha_1+\alpha_2+\cdots+\alpha_{2(m+1)})$$

$$=\left[\tan(\alpha_1+\cdots+\alpha_{2m+1})+\tan\alpha_{2(m+1)}\right]\left[1-\tan(\alpha_1+\cdots+\alpha_{2m+1})\cdot\tan\alpha_{2(m+1)}\right]^{-1}$$

重复以上步骤即证得

$$\tan(\alpha_1+\alpha_2+\cdots+\alpha_{2(m+1)})=\left[\sum_{j=1}^{m+1}(-1)^{j-1}\sum_{1\leqslant i_1<i_2<\cdots<i_{2j-1}\leqslant 2(m+1)}\prod_{q=1}^{2j-1}\tan\alpha_{i_q}\right]$$

$$\cdot\left[1-\sum_{j=1}^{m+1}(-1)^{j-1}\sum_{1\leqslant i_1<i_2<\cdots<i_{2j}\leqslant 2(m+1)}\prod_{q=1}^{2j}\tan\alpha_{i_q}\right]^{-1}$$

由数学归纳法原理知,对一切自然数 $n \geqslant 2$ 命题为真.　　　　□

由于 $\cot x = (\tan x)^{-1}$,由定理 1.4.1 即得如下定理:

定理 1.4.2　(1) 当 $n = 2k(k \geqslant 1, k \in \mathbf{N}^+)$ 时,有

$$\cot(\alpha_1 + \alpha_2 + \cdots + \alpha_{2k})$$

$$= \Big[(-1)^k + \sum_{j=1}^{k} (-1)^{k-j} \sum_{1 \leqslant i_1 < i_2 < \cdots < i_{2j} \leqslant 2k} \prod_{q=1}^{2j} \cot \alpha_{i_q} \Big]$$

$$\cdot \Big[\sum_{j=1}^{k} (-1)^{k-j} \sum_{1 \leqslant i_1 < i_2 < \cdots < i_{2j-1} \leqslant 2k} \prod_{q=1}^{2j-1} \cot \alpha_{i_q} \Big]^{-1} \qquad (1.4.3)$$

(2) 当 $n = 2k+1(k \geqslant 1, k \in \mathbf{N}^+)$ 时,有

$$\cot(\alpha_1 + \alpha_2 + \cdots + \alpha_{2k+1})$$

$$= \Big[\sum_{j=0}^{k} (-1)^{k-j} \sum_{1 \leqslant i_1 < i_2 < \cdots < i_{2j+1} \leqslant 2k+1} \prod_{q=1}^{2j+1} \cot \alpha_{i_q} \Big]$$

$$\cdot \Big\{ \Big[(-1)^k + \sum_{j=1}^{k} (-1)^{k-j} \sum_{1 \leqslant i_1 < i_2 < \cdots < i_{2j} \leqslant 2k+1} \prod_{q=1}^{2j} \cot \alpha_{i_q} \Big] \Big\}^{-1} \quad (1.4.4)$$

这里 $\alpha_1, \alpha_2, \cdots, \alpha_n, \alpha_1 + \alpha_2 + \cdots + \alpha_n \neq r\pi (r \in \mathbf{Z})$.

下面我们考虑这几个公式在组合数学中的应用.

当 $\alpha_1 = \alpha_2 = \cdots = \alpha_{2k} = \dfrac{\pi}{4}$,且 $k = 2t (t \in \mathbf{N}^+)$ 为偶数时,那么

$$\alpha_1 + \alpha_2 + \cdots + \alpha_{2k} = 2k \times \frac{\pi}{4} = t\pi$$

此时 $\tan(\alpha_1 + \alpha_2 + \cdots + \alpha_{2k}) = 0$,所以(1.4.1)式的分子等于零,又此时

$$\tan \alpha_1 = \tan \alpha_2 = \cdots = \tan \alpha_{2k} = 1$$

故有

$$\sum_{j=1}^{k} (-1)^{j-1} \sum_{1 \leqslant i_1 < i_2 < \cdots < i_{2j-1} \leqslant 2k} \prod_{q=1}^{2j-1} 1 = 0$$

即

$$\mathrm{C}_{2k}^1 - \mathrm{C}_{2k}^3 + \cdots + (-1)^{k-1} \mathrm{C}_{2k}^{2k-1} = 0 \quad (k = 2t, t \in \mathbf{N}^+)$$

于是

$$\mathrm{C}_{4t}^1 - \mathrm{C}_{4t}^3 + \cdots + (-1)^{2t-1} \mathrm{C}_{4t}^{4t-1} = 0 \quad (k = 2t, t \in \mathbf{N}^+)$$

当 $n = 2k$,且 $k = 2t+1 (t \in \mathbf{N}^+)$ 为奇数时,$\alpha_1 = \alpha_2 = \cdots = \alpha_{2k} = \dfrac{\pi}{4}$,那么

$$\alpha_1 + \alpha_2 + \cdots + \alpha_{2k} = 2k \times \frac{\pi}{4} = t\pi + \frac{\pi}{4}$$

此时 $\cot(\alpha_1 + \alpha_2 + \cdots + \alpha_{2k}) = 0$,所以(1.4.3)式的分子等于零,又此时

$$\cot \alpha_1 = \cot \alpha_2 = \cdots = \cot \alpha_{2k} = 1$$

故有

$$(-1)^k + \sum_{j=1}^{k} (-1)^{k-j} \sum_{1 \leqslant i_1 < i_2 < \cdots < i_{2j} \leqslant 2k} \prod_{q=1}^{2j} 1$$

即

$$C_{2k}^{2k} - C_{2k}^{2k-2} + \cdots + (-1)^{k-1} C_{2k}^0 = 0 \quad (k = 2t + 1, t \in \mathbf{N}^+)$$

于是

$$C_{4t+2}^{4t+2} - C_{4t+2}^{4t} + \cdots + (-1)^{2t+1} C_{4t+2}^0 = 0 \quad (k = 2t + 1, t \in \mathbf{N}^+)$$

同样地,当 $k = 2t \, (t \in \mathbf{N}^+)$ 为偶数时,$n = 2k + 1 = 4t + 1$,$\alpha_1 = \alpha_2 = \cdots = \alpha_{2k+1} = \dfrac{\pi}{4}$,那么

$$\alpha_1 + \alpha_2 + \cdots + \alpha_{2k+1} = (2k+1) \times \frac{\pi}{4} = t\pi + \frac{\pi}{4}$$

此时 $\tan(\alpha_1 + \alpha_2 + \cdots + \alpha_{2k+1}) = 1$,$\tan \alpha_1 = \tan \alpha_2 = \cdots = \tan \alpha_{2k+1} = 1$,由(1.4.2)式知

$$1 = \Big[\sum_{j=1}^{k+1} (-1)^{j-1} \sum_{1 \leqslant i_1 < i_2 < \cdots < i_{2j-1} \leqslant 2k+1} \prod_{q=1}^{2j-1} 1 \Big] \Big[1 - \sum_{j=1}^{k} (-1)^{j-1} \sum_{1 \leqslant i_1 < i_2 < \cdots < i_{2j} \leqslant 2k+1} \prod_{q=1}^{2j} 1 \Big]^{-1}$$

故有

$$1 = \big[C_{4t+1}^1 - C_{4t+1}^3 + \cdots + (-1)^{2t} C_{4t+1}^{4t+1} \big] \big[C_{4t+1}^0 - C_{4t+1}^2 + \cdots + (-1)^{2t} C_{4t+1}^{4t} \big]^{-1}$$

即

$$C_{4t+1}^0 + C_{4t+1}^4 + \cdots + C_{4t+1}^{4t} + C_{4t+1}^3 + C_{4t+1}^7 + \cdots + C_{4t+1}^{4t-1}$$
$$= C_{4t+1}^2 + C_{4t+1}^6 + \cdots + C_{4t+1}^{4t-2} + C_{4t+1}^1 + C_{4t+1}^5 + \cdots + C_{4t+1}^{4t+1}$$

当 $k = 2t + 1 \, (t \in \mathbf{N}^+)$ 为奇数时,$n = 2k + 1 = 4t + 1$,$\alpha_1 = \alpha_2 = \cdots = \alpha_{2k+1} = \dfrac{\pi}{4}$,那么

$$\alpha_1 + \alpha_2 + \cdots + \alpha_{2k+1} = (2k+1) \times \frac{\pi}{4} = t\pi + \frac{3\pi}{4}$$

此时 $\tan(\alpha_1 + \alpha_2 + \cdots + \alpha_{2k+1}) = -1$,$\tan \alpha_1 = \tan \alpha_2 = \cdots = \tan \alpha_{2k+1} = 1$,由 (1.4.2)式知

$$-1 = \Big[\sum_{j=1}^{k+1} (-1)^{j-1} \sum_{1 \leqslant i_1 < i_2 < \cdots < i_{2j-1} \leqslant 2k+1} \prod_{q=1}^{2j-1} 1 \Big]$$
$$\cdot \Big[1 - \sum_{j=1}^{k} (-1)^{j-1} \sum_{1 \leqslant i_1 < i_2 < \cdots < i_{2j} \leqslant 2k+1} \prod_{q=1}^{2j} 1 \Big]^{-1}$$

故有

$$-1 = \big[C_{4t+3}^1 - C_{4t+3}^3 + \cdots + (-1)^{2t+1} C_{4t+3}^{4t+3} \big] \big[C_{4t+3}^0 - C_{4t+3}^2 + \cdots + (-1)^{2t+1} C_{4t+3}^{4t+2} \big]^{-1}$$

即

$$\text{C}_{4t+3}^{0} + \text{C}_{4t+3}^{4} + \cdots + \text{C}_{4t+3}^{4t} + \text{C}_{4t+3}^{1} + \text{C}_{4t+3}^{5} + \cdots + \text{C}_{4t+3}^{4t+1}$$

$$= \text{C}_{4t+3}^{2} + \text{C}_{4t+3}^{6} + \cdots + \text{C}_{4t+3}^{4t+2} + \text{C}_{4t+3}^{3} + \text{C}_{4t+3}^{7} + \cdots + \text{C}_{4t+3}^{4t+3}$$

当 $\alpha_1 = \alpha_2 = \cdots = \alpha_{2k} = \dfrac{\pi}{8}$,且 $k = 4t + 1(t \in \mathbf{N}^+)$时,那么

$$\alpha_1 + \alpha_2 + \cdots + \alpha_{2k} = 2k \times \frac{\pi}{8} = 2(4t+1) \times \frac{\pi}{8} = t\pi + \frac{\pi}{4}$$

此时

$$\tan(\alpha_1 + \alpha_2 + \cdots + \alpha_{2k}) = 1, \quad \tan \alpha_1 = \tan \alpha_2 = \cdots = \tan \alpha_{2k} = \sqrt{2} - 1$$

由(1.4.1)式得

$$\text{C}_{8t+2}^{0} (\sqrt{2}-1)^0 - \text{C}_{8t+2}^{2} (\sqrt{2}-1)^2 + \text{C}_{8t+2}^{4} (\sqrt{2}-1)^4 + \cdots$$

$$+ (-1)^{4t+1} \text{C}_{8t+2}^{8t+2} (\sqrt{2}-1)^{8t+2}$$

$$= \text{C}_{8t+2}^{1} (\sqrt{2}-1)^1 - \text{C}_{8t+2}^{3} (\sqrt{2}-1)^3 + \text{C}_{8t+2}^{5} (\sqrt{2}-1)^5 + \cdots$$

$$+ (-1)^{4t} \text{C}_{8t+2}^{8t+1} (\sqrt{2}-1)^{8t+1}$$

当 $\alpha_1 = \alpha_2 = \cdots = \alpha_{2k} = \dfrac{\pi}{3}$,且 $k = 3t + 1(t \in \mathbf{N}^+)$时,那么

$$\alpha_1 + \alpha_2 + \cdots + \alpha_{2k} = 2k \times \frac{\pi}{3} = 2(3t+1) \times \frac{\pi}{3} = 2t\pi + \frac{2\pi}{3}$$

所以

$$\tan(\alpha_1 + \alpha_2 + \cdots + \alpha_{2k}) = \tan\left(2t\pi + \frac{2\pi}{3}\right) = -\sqrt{3}$$

$$\tan \alpha_1 = \tan \alpha_2 = \cdots = \tan \alpha_{2k} = \sqrt{3}$$

由(1.4.1)式得

$$-\sqrt{3}\left[\text{C}_{6t+2}^{0} (\sqrt{3})^0 - \text{C}_{6t+2}^{2} (\sqrt{3})^2 + \text{C}_{6t+2}^{4} (\sqrt{3})^4 + \cdots + (-1)^{3t+1} \text{C}_{6t+2}^{6t+2} (\sqrt{3})^{6t+2}\right]$$

$$= \text{C}_{6t+2}^{1} (\sqrt{3})^1 - \text{C}_{6t+2}^{3} (\sqrt{3})^3 + \text{C}_{6t+2}^{5} (\sqrt{3})^5 + \cdots + (-1)^{3t} \text{C}_{6t+2}^{6t+1} (\sqrt{3})^{6t+1}$$

整理得

$$(\text{C}_{6t+2}^{0} + \text{C}_{6t+2}^{1})(\sqrt{3})^0 - (\text{C}_{6t+2}^{2} + \text{C}_{6t+2}^{3})(\sqrt{3})^2 + (\text{C}_{6t+2}^{4} + \text{C}_{6t+2}^{5})(\sqrt{3})^4$$

$$+ \cdots + (-1)^{3t} (\text{C}_{6t+2}^{6t} + \text{C}_{6t+2}^{6t+1})(\sqrt{3})^{6t} = (-1)^{3t} \text{C}_{6t+2}^{6t+2} 3^{3t+1}$$

综上,我们有如下定理:

定理 1.4.3 对任意正整数 t,有如下等式:

(1) $\text{C}_{4t}^{1} - \text{C}_{4t}^{3} + \cdots + (-1)^{2t-1} \text{C}_{4t}^{4t-1} = 0$.

(2) $\text{C}_{4t+2}^{4t+2} - \text{C}_{4t+2}^{4t} + \cdots + (-1)^{2t+1} \text{C}_{4t+2}^{0} = 0$.

(3) $\text{C}_{4t+1}^{0} + \text{C}_{4t+1}^{4} + \cdots + \text{C}_{4t+1}^{4t} + \text{C}_{4t+1}^{3} + \text{C}_{4t+1}^{7} + \cdots + \text{C}_{4t+1}^{4t-1}$

$$= C_{4t+1}^2 + C_{4t+1}^6 + \cdots + C_{4t+1}^{4t-2} + C_{4t+1}^1 + C_{4t+1}^5 + \cdots + C_{4t+1}^{4t+1}.$$

(4) $C_{4t+3}^0 + C_{4t+3}^4 + \cdots + C_{4t+3}^{4t} + C_{4t+3}^1 + C_{4t+3}^5 + \cdots + C_{4t+3}^{4t+1}$

$$= C_{4t+3}^2 + C_{4t+3}^6 + \cdots + C_{4t+3}^{4t+2} + C_{4t+3}^3 + C_{4t+3}^7 + \cdots + C_{4t+3}^{4t+3}.$$

(5) $C_{8t+2}^0 (\sqrt{2}-1)^0 - C_{8t+2}^2 (\sqrt{2}-1)^2 + C_{8t+2}^4 (\sqrt{2}-1)^4 + \cdots + (-1)^{4t+1} C_{8t+2}^{8t+2} (\sqrt{2}-1)^{8t+2}$

$$= C_{8t+2}^1 (\sqrt{2}-1)^1 - C_{8t+2}^3 (\sqrt{2}-1)^3 + C_{8t+2}^5 (\sqrt{2}-1)^5$$

$$+ \cdots + (-1)^{4t} C_{8t+2}^{8t+1} (\sqrt{2}-1)^{8t+1}.$$

(6) $(C_{6t+2}^0 + C_{6t+2}^1)(\sqrt{3})^0 - (C_{6t+2}^2 + C_{6t+2}^3)(\sqrt{3})^2 + (C_{6t+2}^4 + C_{6t+2}^5)(\sqrt{3})^4$

$$+ \cdots + (-1)^{3t} (C_{6t+2}^{6t} + C_{6t+2}^{6t+1})(\sqrt{3})^{6t} = (-1)^{3t} C_{6t+2}^{6t+2} 3^{3t+1}.$$

通过上述的讨论知,当每个角设为某个特殊值时,由定理中(1.4.1)～(1.4.4)式,就可得到一组组合恒等式,因此由上述定理中的(1.4.1)～(1.4.4)式可以得到无穷多个组合恒等式.

1.5　用留数定理求组合恒等式

定理 1.5.1　设 $x_1, x_2, \cdots, x_n$ 是 n 个互不相同数,对于任一非负整数 r 有

$$\sum_{s=1}^n \left[\frac{x_s^{r-1}}{\prod_{\substack{1 \leqslant j \leqslant n \\ j \neq s}} (x_s - x_j)^2} \left(r - 2x_s \sum_{\substack{1 \leqslant j \leqslant n \\ j \neq s}} \frac{1}{x_s - x_j} \right) \right]$$

$$= \begin{cases} 0 & (0 \leqslant r \leqslant 2n-2) \\ \sum_{k=0}^{r-2n+1} \Delta_k \Delta_{r-2n-k+1} & (r \geqslant 2n-1) \end{cases}$$

其中 $\Delta_k = \sum_{\substack{j_1 + j_2 + \cdots + j_n = k \\ j \neq s}} x_1^{j_1} x_2^{j_2} \cdots x_n^{j_n}$,$j_1, j_2, \cdots, j_n$ 是满足不定方程 $j_1 + j_2 + \cdots + j_n = k$ 的非负整数解.

证明　令 $f(\xi) = \dfrac{\xi^r}{\prod_{1 \leqslant j \leqslant n} (\xi - x_j)^2}$,$\varphi_s(\xi) = (\xi - x_s)^2 f(\xi) = \dfrac{\xi^r}{\prod_{\substack{1 \leqslant j \leqslant n \\ j \neq s}} (\xi - x_j)^2}$,

于是

$$\varphi_s'(\xi) = \frac{r\xi^{r-1}}{\prod_{\substack{1 \leqslant j \leqslant n \\ j \neq s}} (\xi - x_j)^2} - \frac{2\xi^r}{\prod_{\substack{1 \leqslant j \leqslant n \\ j \neq s}} (\xi - x_j)^2} \sum_{\substack{1 \leqslant j \leqslant n \\ j \neq s}} \frac{1}{\xi - x_j}$$

$$= \frac{\xi^{r-1}}{\prod\limits_{\substack{1\leqslant j\leqslant n \\ j\neq s}}(\xi - x_j)^2}\left(r - 2\xi\sum\limits_{\substack{1\leqslant j\leqslant n \\ j\neq s}}\frac{1}{\xi - x_j}\right)$$

所以

$$\sum_{s=1}^{n}\varphi'_s(x_s) = \sum_{s=1}^{n}\left[\frac{x_s^{r-1}}{\prod\limits_{\substack{1\leqslant j\leqslant n \\ j\neq s}}(x_s - x_i)^2}\left(r - 2\xi\sum\limits_{\substack{1\leqslant j\leqslant n \\ j\neq s}}\frac{1}{x_s - x_i}\right)\right]$$

$$\xrightarrow{\text{由留数定理}} \sum_{s=1}^{n}\mathop{\mathrm{Res}}\limits_{\xi=x_s}(\xi) = \frac{1}{2\pi\mathrm{i}}\int_{|\xi|=R}f(\xi)\mathrm{d}\xi$$

其中 $R > \max\limits_{1\leqslant j\leqslant n}\{|x_j|\}$，另一方面，$f(\xi)$ 的洛朗展式在 $|\xi| = R$ 上一致收敛，且

$$f(\xi) = \frac{\xi^r}{\prod\limits_{1\leqslant s\leqslant n}(\xi - x_s)^2} = \frac{\xi^r}{\left[\prod\limits_{1\leqslant s\leqslant n}(\xi - x_s)\right]^2} = \xi^{r-2n}\frac{1}{\prod\limits_{1\leqslant s\leqslant n}\left(1 - \dfrac{x_s}{\xi}\right)^2}$$

$$= \xi^{r-2n}\left[\prod_{1\leqslant s\leqslant n}(1 + x_s^1\xi^{-1} + x_s^2\xi^{-2} + \cdots)\right]^2$$

$$= \xi^{r-2n}\left[1 + (x_1 + x_2 + \cdots + x_n)\xi^{-1} + (x_1^2 + x_1 x_2 + \cdots)\xi^{-2} + \cdots\right]^2$$

记 $\Delta_k = \sum\limits_{\substack{j_1 + j_2 + \cdots + j_n = k \\ j\neq s}}x_1^{j_1}x_2^{j_2}\cdots x_n^{j_n}$，其中 $j_1, j_2, \cdots, j_n$ 是满足不定方程 $j_1 + j_2 + \cdots + j_n = k$ 的非负整数解，k 为非负整数，所以

$$f(\xi) = \xi^{r-2n}(\Delta_0 + \Delta_1\xi^{-1} + \Delta_2\xi^{-2} + \cdots)^2$$

$$= \xi^{r-2n}\left(\Delta_0^2 + \sum_{k=0}^{1}\Delta_k\Delta_{1-k}\xi^{-1} + \sum_{k=0}^{2}\Delta_k\Delta_{2-k}\xi^{-2} + \cdots\right)$$

逐项积分，由于 $\dfrac{1}{2\pi\mathrm{i}}\int_{|\xi|=R}\xi^{-1}\mathrm{d}\xi = 1$，故除 ξ^{-1} 的系数外一切全为零. 故有

$$\frac{1}{2\pi\mathrm{i}}\int_{|\xi|=R}f(\xi)\mathrm{d}\xi = \begin{cases} 0 & (0\leqslant r\leqslant 2n-2) \\ \sum\limits_{k=0}^{r-2n+1}\Delta_k\Delta_{r-2n-k+1} & (r\geqslant 2n-1) \end{cases} \qquad\Box$$

现在我们考虑定理中的 $x_1, x_2, \cdots, x_n$ 分别是自然数 $1, 2, \cdots, n$ 的情形. 首先，对任何自然数 $s\leqslant n$，容易验证下式成立：

$$\sum_{\substack{1\leqslant j\leqslant n \\ j\neq s}}\frac{1}{s - j} = \sum_{\substack{1\leqslant j\leqslant n \\ j\neq n-s-(n-1)}}\frac{1}{n - (s-1) - j} \tag{1.5.1}$$

由

$$\mathrm{C}_{n-1}^{s-1} = \mathrm{C}_{n-1}^{(n-1)-s-1} = \mathrm{C}_{n-1}^{n-s} \tag{1.5.2}$$

又

$$\prod_{\substack{1 \leqslant j \leqslant n \\ j \neq s}} (s - j)^2 = \left[(-1)^{n-s} (s-1)! (n-s)! \right]^2 = \left[\frac{(n-1)!}{C_{n-1}^{s-1}} \right]^2$$

即

$$\frac{1}{\prod_{\substack{1 \leqslant j \leqslant n \\ j \neq s}} (s - j)^2} = \left[\frac{C_{n-1}^{s-1}}{(n-1)!} \right]^2 \tag{1.5.3}$$

另一方面,当 $x_1 = 1, x_2 = 2, \cdots, x_n = n$ 时, $\Delta_0 = 1, \Delta_1 = \sum_{i=1}^{n} i = \frac{n}{2}(n+1)$,

$$\Delta_2 = \sum_{i=1}^{n} i^2 + \sum_{\substack{i \neq j \\ 1 \leqslant i \cdot j \leqslant n}} ij = \frac{1}{2} \left[(n-1) \sum_{i=1}^{n} i^2 + 2 \sum_{\substack{i < j \\ 1 \leqslant i, j \leqslant n}} ij + (3-n) \sum_{i=j}^{n} i^2 \right]$$

$$= \frac{1}{2} \sum_{\substack{i \neq j \\ 1 \leqslant i, j \leqslant n}} (i+j)^2 + (3-n) \frac{n}{12}(n+1)(2n+1)$$

据此及(1.5.1),(1.5.2),(1.5.3)式和定理 1.5.1 我们有:

定理 1.5.2　当 n 为偶数时,有

$$\left[\frac{1}{(n-1)!} \right]^2 \left\{ \sum_{s=1}^{\frac{n}{2}} (C_{n-1}^{s-1})^2 \left[(n-s+1)^r - s^r \right] \sum_{\substack{1 \leqslant j \leqslant n \\ j \neq s}} \frac{1}{s-j} + r \sum_{s=1}^{n} s^{r-1} (C_{n-1}^{s-1})^2 \right\}$$

$$= \begin{cases} 0 & (0 \leqslant r \leqslant 2n-2) \\ 1 & (r = 2n-1) \\ n(n+1) & (r = 2n) \\ \left[\frac{n(n+1)}{2} \right]^2 + \sum_{\substack{1 \leqslant j \leqslant n \\ i \neq j}} (i+j)^2 + \frac{n}{6}(n+1)(2n+n)(3-n) \\ & (r = 2n+1) \\ \cdots \end{cases}$$

由于当 n 为奇数时,根据(1.5.1)式有

$$\sum_{\substack{1 \leqslant j \leqslant n \\ j \neq \frac{n+1}{2}}} \frac{1}{\frac{n+1}{2} - j} = - \sum_{\substack{1 \leqslant j \leqslant n \\ j \neq n-(\frac{n+1}{2}-1)}} \frac{1}{n - \left(\frac{n+1}{2} - 1 \right) - j} = - \sum_{\substack{1 \leqslant j \leqslant n \\ j \neq \frac{n+1}{2}}} \frac{1}{\frac{n+1}{2} - j}$$

所以

$$\sum_{\substack{1 \leqslant j \leqslant n \\ j \neq \frac{n+1}{2}}} \frac{1}{\frac{n+1}{2} - j} = 0$$

故据(1.5.1),(1.5.2),(1.5.3)式和定理 1.5.1 即得.

定理 1.5.3　当 n 为奇数时,有

$$\left[\frac{1}{(n-1)!}\right]^2\left\{\sum_{s=1}^{\frac{n-1}{2}}(\mathrm{C}_{n-1}^{s-1})^2\left[(n-s+1)^r-s^r\right]\sum_{\substack{1\leqslant j\leqslant n\\ j\neq s}}\frac{1}{s-j}+r\sum_{s=1}^{n}s^{r-1}(\mathrm{C}_{n-1}^{s-1})^2\right\}$$

$$=\begin{cases}0 & (0\leqslant r\leqslant 2n-2)\\ 1 & (r=2n-1)\\ n(n+1) & (r=2n)\\ \left[\dfrac{n(n+1)}{2}\right]^2+\displaystyle\sum_{\substack{1\leqslant j\leqslant n\\ i\neq j}}(i+j)^2+\dfrac{n}{6}(n+1)(2n+1)(3-n)\\ \hspace{5cm}(r=2n+1)\\ \cdots\end{cases}$$

定理 1.5.4　令 $x_1,\cdots,x_n$ 为 n 个不为零的且互为不同的数,那么对任意的自然数 m,有

$$\sum_{s=1}^{n}\left[\frac{x_s^{-m-1}}{\displaystyle\prod_{\substack{1\leqslant j\leqslant n\\ j\neq s}}(x_s-x_i)^2}\left(m+2x_s\sum_{\substack{1\leqslant j\leqslant n\\ j\neq s}}\frac{1}{x_s-x_i}\right)\right]$$

$$=\frac{1}{\displaystyle\prod_{1\leqslant j\leqslant n}x_j^2}\cdot\sum_{\substack{j_1+j_2+\cdots+j_n=m-1\\ j_1,j_2,\cdots,j_n\geqslant 0}}(j_1+1)\left(\frac{1}{x_1}\right)^{j_1}(j_2+1)\left(\frac{1}{x_2}\right)^{j_2}\cdots(j_n+1)\left(\frac{1}{x_n}\right)^{j_n}$$

(其中 $j_1,j_2,\cdots,j_n$ 是满足不定方程 $j_1+\cdots+j_n=m-1$ 的非负整数解).

证明　令

$$f(z)=\frac{z^{-m}}{\displaystyle\prod_{1\leqslant j\leqslant n}(z-x_j)^2}$$

$$\varphi_s(z)=(z-x_s)^2f(z)=\frac{z^{-m}}{\displaystyle\prod_{\substack{1\leqslant j\leqslant n\\ j\neq s}}(z-x_j)^2}$$

于是

$$\varphi_s'(z)=\frac{-mz^{-m-1}}{\displaystyle\prod_{\substack{1\leqslant j\leqslant n\\ j\neq s}}(z-x_j)^2}-\frac{2z^{-m}}{\displaystyle\prod_{\substack{1\leqslant j\leqslant n\\ j\neq s}}(z-x_j)^2}\sum_{\substack{1\leqslant j\leqslant n\\ j\neq s}}\frac{1}{z-x_j}$$

$$=\frac{-z^{-m}}{\displaystyle\prod_{\substack{1\leqslant j\leqslant n\\ j\neq s}}(z-x_j)^2}\left(\frac{m}{z}+2\sum_{\substack{1\leqslant j\leqslant n\\ j\neq s}}\frac{1}{z-x_j}\right)$$

所以

$$- \sum_{s=1}^{n} \varphi'_s(x_s) = \sum_{s=1}^{n} \left[\frac{x_s^{-m-1}}{\prod\limits_{\substack{1 \leqslant j \leqslant n \\ j \neq s}} (x_s - x_i)^2} \left(m + 2x_s \sum_{\substack{1 \leqslant j \leqslant n \\ j \neq s}} \frac{1}{x_s - x_i} \right) \right]$$

$$\xrightarrow{\text{由留数定理}} \sum_{s=1}^{n} \operatorname*{Res}_{\xi = x_s}(\xi) = \frac{1}{2\pi i} \int_{|\xi| = R} f(\xi) \mathrm{d}\xi$$

其中 $0 < R < \min\limits_{1 \leqslant i \leqslant n} \{|x_i|\}$（注意：这里的沿圆周 $|z| = R$ 的积分是关于区域 D 的负向取的）. 另一方面，$f(z)$ 的洛朗展式在 $|\xi| = R$ 上一致收敛，且

$$f(z) = \left[z^m (z - x_1)^2 (z - x_2)^2 \cdots (z - x_n)^2 \right]^{-1}$$

由此

$$f(z) = \frac{z^{-m}}{\prod\limits_{1 \leqslant j \leqslant n} x_j^2} \cdot \frac{1}{\left(1 - \dfrac{z}{x_1}\right)^2} \frac{1}{\left(1 - \dfrac{z}{x_2}\right)^2} \cdots \frac{1}{\left(1 - \dfrac{z}{x_n}\right)^2}$$

$$= \frac{z^{-m}}{\prod\limits_{1 \leqslant j \leqslant n} x_j^2} \cdot \sum_{k=0}^{\infty} \binom{k+1}{k} \left(\frac{z}{x_1}\right)^k \sum_{k=0}^{\infty} \binom{k+1}{k} \left(\frac{z}{x_2}\right)^k \cdots \sum_{k=0}^{\infty} \binom{k+1}{k} \left(\frac{z}{x_n}\right)^k$$

$$= \frac{z^{-m}}{\prod\limits_{1 \leqslant j \leqslant n} x_j^2} \cdot \left[1 + 2\left(\frac{z}{x_1}\right) + 3\left(\frac{z}{x_1}\right)^2 + 4\left(\frac{z}{x_1}\right)^3 + \cdots \right]$$

$$\cdot \left[1 + 2\left(\frac{z}{x_2}\right) + 3\left(\frac{z}{x_2}\right)^2 + 4\left(\frac{z}{x_2}\right)^3 + \cdots \right] \cdots$$

$$\cdot \left[1 + 2\left(\frac{z}{x_n}\right) + 3\left(\frac{z}{x_n}\right)^2 + 4\left(\frac{z}{x_n}\right)^3 + \cdots \right]$$

$$= \frac{z^{-m}}{\prod\limits_{1 \leqslant j \leqslant n} x_j^2} \cdot \frac{1}{\left(1 - \dfrac{z}{x_1}\right)^2} \frac{1}{\left(1 - \dfrac{z}{x_2}\right)^2} \cdots \frac{1}{\left(1 - \dfrac{z}{x_n}\right)^2}$$

$$= \frac{1}{\prod\limits_{1 \leqslant j \leqslant n} x_j^2} \cdot \left[z^{-m} + 2\left(\frac{1}{x_1} + \frac{1}{x_1} + \cdots\right) z^{-m+1} \right.$$

$$+ \left[3\left(\frac{1}{x_1^2} + \frac{1}{x_2^2} + \cdots\right) + 4\left(\frac{1}{x_1}\frac{1}{x_2} + \frac{1}{x_2}\frac{1}{x_3} + \cdots\right) \right] z^{-m+2} + \cdots$$

$$+ \left. \sum_{\substack{j_1 + j_2 + \cdots + j_n = m-1 \\ j_1, j_2, \cdots, j_n \geqslant 0}} (j_1 + 1)\left(\frac{1}{x_1}\right)^{j_1} (j_2 + 1)\left(\frac{1}{x_2}\right)^{j_2} \cdots (j_n + 1)\left(\frac{1}{x_n}\right)^{j_n} z^{-1} + \cdots \right]$$

即

$$f(z) = \frac{z^{-m}}{\prod\limits_{1 \leqslant j \leqslant n} x_j^2} \cdot \frac{1}{\left(1 - \dfrac{z}{x_1}\right)^2} \frac{1}{\left(1 - \dfrac{z}{x_2}\right)^2} \cdots \frac{1}{\left(1 - \dfrac{z}{x_n}\right)^2}$$

$$= \frac{1}{\prod\limits_{1 \leqslant j \leqslant n} x_j^2} \cdot \left[z^{-m} + 2\left(\frac{1}{x_1} + \frac{1}{x_1} + \cdots \right) z^{-m+1} \right.$$

$$+ \left[3\left(\frac{1}{x_1^2} + \frac{1}{x_2^2} + \cdots \right) + 4\left(\frac{1}{x_1} \frac{1}{x_2} + \frac{1}{x_2} \frac{1}{x_3} + \cdots \right) \right] z^{-m+2} + \cdots$$

$$\left. + \sum_{\substack{j_1+j_2+\cdots+j_n = m-1 \\ j_1, j_2, \cdots, j_n \geqslant 0}} (j_1+1)\left(\frac{1}{x_1}\right)^{j_1} (j_2+1)\left(\frac{1}{x_2}\right)^{j_2} \cdots (j_n+1)\left(\frac{1}{x_n}\right)^{j_n} z^{-1} + \cdots \right]$$

通过上式可以看出:

第 1 项系数:

$$2\left(\frac{1}{x_1} + \frac{1}{x_1} + \cdots \right)$$

第 2 项系数:

$$3\left(\frac{1}{x_1^2} + \frac{1}{x_2^2} + \cdots \right) + 4\left(\frac{1}{x_1} \frac{1}{x_2} + \frac{1}{x_2} \frac{1}{x_3} + \cdots \right) \cdots$$

第 $m-1$ 项系数:

$$\sum_{\substack{j_1+j_2+\cdots+j_n = m-1 \\ j_1, j_2, \cdots, j_n \geqslant 0}} (j_1+1)\left(\frac{1}{x_1}\right)^{j_1} (j_2+1)\left(\frac{1}{x_2}\right)^{j_2} \cdots (j_n+1)\left(\frac{1}{x_n}\right)^{j_n}$$

逐项积分,由于 $\frac{1}{2\pi i} \int_{|z|=R} \frac{\mathrm{d}z}{z} = -1$(因方向是负的),故除 z^{-1} 的系数外,一切全为 0,故得证.　　　　　　　　　　　　　　　　　　　　　　□

注　如上证明中用到等式:

$$\frac{1}{(1-z)^2} = \sum_{k=0}^{\infty} \binom{k+1}{k} z^k$$

$$= \sum_{k=0}^{\infty} (1+k) z^k = 1 + 2z + 3z^2 + 4z^3 + \cdots \quad (|z| < 1)$$

例 1.5.1　在定理 1.5.4 中,令 $m=1, x_1, x_2, \cdots, x_n$ 分别为从 1 到 n 的自然数,计算 $\sum\limits_{s=1}^{n} \left[\dfrac{x_s^{-m-1}}{\prod\limits_{\substack{1 \leqslant j \leqslant n \\ j \neq s}} (x_s - x_i)^2} \left(m + 2x_s \sum\limits_{\substack{1 \leqslant j \leqslant n \\ j \neq s}} \frac{1}{x_s - x_i} \right) \right]$ 的值.

解　由 $m=1$,有 $j_1 + \cdots + j_n = 0$. 又 $j_1, j_2, \cdots, j_n \geqslant 0$,那么根据定理 1.5.4 的结论,有

$$\sum_{s=1}^{n} \left[\frac{x_s^{-m-1}}{\prod\limits_{\substack{1 \leqslant j \leqslant n \\ j \neq s}} (x_s - x_i)^2} \left(m + 2x_s \sum_{\substack{1 \leqslant j \leqslant n \\ j \neq s}} \frac{1}{x_s - x_i} \right) \right]$$

$$= \frac{1[1 + 2((1-2)^{-1} + (1-3)^{-1} + \cdots + (1-n)^{-1})]}{(1-2)^2 \times (1-3)^2 \times \cdots \times (1-n)^2}$$

$$+ \frac{\frac{1}{2^2}[1 + 2 \times 2((2-1)^{-1} + (2-3)^{-1} + \cdots + (2-n)^{-1})]}{(2-1)^2 \times (2-3)^2 \times \cdots \times (2-n)^2}$$

$$+ \cdots + \frac{\frac{1}{n^2}(1 + 2n((n-1)^{-1} + (n-2)^{-1} + \cdots + [n-(n-1)]^{-1}))}{(n-1)^2 \times (n-2)^2 \times \cdots \times [n-(n-1)]^2}$$

$$\frac{1}{\prod\limits_{1 \leqslant j \leqslant n} x_j^2} \cdot \sum_{\substack{j_1 + j_2 + \cdots + j_n = 0 \\ j_1, j_2, \cdots, j_n \geqslant 0}} (j_1 + 1)\left(\frac{1}{x_1}\right)^{j_1} (j_2 + 1)\left(\frac{1}{x_2}\right)^{j_2} \cdots (j_n + 1)\left(\frac{1}{x_n}\right)^{j_n}$$

$$= \frac{1}{(1 \times 2 \times 3 \times \cdots \times n)^2} = \frac{1}{(n!)^2}$$

因此

$$\frac{1[1 + 2((1-2)^{-1} + (1-3)^{-1} + \cdots + (1-n)^{-1})]}{(1-2)^2 \times (1-3)^2 \times \cdots \times (1-n)^2}$$

$$+ \frac{\frac{1}{2^2}[1 + 2 \times 2((2-1)^{-1} + (2-3)^{-1} + \cdots + (2-n)^{-1})]}{(2-1)^2 \times (2-3)^2 \times \cdots \times (2-n)^2}$$

$$+ \cdots + \frac{\frac{1}{n^2}(1 + 2n((n-1)^{-1} + (n-2)^{-1} + \cdots + [n-(n-1)]^{-1}))}{(n-1)^2 \times (n-2)^2 \times \cdots \times [n-(n-1)]^2}$$

$$= \frac{1}{(n!)^2} \qquad \square$$

例 1.5.2 在定理 1.5.4 中，令 $m = 2, x_1, x_2, \cdots, x_n$ 分别为从 1 到 n 的自然数，计算 $\sum\limits_{s=1}^{n}\left[\dfrac{x_s^{-m-1}}{\prod\limits_{\substack{1 \leqslant j \leqslant n \\ j \neq s}} (x_s - x_i)^2}\left(m + 2x_s \sum\limits_{\substack{1 \leqslant j \leqslant n \\ j \neq s}} \dfrac{1}{x_s - x_i}\right)\right]$ 的值.

解 由 $m = 2$，有 $j_1 + \cdots + j_n = 1$. 又因为 $j_1, j_2, \cdots, j_n \geqslant 0$，那么根据定理 1.5.4 的结论，有

$$\sum_{s=1}^{n}\left[\frac{x_s^{-m-1}}{\prod\limits_{\substack{1 \leqslant j \leqslant n \\ j \neq s}} (x_s - x_i)^2}\left(m + 2x_s \sum\limits_{\substack{1 \leqslant j \leqslant n \\ j \neq s}} \frac{1}{x_s - x_i}\right)\right]$$

$$= \frac{1[2 + 2((1-2)^{-1} + (1-3)^{-1} + \cdots + (1-n)^{-1})]}{(1-2)^2 \times (1-3)^2 \times \cdots \times (1-n)^2}$$

$$+ \frac{\dfrac{1}{2^2}\left[2 + 2 \times 2\left((2-1)^{-1} + (2-3)^{-1} + \cdots + (2-n)^{-1}\right)\right]}{(2-1)^2 \times (2-3)^2 \times \cdots \times (2-n)^2}$$

$$+ \cdots + \frac{\dfrac{1}{n^2}\left(2 + 2n\left((n-1)^{-1} + (n-2)^{-1} + \cdots + [n-(n-1)]^{-1}\right)\right)}{(n-1)^2 \times (n-2)^2 \times \cdots \times [n-(n-1)]^2}$$

$$\frac{1}{\displaystyle\prod_{1 \leqslant j \leqslant n} x_j^2} \cdot \sum_{\substack{j_1 + j_2 + \cdots + j_n = 1 \\ j_1, j_2, \cdots, j_n \geqslant 0}} (j_1 + 1)\left(\frac{1}{x_1}\right)^{j_1} (j_2 + 1)\left(\frac{1}{x_2}\right)^{j_2} \cdots (j_n + 1)\left(\frac{1}{x_n}\right)^{j_n}$$

$$= \frac{2}{(n!)^2}\left(1 + \frac{1}{2} + \frac{1}{3} + \cdots + \frac{1}{n}\right)$$

因此

$$\frac{1\left[2 + 2\left((1-2)^{-1} + (1-3)^{-1} + \cdots + (1-n)^{-1}\right)\right]}{(1-2)^2 \times (1-3)^2 \times \cdots \times (1-n)^2}$$

$$+ \frac{\dfrac{1}{2^2}\left[2 + 2 \times 2\left((2-1)^{-1} + (2-3)^{-1} + \cdots + (2-n)^{-1}\right)\right]}{(2-1)^2 \times (2-3)^2 \times \cdots \times (2-n)^2}$$

$$+ \cdots + \frac{\dfrac{1}{n^2}\left(2 + 2n\left((n-1)^{-1} + (n-2)^{-1} + \cdots + [n-(n-1)]^{-1}\right)\right)}{(n-1)^2 \times (n-2)^2 \times \cdots \times [n-(n-1)]^2}$$

$$= \frac{2}{(n!)^2}\left(1 + \frac{1}{2} + \frac{1}{3} + \cdots + \frac{1}{n}\right) \qquad \square$$

例 1.5.3　在定理 1.5.4 中，令 $m = 3$，$x_1, x_2, \cdots, x_n$ 分别为从 1 到 n 的自然数，计算 $\displaystyle\sum_{s=1}^{n}\left[\frac{x_s^{-m-1}}{\displaystyle\prod_{\substack{1 \leqslant j \leqslant n \\ j \neq s}}(x_s - x_i)^2}\left(m + 2x_s \sum_{\substack{1 \leqslant j \leqslant n \\ j \neq s}}\frac{1}{x_s - x_i}\right)\right]$ 的值.

解　由 $m = 3$，有 $j_1 + \cdots + j_n = 2$. 又因为 $j_1, j_2, \cdots, j_n \geqslant 0$，那么根据定理 1.5.4 的结论，有

$$\sum_{s=1}^{n}\left[\frac{x_s^{-m-1}}{\displaystyle\prod_{\substack{1 \leqslant j \leqslant n \\ j \neq s}}(x_s - x_i)^2}\left(3 + 2x_s \sum_{\substack{1 \leqslant j \leqslant n \\ j \neq s}}\frac{1}{x_s - x_i}\right)\right]$$

$$= \frac{1\left[3 + 2\left((1-2)^{-1} + (1-3)^{-1} + \cdots + (1-n)^{-1}\right)\right]}{(1-2)^2 \times (1-3)^2 \times \cdots \times (1-n)^2}$$

$$+ \frac{\dfrac{1}{2^2}\left[3 + 2 \times 2\left((2-1)^{-1} + (2-3)^{-1} + \cdots + (2-n)^{-1}\right)\right]}{(2-1)^2 \times (2-3)^2 \times \cdots \times (2-n)^2}$$

$$+\cdots+\frac{\dfrac{1}{n^2}\left(3+2n\left((n-1)^{-1}+(n-2)^{-1}+\cdots+[n-(n-1)]^{-1}\right)\right)}{(n-1)^2\times(n-2)^2\times\cdots\times[n-(n-1)]^2}$$

$$\frac{1}{\prod\limits_{1\leqslant j\leqslant n}x_j^2}\cdot\sum_{\substack{j_1+j_2+\cdots+j_n=2\\ j_1,j_2,\cdots,j_n\geqslant 0}}(j_1+1)\left(\frac{1}{x_1}\right)^{j_1}(j_2+1)\left(\frac{1}{x_2}\right)^{j_2}\cdots(j_n+1)\left(\frac{1}{x_n}\right)^{j_n}$$

$$=\frac{3}{(n!)^2}\left(1+\frac{1}{2}+\frac{1}{3}+\cdots+\frac{1}{n}\right)$$

$$+\frac{4}{(n!)^2}\left(\frac{1}{1\times 2}+\frac{1}{1\times 3}+\cdots+\frac{1}{1\times n}+\frac{1}{2\times 3}+\cdots+\frac{1}{2\times n}+\cdots+\frac{1}{(n-1)n}\right)$$

因此

$$\frac{1\left[3+2\left((1-2)^{-1}+(1-3)^{-1}+\cdots+(1-n)^{-1}\right)\right]}{(1-2)^2\times(1-3)^2\times\cdots\times(1-n)^2}$$

$$+\frac{\dfrac{1}{2^2}\left[3+2\times 2\left((2-1)^{-1}+(2-3)^{-1}+\cdots+(2-n)^{-1}\right)\right]}{(2-1)^2\times(2-3)^2\times\cdots\times(2-n)^2}$$

$$+\cdots+\frac{\dfrac{1}{n^2}\left(3+2n\left((n-1)^{-1}+(n-2)^{-1}+\cdots+[n-(n-1)]^{-1}\right)\right)}{(n-1)^2\times(n-2)^2\times\cdots\times[n-(n-1)]^2}$$

$$=\frac{3}{(n!)^2}\left(1+\frac{1}{2}+\frac{1}{3}+\cdots+\frac{1}{n}\right)$$

$$+\frac{4}{(n!)^2}\left(\frac{1}{1\times 2}+\frac{1}{1\times 3}+\cdots+\frac{1}{1\times n}+\frac{1}{2\times 3}+\cdots+\frac{1}{2\times n}+\cdots+\frac{1}{(n-1)n}\right)$$

$\square$

　　从定理 1.5.2 与定理 1.5.3 中可看出,组合数与整数方幂和有密切关系.本节应用复变函数论中留数定理及洛朗展式,首先给出一类代数恒等式,然后从代数恒等式中取特殊值而得到一类组合数学中的恒等式.这与近代组合论中一般是先根据留数定理将组合数用积分表示,再考虑它的性质不同.因此本节的方法为研究组合数学提供了又一途径.

1.6　一类有关组合数的不定方程

　　在二项式 $(a+b)^n$ 的展开式中,是否存在连续 3 项的系数成等差数列或成等比数列？下面将讨论这类问题.

定理 1.6.1　不定方程 $2C_n^m = C_n^{m-1} + C_n^{m+1}$ 有无穷多组解.

证明　由于

$$\frac{2(n!)}{m!(n-m)!} = \frac{n!}{(m-1)!(n-m+1)!} + \frac{n!}{(m+1)!(n-m-1)!}$$

即

$$2 = \frac{m}{n-m+1} + \frac{n-m}{m+1}$$

由此得

$$4m^2 - 4n + (n^2 + n - 2) = 0 \tag{1.6.1}$$

由(1.6.1)式解得

$$m = \frac{n \pm \sqrt{n+2}}{2} \tag{1.6.2}$$

令 $n+2 = t^2 (t \in \mathbf{N})$，则由(1.6.2)式得

$$m = \frac{(t \pm 1)t - 2}{2} = \frac{t(t \pm 1)}{2} - 1 \tag{1.6.3}$$

即有

$$\begin{cases} n = t^2 - 2 \\ m = \dfrac{t(t \pm 1)}{2} - 1 \end{cases} \quad (t \in \mathbf{N}) \tag{1.6.4}$$

由(1.6.4)式得，t 为一切大于或等于 3 的自然数，原不定方程都有相应的解. 故原不定方程有无穷多组解. □

更进一步地，我们可以证明如下结论.

定理 1.6.2　不定方程 $2C_n^m = C_n^{m-2}C_n^{m+2}$ 有无穷多组解.

证明　化简

$$\frac{2(n!)}{m!(n-m)!} = \frac{n!}{(m-2)!(n-m+2)!} + \frac{n!}{(m+2)!(n-m-2)!} \tag{1.6.5}$$

得

$$(m-1)m(m+1)(m+2) + (n-m-1)(n-m)(n-m+1)(n-m+2)$$
$$= 2(m+1)(m+2)(n-m+1)(n-m+2) \tag{1.6.6}$$

展开(1.6.6)式，合并同类项得

$$(n^2 + 3n + 2)(4m^2 - 4mn + n^2 - n - 4) = 0 \tag{1.6.7}$$

因对任一自然数 n，有 $n^2 + 3n + 2 \neq 0$，所以

$$4m^2 - 4mn + n^2 - n - 4 = 0$$

即

$$(2m - n)^2 = n + 4$$

于是

$$m = \frac{n \pm \sqrt{n + 4}}{2} \qquad\qquad (1.6.8)$$

当 $n + 4$ 为完全平方数时. 即 $n + 4 = t^2 (t \in \mathbf{N})$，那么由(1.6.8)式得

$$\begin{cases} n = t^2 - 4 \\ m = \dfrac{1}{2}(t^2 \pm t - 4) \end{cases} \qquad (t \in \mathbf{N}) \qquad (1.6.9)$$

由(1.6.9)式知，当 $t \geqslant 4$ 时，原不定方程都有解. 故原不定方程有无穷多组解.　　□

　　在定理 1.6.1 的证明中，(1.6.4)式即是原不定方程的一般形式，当 $t = 3, 4,$ $5, 6 \cdots$ 时，它的解 (m, n) 分别是

$$\left(7, \frac{3}{2}(3 \pm 1) - 1\right), \left(14, \frac{4}{2}(4 \pm 1) - 1\right), \left(23, \frac{5}{2}(5 \pm 1) - 1\right), \left(34, \frac{6}{2}(6 \pm 1) - 1\right), \cdots$$

对于每个 t，都有两组解. 这是二项式素数具有对称性的缘故. 同样地，在定理 1.6.2 的证明中，(1.6.9)式即是原不定方程解的一般形式，当 $t = 4, 5, 6, 7, \cdots$ 时方程的解分别是

(m, n)

$$= \left(12, \frac{1}{2}(12 \pm 4)\right), \left(21, \frac{1}{2}(21 \pm 5)\right), \left(32, \frac{1}{2}(25 \pm 6)\right), \left(45, \frac{1}{2}(45 \pm 7)\right), \cdots$$

　　对于不定方程 $2C_n^m = C_n^{m-3} + C_n^{m+3}$ 是否有解，目前还不知道. 由此自然提出如下问题：

　　问题 1　对于自然数 $s > 2$，存在自然数 $n, m, n \geqslant m - s \geqslant 0$，则 $C_n^{m-s}, C_n^m,$ C_n^{m+s} 是否为等差数列？

　　下面讨论在二项式系数中，是否有三项成等比数列的问题.

　　定理 1.6.3　对任意自然数 $s, n \geqslant m - s \geqslant 0, C_n^{m-s}, C_n^m, C_n^{m+s}$ 不成等比数列，即不定方程

$$(C_n^m)^2 = C_n^{m-s} C_n^{m+s} \qquad\qquad (1.6.10)$$

无解.

　　证明　由(1.6.10)式得

$$\left[\frac{n!}{m!(n-m)!}\right] = \frac{n!}{(m-s)!(n-m+s)!} \cdot \frac{n!}{(m+s)!(n-m-s)!}$$

由此式得

$$[m!(n-m)!]^2 = (m-s)!(n-m+s)!(m+s)!(n-m+s)!$$

即

$$\frac{m!}{(m-s)!} \frac{(n-m)!}{(n-m-s)!} = \frac{(n-m+s)!}{(n-m)!} \frac{(m+s)!}{m!} \tag{1.6.11}$$

由

$$\frac{m!}{(m-s)!} = m(m-1)\cdots(m-s+1) \tag{1.6.12}$$

$$\frac{(m+s)!}{m!} = (m+s)(m+s-1)\cdots(m+1) \tag{1.6.13}$$

则得其左端都是 s 个连续自然数的乘积. 而 $m+s>m$, 故

$$\frac{m!}{(m-s)!} < \frac{(m+s)!}{m!} \tag{1.6.14}$$

同理有

$$\frac{(n-m)!}{(n-m-s)!} < \frac{(n-m+s)!}{(n-m)!} \tag{1.6.15}$$

由(1.6.14)与(1.6.15)式知,(1.6.11)式不可能成立,从而(1.6.10)式不能成立. 即它无解. □

猜想　对任意自然数 $t, s, 0 \leqslant m-s \leqslant n, m+t \leqslant n$. 不定方程 $(C_n^m)^2 = C_n^{m-s} C_n^{m+t}$ 无解.

1.7　等差、等比数列与组合数的几个恒等式

利用多项式定理可以得到有关组合数的许多恒等式,但是等差、等比数列与组合数之间有关的恒等式较难用多项式定理得到. 这一节将讨论这一问题.

定理 1.7.1[11]　若 $\{a_k\}$ 为等差数列,则

(1) $a_1 + a_2 \binom{n}{1} + a_3 \binom{n}{2} + \cdots + a_{n+1} \binom{n}{n} = (a_1 + a_{n+1}) 2^{n-1}$.

(2) $a_1 - a_2 \binom{n}{1} + a_3 \binom{n}{2} - \cdots + (-1)^n a_{n+1} \binom{n}{n} = 0 (n \geqslant 2)$.

证明　设

$$S = a_1 \binom{n}{0} + a_2 \binom{n}{1} + a_3 \binom{n}{2} + \cdots + a_{n+1} \binom{n}{n} \tag{1.7.1}$$

将此式倒写,并由 $\binom{n}{k} = \binom{n}{n-k}$ 得到

$$S = a_{n+1}\binom{n}{n} + a_n\binom{n}{n-1} + a_{n-1}\binom{n}{n-2} + \cdots + a_2\binom{n}{1} + a_1\binom{n}{0}$$

$$= a_{n+1}\binom{n}{0} + a_n\binom{n}{1} + a_{n-1}\binom{n}{2} + \cdots + a_2\binom{n}{n-1} + a_1\binom{n}{n} \qquad (1.7.2)$$

(1.7.1)与(1.7.2)式两边相加得到

$$2S = (a_1 + a_{n+1})\binom{n}{n} + (a_2 + a_n)\binom{n}{n-1} + \cdots + (a_n + a_2)\binom{n}{1} + (a_{n+1} + a_1)\binom{n}{0}$$

因$\{a_k\}$为等差数列,所以

$$a_1 + a_{n+1} = a_2 + a_n = \cdots = a_n + a_2 = a_{n+1} + a_1$$

于是

$$2S = (a_1 + a_{n+1})\binom{n}{n} + (a_2 + a_n)\binom{n}{n-1} + \cdots + (a_n + a_2)\binom{n}{1} + (a_{n+1} + a_1)\binom{n}{0}$$

$$= (a_1 + a_{n+1})\left[\binom{n}{n} + \binom{n}{n-1} + \cdots + \binom{n}{1} + \binom{n}{0}\right] = (a_1 + a_{n+1})2^n$$

即

$$a_1 + a_2\binom{n}{1} + a_3\binom{n}{2} + \cdots + a_{n+1}\binom{n}{n} = (a_1 + a_{n+1})2^{n-1}$$

再证明(2). 设$\{a_k\}$的公差为d,则$a_k = a_1 + (k-1)d$.

$$a_1 - a_2\binom{n}{1} + a_3\binom{n}{2} - \cdots + (-1)^n a_{n+1}\binom{n}{n}$$

$$= a_1 - (a_1 + d)\binom{n}{1} + (a_1 + 2d)\binom{n}{2} - \cdots + (-1)^n(a_1 + 2d)\binom{n}{n}$$

$$= a_1\left[\binom{n}{0} - \binom{n}{1} + \binom{n}{2} - \cdots + (-1)^n\binom{n}{n}\right]$$

$$- d\left[\binom{n}{1} - 2\binom{n}{2} + 3\binom{n}{3} - \cdots + (-1)^{n-1}n\binom{n}{n}\right]$$

因为$k\binom{n}{k} = n\binom{n-1}{k-1}$,$n \geqslant 2 \Rightarrow n-1 \geqslant 1$,所以

$$\binom{n}{1} - 2\binom{n}{2} + 3\binom{n}{3} - \cdots + (-1)^{n-1}n\binom{n}{n}$$

$$= n\binom{n-1}{0} - n\binom{n-1}{1} + n\binom{n-1}{2} - \cdots + (-1)^{n-1}n\binom{n-1}{n-1}$$

$$= n\left[\binom{n-1}{0} - \binom{n-1}{1} + \binom{n-1}{2} - \cdots + (-1)^{n-1}\binom{n-1}{n-1}\right] = 0$$

又因为

$$\binom{n}{0} - \binom{n}{1} + \binom{n}{2} - \cdots + (-1)^n \binom{n}{n} = 0$$

所以 $a_1 - a_2 \binom{n}{1} + a_3 \binom{n}{2} - \cdots + (-1)^n a_{n+1} \binom{n}{n} = a_1 \cdot 0 + d \cdot 0 = 0.$ □

定理 1.7.2[11] S_n 为等差数列 $\{a_k\}$ 的前 n 项的和,则

(1) $a_1 \binom{n}{1} + 2a_2 \binom{n}{2} + 3a_3 \binom{n}{3} + \cdots + na_n \binom{n}{n} = 2^{n-1} S_n.$

(2) $a_1 \binom{n}{1} - 2a_2 \binom{n}{2} + 3a_3 \binom{n}{3} - \cdots + (-1)^{n-1} na_n \binom{n}{n} = 0 (n \geqslant 3).$

证明 (1) 因 $k \binom{n}{k} = n \binom{n-1}{k-1}$,所以

$$a_1 \binom{n}{1} + 2a_2 \binom{n}{2} + 3a_3 \binom{n}{3} + \cdots + na_n \binom{n}{n}$$

$$= na_1 \binom{n-1}{0} + na_2 \binom{n-1}{1} + na_3 \binom{n-1}{2} + \cdots + na_n \binom{n-1}{n-1}$$

$$= n \left[a_1 \binom{n-1}{0} + a_2 \binom{n-1}{1} + a_3 \binom{n-1}{2} + \cdots + a_n \binom{n-1}{n-1} \right]$$

由定理 1.7.1 知,括号内的值等于 $(a_1 + a_n) 2^{n-2}$,又因为 $S_n = 2^{-1} n (a_1 + a_n)$,所以

$$a_1 \binom{n}{1} + 2a_2 \binom{n}{2} + 3a_3 \binom{n}{3} + \cdots + na_n \binom{n}{n} = n(a_1 + a_n) 2^{n-2} = S_n 2^{n-1}$$

再证(2). 因为 $k \binom{n}{k} = n \binom{n-1}{k-1}$,所以

$$a_1 \binom{n}{1} - 2a_2 \binom{n}{2} + 3a_3 \binom{n}{3} - \cdots + (-1)^{n-1} na_n \binom{n}{n}$$

$$= na_1 \binom{n-1}{0} - na_2 \binom{n-1}{1} + na_3 \binom{n-1}{2} - \cdots + (-1)^{n-1} na_n \binom{n-1}{n-1}$$

$$= n \left[a_1 \binom{n-1}{0} - a_2 \binom{n-1}{1} + a_3 \binom{n-1}{2} - \cdots + (-1)^{n-1} a_n \binom{n-1}{n-1} \right]$$

又因为 $n \geqslant 3$,即 $n-1 \geqslant 2$,由定理 1.7.1 知,括号内的值等于零,故上式的左边等于零. □

由定理 1.7.1 与定理 1.7.2 易得如下结论:

定理 1.7.3 设 d_1, d_2 分别为等差数列 $\{a_k\}$ 与 $\{b_k\}$ 的公差,则

(1) $\sum\limits_{k=1}^{n} a_k b_k \binom{n}{k} = (a_1 - d_1)(b_1 - d_2)(2^n - 1) + (a_1 d_2 + b_1 d_1) n 2^{n-1} + d_1 d_2 n(n-3) 2^{n-2}$.

(2) $a_1 b_1 \binom{n}{1} - a_2 b_2 \binom{n}{2} + a_3 b_3 \binom{n}{3} - \cdots + (-1)^{n-1} a_n b_n \binom{n}{n} = (a_1 - d_1)(b_1 - d_2) \ (n \geqslant 3)$.

证明 （1）

$$\sum_{k=1}^{n} a_k b_k \binom{n}{k} = \sum_{k=1}^{n} a_k (b_1 + (k-1) d_2) \binom{n}{k}$$

$$= b_1 \sum_{k=1}^{n} a_k \binom{n}{k} + \sum_{k=1}^{n} a_k (k-1) d_2 \binom{n}{k}$$

$$= (b_1 - d_2) \sum_{k=1}^{n} a_k \binom{n}{k} + d_2 \sum_{k=1}^{n} k a_k \binom{n}{k}$$

$$\xrightarrow{\text{由定理 1.7.2}} (b_1 - d_2) \sum_{k=1}^{n} a_k \binom{n}{k} + d_2 2^{n-1} S_n$$

$$= (b_1 - d_2) \sum_{k=1}^{n} (a_k + d_1 - d_1) \binom{n}{k} + d_2 2^{n-1} S_n$$

$$= (b_1 - d_2) \sum_{k=1}^{n} a_{k+1} \binom{n}{k} - d_1 (b_1 - d_2) \sum_{k=1}^{n} \binom{n}{k} + d_2 2^{n-1} S_n$$

$$= (b_1 - d_2) \left[\left(\sum_{k=1}^{n} a_{k+1} \binom{n}{k} \right) + a_1 - a_1 \right]$$

$$\quad - d_1 (b_1 - d_2) \left[\sum_{k=0}^{n} \binom{n}{k} - \binom{n}{0} \right] + d_2 2^{n-1} S_n$$

$$\xrightarrow{\text{由定理 1.7.1}} (b_1 - d_2) \left[(a_1 + a_{n+1}) 2^{n-1} - a_1 \right]$$

$$\quad - d_1 (b_1 - d_2) \left[\sum_{k=0}^{n} \binom{n}{k} - \binom{n}{0} \right] + d_2 2^{n-1} S_n$$

$$\xrightarrow{\text{由二项式定理}} (b_1 - d_2) \left[(a_1 + a_{n+1}) 2^{n-1} - a_1 \right]$$

$$\quad - d_1 (b_1 - d_2)(2^n - 1) + d_2 2^{n-1} S_n$$

$$= (a_1 - d_1)(b_1 - d_2)(2^n - 1) + (a_1 d_2 + b_1 d_1) n 2^{n-1}$$

$$\quad + d_1 d_2 n(n-3) 2^{n-2}$$

（2）由于

$$a_1 b_1 \binom{n}{1} - a_2 b_2 \binom{n}{2} + a_3 b_3 \binom{n}{3} - \cdots + (-1)^{n-1} a_n b_n \binom{n}{n}$$

$$= a_1 b_1 \binom{n}{1} - a_2(b_1 + d_2)\binom{n}{2} + a_3(b_1 + 2d_2)\binom{n}{3} - \cdots$$

$$+ (-1)^{n-1} a_n(b_1 + (n-1)d_2)\binom{n}{n}$$

$$= b_1\left[a_1\binom{n}{1} - a_2\binom{n}{2} + a_3\binom{n}{3} - \cdots + (-1)^{n-1}a_n\binom{n}{n} \right]$$

$$+ d_2\left[-a_2\binom{n}{2} + 2a_3\binom{n}{3} - \cdots + (-1)^{n-1}(n-1)a_n\binom{n}{n} \right]$$

由于

$$a_1\binom{n}{1} - a_2\binom{n}{2} + a_3\binom{n}{3} - \cdots + (-1)^{n-1}a_n\binom{n}{n}$$

$$= a_1 - a_1 + (a_2 - d_1)\binom{n}{1} - (a_3 - d_1)\binom{n}{2}$$

$$+ (a_4 - d_1)\binom{n}{3} - \cdots + (-1)^{n-1}(a_{n+1} - d_1)\binom{n}{n}$$

$$= -a_1 + a_2\binom{n}{1} - a_3\binom{n}{2} + a_4\binom{n}{3} - \cdots + (-1)^{n-1}a_{n+1}\binom{n}{n}$$

$$+ a_1 + d_1\left[-\binom{n}{1} + \binom{n}{2} - \binom{n}{3} - \cdots + (-1)^n\binom{n}{n} \right]$$

$$\xlongequal{\text{由定理 1.7.1}} 0 + a_1 + d_1\left[-\binom{n}{1} + \binom{n}{2} - \binom{n}{3} - \cdots + (-1)^n\binom{n}{n} \right]$$

$$= a_1 + d_1\left[\binom{n}{0} - \binom{n}{1} + \binom{n}{2} - \binom{n}{3} - \cdots + (-1)^n\binom{n}{n} - \binom{n}{0} \right]$$

$$\xlongequal{\text{由二项式定理}} a_1 + d_1(0 - 1) = a_1 - d_1$$

又因为 $n \geqslant 3$，所以

$$-a_2\binom{n}{2} + 2a_3\binom{n}{3} - \cdots + (-1)^{n-1}(n-1)a_n\binom{n}{n}$$

$$= -2a_2\binom{n}{2} + 3a_3\binom{n}{3} - \cdots + (-1)^{n-1}na_n\binom{n}{n}$$

$$+ a_2\binom{n}{2} - a_3\binom{n}{3} - \cdots + (-1)^n a_n\binom{n}{n}$$

$$= a_1\binom{n}{1} - 2a_2\binom{n}{2} + 3a_3\binom{n}{3} - \cdots + (-1)^{n-1}na_n\binom{n}{n} - a_1\binom{n}{1}$$

$$+ a_3 \binom{n}{2} - a_4 \binom{n}{3} - \cdots + (-1)^n a_{n+1} \binom{n}{n}$$

$$- d_1 \left[\binom{n}{2} - \binom{n}{3} - \cdots + (-1)^n \binom{n}{n} \right]$$

$$\xlongequal{\text{由定理 1.7.2}} - a_1 \binom{n}{1} + a_3 \binom{n}{2} - a_4 \binom{n}{3} - \cdots + (-1)^n a_{n+1} \binom{n}{n}$$

$$- d_1 \left[\binom{n}{2} - \binom{n}{3} - \cdots + (-1)^n \binom{n}{n} \right]$$

$$= a_1 - a_2 \binom{n}{1} + a_3 \binom{n}{2} - a_4 \binom{n}{3} - \cdots + (-1)^n a_{n+1} \binom{n}{n} - a_1 + a_2 \binom{n}{1}$$

$$- a_1 \binom{n}{1} - d_1 \left[\binom{n}{0} - \binom{n}{1} + \binom{n}{2} - \binom{n}{3} - \cdots + (-1)^n \binom{n}{n} - \binom{n}{0} + \binom{n}{1} \right]$$

$$\xlongequal{\text{由定理 1.7.1}} 0 - a_1 + a_2 \binom{n}{1} - a_1 \binom{n}{1} - d_1 \left[\binom{n}{0} - \binom{n}{1} \right]$$

$$- d_1 \left[\binom{n}{0} - \binom{n}{1} + \binom{n}{2} - \binom{n}{3} - \cdots + (-1)^n \binom{n}{n} \right]$$

$$= 0 - a_1 + (a_1 + d_1) \binom{n}{1} - a_1 \binom{n}{1} - d_1 \left[- \binom{n}{0} + \binom{n}{1} \right]$$

$$= d_1 - a_1$$

于是

$$a_1 b_1 \binom{n}{1} - a_2 b_2 \binom{n}{2} + a_3 b_3 \binom{n}{3} - \cdots + (-1)^{n-1} a_n b_n \binom{n}{n}$$

$$= b_1 \left[a_1 \binom{n}{1} - a_2 \binom{n}{2} + a_3 \binom{n}{3} - \cdots + (-1)^{n-1} a_n \binom{n}{n} \right]$$

$$+ d_2 \left[- a_2 \binom{n}{2} + 2 a_3 \binom{n}{3} - \cdots + (-1)^{n-1} (n-1) a_n \binom{n}{n} \right]$$

$$= b_1 (a_1 - d_1) + d_2 (d_1 - a_1) = a_1 b_1 + d_1 d_2 - d_1 b_1 - a_1 d_2 \qquad \square$$

在定理 1.7.3 中，d_1 为等差数列 $\{a_k\}$ 的公差，$\{b_k\}$ 为首项是 1 的常数列，则有如下结果：

推论 1.7.1 d_1 为等差数列 $\{a_k\}$ 的公差，$\{b_k\}$ 为首项是 1 的常数列，则

(1) $\displaystyle \sum_{k=1}^{n} a_k \binom{n}{k} = (a_1 - d_1)(2^n - 1) + d_1 n 2^{n-1}$.

(2) $a_1 \binom{n}{1} - a_2 \binom{n}{2} + a_3 \binom{n}{3} - \cdots + (-1)^{n-1} a_n \binom{n}{n} = a_1 - d_1 (n \geqslant 3)$.

证明　在定理 1.7.3 中,令 $b_1 = b_2 = \cdots = b_n$,$d_2 = 0$ 即得.　　　　□

定理 1.7.4　设 d_1,d_2,d_3 分别为等差数列 $\{a_1(k)\},\{a_2(k)\},\{a_3(k)\}$ 的公差,则

$$\sum_{k=1}^{n}\left(\prod_{i=1}^{3}a_i(k)\right)\binom{n}{k} = \left(\prod_{i=1}^{3}(a_i(1)-d_i)\right)(2^n-1)$$
$$+ \left[a_1(1)a_2(1)d_3 + a_2(1)a_3(1)d_1 + a_3(1)a_1(1)d_2\right]n2^{n-1}$$
$$+ \left[a_1(1)d_2d_3 + a_2(1)d_3d_1 + a_3(1)d_1d_2\right]n(n-3)2^{n-2}$$
$$+ d_1d_2d_3 n(n^2-3n+6)2^{n-3}$$

证明

$$\sum_{k=1}^{n}\left(\prod_{i=1}^{3}a_i(k)\right)\binom{n}{k}$$

$$= \sum_{k=1}^{n}\left(\prod_{i=1}^{2}a_i(k)\right)(a_3(1)+(k-1)d_3)\binom{n}{k}$$

$$= a_3(1)\sum_{k=1}^{n}\left(\prod_{i=1}^{2}a_i(k)\right)\binom{n}{k} + d_3\sum_{k=1}^{n}\left(\prod_{i=1}^{2}a_i(k)\right)(k-1)d_2\binom{n}{k}$$

$$= (a_3(1)-d_3)\sum_{k=1}^{n}\left(\prod_{i=1}^{2}a_i(k)\right)\binom{n}{k} + d_3\sum_{k=1}^{n}\left(\prod_{i=1}^{2}a_i(k)\right)k\binom{n}{k}$$

$$= (a_3(1)-d_3)\sum_{k=1}^{n}\left(\prod_{i=1}^{2}a_i(k)\right)\binom{n}{k} + d_3\sum_{k=2}^{n}\left(\prod_{i=1}^{2}a_i(k)\right)k\binom{n}{k} + nd_3\prod_{i=1}^{2}a_i(1)$$

$$= (a_3(1)-d_3)\sum_{k=1}^{n}\left(\prod_{i=1}^{2}a_i(k)\right)\binom{n}{k} + d_3 n\sum_{k=2}^{n}\left(\prod_{i=1}^{2}a_i(k)\right)\binom{n-1}{k-1}$$

$$\quad + nd_3\prod_{i=1}^{2}a_i(1) \quad \left(\text{这里运用了公式 } k\binom{n}{k} = n\binom{n-1}{k-1}\right)$$

$$= (a_3(1)-d_3)\sum_{k=1}^{n}\left(\prod_{i=1}^{2}a_i(k)\right)\binom{n}{k}$$

$$\quad + d_3 n\sum_{k=2}^{n}\left(\prod_{i=1}^{2}(a_i(k-1)+d_i)\right)\binom{n-1}{k-1} + nd_3\prod_{i=1}^{2}a_i(1)$$

$$= (a_3(1)-d_3)\sum_{k=1}^{n}\left(\prod_{i=1}^{2}a_i(k)\right)\binom{n}{k} + d_3 n\sum_{k=2}^{n}\left(\prod_{i=1}^{2}a_i(k-1)\right)\binom{n-1}{k-1}$$

$$\quad + d_2d_3 n\sum_{k=2}^{n}a_1(k-1)\binom{n-1}{k-1} + d_1d_3 n\sum_{k=2}^{n}a_2(k-1)\binom{n-1}{k-1}$$

$$\quad + d_1d_2d_3 n\sum_{k=2}^{n}\binom{n-1}{k-1} + nd_3\prod_{i=1}^{2}a_i(1)$$

$$= (a_3(1)-d_3)\sum_{k=1}^{n}\left(\prod_{i=1}^{2}a_i(k)\right)\binom{n}{k} + d_3 n\sum_{t=1}^{n-1}\left(\prod_{i=1}^{2}a_i(t)\right)\binom{n-1}{t}$$

$$+ d_2 d_3 n \sum_{t=1}^{n-1} a_1(t) \binom{n-1}{t} + d_1 d_3 n \sum_{t=1}^{n-1} a_2(t) \binom{n-1}{t}$$

$$+ d_1 d_2 d_3 n \sum_{t=1}^{n-1} \binom{n-1}{t} + n d_3 \prod_{i=1}^{2} a_i(1)$$

$$\xlongequal[\text{及推论 1.7.1}]{\text{由定理 1.7.3}} (a_3(1) - d_3) \big[(a_1(1) - d_1)(a_2(1) - d_2)(2^n - 1)$$

$$+ (a_1(1)d_2 + a_2(1)d_1) n 2^{n-1} + d_1 d_2 n(n-3) 2^{n-2} \big]$$

$$+ d_3 n \big[(a_1(1) - d_1)(a_2(1) - d_2)(2^{n-1} - 1)$$

$$+ (a_1(1)d_2 + a_2(1)d_1)(n-1) 2^{n-2} + d_1 d_2 (n-1)(n-4) 2^{n-3} \big]$$

$$+ d_2 d_3 n \big[(a_1(1) - d_1)(2^{n-1} - 1) + d_1(n-1) 2^{n-2} \big]$$

$$+ d_1 d_3 n \big[(a_2(1) - d_2)(2^{n-1} - 1) + d_2(n-1) 2^{n-2} \big]$$

$$+ d_1 d_2 d_3 n \Big(\sum_{t=0}^{n-1} \binom{n-1}{t} - 1 \Big) + n d_3 \prod_{i=1}^{2} a_i(1)$$

$$= (a_3(1) - d_3) \big[(a_1(1) - d_1)(a_2(1) - d_2)(2^n - 1)$$

$$+ (a_1(1)d_2 + a_2(1)d_1) n 2^{n-1} + d_1 d_2 n(n-3) 2^{n-2} \big]$$

$$+ d_3 n \big[(a_1(1) - d_1)(a_2(1) - d_2)(2^{n-1} - 1)$$

$$+ (a_1(1)d_2 + a_2(1)d_1)(n-1) 2^{n-2} + d_1 d_2 (n-1)(n-4) 2^{n-3} \big]$$

$$+ d_2 d_3 n \big[(a_1(1) - d_1)(2^{n-1} - 1) + d_1(n-1) 2^{n-2} \big]$$

$$+ d_1 d_3 n \big[(a_2(1) - d_2)(2^{n-1} - 1) + d_2(n-1) 2^{n-2} \big]$$

$$+ d_1 d_2 d_3 n (2^{n-1} - 1) + n d_3 \prod_{i=1}^{2} a_i(1)$$

$$= \Big(\prod_{i=1}^{3} (a_i(1) - d_i) \Big)(2^n - 1)$$

$$+ \big[a_1(1) a_2(1) d_3 + a_2(1) a_3(1) d_1 + a_3(1) a_1(1) d_2 \big] n 2^{n-1}$$

$$+ \big[a_1(1) d_2 d_3 + a_2(1) d_3 d_1 + a_3(1) d_1 d_2 \big] n(n-3) 2^{n-2}$$

$$+ d_1 d_2 d_3 n (n^2 - 3n + 6) 2^{n-3}　　　　　□$$

更一般地,给出如下几个递归公式:

定理 1.7.5　设 $d_1, d_2, \cdots, d_m$ 分别为等差数列 $\{a_1(k)\}, \{a_2(k)\}, \cdots, \{a_m(k)\}$ 的公差,记 $[m] = \{1, 2, \cdots, m\}$, $C(\prod_{j=1}^{r} a_{i_j}(1), n) = \sum_{k=1}^{n} \Big(\prod_{j=1}^{r} a_{i_j}(k) \Big) \binom{n}{k}$,则有

$$C\Big(\prod_{i=1}^{m+1} a_i(1), n \Big)$$

$$= (a_{m+1}(1) - d_{m+1}) C\Big(\prod_{i=1}^{m} a_i(1), n \Big)$$

$$+ nd_{m+1} \sum_{h=1}^{m} \sum_{1 \leqslant t_1 < t_2 < \cdots < t_h \leqslant m} \left[\left(\prod_{s=1}^{h} d_{t_s} \right) C\left(\prod_{i \in [m]-\{t_1,t_2,\cdots,t_h\}} a_i(1), n-1 \right) \right]$$

证明

$$C\left(\prod_{i=1}^{m+1} a_i(1), n \right)$$

$$= \sum_{k=1}^{n} \left(\prod_{i=1}^{m+1} a_i(k) \right) \binom{n}{k}$$

$$= \sum_{k=1}^{n} \left(\prod_{i=1}^{m} a_i(k) \right) (a_{m+1}(1) + (k-1)d_{m+1}) \binom{n}{k}$$

$$= (a_{m+1}(1) - d_{m+1}) \sum_{k=1}^{n} \left(\prod_{i=1}^{m} a_i(k) \right) \binom{n}{k} + d_{m+1} \sum_{k=1}^{n} \left(\prod_{i=1}^{m} a_i(k) \right) k \binom{n}{k}$$

$$= (a_{m+1}(1) - d_{m+1}) \sum_{k=1}^{n} \left(\prod_{i=1}^{m} a_i(k) \right) \binom{n}{k} + d_{m+1} \sum_{k=2}^{n} \left(\prod_{i=1}^{m} a_i(k) \right) k \binom{n}{k}$$

$$\quad + nd_{m+1} \prod_{i=1}^{m} a_i(1)$$

$$= (a_{m+1}(1) - d_{m+1}) \sum_{k=1}^{n} \left(\prod_{i=1}^{m} a_i(k) \right) \binom{n}{k} + d_{m+1} n \sum_{k=2}^{n} \left(\prod_{i=1}^{m} a_i(k) \right) \binom{n-1}{k-1}$$

$$\quad + nd_{m+1} \prod_{i=1}^{m} a_i(1) \quad \left(\text{这里运用了公式 } k\binom{n}{k} = n\binom{n-1}{k-1} \right)$$

$$= (a_{m+1}(1) - d_{m+1}) \sum_{k=1}^{n} \left(\prod_{i=1}^{m} a_i(k) \right) \binom{n}{k}$$

$$\quad + d_{m+1} n \sum_{k=2}^{n} \left(\prod_{i=1}^{m} (a_i(k-1) + d_i) \right) \binom{n-1}{k-1} + nd_{m+1} \prod_{i=1}^{m} a_i(1)$$

$$= (a_{m+1}(1) - d_{m+1}) C\left(\prod_{i=1}^{m} a_i(1), n \right)$$

$$\quad + nd_{m+1} \sum_{h=1}^{m} \sum_{1 \leqslant t_1 < t_2 < \cdots < t_h \leqslant m} \left[\left(\prod_{s=1}^{h} d_{t_s} \right) \sum_{k=1}^{n-1} \left(\prod_{i \in [m]-\{t_1,t_2,\cdots,t_h\}} a_i(k) \right) \binom{n}{k} \right]$$

$$= (a_{m+1}(1) - d_{m+1}) C\left(\prod_{i=1}^{m} a_i(1), n \right)$$

$$\quad + nd_{m+1} \sum_{h=1}^{m} \sum_{1 \leqslant t_1 < t_2 < \cdots < t_h \leqslant m} \left[\left(\prod_{s=1}^{h} d_{t_s} \right) C\left(\prod_{i \in [m]-\{t_1,t_2,\cdots,t_h\}} a_i(1), n-1 \right) \right] \quad \square$$

定理 1.7.6　设 $d_1, d_2, \cdots, d_m$ 分别为等差数列 $\{a_1(k)\}, \{a_2(k)\}, \cdots,$ $\{a_m(k)\}$ 的公差,则当 $n \geqslant 3$ 时,有

$$\sum_{k=1}^{t}(-1)^{k-1}(\prod_{i=1}^{m}a_i(k))\binom{t-1}{k-1}=\sum_{k=1}^{t}(-1)^k(\prod_{i=1}^{m}a_i(k))\binom{t-1}{k-1}=0$$

证明　用数学归纳法证明. 当 $m=1$ 时, 由定理 1.7.1 的 (2) 知命题为真 $(t-1=n)$. 假设 $m\leqslant m_0(m_0\geqslant1)$ 时命题为真, 即当 $1\leqslant s\leqslant m_0$ 时, 有

$$\sum_{k=1}^{n}(-1)^{k-1}(\prod_{i=1}^{s}a_i(k))\binom{n-1}{k-1}=\sum_{k=1}^{n}(-1)^k(\prod_{i=1}^{s}a_i(k))\binom{n-1}{k-1}=0$$

那么当 $m=m_0+1$ 时,

$$\sum_{k=1}^{t}(-1)^{k-1}(\prod_{i=1}^{m_0+1}a_i(k))\binom{t-1}{k-1}$$

$$=\sum_{k=1}^{t}(-1)^{k-1}(\prod_{i=1}^{m_0}a_i(k))a_{m_0+1}(k)\binom{t-1}{k-1}$$

$$=\sum_{k=1}^{t}(-1)^{k-1}(\prod_{i=1}^{m_0}a_i(k))(a_{m_0+1}(1)+(k-1)d_{m_0+1})\binom{t-1}{k-1}$$

$$=a_{m_0+1}(1)\sum_{k=1}^{t}(-1)^{k-1}(\prod_{i=1}^{m_0}a_i(k))\binom{t-1}{k-1}$$

$$\quad+d_{m_0+1}\sum_{k=1}^{t}(-1)^{k-1}(\prod_{i=1}^{m_0}a_i(k))(k-1)\binom{t-1}{k-1}$$

$$=a_{m_0+1}(1)\sum_{k=1}^{t}(-1)^{k-1}(\prod_{i=1}^{m_0}a_i(k))\binom{t-1}{k-1}$$

$$\quad+d_{m_0+1}(t-1)\sum_{k=2}^{t}(-1)^{k-1}(\prod_{i=1}^{m_0}a_i(k))\binom{t-2}{k-2}$$

$$=a_{m_0+1}(1)\sum_{k=1}^{t}(-1)^{k-1}(\prod_{i=1}^{m_0}a_i(k))\binom{t-1}{k-1}$$

$$\quad+d_{m_0+1}(t-1)\sum_{k=2}^{t}(-1)^{k-1}(\prod_{i=1}^{m_0}(a_i(k-1)+d_i))\binom{t-2}{k-2}$$

$$=a_{m_0+1}(1)\sum_{k=1}^{t}(-1)^{k-1}(\prod_{i=1}^{m_0}a_i(k))\binom{t-1}{k-1}$$

$$\quad+(t-1)d_{m_0+1}\sum_{h=1}^{m_0}\sum_{1\leqslant t_1<t_2<\cdots<t_h\leqslant m_0}\Big[(\prod_{s=1}^{h}d_{t_s})$$

$$\quad\cdot\sum_{k=2}^{t}(-1)^{k-1}(\prod_{i\in[m_0]-\{t_1,t_2,\cdots,t_h\}}a_i(k-1))\binom{t-2}{k-2}\Big]$$

由假设以及 $\sum_{k=2}^{t}(-1)^{k-1}\binom{t-2}{k-2}=0$ 知

$$\sum_{k=1}^{t} (-1)^{k-1} \left(\prod_{i=1}^{m_0} a_i(k) \right) \binom{t-1}{k-1} = 0 \quad (t = n)$$

$$\sum_{k=2}^{t} (-1)^{k-1} \left(\prod_{i \in [m_0] - \{t_1, t_2, \cdots, t_h\}} a_i(k-1) \right) \binom{t-2}{k-2} = 0 \quad (t-1 = n)$$

所以

$$\sum_{k=1}^{t} (-1)^{k-1} \left(\prod_{i=1}^{m_0+1} a_i(k) \right) \binom{t-1}{k-1}$$

$$= a_{m_0+1}(1) \sum_{k=1}^{t} (-1)^{k-1} \left(\prod_{i=1}^{m_0} a_i(k) \right) \binom{t-1}{k-1}$$

$$+ (t-1) d_{m_0+1} \sum_{h=1}^{m_0} \sum_{1 \leqslant t_1 < t_2 < \cdots < t_h \leqslant m_0} \left[\left(\prod_{s=1}^{h} d_{t_s} \right) \right.$$

$$\left. \cdot \sum_{k=2}^{t} (-1)^{k-1} \left(\prod_{i \in [m_0] - \{t_1, t_2, \cdots, t_h\}} a_i(k-1) \right) \binom{t-2}{k-2} \right]$$

$$= a_{m_0+1}(1) \cdot 0 + d_{m_0+1}(t-1) \cdot 0 = 0$$

即当 $m = m_0 + 1$ 时，命题也真. $\qquad\square$

定理 1.7.7　设 $d_1, d_2, \cdots, d_m$ 分别为等差数列 $\{a_1(k)\}, \{a_2(k)\}, \cdots,$ $\{a_m(k)\}$ 的公差，则当 $n \geqslant 3$ 时，有

$$\sum_{k=1}^{n} (-1)^{k-1} \left(\prod_{i=1}^{m} a_i(k) \right) \binom{n}{k} = \prod_{i=1}^{m} (a_i(1) - d_i)$$

证明　用数学归纳法证明. 当 $m = 1$ 时，由推论 1.7.1 知命题为真，当 $m = 2$ 时，由定理 1.7.3 知命题为真. 假设 $m \leqslant m_0 (m_0 \geqslant 2)$ 时命题为真，即当 $1 \leqslant s \leqslant m_0$ 时，有

$$\sum_{k=1}^{n} (-1)^{k-1} \left(\prod_{i=1}^{s} a_i(k) \right) \binom{n}{k} = \prod_{i=1}^{s} (a_i(1) - d_i)$$

那么当 $m = m_0 + 1$ 时，有

$$\sum_{k=1}^{n} (-1)^{k-1} \left(\prod_{i=1}^{m_0+1} a_i(k) \right) \binom{n}{k}$$

$$= \sum_{k=1}^{n} (-1)^{k-1} \left(\prod_{i=1}^{m_0} a_i(k) \right) a_{m_0+1}(k) \binom{n}{k}$$

$$= \sum_{k=1}^{n} (-1)^{k-1} \left(\prod_{i=1}^{m_0} a_i(k) \right) (a_{m_0+1}(1) + (k-1) d_{m_0+1}) \binom{n}{k}$$

$$= (a_{m_0+1}(1) - d_{m_0+1}) \sum_{k=1}^{n} (-1)^{k-1} \left(\prod_{i=1}^{m_0} a_i(k) \right) \binom{n}{k}$$

$$+ d_{m_0+1} \sum_{k=1}^{n} (-1)^{k-1} \left(\prod_{i=1}^{m_0} a_i(k) \right) k \binom{n}{k}$$

$$= (a_{m_0+1}(1) - d_{m_0+1}) \sum_{k=1}^{n} (-1)^{k-1} \left(\prod_{i=1}^{m_0} a_i(k) \right) \binom{n}{k}$$

$$+ n d_{m_0+1} \sum_{k=1}^{n} (-1)^{k-1} \left(\prod_{i=1}^{m_0} a_i(k) \right) \binom{n-1}{k-1}$$

由归纳假设知

$$\sum_{k=1}^{n} (-1)^{k-1} \left(\prod_{i=1}^{m_0} a_i(k) \right) \binom{n}{k} = \prod_{i=1}^{m_0} (a_i(1) - d_i)$$

由定理 1.7.6 知

$$\sum_{k=1}^{n} (-1)^{k-1} \left(\prod_{i=1}^{m_0} a_i(k) \right) \binom{n-1}{k-1} = 0$$

于是

$$\sum_{k=1}^{n} (-1)^{k-1} \left(\prod_{i=1}^{m_0+1} a_i(k) \right) \binom{n}{k}$$

$$= (a_{m_0+1}(1) - d_{m_0+1}) \sum_{k=1}^{n} (-1)^{k-1} \left(\prod_{i=1}^{m_0} a_i(k) \right) \binom{n}{k}$$

$$+ n d_{m_0+1} \sum_{k=1}^{n} (-1)^{k-1} \left(\prod_{i=1}^{m_0} a_i(k) \right) \binom{n-1}{k-1}$$

$$= (a_{m_0+1}(1) - d_{m_0+1}) \prod_{i=1}^{m_0} (a_i(1) - d_i) + n d_{m_0+1} 0$$

$$= \prod_{i=1}^{m_0+1} (a_i(1) - d_i)$$ □

由二项式定理易知有如下结论：

定理 1.7.8[11]　　设 q 为等比数列 $\{b(k)\}$ 的公比，则

(1) $\displaystyle\sum_{k=0}^{n} b(k+1) \binom{n}{k} = b(1)(1+q)^n$.

(2) $\displaystyle\sum_{k=0}^{n} (-1)^k b(k+1) \binom{n}{k} = b(1)(1-q)^n$.

证明　将 $b(k+1) = b(1)q^k$ 代入(1)、(2)的左式，由二项式定理即证.

定理 1.7.9　设 d 为等差数列 $\{a(k)\}$ 的公差，q 为等比数列 $\{b(k)\}$ 的公比，则

$$\sum_{k=1}^{n} a(k) b(k) \binom{n}{k} = q^{-1} b(1)(a(1)-d)[(1+q)^n-1] + db(1)n(1+q)^{n-1}$$

证明

$$\sum_{k=1}^{n} a(k) b(k) \binom{n}{k}$$

$$= \sum_{k=1}^{n} (a(1) + (k-1)d) b(1) q^{k-1} \binom{n}{k}$$

$$= b(1)(a(1) - d) \sum_{k=1}^{n} q^{k-1} \binom{n}{k} + b(1) d \sum_{k=1}^{n} q^{k-1} k \binom{n}{k}$$

$$= b(1)(a(1) - d) q^{-1} \left[\sum_{k=0}^{n} q^{k} \binom{n}{k} - 1 \right] + n b(1) d \sum_{k=1}^{n} q^{k-1} \binom{n-1}{k-1}$$

$$= q^{-1} b(1)(a(1) - d)[(1+q)^{n} - 1] + d b(1) n (1+q)^{n-1} \qquad \square$$

定理 1.7.10 设 d 为等差数列 $\{a(k)\}$ 的公差, q 为等比数列 $\{b(k)\}$ 的公比,则

$$\sum_{k=1}^{n} (-1)^{k-1} a(k) b(k) \binom{n}{k}$$

$$= (-q)^{-1} b(1)(a(1) - d)[(1-q)^{n} - 1] + d b(1) n (1-q)^{n-1}$$

证明 由于 $\{b(k)\}$ 是等比数列,所以 $\{(-1)^{k-1} b(k)\}$ 也是等比数列,且公比是 $-q$,由定理 1.7.8 即证. $\qquad \square$

定理 1.7.11 设 d_1, d_2 分别为等差数列 $\{a_1(k)\}, \{a_2(k)\}$ 的公差, q 为等比数列 $\{b(k)\}$ 的公比,则

$$\sum_{k=1}^{n} a_1(k) a_2(k) b(k) \binom{n}{k}$$

$$= (a_2(1) - d_2) \left[q^{-1} b(1)(a_1(1) - d_1)[(1+q)^{n} - 1] + d_1 b(1) n (1+q)^{n-1} \right]$$

$$+ n d_2 \{ q [q^{-1} b(1)(a_1(1) - d_1)[(1+q)^{n-1} - 1] + d_1 b(1)(n-1)(1+q)^{n-2}]$$

$$+ d_1 b(1)[(1+q)^{n-1} - 1] + a_1(1) b(1) \}$$

证明

$$\sum_{k=1}^{n} a_1(k) a_2(k) b(k) \binom{n}{k}$$

$$= \sum_{k=1}^{n} a_1(k)(a_2(1) + (k-1)d_2) b(k) \binom{n}{k}$$

$$= (a_2(1) - d_2) \sum_{k=1}^{n} a_1(k) b(k) \binom{n}{k} + d_2 \sum_{k=1}^{n} a_1(k) b(k) k \binom{n}{k}$$

$$= (a_2(1) - d_2) \sum_{k=1}^{n} a_1(k) b(k) \binom{n}{k} + n d_2 \sum_{k=1}^{n} a_1(k) b(k) \binom{n-1}{k-1}$$

现在需要计算这个等式右边的第二项.由于

$$\sum_{k=1}^{n} a_1(k)b(k)\binom{n-1}{k-1}$$

$$= a_1(1)b(1) + \sum_{k=2}^{n}(a_1(k-1)+d_1)b(k)\binom{n-1}{k-1}$$

$$= a_1(1)b(1) + \sum_{k=2}^{n}a_1(k-1)b(k)\binom{n-1}{k-1} + d_1\sum_{k=2}^{n}b(k)\binom{n-1}{k-1}$$

$$= a_1(1)b(1) + q\sum_{k=2}^{n}a_1(k-1)b(k-1)\binom{n-1}{k-1} + d_1b(1)\sum_{k=2}^{n}q^{k-1}\binom{n-1}{k-1}$$

$$= a_1(1)b(1) + q\sum_{k=1}^{n-1}a_1(k)b(k)\binom{n-1}{k} + d_1\sum_{k=1}^{n}b(1)q^k\binom{n-1}{k}$$

根据定理 1.7.8 与定理 1.7.9 得

$$\sum_{k=1}^{n}b(1)q^k\binom{n-1}{k} = b(1)\sum_{k=1}^{n}q^k\binom{n-1}{k} = b(1)\left[\sum_{k=0}^{n}q^k\binom{n-1}{k} - 1\right]$$

$$= b(1)[(1+q)^{n-1}-1]$$

$$\sum_{k=1}^{n-1}a_1(k)b(k)\binom{n-1}{k}$$

$$= q^{-1}b(1)(a_1(1)-d_1)[(1+q)^{n-1}-1] + d_1b(1)(n-1)(1+q)^{n-2}$$

$$\sum_{k=1}^{n}a_1(k)b(k)\binom{n}{k}$$

$$= q^{-1}b(1)(a_1(1)-d_1)[(1+q)^n-1] + d_1b(1)n(1+q)^{n-1}$$

于是

$$\sum_{k=1}^{n}a_1(k)a_2(k)b(k)\binom{n}{k}$$

$$= (a_2(1)-d_2)\sum_{k=1}^{n}a_1(k)b(k)\binom{n}{k} + nd_2\sum_{k=1}^{n}a_1(k)b(k)\binom{n-1}{k-1}$$

$$= (a_2(1)-d_2)\sum_{k=1}^{n}a_1(k)b(k)\binom{n}{k}$$

$$+ nd_2\left[q\sum_{k=1}^{n-1}a_1(k)b(k)\binom{n-1}{k} + d_1\sum_{k=1}^{n}b(1)q^k\binom{n-1}{k} + a_1(1)b(1)\right]$$

$$= (a_2(1)-d_2)[q^{-1}b(1)(a_1(1)-d_1)[(1+q)^n-1] + d_1b(1)n(1+q)^{n-1}]$$

$$+ nd_2\{q[q^{-1}b(1)(a_1(1)-d_1)[(1+q)^{n-1}-1] + d_1b(1)(n-1)(1+q)^{n-2}]$$

$$+ d_1b(1)[(1+q)^{n-1}-1] + a_1(1)b(1)\}　□$$

类似定理 1.7.11 我们有如下结论:

定理 1.7.12　设 d_1, d_2 分别为等差数列 $\{a_1(k)\}, \{a_2(k)\}$ 的公差, q 为等比

数列 $\{b(k)\}$ 的公比,则

$$\sum_{k=1}^{n} (-1)^{k-1} a_1(k) a_2(k) b(k) \binom{n}{k}$$

$$= (a_2(1) - d_2)[(-q)^{-1} b(1)(a_1(1) - d_1)[(1-q)^n - 1]$$
$$+ d_1 b(1) n (1-q)^{n-1}]$$
$$+ n d_2 \{(-q)[(-q)^{-1} b(1)(a_1(1) - d_1)[(1-q)^{n-1} - 1]$$
$$+ d_1 b(1)(n-1)(1-q)^{n-2}]$$
$$+ d_1 b(1)[(1-q)^{n-1} - 1] + a_1(1) b(1)\}$$

例 1.7.1　已知数列 $\{3k-1\}, \{2k+1\}, \{5k+1\}$ 都是等差数列,它们的首项分别是 $2,3,6$;公差分别是 $3,2,5$,当 $n \geqslant 3$ 时,必有如下恒等式:

$$\sum_{k=1}^{n} (3k-1)(2k+1)(5k+1) \binom{n}{k}$$

$$= -(2^n - 1) + 108n \cdot 2^{n-1} + 101n(n-3)2^{n-2} + 30(n^3 - 3n^2 + 6n)2^{n-3}$$

$$\sum_{k=1}^{n} (-1)^{k-1}(3k-1)(2k+1)(5k+1) \binom{n}{k} = -1$$

解　由于它们的首项分别是 $2,3,6$;公差分别是 $3,2,5$.代入定理 1.7.4 与定理 1.7.7 即证.　　　　　　　　　　　　　　　　　　　　　　　□

例 1.7.2　已知数列 $\{3k-1\}, \{2k+1\}$ 都是等差数列,它们的首项分别是 $2,3$;公差分别是 $3,2,5$ 为等比数列 $\{5^n\}$ 的公比,当 $n \geqslant 2$ 时,必有如下恒等式:

$$\sum_{k=1}^{n} (3k-1)(2k+1)5^k \binom{n}{k} = -6^n + 35n \cdot 6^{n-1} + 150n(n-1) \cdot 6^{n-2} + 1$$

$$\sum_{k=1}^{n} (-1)^{k-1}(3k-1)(2k+1)5^k \binom{n}{k}$$

$$= (-4)^n + 35n(-4)^{n-1} - 150n(n-1)(-4)^{n-2} - 1$$　　　□

通过定理 1.7.9~1.7.12 以及它们的证明知,对于 m 个等差数列 $\{a_1(k)\}$, $\{a_2(k)\}, \cdots, \{a_m(k)\}$ 与等比数列 $\{b(k)\}$,用递归的方法都可以求出和:

(1) $\displaystyle\sum_{k=1}^{n} \left(\prod_{i=1}^{m} a_i(k)\right) b(k) \binom{n}{k}$.

(2) $\displaystyle\sum_{k=1}^{n} (-1)^{k-1} \left(\prod_{i=1}^{m} a_i(k)\right) b(k) \binom{n}{k}$.

1.8　与自然数列有关的几个求和公式

1.8.1　双等差数列对应项积和公式

定理 1.8.1　设 $\{a_n\}$，$\{b_n\}$ 为公差分别为 d 与 d' 的等差数列，令 $s_n = \sum_{k=1}^{n} a_k b_k$. 则

$$s_n = n\left[a_1 b_1 + \frac{n-1}{2}(b_1 d + a_1 d') + \frac{1}{6}(n-1)(2n-1)dd'\right]$$

推论 1.8.1　设 $\{a_n\}$ 是公差为 d 的等差数列，则

$$s_n = \sum_{k=1}^{n} a_k^2 = n\left[a_1^2 + (n-1)a_1 d + \frac{1}{6}(n-1)(2n-1)d^2\right]$$

定理 1.8.1 的证明　由于 $a_k = a_{k-1} + d, b_k = b_{k-1} + d$，于是

$$s_n = \sum_{k=1}^{n} a_k b_k$$

$$= a_1 b_1 + (a_1 + d)(b_1 + d') + (a_2 + d)(b_2 + d') + \cdots$$
$$+ (a_{n-1} + d)(b_{n-1} + d')$$

$$= a_1 b_1 + s_{n-1} + d(b_1 + \cdots + b_{n-1}) + d'(a_1 + \cdots + a_{n-1}) + (n-1)dd'$$

$$= a_1 b_1 + s_{n-1} + (n-1)\left[\frac{d}{2}(b_1 + b_{n-1}) + \frac{d'}{2}(a_1 + a_{n-1})\right] + (n-1)dd'$$

$$= a_1 b_1 + s_{n-1} + (n-1)\left\{\frac{d}{2}[2b_1 + (n-2)d'] + \frac{d'}{2}[2a_1 + (n-2)d]\right\}$$
$$+ (n-1)dd'$$

$$= a_1 b_1 + s_{n-1} + (n-1)[b_1 d + a_1 d' + (n-1)dd']$$

即

$$s_n - s_{n-1} = a_1 b_1 + (n-1)[b_1 d + a_1 d' + (n-1)dd'] \qquad (1.8.1)$$

故由(1.8.1)式得

$$\begin{cases} s_{n-1} - s_{n-2} = a_1 b_1 + (n-2)[b_1 d + a_1 d' + (n-2)dd'] \\ s_{n-2} - s_{n-3} = a_1 b_1 + (n-3)[b_1 d + a_1 d' + (n-3)dd'] \\ \cdots \\ s_2 - s_1 = a_1 b_1 + 1[b_1 d + a_1 d' + 1dd'] \end{cases} \qquad (1.8.2)$$

将(1.8.1)式与(1.8.2)式两边分别相加得

$$s_n - s_1 = (n-1)a_1 b_1 + (b_1 d + a_1 d') \sum_{k=1}^{n-1} k + dd' \sum_{k=1}^{n-1} k^2$$

$$= (n-1)a_1 b_1 + (b_1 d + a_1 d') \frac{n-1}{2} n + dd' \frac{n}{6}(n-1)(2n-1)$$

$$(1.8.3)$$

因为 $s_1 = a_1 b_1$，将(1.8.3)式移项得

$$s_n = n \left[a_1 b_1 + \frac{n-1}{2}(b_1 d + a_1 d') + \frac{1}{6}(n-1)(2n-1)dd' \right]$$

即结论成立.　　　　　　　　　　　　　　　　　　　　　　　□

由定理 1.8.1 即推得如下结论成立:

推论 1.8.2　对任意的 $k, h, s, t \in \mathbf{N}, a_m = km + h, b_m = sm + t(m = 1,$ $2, \cdots)$，那么当 $n > 6$ 时，$\sum_{m=1}^{n} a_m b_m$ 必是合数.

证明　若 $(n, 6) = 1$，由定理 1.8.1 知

$$s_n = n \left[a_1 b_1 + \frac{n-1}{2}(b_1 d + a_1 d') + \frac{1}{6}(n-1)(2n-1)dd' \right]$$

$$= n \left[(k+h)(s+t) + \frac{n-1}{2} \left[(s+t)k + (k+h)s \right] + \frac{1}{6}(n-1)(2n-1)ks \right]$$

$$(1.8.4)$$

此时 $(k+h)(s+t) + \frac{n-1}{2} \left[(s+t)k + (k+h)s \right] + \frac{1}{6}(n-1)(2n-1)ks$ 是大于 1 的自然数，故由(1.8.4)式知，s_n 是合数.

若 $(n, 6) = d > 1$，则 $n = dn_1$，因 $d \leqslant 6$，即 $d = 2$ 或 $d = 3$ 或 $d = 6$. 而 $n > 6$，总有 $n_1 > 1$，所以由(1.8.4)式知，$s_n = n_1 a (a > 1)$.

故 s_n 总为合数.　　　　　　　　　　　　　　　　　　　　□

定理 1.8.2　设 $\{a_n\}$，$\{b_n\}$ 公差分别为 d 与 d' 的等差数列，令 $r_n = \sum_{k=1}^{n} (-1)^{k-1} a_k b_k$. 则

(1) 当 $n = 2m(m \in \mathbf{N}^+)$ 为偶数时，有 $r_n = -m[b_1 d + a_1 d' + (2m-3)dd']$.

(2) 当 $n = 2m - 1(m \in \mathbf{N}^+)$ 为奇数时，有 $r_n = (m-1)[b_1 d + a_1 d' + (2m+1)dd'] + a_1 b_1$.

证明　(1)

$$r_{2m} = \sum_{k=1}^{2m} (-1)^{k-1} a_k b_k$$

$$= a_1 b_1 - a_2 b_2 + a_3 b_3 - a_4 b_4 + \cdots + a_{2m-1} b_{2m-1} - a_{2m} b_{2m}$$

$$= a_1 b_1 - (a_1 + d)(b_1 + d') + a_3 b_3 - (a_3 + d)(b_3 + d')$$

$$\quad + \cdots + a_{2m-1} b_{2m-1} - (a_{2m-1} + d)(b_{2m-1} + d')$$

$$= -(a_1 + a_3 + \cdots + a_{2m-1})d' - (b_1 + b_3 + \cdots + b_{2m-1})d - mdd'$$

$$= -\frac{1}{2} m(a_1 + a_{2m-1})d' - \frac{1}{2} m(b_1 + b_{2m-1})d - mdd'$$

$$= -\frac{1}{2} m[a_1 + a_1 + 2(m-1)d]d' - \frac{1}{2} m[b_1 + b_1 + 2(m-1)d']d - mdd'$$

$$= -m[b_1 d + a_1 d' + (2m-3)dd']$$

(2)

$$r_{2m} = \sum_{k=1}^{2m-1} (-1)^{k-1} a_k b_k$$

$$= a_1 b_1 - a_2 b_2 + a_3 b_3 - a_4 b_4 + \cdots + a_{2m-3} b_{2m-3} - a_{2m-2} b_{2m-2} + a_{2m-1} b_{2m-1}$$

$$= a_1 b_1 - (a_1 + d)(b_1 + d') + a_3 b_3 - (a_3 + d)(b_3 + d')$$

$$\quad + \cdots + a_{2m-3} b_{2m-3} - (a_{2m-3} + d)(b_{2m-3} + d') + a_{2m-1} b_{2m-1}$$

$$= -(a_1 + a_3 + \cdots + a_{2m-3})d' - (b_1 + b_3 + \cdots + b_{2m-3})d$$

$$\quad - (m-1)dd' + a_{2m-1} b_{2m-1}$$

$$= -\frac{1}{2} m(a_1 + a_{2m-3})d' - \frac{1}{2} m(b_1 + b_{2m-3})d - (m-1)dd' + a_{2m-1} b_{2m-1}$$

$$= -\frac{1}{2}(m-1)[a_1 + a_1 + 2(m-2)d]d'$$

$$\quad - \frac{1}{2}(m-1)[b_1 + b_1 + 2(m-2)d']d$$

$$\quad - mdd' + [a_1 + 2(m-2)d][b_1 + 2(m-2)d']$$

$$= (m-1)[b_1 d + a_1 d' + (2m+1)dd'] + a_1 b_1 \qquad \square$$

定理 1.8.3　设 $\{a_1(k)\}, \{a_2(k)\}, \{a_3(k)\}$ 都是等差数列, 公差分别为 d_1, d_2, d_3, 令 $s_3(n) = \sum_{k=1}^{n} a_1(k) a_2(k) a_3(k)$. 则

$$s_3(n) = n a_1(1) a_2(1) a_3(1)$$

$$\quad + \frac{n(n-1)}{2}[a_1(1) a_2(1) d_3 + a_2(1) a_3(1) d_1 + a_3(1) a_1(1) d_2]$$

$$\quad + \frac{1}{6} n(n-1)(2n-1)[a_1(1) d_2 d_3 + a_2(1) d_3 d_1 + a_3(1) d_1 d_2]$$

$$\quad + \left[\frac{1}{2} n(n-1)\right]^2 d_1 d_2 d_3$$

证明

$$s_3(n) = \sum_{k=1}^{n} a_1(k)a_2(k)a_3(k) = a_1(1)a_2(1)a_3(1)$$

$$+ \sum_{k=2}^{n} (a_1(k-1)+d_1)(a_2(k-1)+d_2)(a_3(k-1)+d_3)$$

$$= a_1(1)a_2(1)a_3(1) + \sum_{k=1}^{n-1} a_1(k)a_2(k)a_3(k) + d_1\sum_{k=1}^{n-1} a_2(k)a_3(k)$$

$$+ d_2\sum_{k=1}^{n-1} a_3(k)a_1(k) + d_3\sum_{k=1}^{n-1} a_1(k)a_2(k) + d_1d_2\sum_{k=1}^{n-1} a_3(k)$$

$$+ d_2d_3\sum_{k=1}^{n-1} a_1(k) + d_3d_1\sum_{k=1}^{n-1} a_2(k) + (n-1)d_1d_2d_3$$

由等差数列的求和公式以及定理 1.8.1 得到

$$s_3(n) = a_1(1)a_2(1)a_3(1) + s_3(n-1)$$

$$+ d_1(n-1)\Big[a_2(1)a_3(1) + \frac{(n-2)}{2}(a_2(1)d_3 + a_3(1)d_2)$$

$$+ \frac{1}{6}(n-2)(2n-3)d_2d_3 \Big]$$

$$+ d_2(n-1)\Big[a_3(1)a_1(1) + \frac{(n-2)}{2}(a_3(1)d_1 + a_1(1)d_3)$$

$$+ \frac{1}{6}(n-2)(2n-3)d_3d_1 \Big]$$

$$+ d_3(n-1)\Big[a_1(1)a_2(1) + \frac{(n-2)}{2}(a_1(1)d_2 + a_2(1)d_1)$$

$$+ \frac{1}{6}(n-2)(2n-3)d_1d_2 \Big]$$

$$+ d_1d_2(n-1)\Big(a_3(1) + \frac{(n-2)}{2}d_3\Big) + d_2d_3(n-1)\Big(a_1(1) + \frac{(n-2)}{2}d_1\Big)$$

$$+ d_3d_1(n-1)\Big(a_2(1) + \frac{(n-2)}{2}d_2\Big) + d_1d_2d_3(n-1)$$

$$= a_1(1)a_2(1)a_3(1) + s_3(n-1)$$

$$+ (n-1)[a_1(1)a_2(1)d_3 + a_2(1)a_3(1)d_1 + a_3(1)a_1(1)d_2]$$

$$+ (n-1)^2[a_1(1)d_2d_3 + a_2(1)d_3d_1 + a_3(1)d_1d_2] + (n-1)^3 d_1d_2d_3$$

由此得

$$s_3(n) - s_3(n-1)$$

$$= a_1(1)a_2(1)a_3(1)$$

$$+ (n-1)[a_1(1)a_2(1)d_3 + a_2(1)a_3(1)d_1 + a_3(1)a_1(1)d_2]$$
$$+ (n-1)^2[a_1(1)d_2d_3 + a_2(1)d_3d_1 + a_3(1)d_1d_2]$$
$$+ (n-1)^3 d_1d_2d_3$$

$$s_3(n-1) - s_3(n-2)$$
$$= a_1(1)a_2(1)a_3(1)$$
$$+ (n-2)[a_1(1)a_2(1)d_3 + a_2(1)a_3(1)d_1 + a_3(1)a_1(1)d_2]$$
$$+ (n-2)^2[a_1(1)d_2d_3 + a_2(1)d_3d_1 + a_3(1)d_1d_2]$$
$$+ (n-2)^3 d_1d_2d_3$$

$$s_3(n-2) - s_3(n-3)$$
$$= a_1(1)a_2(1)a_3(1)$$
$$+ (n-3)[a_1(1)a_2(1)d_3 + a_2(1)a_3(1)d_1 + a_3(1)a_1(1)d_2]$$
$$+ (n-3)^2[a_1(1)d_2d_3 + a_2(1)d_3d_1 + a_3(1)d_1d_2]$$
$$+ (n-3)^3 d_1d_2d_3$$

$$\cdots$$

$$s_3(2) - s_3(1)$$
$$= a_1(1)a_2(1)a_3(1)$$
$$+ 1 \cdot [a_1(1)a_2(1)d_3 + a_2(1)a_3(1)d_1 + a_3(1)a_1(1)d_2]$$
$$+ 1^2[a_1(1)d_2d_3 + a_2(1)d_3d_1 + a_3(1)d_1d_2] + 1^3 d_1d_2d_3$$

将以上等式两边依次分别相加得

$$s_3(n) - s_3(1)$$
$$= (n-1)a_1(1)a_2(1)a_3(1)$$
$$+ [1 + 2 + \cdots + (n-2)][a_1(1)a_2(1)d_3 + a_2(1)a_3(1)d_1 + a_3(1)a_1(1)d_2]$$
$$+ [1^2 + 2^2 + \cdots + (n-2)^2][a_1(1)d_2d_3 + a_2(1)d_3d_1 + a_3(1)d_1d_2]$$
$$+ [1^3 + 2^3 + \cdots + (n-2)^3]d_1d_2d_3$$

即

$$s_3(n) = na_1(1)a_2(1)a_3(1)$$
$$+ \frac{n(n-1)}{2}[a_1(1)a_2(1)d_3 + a_2(1)a_3(1)d_1 + a_3(1)a_1(1)d_2]$$
$$+ \frac{1}{6}n(n-1)(2n-1)[a_1(1)d_2d_3 + a_2(1)d_3d_1 + a_3(1)d_1d_2]$$
$$+ \left[\frac{1}{2}n(n-1)\right]^2 d_1d_2d_3 \qquad \square$$

根据定理 1.8.1 与定理 1.8.3,运用数学归纳法可证明如下更一般的结论:

定理 1.8.4 设 $\{a_1(k)\},\{a_2(k)\},\cdots,\{a_m(k)\}$ 都是等差数列,公差分别为

$d_1, d_2, \cdots, d_m$，令 $s_m(n) = \sum_{k=1}^{n} \left(\prod_{i=1}^{m} a_i(k) \right)$. 则

$$s_m(n) = \sum_{k=1}^{n} \left(\prod_{i=1}^{m} a_i(k) \right)$$

$$= n \left(\prod_{i=1}^{m} a_i(1) \right) + \left[1 + 2 + \cdots + (n-1) \right] \left[\sum_{k=1}^{m} \left(\prod_{i \neq k, 1 \leqslant i \leqslant m} a_i(1) \right) d_k \right]$$

$$+ \left[1^2 + 2^2 + \cdots + (n-1)^2 \right] \left[\sum_{1 \leqslant i_1 < i_2 \leqslant m} \left(\prod_{i \neq i_1, i_2, 1 \leqslant i \leqslant m} a_i(1) \right) d_{i_1} d_{i_2} \right]$$

$$+ \left[1^3 + 2^3 + \cdots + (n-1)^3 \right] \left[\sum_{1 \leqslant i_1 < i_2 < i_3 \leqslant m} \left(\prod_{i \neq i_1, i_2, i_3, 1 \leqslant i \leqslant m} a_i(1) \right) d_{i_1} d_{i_2} d_{i_3} \right]$$

$$+ \cdots + \left[1^{m-1} + 2^{m-1} + \cdots + (n-1)^{m-1} \right]$$

$$\cdot \left[\sum_{1 \leqslant i_1 < i_2 < \cdots < i_{m-1} \leqslant m} \left(\prod_{i \neq i_1, i_2, \cdots, i_{m-1}, 1 \leqslant i \leqslant m} a_i(1) \right) d_{i_1} d_{i_2} \cdots d_{i_{m-1}} \right]$$

$$+ \left[1^m + 2^m + \cdots + (n-1)^m \right] \prod_{i=1}^{m} d_i$$

定理 1.8.5 设 $\{a_1(k)\}, \{a_2(k)\}, \{a_3(k)\}$ 都是等差数列，公差分别为 d_1，d_2, d_3，令 $t_3(2n) = \sum_{k=1}^{2n} (-1)^{k-1} a_1(k) a_2(k) a_3(k)$. 则

(1) $t_3(2n) = -n \left[a_1(1) a_2(1) d_3 + a_2(1) a_3(1) d_1 + a_3(1) a_1(1) d_2 \right]$
$\qquad\qquad - n(2n-1) \left[a_1(1) d_2 d_3 + a_2(1) d_3 d_1 + a_3(1) d_1 d_2 \right]$
$\qquad\qquad - n^2 (4n-3) d_1 d_2 d_3.$

(2) $t_3(2n+1) = a_1(1) a_2(1) a_3(1)$
$\qquad\qquad + n \left[a_1(1) a_2(1) d_3 + a_2(1) a_3(1) d_1 + a_3(1) a_1(1) d_2 \right]$
$\qquad\qquad + n(2n+1) \left[a_1(1) d_2 d_3 + a_2(1) d_3 d_1 + a_3(1) d_1 d_2 \right]$
$\qquad\qquad + n^2 (4n+3) d_1 d_2 d_3.$

证明 （1）

$$t_3(n) = \sum_{k=1}^{2n} (-1)^{k-1} a_1(k) a_2(k) a_3(k)$$

$$= a_1(1) a_2(1) a_3(1) - (a_1(1) + d_1)(a_2(1) + d_2)(a_3(1) + d_3)$$

$$+ a_1(3) a_2(3) a_3(3) - (a_1(3) + d_1)(a_2(3) + d_2)(a_3(3) + d_3)$$

$$+ a_1(5) a_2(5) a_3(5) - (a_1(5) + d_1)(a_2(5) + d_2)(a_3(5) + d_3) + \cdots$$

$$+ a_1(2n-1) a_2(2n-1) a_3(2n-1) - (a_1(2n-1) + d_1)$$

$$\cdot (a_2(2n-1) + d_2)(a_3(2n-1) + d_3)$$

$$= - \left[a_2(1) a_3(1) + a_2(3) a_3(3) + a_2(5) a_3(5) + \cdots + a_2(2n-1) a_3(2n-1) \right] d_1$$

$$- \left[a_3(1) a_1(1) + a_3(3) a_1(3) + a_3(5) a_1(5) + \cdots + a_3(2n-1) a_1(2n-1) \right] d_2$$

$$- \left[a_1(1)a_2(1) + a_1(3)a_2(3) + a_1(5)a_2(5) + \cdots + a_1(2n-1)a_2(2n-1) \right] d_3$$

$$- \left[a_3(1) + a_3(3) + a_3(5) + \cdots + a_3(2n-1) \right] d_1 d_2$$

$$- \left[a_1(1) + a_1(3) + a_1(5) + \cdots + a_1(2n-1) \right] d_2 d_3$$

$$- \left[a_2(1) + a_2(3) + a_2(5) + \cdots + a_2(2n-1) \right] d_3 d_1 - n d_1 d_2 d_3$$

$$(1.8.5)$$

由于 $\{a_1(2m-1)\}, \{a_2(2m-1)\}, \{a_3(2m-1)\}$ 也都是等差数列, 公差分别为 $2d_1, 2d_2, 2d_3$, 由定理 1.8.1 得到

$$a_1(1)a_2(1) + a_1(3)a_2(3) + a_1(5)a_2(5) + \cdots + a_1(2n-1)a_2(2n-1)$$

$$= n \left\{ a_1(1)a_2(1) + (n-1)\left[a_1(1)d_2 + a_2(1)d_1 \right] + \frac{2}{3}(n-1)(2n-1)d_1 d_2 \right\}$$

$$(1.8.6)$$

$$a_2(1)a_3(1) + a_2(3)a_3(3) + a_2(5)a_3(5) + \cdots + a_2(2n-1)a_3(2n-1)$$

$$= n \left\{ a_2(1)a_3(1) + (n-1)\left[a_2(1)d_3 + a_3(1)d_2 \right] + \frac{2}{3}(n-1)(2n-1)d_2 d_3 \right\}$$

$$(1.8.7)$$

$$a_3(1)a_1(1) + a_3(3)a_1(3) + a_3(5)a_1(5) + \cdots + a_3(2n-1)a_1(2n-1)$$

$$= n \left\{ a_3(1)a_1(1) + (n-1)\left[a_3(1)d_1 + a_1(1)d_3 \right] + \frac{2}{3}(n-1)(2n-1)d_3 d_1 \right\}$$

$$(1.8.8)$$

又因为

$$a_1(1) + a_1(3) + a_1(5) + \cdots + a_1(2n-1) = n \left[a_1(1) + (n-1)d_1 \right]$$

$$(1.8.9)$$

$$a_2(1) + a_2(3) + a_2(5) + \cdots + a_2(2n-1) = n \left[a_2(1) + (n-1)d_2 \right]$$

$$(1.8.10)$$

$$a_3(1) + a_3(3) + a_3(5) + \cdots + a_3(2n-1) = n \left[a_3(1) + (n-1)d_3 \right]$$

$$(1.8.11)$$

故将 (1.8.6)~(1.8.11) 式代入 (1.8.5) 式化简即得证.

(2)

$$t_3(2n+1) = \sum_{k=1}^{2n+1} (-1)^{k-1} a_1(k)a_2(k)a_3(k)$$

$$= \sum_{k=1}^{2n} (-1)^{k-1} a_1(k)a_2(k)a_3(k) + a_1(2n+1)a_2(2n+1)a_3(2n+1)$$

$$= \sum_{k=1}^{2n} (-1)^{k-1} a_1(k)a_2(k)a_3(k)$$

$$+ (a_1(1) + 2nd_1)(a_2(1) + 2nd_2)(a_3(1) + 2nd_3)$$

$$= \sum_{k=1}^{2n} (-1)^{k-1} a_1(k) a_2(k) a_3(k)$$

$$+ 2n[a_1(1)a_2(1)d_3 + a_2(1)a_3(1)d_1 + a_3(1)a_1(1)d_2]$$

$$+ 4n^2[a_1(1)d_2d_3 + a_2(1)d_3d_1 + a_3(1)d_1d_2]$$

$$+ n^3 d_1 d_2 d_3 + a_1(1)a_2(1)a_3(1)$$

由(1)的结论代入此式,合并同类项整理即得证. 　　　　　　　　□

定理 1.8.6　设 $\{a_1(k)\}, \{a_2(k)\}, \{a_3(k)\}, \{a_4(k)\}$ 都是等差数列,公差

分别为 d_1, d_2, d_3, d_4,令 $t_4(2n) = \sum\limits_{k=1}^{2n} (-1)^{k-1} a_1(k) a_2(k) a_3(k) a_4(k)$. 则

(1) $t_4(2n) = -n[a_1(1)a_2(1)a_3(1)d_4 + a_2(1)a_3(1)a_4(1)d_1$

$\qquad\qquad + a_3(1)a_4(1)a_1(1)d_2 + a_4(1)a_3(1)a_2(1)d_1]$

$\qquad\quad - n(2n-1)[a_1(1)a_2(1)d_3d_4 + a_2(1)a_3(1)d_4d_1$

$\qquad\qquad + a_3(1)a_4(1)d_1d_2 + a_4(1)a_1(1)d_2d_3 + a_2(1)a_4(1)d_1d_3$

$\qquad\qquad + a_1(1)a_3(1)d_2d_4] - n^2(4n-3)[d_1d_2d_3a_4(1)$

$\qquad\qquad + d_2d_3d_4a_1a_4(1) + d_3d_4d_1a_2a_4(1) + d_4d_1d_2a_3a_4(1)]$

$\qquad\quad - n(8n^3 - 8n^2 + 1)d_1d_2d_3d_4.$

(2) $t_4(2n+1) = a_1(1)a_2(1)a_3(1)a_4(1) + n[a_1(1)a_2(1)a_3(1)d_4$

$\qquad\qquad + a_2(1)a_3(1)a_4(1)d_1 + a_3(1)a_4(1)a_1(1)d_2$

$\qquad\qquad + a_4(1)a_3(1)a_2(1)d_1]$

$\qquad\quad + n(2n+1)[a_1(1)a_2(1)d_3d_4 + a_2(1)a_3(1)d_4d_1$

$\qquad\qquad + a_3(1)a_4(1)d_1d_2 + a_4(1)a_1(1)d_2d_3 + a_2(1)a_4(1)d_1d_3$

$\qquad\qquad + a_1(1)a_3(1)d_2d_4] + n^2(4n+3)[d_1d_2d_3a_4(1)$

$\qquad\qquad + d_2d_3d_4a_1a_4(1) + d_3d_4d_1a_2a_4(1)$

$\qquad\qquad + d_4d_1d_2a_3a_4(1)] + n(8n^3 + 8n^2 - 1)d_1d_2d_3d_4.$

证明

$$t_4(2n) = \sum_{k=1}^{2n} (-1)^{k-1} a_1(k) a_2(k) a_3(k) a_4(k)$$

$$= a_1(1)a_2(1)a_3(1)a_4(1)$$

$$- (a_1(1) + d_1)(a_2(1) + d_2)(a_3(1) + d_3)(a_4(1) + d_4)$$

$$+ a_1(3)a_2(3)a_3(3)a_4(3)$$

$$- (a_1(3) + d_1)(a_2(3) + d_2)(a_3(3) + d_3)(a_4(3) + d_4)$$

$$+ a_1(5)a_2(5)a_3(5)a_4(5)$$

$$- (a_1(5) + d_1)(a_2(5) + d_2)(a_3(5) + d_3)(a_4(5) + d_4)$$

$$+ \cdots + \prod_{i=1}^{4} a_i(2n-1) - \prod_{i=1}^{4} [a_i(2n-1) + d_i]$$

$$= -[a_2(1)a_3(1)a_4(1) + a_2(3)a_3(3)a_4(3) + \cdots$$
$$\quad + a_2(2n-1)a_3(2n-1)a_4(2n-1)]d_1$$
$$\quad -[a_3(1)a_1(1)a_4(1) + a_3(3)a_1(3)a_4(3) + \cdots$$
$$\quad + a_3(2n-1)a_1(2n-1)a_4(2n-1)]d_2$$
$$\quad -[a_1(1)a_2(1)a_4(1) + a_1(3)a_2(3)a_4(3) + \cdots$$
$$\quad + a_1(2n-1)a_2(2n-1)a_4(2n-1)]d_3$$
$$\quad -[a_1(1)a_2(1)a_3(1) + a_1(3)a_2(3)a_3(3) + \cdots$$
$$\quad + a_1(2n-1)a_2(2n-1)a_3(2n-1)]d_4$$
$$\quad -[a_3(1)a_4(1) + a_3(3)a_4(3) + a_3(5)a_4(5) + \cdots$$
$$\quad + a_3(2n-1)a_4(2n-1)]d_1d_2$$
$$\quad -[a_1(1)a_4(1) + a_1(3)a_4(3) + a_1(5)a_4(5) + \cdots$$
$$\quad + a_1(2n-1)a_4(2n-1)]d_2d_3$$
$$\quad -[a_1(1)a_2(1) + a_1(3)a_2(3) + a_1(5)a_2(5) + \cdots$$
$$\quad + a_1(2n-1)a_2(2n-1)]d_3d_4$$
$$\quad -[a_2(1)a_3(1) + a_2(3)a_3(3) + a_2(5)a_3(5) + \cdots$$
$$\quad + a_2(2n-1)a_3(2n-1)]d_1d_4$$
$$\quad -[a_4(1)a_2(1) + a_4(3)a_2(3) + a_4(5)a_2(5) + \cdots$$
$$\quad + a_4(2n-1)a_2(2n-1)]d_3d_1$$
$$\quad -[a_3(1)a_1(1) + a_3(3)a_1(3) + a_3(5)a_1(5) + \cdots$$
$$\quad + a_3(2n-1)a_1(2n-1)]d_2d_4$$
$$\quad -[a_1(1) + a_1(3) + a_1(5) + \cdots + a_1(2n-1)]d_2d_3d_4$$
$$\quad -[a_2(1) + a_2(3) + a_2(5) + \cdots + a_2(2n-1)]d_3d_4d_1$$
$$\quad -[a_3(1) + a_3(3) + a_3(5) + \cdots + a_3(2n-1)]d_4d_1d_2$$
$$\quad -[a_4(1) + a_4(3) + a_4(5) + \cdots + a_4(2n-1)]d_1d_2d_3 - nd_1d_2d_3d_4$$

$$(1.8.12)$$

由于 $\{a_1(2m-1)\}, \{a_2(2m-1)\}, \{a_3(2m-1)\}, \{a_4(2m-1)\}$ 也都是等差数列,公差分别为 $2d_1, 2d_2, 2d_3, 2d_4$,所以由定理 1.8.4 得到

$$a_2(1)a_3(1)a_4(1) + a_2(3)a_3(3)a_4(3) + \cdots + a_2(2n-1)a_3(2n-1)a_4(2n-1)$$
$$= na_2(1)a_3(1)a_4(1)$$
$$\quad + n(n-1)[a_2(1)a_3(1)d_4 + a_3(1)a_4(1)d_2 + a_4(1)a_2(1)d_3]$$
$$\quad + \frac{2}{3}n(n-1)(2n-1)[a_2(1)d_3d_4 + a_3(1)d_4d_2 + a_4(1)d_2d_3]$$

$$+ 2n^2 (n-1)^2 d_2 d_3 d_4 \tag{1.8.13}$$

$a_3(1)a_4(1)a_1(1) + a_3(3)a_4(3)a_1(3) + \cdots + a_3(2n-1)a_4(2n-1)a_1(2n-1)$

$\quad = na_3(1)a_4(1)a_1(1)$

$\qquad + n(n-1)[a_3(1)a_4(1)d_1 + a_4(1)a_1(1)d_3 + a_1(1)a_3(1)d_4]$

$\qquad + \dfrac{2}{3}n(n-1)(2n-1)[a_3(1)d_4 d_1 + a_4(1)d_1 d_3 + a_1(1)d_3 d_4]$

$\qquad + 2n^2 (n-1)^2 d_3 d_4 d_1 \tag{1.8.14}$

$a_4(1)a_1(1)a_2(1) + a_4(3)a_1(3)a_2(3) + \cdots + a_4(2n-1)a_1(2n-1)a_2(2n-1)$

$\quad = na_4(1)a_1(1)a_2(1)$

$\qquad + n(n-1)[a_4(1)a_1(1)d_2 + a_1(1)a_2(1)d_4 + a_2(1)a_4(1)d_1]$

$\qquad + \dfrac{2}{3}n(n-1)(2n-1)[a_4(1)d_1 d_2 + a_1(1)d_2 d_4 + a_2(1)d_4 d_1]$

$\qquad + 2n^2 (n-1)^2 d_4 d_1 d_2 \tag{1.8.15}$

$a_1(1)a_2(1)a_3(1) + a_1(3)a_2(3)a_3(3) + \cdots + a_1(2n-1)a_2(2n-1)a_3(2n-1)$

$\quad = na_1(1)a_2(1)a_3(1)$

$\qquad + n(n-1)[a_1(1)a_2(1)d_3 + a_2(1)a_3(1)d_1 + a_3(1)a_1(1)d_2]$

$\qquad + \dfrac{2}{3}n(n-1)(2n-1)[a_3(1)d_1 d_2 + a_1(1)d_2 d_3 + a_2(1)d_3 d_1]$

$\qquad + 2n^2 (n-1)^2 d_1 d_2 d_3 \tag{1.8.16}$

$a_1(1)a_2(1) + a_1(3)a_2(3) + a_1(5)a_2(5) + \cdots + a_1(2n-1)a_2(2n-1)$

$\quad = n\left\{ a_1(1)a_2(1) + (n-1)[a_1(1)d_2 + a_2(1)d_1] + \dfrac{2}{3}(n-1)(2n-1)d_1 d_2 \right\}$

$$\tag{1.8.17}$$

$a_2(1)a_3(1) + a_2(3)a_3(3) + a_2(5)a_3(5) + \cdots + a_2(2n-1)a_3(2n-1)$

$\quad = n\left\{ a_2(1)a_3(1) + (n-1)[a_2(1)d_3 + a_3(1)d_2] + \dfrac{2}{3}(n-1)(2n-1)d_2 d_3 \right\}$

$$\tag{1.8.18}$$

$a_3(1)a_1(1) + a_3(3)a_1(3) + a_3(5)a_1(5) + \cdots + a_3(2n-1)a_1(2n-1)$

$\quad = n\left\{ a_3(1)a_1(1) + (n-1)[a_3(1)d_1 + a_1(1)d_3] + \dfrac{2}{3}(n-1)(2n-1)d_3 d_1 \right\}$

$$\tag{1.8.19}$$

$a_3(1)a_4(1) + a_3(3)a_4(3) + a_3(5)a_4(5) + \cdots + a_3(2n-1)a_4(2n-1)$

$$= n\left\{a_3(1)a_4(1) + (n-1)[a_3(1)d_4 + a_4(1)d_3] + \frac{2}{3}(n-1)(2n-1)d_3d_4\right\}$$

$$(1.8.20)$$

$$a_1(1)a_4(1) + a_1(3)a_4(3) + a_1(5)a_4(5) + \cdots + a_1(2n-1)a_4(2n-1)$$

$$= n\left\{a_1(1)a_4(1) + (n-1)[a_1(1)d_4 + a_4(1)d_1] + \frac{2}{3}(n-1)(2n-1)d_1d_4\right\}$$

$$(1.8.21)$$

$$a_2(1)a_4(1) + a_2(3)a_4(3) + a_2(5)a_4(5) + \cdots + a_2(2n-1)a_4(2n-1)$$

$$= n\left\{a_2(1)a_4(1) + (n-1)[a_2(1)d_4 + a_4(1)d_2] + \frac{2}{3}(n-1)(2n-1)d_2d_4\right\}$$

$$(1.8.22)$$

又因为

$$a_1(1) + a_1(3) + a_1(5) + \cdots + a_1(2n-1) = n[a_1(1) + (n-1)d_1]$$

$$(1.8.23)$$

$$a_2(1) + a_2(3) + a_2(5) + \cdots + a_2(2n-1) = n[a_2(1) + (n-1)d_2]$$

$$(1.8.24)$$

$$a_3(1) + a_3(3) + a_3(5) + \cdots + a_3(2n-1) = n[a_3(1) + (n-1)d_3]$$

$$(1.8.25)$$

$$a_4(1) + a_4(3) + a_4(5) + \cdots + a_4(2n-1) = n[a_3(1) + (n-1)d_4]$$

$$(1.8.26)$$

故将(1.8.13)~(1.8.26)式代入(1.8.12)式化简即得证.

(2) 仿定理1.8.5(2)的证明即得证. □

1.8.2 等差与等比数列对应项混合积的求和公式

定理1.8.7 设$\{a_n\}$是公差为d的等差数列,$\{b_n\}$是公比为q的等比数列,记
$$s_n^{(m)} = \sum_{i=1}^{n} b_i \prod_{k=i}^{i+m-1} a_k,则$$

$$s_n^{(m)} = \sum_{k=1}^{m} \frac{(md)^{k-1}}{(1-q)^k}\left[b_1 \prod_{i=0}^{m-k} a_i - b_{n+1} \prod_{i=n}^{n+m-k} a_i\right] + \frac{b_1(md)^m}{(1-q)^m}(1-q^n)$$

$$(1.8.27)$$

证明 由于
$$qs_n^{(m)} = b_2 a_1 \cdots a_m + b_3 a_2 \cdots a_{m+1} + \cdots + b_{n+1} a_n \cdots a_{m+n-1}$$

所以

$$(1-q)s_n^{(m)} = b_1 a_1 \cdots a_m + b_2 a_2 \cdots a_m(a_{m+1} - a_1) + b_3 a_3 \cdots a_{m+1}(a_{m+2} - a_2)$$

$$+ \cdots + b_n a_n \cdots a_{m+n-2}(a_{m+n-1} - a_{n-1}) - b_{n+1} a_n \cdots a_{m+n-1}$$

$$= b_1 a_1 \cdots a_m - b_{n+1} a_n \cdots a_{m+n-1}$$
$$+ md(b_2 a_2 \cdots a_m + b_3 a_3 \cdots a_{m+1} + \cdots + b_n a_n \cdots a_{m+n-1})$$
$$= b_1 a_1 \cdots a_m - b_{n+1} a_n \cdots a_{m+n-1} + md(s_n^{(m-1)} - b_1 a_1 \cdots a_{m-1})$$
$$= b_1 a_1 \cdots a_m - mdb_1 a_1 \cdots a_{m-1} - b_{n+1} a_n \cdots a_{n+m-1} + mds_n^{(m-1)}$$
$$= b_1 a_1 \cdots a_{m-1}(a_m - md) - b_{n+1} a_n \cdots a_{n+m-1} + mds_n^{(m-1)}$$
$$= b_1 a_0 a_1 \cdots a_{m-1} - b_{n+1} a_n \cdots a_{n+m-1} + mds_n^{(m-1)}$$

即

$$s_n^{(m)} = \frac{1}{1-q}(b_1 a_0 a_1 \cdots a_{m-1} - b_{n+1} a_n \cdots a_{n+m-1}) + \frac{md}{1-q}s_n^{(m-1)} \quad (1.8.28)$$

由(1.8.28)式递归即得(1.8.27)式. □

参 考 文 献

［1］ Brualdi R A. Introductory Combinatorics［M］. 4th. Hong Kong：Pearson Education Asia Limited，2004：28-69，116-150.

［2］ 许胤龙,孙淑玲.组合数学引论［M］.2 版.合肥:中国科学技术大学出版社,2010.

［3］ Ostermeier M, Benkovic S J. Construction of hybrid gene libraries involving the circular permutation of DNA［J］. Biotechnology Letters，2001,23：303-310.

［4］ Jeltsch A. Circular Permutations in the Molecular Evolution of DNA Methyl transferases ［J］. J. Mol. Evol.，1999,49：161-164.

［5］ 朱玉扬.同类元素不相邻的线与圆排列数的计数［J］.合肥学院学报（自然科学版）,2015, 25(2):1-5.

［6］ 钟玉泉.复变函数论［M］.2 版.北京:高等教育出版社,1988:216-224.

［7］ Egoryehev G P. Integral representation and the computation of combinatorial sums［J］. American Math. Society,1984：123-136.

［8］ 李仲来.组合数的积分表示及应用简介［J］.数学通报,1990(10):18-19.

［9］ 朱玉扬.I.J.Matrix 定理的再推广［J］.数学通报,1991(9):20-21.

［10］ 朱玉扬.一个代数定理及在组合数学中的应用［J］.合肥学院学报,2001,18(4):32-39.

［11］ 熊迎先.组合数与等差、等比数列的关系［J］.数学通报,1981(12):23-25.

第 2 章 鸽巢原理的几个应用问题

本章 2.1 节介绍鸽巢原理以及简单的应用.2.2 节探讨一个整点多边形的整点重心问题.2.3 节讨论有关 Ramsey 数的一些性质.2.4 节介绍鸽巢原理的几个应用实例.

2.1 鸽巢原理以及简单的应用

定理 2.1.1(鸽巢原理的简单形式) 如果将 $n+1$ 个物品放进 n 个盒子,那么至少有一个盒子包含两个或更多的物品.

定理 2.1.2(鸽巢原理的加强形式) 设 $a_1,a_2,\cdots,a_n$ 都是正整数,如果把

$$a_1,a_2,\cdots,a_n-n+1$$

个物品放进 n 个盒子,那么或者第 1 个盒子中至少有 a_1 个物品,或者第 2 个盒子中至少有 a_2 个物品……或者第 n 个盒子中至少有 a_n 个物品.

证明 设将 $a_1+a_2+\cdots+a_n-n+1$ 个物品分别放到 n 个盒子中.如果对于每个 $i=1,2,\cdots,n$,第 i 个盒子含有少于 a_i 个物品,那么,所有盒子中的物品总数不超过

$$(a_1-1)+(a_2-1)+\cdots+(a_n-1)=a_1+a_2+\cdots+a_n-n$$

比所分发的物品总数少 1,因此可断言,对 $i=1,2,\cdots,n$,第 i 个盒子至少包含 a_i 个物品. □

由于当 $a_1=a_2=\cdots=a_n=2$ 时,有

$$a_1+a_2+\cdots+a_n-n+1=2n-n+1=n+1$$

所以鸽巢原理的简单形式是鸽巢原理的加强形式的特例.又因为当 $a_1=a_2=\cdots=a_n=r$ 时,鸽巢原理的加强形式可叙述如下:如果 $n(r-1)+1$ 个物体放入 n 个盒子中,那么至少有一个盒子含有 r 个或更多的物品.

推论 2.1.1 若将 $n(r-1)+1$ 个物品放入 n 个盒子中,则至少有一个盒子中有 r 个物品.

推论 2.1.2　设 $b_1, b_2, \cdots, b_n$ 都是正整数,而且

$$\frac{b_1 + b_2 + \cdots + b_n}{n} > r - 1$$

则 $b_1, b_2, \cdots, b_n$ 中至少有一个数不小于 r.

推论 2.1.3　若将 m 个物品放入 n 个盒子中,则至少有一个盒子中有不少于 $\left\lceil \frac{m}{n} \right\rceil$ 个物品. 其中 $\left\lceil \frac{m}{n} \right\rceil$ 是不小于 $\frac{m}{n}$ 的最小整数.

例 2.1.1　试证明:在任意 $n^2 + 1$ 个实数构成的序列 $a_1, a_2, \cdots, a_{n^2+1}$ 中,或者含有长度为 $n+1$ 的递增子序列,或者含有长度为 $n+1$ 的递减子序列.

证明　假设不存在长度为 $n+1$ 的递增子序列,则只需证明必有一个长度为 $n+1$ 的递减子序列.

令 m_k 表示从 a_k 开始的最长递增子序列长度,假设

$$1 \leqslant m_k \leqslant n \quad (k = 1, 2, \cdots, n^2 + 1)$$

这相当于将 $n^2 + 1$ 个物体 $m_1, m_2, \cdots, m_{n^2+1}$ 放入 n 个盒子 $1, 2, \cdots, n$ 中,由鸽巢原理知,必有一个盒子 i,里面至少有 $n+1$ 个物体(否则物体总数将不超过 n^2),即存在

$$k_1 < k_2 < \cdots < k_{n+1}$$

使 $m_{k_1} = m_{k_2} = \cdots = m_{k_{n+1}} = i (1 \leqslant i \leqslant n)$.

下面证明对应这些下标 $k_1, k_2, \cdots, k_{n+1}$ 的实数序列必满足

$$a_{k_1} \geqslant a_{k_2} \geqslant \cdots \geqslant a_{k_{n+1}}$$

即它们构成一长度为 $n+1$ 的递减子序列. 事实上,如果 $a_{k_1}, a_{k_2}, \cdots, a_{k_{n+1}}$ 不满足上述递减关系,即存在 $j(1 \leqslant j \leqslant n)$ 使 $a_{k_j} < a_{k_{j+1}}$,则由 $a_{k_{j+1}}$ 开始的最长递增子序列加上 a_{k_j},就得到一个从 a_{k_j} 开始的长度为 $m_{k_{j+1}} + 1$ 的递增子序列,由 m_{k_j} 的含义知,$m_{k_j} \geqslant m_{k_{j+1}} + 1$,这与 $m_{k_j} = m_{k_{j+1}}$ 矛盾,从而可知

$$a_{k_1}, a_{k_2}, \cdots, a_{k_{n+1}}$$

就是所存在的长度为 $n+1$ 的递减子序列.　　　　　　　　　　□

例 2.1.2　一位棋手有 11 周的时间准备一场比赛. 他决定每天至少下一盘棋. 但为了不使自己过于疲劳,他还决定每个连续的 7 天内所下盘数不能超过 12 盘. 试证明:存在连续的若干天,他在这些天内恰好下了 21 盘棋.

证明　令 a_1 是第 1 天所下的盘数,a_2 是第 1 天和第 2 天所下的总盘数,a_3 是第 1 天、第 2 天和第 3 天所下的总盘数……如此得序列 $a_1, a_2, \cdots, a_{77}$. 由于棋手每天至少要下一盘棋,故这个序列是一个严格递增的序列. 此外,$a_1 \geqslant 1$,而且由于每个连续的 7 天最多下 12 盘棋,故 $a_{77} \leqslant 12 \times 11 = 132$,因此,有

$$1 \leqslant a_1 < a_2 < \cdots < a_{77} \leqslant 132$$

同样地,序列 $a_1 + 21, a_2 + 21, \cdots, a_{77} + 21$ 也是个严格递增序列,且

$$22 \leqslant a_1 + 21 < a_2 + 21 < \cdots < a_{77} + 21 \leqslant 132 + 21 = 153$$

于是,有 154 项的序列

$$a_1, a_2, \cdots, a_{77}, a_1 + 21, a_2 + 21, \cdots, a_{77} + 21$$

的每一项均为 1~153 中的一个整数,由鸽巢原理可知,它们中间必有两项是相等的. 由序列 $a_1, a_2, \cdots, a_{77}$ 的严格递增性可知,$a_1, a_2, \cdots, a_{77}$ 和 $a_1 + 21, a_2 + 21, \cdots, a_{77} + 21$ 中没有相等的数. 因此,必存在 i 和 j,使得 $a_i = a_j + 21$,即 $a_i - a_j = 21$. 所以,这位棋手在第 $j+1, j+2, \cdots, i$ 天总共下了 21 盘棋.　　　　□

实际上,例 2.1.1 可以推广成如下结论:

定理 2.1.3 设

$$m, k, r, e_1, e_2, \cdots, e_{mk} \in \mathbf{N}^+ \quad (r \leqslant 2k - 1)$$

且 $\sum\limits_{j=0}^{k-1} e_{n+j} \leqslant r \, (n = 1, 2, \cdots, mk - 1)$,那么必存在正整数 s, t 使得 $\sum\limits_{j=0}^{s-t} e_{t+j} = m(2k - r) - 1$.

证明　令 $a_i = \sum\limits_{j=1}^{i} e_j$,则有

$$1 \leqslant a_1 < a_2 < \cdots < a_{mk} \leqslant mr$$

同样地,序列

$$a_1 + m(2k - r) - 1, a_2 + m(2k - r) - 1, \cdots, a_{mk} + m(2k - r) - 1$$

也是个严格递增序列,且

$$a_1 + m(2k - r) \leqslant a_1 + m(2k - r) - 1 < a_2 + m(2k - r) - 1$$
$$< \cdots < a_{mk} + m(2k - r) - 1 \leqslant 2mk - 1$$

于是,有 $2mk$ 项的序列

$$a_1, a_2, \cdots, a_{mk}, a_1 + m(2k - r) - 1, a_2 + m(2k - r) - 1, \cdots, a_{mk} + m(2k - r) - 1$$

的每一项均为 1~$2mk - 1$ 中的一个整数,由鸽巢原理可知,它们中间必有两项是相等的. 由序列 $a_1, a_2, \cdots, a_{mk}$ 的严格递增性可知,$a_1, a_2, \cdots, a_{mk}$ 中没有相等的数,同样地,

$$a_1 + m(2k - r) - 1, a_2 + m(2k - r) - 1, \cdots, a_{mk} + m(2k - r) - 1$$

中没有相等的数. 因此,必存在正整数 s, t 使得

$$a_s = a_t + m(2k - r) - 1$$

即

$$a_s - a_t = \sum_{j=1}^{s} e_j - \sum_{j=1}^{t} e_j = \sum_{j=1}^{s-t} e_{t+j} = m(2k - r) - 1 \qquad □$$

在定理 2.1.3 中,当 $m = 11, k = 7$ 时,$r = 12$,即为例 2.1.2 的结论. 由定理 2.1.3 知,当 $m = 11, k = 7$ 时,$r = 1, 2, \cdots, 12, 13$ 都有相应的结论. 如 $r = 1$,则必有连续的天数,棋手在这连续的天数内恰好下 $11(2 \times 7 - 1) - 1 = 142$ 盘棋;如 $r = 2$,

则必有连续的天数,棋手在这连续的天数内恰好下 $11(2 \times 7 - 2) - 1 = 131$ 盘棋 ……如 $r = 13$,则必有连续的天数,棋手在这连续的天数内恰好下 $11(2 \times 7 - 13) - 1 = 10$ 盘棋.

2.2　一个整点多边形的整点重心问题

一类整点单形或复形的整点重心问题是组合几何中一个较为重要的问题.对于二维平面的情形,在 1983 年,Kemnitz 猜想平面上任何 $4n - 3$ 个整点,必可取出 n 个整点,使这 n 个整点的重心仍为整点.下面将研究这一问题.

(1) 在二维平面坐标系中,x_i, y_i 均为整数坐标,$A_i = (x_i, y_i)$ 称为整点,n 个点的重心记为 $p = \left(\frac{1}{n} \sum_{i=1}^{n} x_i, \frac{1}{n} \sum_{i=1}^{n} y_i \right) (i = 1, 2, \cdots, n)$.

(2) 在三维直角坐标系中,x_i, y_i, z_i 均为整数坐标,$A_i = (x_i, y_i, z_i)$ 称为整点,n 个点的重心记为几何中心 $p = \left(\frac{1}{n} \sum_{i=1}^{n} x_i, \frac{1}{n} \sum_{i=1}^{n} y_i, \frac{1}{n} \sum_{i=1}^{n} z_i \right) (i = 1, 2, \cdots, n)$.

(3) 在 m 维空间上,$x_i^{(1)}, x_i^{(2)}, \cdots, x_i^{(m)}$ 为整数,$A_i = (x_i^{(1)}, x_i^{(2)}, \cdots, x_i^{(m)})$ 为整点,n 个点的重心记为 $p = \left(\frac{1}{n} \sum_{i=1}^{n} x_i^{(1)}, \frac{1}{n} \sum_{i=1}^{n} x_i^{(2)}, \cdots, \frac{1}{n} \sum_{i=1}^{n} x_i^{(m)} \right) (i = 1, 2, \cdots, n)$.

(4) $f(n) = \min\{f \mid \mathbf{R}^m$ 中任意 f 个整点必存在 n 个点,其重心为整点$\}$.

定理 2.2.1　对奇数 $n \geqslant 3$,平面上任意的 $n(n-1)^2 + 1$ 个整点中必有 n 个整点的重心亦为整点.

定理 2.2.2　$f(2^m \cdot 3^p) = 4(2^m \cdot 3^p - 1) + 1(m, p = 0, 1, 2, \cdots)$.

定理 2.2.3　在平面上,$f(k_1) = 4(k_1 - 1) + 1$,$f(k_2) = 4(k_2 - 1) + 1$,$\cdots$,$f(k_l) = 4(k_l - 1) + 1$ 成立,$k_1, k_2, \cdots, k_l$ 为质数,则
$$f(k_1^{m_1} \cdot k_2^{m_2} \cdots \cdot k_l^{m_l}) = 4(k_1^{m_1} \cdot k_2^{m_2} \cdots \cdot k_l^{m_l} - 1) + 1$$

定理 2.2.4　在三维空间中,在任意 $n^2(n-1)^2 + 1$ 个整点中,必然存在 n 个整点的重心也是整点,其中 $n \geqslant 3$ 且为奇数.

定理 2.2.5　在三维空间中,有 $f(2) = 9$,$f(3) = 19$ 成立.

定理 2.2.6　在三维空间中任取 $4n(n-1) + 1$ 个整点,其中必存在 n 个整点的重心也是整点.

定理 2.2.7　在 m 维空间中,任意取 $r_0 = n^{m-1}(n-1)^2 + 1$ 个整点,则必然存

在 n 个整点的重心也是整点,其中 $n \geqslant 3$ 且为奇数.

定理 2.2.8　在 m 维空间中,任意取 $4n^{m-2}(n-1)+1$ 个整点,则必然存在 n 个整点的重心也是整点.

定理 2.2.1 的证明　当 $n=2$ 时,$f(2)=5$. $(0,0),(0,1),(1,0),(1,1)$ 为四个整点,且任意两点的中点均不为整点,因此有 $f(2) \geqslant 5$,假设有 k 个整点,且 $k \geqslant 5$,将 k 个点的坐标都表示成模 2 的剩余,则它将落在正方形 $[0 \leqslant x \leqslant 1, 0 \leqslant y \leqslant 1]$ 的顶点上,由鸽巢原理知,这 k 个整点必有两点重合,且中点为整点.

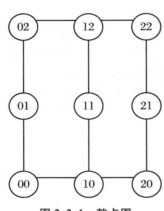

图 2.2.1　整点图

当 $n=3$ 时,$f(3)=9$. 将 9 个整点的坐标都模 3 剩余,同样 9 个整点都在正方形 $[0 \leqslant x \leqslant 2, 0 \leqslant y \leqslant 2]$ 内,因此将其表示为平面上的 3×3 整点,如图 2.2.1 所示.

将整点图内任意 3 个同列或同行,3 个不同列且不同行的整点组成的集记为一个三元组. 则共 12 个三元组,每个三元组的重心为整点. 在网格中有 9 个网点,若有 3 个整点落入同一个网点,则其重心为整点. 若至多有两个整点落入同一个网点,则 9 个整点至少将落入 5 个不同的网点,这 5 个网点中必然存在三元组,显然成立,即 $f(3)=9$. 同样利用鸽巢原理推广至 w.

当 $n=w$ 时,设 $A_1(x_1,y_1),A_2(x_2,y_2),\cdots,A_w(x_w,y_w)$ 是坐标平面上任意 w 个整点,用 B 表示由这 w 个整点所成之集,则 $|B|=w$,令

$$B_i = \{A_j \mid A_j \in B \text{ 且 } x_j \text{ 除以 } n \text{ 余数为 } i\} \quad (i=0,1,2,\cdots,n-1)$$

则 $B_i \subseteq B(i=0,1,\cdots,n-1)$,且 $\bigcup\limits_{i=0}^{n-1} B_i = B$,由鸽巢原理的一般形式知,存在整数 $k(0 \leqslant k \leqslant n-1)$,使得 $|B_k| \geqslant \left[\dfrac{w-1}{n}\right]+1$,令 $\left[\dfrac{w-1}{n}\right]+1$ 为 m.

设 B_k 含有点 $A_1,A_2,\cdots,A_m$,令 $C=\{A_1,A_2,\cdots,A_m\}$,并令 $C_t=\{A_j \mid A_j \in C \text{ 且 } y_j \text{ 除以 } n \text{ 余数为 } t\}(t=0,1,\cdots,n-1)$. 其中 $C_t \subseteq C(t=0,1,\cdots,n-1)$,且 $\bigcup\limits_{t=0}^{n-1} C_t = C$.

(1) 若 $C_0,C_1,\cdots,C_{n-1}$ 均不是空集,设 $A_{k0},A_{k1},\cdots,A_{k(n-1)}$ 分别为 $C_0,C_1,\cdots,C_{n-1}$ 中的元,则 $x_{k0},x_{k1},\cdots,x_{k(n-1)}$ 除以 n 得余数均为 k,即 $n \mid x_{k0}+x_{k1}+\cdots+x_{k(n-1)}$. 而 $y_{k0},y_{k1},\cdots,y_{k(n-1)}$ 除以 n 得余数分别为 $0,1,2,\cdots,n-1$. 由于在 w 个点中必有 n 个点重心为整数,需要满足 $n \left| \dfrac{n(n-1)}{2}\right.$,即可得到这样的 n 个点,n

为奇数且大于 2.

(2) 若 $C_0, C_1, \cdots, C_{n-1}$ 中至少有一个空集,去掉其中一个空集之后剩下的集合假如是 $C_0, C_1, \cdots, C_{n-2}$,由鸽巢原理知,存在 $s(0 \leqslant s \leqslant n-2)$,使得 $|C_s| \geqslant \left[\dfrac{m-1}{n-1}\right]+1$,令 $z = \left[\dfrac{m-1}{n-1}\right]+1$. 设 $A_{s1}, A_{s2}, \cdots, A_{sz}$ 是 C_s 中的 z 个元,$x_{s1}, x_{s2}, \cdots, x_{sz}$ 除以 n 得余数都是 k,$y_{s1}, y_{s2}, \cdots, y_{sz}$ 除以 n,余数为 s. 当 $z = n$ 时,有

$$n \mid x_{s1} + x_{s2} + \cdots + x_{sz}, \quad n \mid y_{s1} + y_{s2} + \cdots + y_{sz}$$

由 $\left[\dfrac{w-1}{n}\right]+1 = m$ 及 $\left[\dfrac{m-1}{n}\right]+1 = n$,得到 $w = n(n-1)^2 + 1$.

设所给诸点的坐标为 $(x_i, y_i)(1 \leqslant i \leqslant n(n-1)^2 + 1)$,则对于整数 x_i,其中至少有 $\left\lceil\dfrac{n(n-1)^2 + 1}{n}\right\rceil = (n-1)^2 + 1$ 个是模 n 同余的,不妨设它们是 $x_1, x_2, \cdots, x_m$,其中 $m = (n-1)^2 + 1$. 显然,它们中任 n 个的和必为 n 的倍数. 在与这些横坐标相应的各纵坐标 $y_1, y_2, \cdots, y_m$ 中,若存在 n 个模 n 彼此不同余的(可记为 $a_j n + j, j \in Z_n$),则它们的和 $n \sum_{j=0}^{n-1} a_j + \dfrac{n(n-1)}{2}$ 必为 n 的倍数(因 n 为奇数). 否则,这 m 个纵坐标各自模 n 的剩余最多只能有 $n-1$ 种不同的. 由鸽巢原理知,它们中至少有 $\left\lceil\dfrac{m}{n-1}\right\rceil = \left\lceil\dfrac{(n-1)^2 + 1}{n-1}\right\rceil = n$ 个纵坐标是模 n 同余的,它们的和当然也是 n 的倍数. 于是,不论如何,恒可在 $n(n-1)^2 + 1$ 个点中找到 n 个点,使得它们的横坐标之和与纵坐标之和均为 n 的倍数,而这 n 个点的重心当然应是整点[7].　　　　　　　　　　　　　　　　　　　　□

用上述方法虽然得出了满足条件的公式,但却不是满足条件的最小值,因此下面根据 Kemnitz 猜想 $f(n) = 4n - 3$,考虑任意整数 n 的情形.

由简单的 $f(2) = 5$ 及 $f(3) = 9$ 的情形进行猜想,将 n 表示成 $2^m \cdot 3^p$,利用数学归纳法证明.

定理 2.2.2 的证明　当 $m = p = 0$ 时,结论成立. 当 $m = 0, p = 1$ 时,$f(3) = 9$. 当 $m = 1, p = 1$ 时,$f(6) = 21$. 平面上任意 21 个整点,$A^{(1)} = \{A_1, A_2, \cdots, A_{21}\}$,其中必有两点,如 A_1, A_2 的连线中点 B_1 为整点,令 $A^{(2)} = A/\{A_1, A_2\}$,$A^{(2)}$ 中又有两点,如 A_3, A_4 的中点 B_2 为整点,依此类推,则 $A^{(9)}$ 中有两点的连线中点 B_9 为整点[8]. 设 $B = \{B_1, B_2, \cdots, B_9\}$,$B$ 中有三点,如 B_1, B_2, B_3 的重心 P 为整点,

$$P = \frac{B_1 + B_2 + B_3}{3} = \frac{\dfrac{A_1 + A_2}{2} + \dfrac{A_3 + A_4}{2} + \dfrac{A_5 + A_6}{2}}{3}$$

$$= \frac{A_1 + A_2 + A_3 + A_4 + A_5 + A_6}{6}$$

因此 $f(6) = 21$.

假设 $f(2^m \cdot 3^p) = 4(2^m \cdot 3^p - 1) + 1(m \geqslant 1, p \geqslant 1)$ 成立. 证明下面两式成立.

(1) $f(2^{m+1} \cdot 3^p) = 4(2^{m+1} \cdot 3^p - 1) + 1$.

(2) $f(2^m \cdot 3^{p+1}) = 4(2^m \cdot 3^{p+1} - 1) + 1$.

先证 (1)：平面上任意 $4(2^{m+1} \cdot 3^p - 1) + 1$ 个整点 $A_1, A_2, \cdots, A_{t_{(m+1)p}}$，令 $A^{(1)} = \{A_1, A_2, \cdots, A_{t_{(m+1)p}}\}$，其中 $t_{(m+1)p} = 4(2^{m+1} \cdot 3^p - 1) + 1$. 由于 $A^{(1)}$ 中有两点，如 A_1, A_2，连线中点 B_1 为整点，$A^{(2)} = A^{(1)}/\{A_1, A_2\}$，又有 $A^{(2)}$ 中两点 A_3，A_4，中点为 B_2，依此类推到 $t_{mp}(t_{mp} = 4(2^m \cdot 3^p - 1) + 1)$，$A^{(t_{mp})}$ 中有 $4(2^{m+1} \cdot 3^p - 1) + 1 - 2(4(2^m \cdot 3^p)) = 5$ 个点. $A^{(t_{mp})}$ 中两点 $A_{2t_{mp}-1}, A_{2t_{mp}}$，中点 $B_{t_{mp}}$ 为整点. 则令 $B = \{B_1, B_2, \cdots, B_{t_{mp}}\}$，由前面的归纳得出必有 $2^m \cdot 3^p$ 个整点的重心为整点，设为 $B_1, B_2, \cdots, B_{2^m \cdot 3^p}$ 其重心记为 P[9]，

$$P = \frac{B_1 + B_2 + \cdots + B_{2^m \cdot 3^p}}{2^m \cdot 3^p} = \frac{\dfrac{A_1 + A_2}{2} + \dfrac{A_3 + A_4}{2} + \cdots + \dfrac{A_{2^{m+1} \cdot 3^p - 1} + A_{2^{m+1} \cdot 3^p}}{2}}{2^m \cdot 3^p}$$

$$= \frac{A_1 + \cdots + A_{2^{m+1} \cdot 3^p}}{2^{m+1} \cdot 3^p}$$

$A^{(1)}$ 有 $2^{m+1} \cdot 3^p$ 个整点 $A_1, A_2, \cdots, A_{2^{m+1} \cdot 3^p}$，其重心 P 为整点.

因此，$f(2^{m+1} \cdot 3^p) = 4(2^{m+1} \cdot 3^p - 1) + 1$.

然后证 (2)：平面上任意 $4(2^m \cdot 3^{p+1} - 1) + 1$ 个整点 $A_1, A_2, \cdots, A_{s_{m(p+1)}}$，令 $A^{(1)} = \{A_1, A_2, \cdots, A_{s_{m(p+1)}}\}$，$s_{m(p+1)} = 4(2^m \cdot 3^{p+1} - 1) + 1$. $A^{(1)}$ 中有三点 A_1，A_2, A_3，重心 B_1 为整点，$A^{(2)} = A^{(1)}/\{A_1, A_2, A_3\}$. $A^{(2)}$ 中有三点 A_4, A_5, A_6，重心 B_2 为整点，依此类推至 s_{mp}，其中 $s_{mp} = 4(2^m \cdot 3^p - 1) + 1$，$A^{(s_{mp})}$ 包含 $4(2^m \cdot 3^{p+1}) + 1 - 3(4(2^m \cdot 3^p - 1)) = 9$ 个点，$A^{(s_{mp})}$ 中有三点 $A_{3s_{mp}-2}, A_{3s_{mp}-1}, A_{3s_{mp}}$，重心为 $B_{s_{mp}}$ 为整点. 整点集 $B = \{B_1, B_2, \cdots, B_{s_{mp}}\}$，其中定有 $2^m \cdot 3^p$ 个整点的重心为整点，如 $B_1, B_2, \cdots, B_{2^m \cdot 3^p}$ 的重心 C 为整点，

$$C = \frac{B_1 + \cdots + B_{2^m \cdot 3^p}}{2^m \cdot 3^p} = \frac{\dfrac{A_1 + A_2 + A_3}{3} + \cdots + \dfrac{A_{2^m \cdot 3^{p+1} - 2} + A_{2^m \cdot 3^{p-1} - 1} + A_{2^m \cdot 3^{p+1}}}{3}}{2^m \cdot 3^p}$$

$$= \frac{A_1 + \cdots + A_{2^m \cdot 3^{p+1}}}{2^m \cdot 3^{p+1}}$$

$A^{(1)}$ 中有 $2^m \cdot 3^{p+1}$ 个整点 $A_1, A_2, \cdots, A_{2^m \cdot 3^{p+1}}$，其重心 C 为整点.

因此，$f(2^m \cdot 3^{p+1}) = 4(2^m \cdot 3^{p+1} - 1) + 1$，该假设成立.

根据 $f(2^m \cdot 3^{p+1}) = 4(2^m \cdot 3^{p+1} - 1) + 1$ 列表得出 $f(k)$ 的值，整点重心如表

2.2.1 所示.

表 2.2.1　整点重心表

k	2	3	4	6	8	9	12	16
$f(k)$	5	9	13	21	29	33	45	61

表中 $f(k)$ 的值满足公式 $f(k) = 4(k-1) + 1$. $\quad\square$

由此定理即得如下推论:

推论 2.2.1　$f(2^m) = 2^{m+2} - 3 (m = 0, 1, 2, \cdots)$.

推论 2.2.2　$f(3^n) = 4 \cdot 3^n - 3 (n = 0, 1, 2, \cdots)$.

推论 2.2.3　在平面上,若 $f(k_1) = 4(k_1 - 1) + 1, f(k_2) = 4(k_2 - 1) + 1$,则
$f(k_1^m \cdot k_2^p) = 4(k_1^m \cdot k_2^p - 1) + 1 \quad (k_1, k_2$ 为质数, $m, p = 0, 1, 2, \cdots)$

定理 2.2.3 的证明　假设 $f(k_1^{m_1} \cdot k_2^{m_2} \cdot \cdots \cdot k_l^{m_l}) = 4(k_1^{m_1} \cdot k_2^{m_2} \cdot \cdots \cdot k_l^{m_l} - 1) + 1(k_1, \cdots, k_l$ 为质数, $l \geqslant 1)$ 成立. 证明下面(1),(2),(3)均成立.

(1) $f(k_1^{m_1+1} \cdot k_2^{m_2} \cdot \cdots \cdot k_l^{m_l}) = 4(k_1^{m_1+1} \cdot k_2^{m_2} \cdot \cdots \cdot k_l^{m_l} - 1) + 1$.

(2) $f(k_1^{m_1} \cdot k_2^{m_2+1} \cdot \cdots \cdot k_l^{m_l}) = 4(k_1^{m_1} \cdot k_2^{m_2+1} \cdot \cdots \cdot k_l^{m_l} - 1) + 1$.

(3) $f(k_1^{m_1} \cdot k_2^{m_2} \cdot \cdots \cdot k_l^{m_l+1}) = 4(k_1^{m_1} \cdot k_2^{m_2} \cdot \cdots \cdot k_l^{m_l+1} - 1) + 1$.

先证(1):平面上任意 $4(k_1^{m_1+1} \cdot k_2^{m_2} \cdot \cdots \cdot k_l^{m_l} - 1) + 1$ 个整点 $A_1, A_2, \cdots,$
$A_{t_{(m_1+1)}}$,令 $A^{(1)} = \{A_1, A_2, \cdots, A_{t_{(m_1+1)}}\}$,其中 $t_{(m_1+1)} = 4(k_1^{m_1+1} \cdot k_2^{m_2} \cdot \cdots \cdot k_l^{m_l} - 1) + 1$.由 $f(k_1) = 4(k_1 - 1) + 1$ 知,$A^{(1)}$ 中存在 k_1 个点,如 $A_1, A_2, \cdots, A_{k_1}$,其重心 B_1 为整点,$A^{(2)} = A^{(1)}/\{A_1, \cdots, A_{k_1}\}$,由 $f(k_1) = 4(k_1 - 1) + 1$ 知,$A^{(2)}$ 中有 k_1 个点,如 $A_{k_1+1}, \cdots, A_{2k_1}$,其重心为 B_2,依此类推到 $t_{m_1} (t_{m_1} = 4(k_1^{m_1} \cdot k_2^{m_2} \cdot \cdots \cdot k_l^{m_l} - 1) + 1)$,$A^{t_{m_1}}$ 中有 $4(k_1^{m_1+1} \cdot k_2^{m_2} \cdot \cdots \cdot k_l^{m_l} - 1) + 1 - k_1(4(k_1^{m_1} \cdot k_2^{m_2} \cdot \cdots \cdot k_l^{m_l}))$ 个点.$A^{(t_{m_1})}$ 中有 k_1 个点 $A_{k_1 t_{m_1} - k_1 + 1}, \cdots, A_{k_1 t_{m_1}}$,重心 $B_{t_{m_1}}$ 为整点.则令 $B = \{B_1, B_2, \cdots, B_{t_{m_1}}\}$,由前面的归纳得出必有 $k_1^{m_1} \cdot k_2^{m_2} \cdot \cdots \cdot k_l^{m_l}$ 个整点的重心为整点,设为 $B_1, B_2, \cdots, B_{k_1^{m_1} \cdot k_2^{m_2} \cdot \cdots \cdot k_l^{m_l}}$ 其重心记 P,

$$P = \frac{B_1 + B_2 + \cdots + B_{k_1^{m_1} \cdot k_2^{m_2} \cdots k_l^{m_l}}}{k_1^{m_1} \cdot k_2^{m_2} \cdot \cdots \cdot k_l^{m_l}}$$

$$= \frac{\dfrac{A_1 + A_2 + \cdots + A_{k_1}}{k_1} + \cdots + \dfrac{A_{k_1^{m_1+1} \cdots k_l^{m_l} - k_1 + 1} + \cdots + A_{k_1^{m_1+1} \cdots k_l^{m_l}}}{k_1}}{k_1^{m_1} \cdot k_2^{m_2} \cdot \cdots \cdot k_l^{m_l}}$$

$$= \frac{A_1 + A_2 + \cdots + A_{k_1^{m_1+1} \cdot k_2^{m_2} \cdots k_l^{m_l}}}{k_1^{m_1+1} \cdot k_2^{m_2} \cdot \cdots \cdot k_l^{m_l}}$$

$A^{(1)}$ 中有 $k_1^{m_1+1} \cdot k_2^{m_2} \cdot \cdots \cdot k_l^{m_l}$ 个整点 $A_1, A_2, \cdots, A_{k_1^{m_1+1} \cdot k_2^{m_2} \cdot \cdots \cdot k_l^{m_l}}$ 的重心 P 为

整点.

因此，$f(k_1^{m_1+1} \cdot k_2^{m_2} \cdots k_l^{m_l}) = 4(k_1^{m_1+1} \cdot k_2^{m_2} \cdots k_l^{m_l} - 1) + 1$.

然后证（2）：平面上任意 $4(k_1^{m_1} \cdot k_2^{m_2+1} \cdots k_l^{m_l} - 1) + 1$ 个整点 $A_1, A_2, \cdots,$ $A_{s_{m_2+1}}$，令 $A^{(1)} = \{A_1, A_2, \cdots, A_{s_{m_2+1}}\}$，$s_{m_2+1} = 4(k_1^{m_1} \cdot k_2^{m_2+1} \cdots k_l^{m_l} - 1) + 1$. 由于满足条件 $f(k_2) = 4(k_2 - 1) + 1$，则 $A^{(1)}$ 中有 k_2 个点 $A_1, A_2, \cdots, A_{k_2}$，$k_2$ 个点的重心 B_1 为整点，$A^{(2)} = A^{(1)} / \{A_1, A_2, \cdots, A_{k_2}\}$. $A^{(2)}$ 中有 k_2 个点 A_{k_2+1}，$A_{k_2+2}, \cdots, A_{2k_2}$，同样由条件 $f(k_2) = 4(k_2 - 1) + 1$ 知，设重心 B_2 为整点，依此类推至 s_{m_2}，其中

$$s_{m_2} = 4(k_1^{m_1} \cdot k_2^{m_2} \cdots k_l^{m_l} - 1) + 1$$

$A^{(s_{m_2})}$ 包含 $4(k_1^{m_1} \cdot k_2^{m_2+1} \cdots k_l^{m_l}) + 1 - k_2 [4(k_1^{m_1} \cdot k_2^{m_2} \cdots k_l^{m_l} - 1)]$ 个点，$A^{s_{m_2}}$ 中有 k_2 个点 $A_{k_2 s_{m_2} - k_2 + 1}, \cdots, A_{k_2 s_{m_2} - 1}, A_{k_2 s_{m_2}}$，重心为 $B_{s_{m_2}}$ 为整点. 整点集 $B = \{B_1, B_2, \cdots, B_{s_{m_2}}\}$，其中定有 $k_1^{m_1} \cdot k_2^{m_2} \cdots k_l^{m_l}$ 个整点的重心为整点，如 $B_1, B_2, \cdots, B_{k_1^{m_1} \cdot k_2^{m_2} \cdots k_l^{m_l}}$ 的重心 C 为整点.

$$
\begin{aligned}
C &= \frac{B_1 + \cdots + B_{k_1^{m_1} \cdot k_2^{m_2} \cdots k_l^{m_l}}}{k_1^{m_1} \cdot k_2^{m_2} \cdots k_l^{m_l}} \\
&= \frac{\dfrac{A_1 + A_2 + \cdots + A_{k_2}}{k_2} + \cdots + \dfrac{A_{k_1^{m_1} \cdot k_2^{m_2+1} \cdots k_l^{m_l} - k_2 + 1} + \cdots + A_{k_1^{m_1} \cdot k_2^{m_2+1} \cdots k_l^{m_l}}}{k_2}}{k_1^{m_1} \cdot k_2^{m_2} \cdots k_l^{m_l}} \\
&= \frac{A_1 + A_2 + \cdots + A_{k_1^{m_1} \cdot k_2^{m_2+1} \cdots k_l^{m_l}}}{k_1^{m_1} \cdot k_2^{m_2+1} \cdots k_l^{m_l}}
\end{aligned}
$$

$A^{(1)}$ 中有 $k_1^{m_1} \cdot k_2^{m_2+1} \cdots k_l^{m_l}$ 个整点 $A_1, A_2, \cdots, A_{k_1^{m_1} \cdot k_2^{m_2+1} \cdots k_l^{m_l}}$ 的重心 C 为整点.

因此，$f(k_1^{m_1} \cdot k_2^{m_2+1} \cdots k_l^{m_l}) = 4(k_1^{m_1} \cdot k_2^{m_2+1} \cdots k_l^{m_l} - 1) + 1$.

对于（3）的情况可仿照上述方法，最后得出（3）成立，从而猜想

$$f(k_1^{m_1} \cdot k_2^{m_2} \cdots k_l^{m_l}) = 4(k_1^{m_1} \cdot k_2^{m_2} \cdots k_l^{m_l} - 1) + 1$$

成立. □

下面考虑三维空间情形.

当 $n = 2$ 时，$f(2) = 9$. 将 k 个点的坐标都表示成模 2 的剩余，则它将落在正方体

$$\{(x, y, z) \mid 0 \leqslant x \leqslant 1, 0 \leqslant y \leqslant 1, 0 \leqslant z \leqslant 1\}$$

的顶点上，$(0,0,0), (0,0,1), (0,1,0), (0,1,1), (1,0,0), (1,0,1), (1,1,0), (1,1,1)$ 为 8 个整点，且任意两点的中点均不为整点，因此有 $f(2) \geqslant 9$，假设有 k 个整点，且 $k \geqslant 9$，由鸽巢原理知，这 k 个整点必有两点重合，且中点为整点.

当 $n = 3$ 时，将 k 个点的坐标都表示成模 3 的剩余，则它落在正方体

$\{(x,y,z)\mid 0\leqslant x\leqslant 2,0\leqslant y\leqslant 2,0\leqslant z\leqslant 2\}$ 的整点网格中,即正方体内的 27 个整点.将该正方体用平面 $z=0,z=1,z=2$ 截成三个平面正方形,分别记为 A,B,C,每个正方形都满足二维平面的情形,即 k 个点至少将落入五个不同的网点,且五个网点中必然存在三元组.因此,在正方体内网点数为 12 个时满足条件,此时 $k\leqslant 24$.当网点数为 10 个,只需考虑正方形的网点为 $4,4,2$ 的情形,设正方形 A 中有 4 个,B 中有 4 个,C 中有 3 个.当 A 和 B 中的 4 个网点均不存在三元组,则 C 中必存在一点与 A 和 B 中的网点构成不同行不同列,从而它们构成一个空间的三元组.同样可知,当网点数为 9 时不满足.因此有定理 2.2.4 成立.

对于三维空间的情形,也可根据定理 2.1.3 的方法进行拓展,即求解如下问题:

在三维空间上有 L 个整点,$A_i=(x_i,y_i,z_i)(i=1,2,\cdots,L)$,若要使其中任意 n 个整点其几何中心 $p=\left(\dfrac{1}{n}\sum\limits_{i=1}^{n}x_i,\dfrac{1}{n}\sum\limits_{i=1}^{n}y_i,\dfrac{1}{n}\sum\limits_{i=1}^{n}z_i\right)(i=1,2,\cdots,n)$ 为整点,则 L 应满足什么条件[10]?以 M 表示由这 L 个整点所成之集,$|M|=L$.

令 $M_i=\{A_j\mid A_j\in M\text{ 且 }x_j\text{ 除以 }n\text{ 所得余数为 }i\}(i=0,1,2,\cdots,n-1)$,$M_i\subseteq M$ $(i=0,1,2,\cdots,n-1)$,且 $\bigcup\limits_{i=0}^{n-1}M_i=M$.由鸽巢原理知,存在 $k_1(0\leqslant k_1\leqslant n-1)$ 使得

$$|M_{k_1}|\geqslant\left[\frac{L-1}{n}\right]+1$$

令 $\left[\dfrac{L-1}{n}\right]+1=m$,不妨设 M_{k_1} 中含有点 $A_1,A_2,\cdots,A_m$.

令 $C=\{A_1,A_2,\cdots,A_m\}$.并令

$C_t=\{A_j\mid A_j\in C\text{ 且 }y_j\text{ 除以 }n\text{ 余数为 }t\}$　$(t=0,1,\cdots,n-1)$

其中 $C_t\subseteq C$ $(t=0,1,\cdots,n-1)$,且 $\bigcup\limits_{t=0}^{n-1}C_t=C$.

由鸽巢原理知,存在 $k_2(0\leqslant k_2\leqslant n-1)$,使得 $|C_{k_2}|\geqslant\left[\dfrac{m-1}{n}\right]+1$,令 $\left[\dfrac{m-1}{n}\right]+1=q$,同样设 C_{k_2} 中含有点 $A_1,A_2,\cdots,A_q$,令 $D=\{A_1,A_2,\cdots,A_q\}$.并令 $D_s=\{A_j\mid A_j\in D\text{ 且 }z_j\text{ 除以 }n\text{ 余数为 }s\}$ $(s=0,1,\cdots,n-1)$.其中 $D_s\subseteq D$ $(s=0,1,\cdots,n-1)$,且 $\bigcup\limits_{s=0}^{n-1}D_s=D$.

(1) 若 $D_0,D_1,\cdots,D_{n-1}$ 均不是空集,设 $A_{k_1k_20},A_{k_1k_21},\cdots,A_{k_1k_2n-1}$ 分别为 $D_0,D_1,\cdots,D_{n-1}$ 中的元,则 $x_{k_1k_20},x_{k_1k_21},\cdots,x_{k_1k_2n-1}$ 除以 n 得余数为 $k_1,y_{k_1k_20}$,$y_{k_1k_21},\cdots,y_{k_1k_2n-1}$ 除以 n 得余数为 $k_2,z_{k_1k_20},z_{k_1k_21},\cdots,z_{k_1k_2n-1}$ 除以 n 的余数为

$0,1,\cdots,n-1$. 因此,需要满足 $n \mid \dfrac{(n-1)n}{2}$,即 n 为奇数.

(2) 若 $D_0,D_1,\cdots,D_{n-1}$ 中至少有一个空集,设为 $D_0,D_1,\cdots,D_{n-2}$,由鸽巢原理知,存在 p,使得 $|D_p| \geqslant \left[\dfrac{q-1}{n}\right]+1$,令 $\left[\dfrac{q-1}{n}\right]+1 = r$,设 $A_{p1},A_{p2},\cdots,A_{pr}$ 是 D_p 中的元,则 $x_{p1},x_{p2},\cdots,x_{pr}$ 除以 n 得余数为 $k_1,y_{p1},y_{p2},\cdots,y_{pr}$ 除以 n 得余数为 $k_2,z_{p1},z_{p2},\cdots,z_{pr}$ 除以 n 的余数为 p. 当 $r = n$ 时,$A_{p1},A_{p2},\cdots,A_{pr}$ 为 n 个点且其重心为

$$p = \left(\frac{1}{n}\sum_{i=1}^{n}x_i, \frac{1}{n}\sum_{i=1}^{n}y_i, \frac{1}{n}\sum_{i=1}^{n}z_i\right) \quad (i = 1,2,\cdots,n)$$

此时 $L = n^2(n-1)^2+1$. 由此得到定理 2.2.5.

下面考虑三维空间解的改进情况.

假设三维空间中任取 L 个整点 $A_i = (x_i,y_i,z_i)(i=1,2,\cdots,L)$,则存在 n 个整点其重心为整点. 将 L 个点的坐标都表示成模 n 的剩余,则它将落在正方体 $\{(x,y,z) \mid 0 \leqslant x \leqslant n-1, 0 \leqslant y \leqslant n-1, 0 \leqslant z \leqslant n-1\}$ 的顶点上. 将正方体分成 n 层,每一层都为 $n \times n$ 的正方形. 每一层正方形的网格都可以看作是由二维平面时每个点的坐标模 n 的剩余组成的.

由定理 2.2.3 可知,$4n-3$ 为满足条件的最优解,若存在 n 个点落入同一网点,则该 n 个点的重心为整点. 若至多有 $n-1$ 个整点落入同一个网点中,由 $\dfrac{4n-3}{n-1} = \dfrac{4(n-1)+1}{n-1} = 4 + \dfrac{1}{n-1}$ 知,$4n-3$ 个整点至少将落入 5 个不同的网点. 在空间正方体中,若满足至少落入 $n \times 4+1$ 个不同的网点,则其必然存在 n 个整点,其重心也是整点. 因此证明了定理 2.2.6.

下面研究 m 维空间情形.

定理 2.2.7 的证明　在 m 维空间中有 r_0 个整点,$p_i = (x_i^{(1)},x_i^{(2)},x_i^{(3)},\cdots,x_i^m)(i=1,2,\cdots,r_0)$,令 $B^{(1)}$ 表示由这 r_0 个整点所成之集,即 $|B^{(1)}| = r_0$[11].

令

$$B_i^{(1)} = \{p_j \mid p_j \in B^{(1)}, \text{且} \ x_j^{(1)} \text{除以} \ n \text{得余数为} \ i\}$$

其中 $i = 0,1,2,\cdots,n-1,B_i^{(1)} \subseteq B^{(1)},\bigcup\limits_{i=0}^{n-1} B_i^{(1)} = B^{(1)}$. 由鸽巢原理知,存在 $k_1(0 \leqslant k_1 \leqslant n-1)$,$|B_{k_1}^{(1)}| \geqslant \left[\dfrac{r_0-1}{n}\right]+1 = r_1$,不妨设 B_{k_1} 中含有点 $p_1,p_2,\cdots,p_{r_1}$,令 $B^{(2)} = \{p_1,p_2,\cdots,p_{r_1}\}$,$|B^{(2)}| = r_1$.

令

$$B_i^{(2)} = \{p_j \mid p_j \in B^{(2)}, \text{且} \ x_j^{(2)} \text{除以} \ n \text{得余数为} \ i\}$$

其中 $i=0,1,2,\cdots,n-1$，$B_i^{(2)}\subseteq B^{(2)}$，$\bigcup\limits_{i=0}^{n-1}B_i^{(2)}=B^{(2)}$. 由鸽巢原理知，存在 $k_2(0\leqslant k_2\leqslant n-1)$，$|B_{k_2}^{(2)}|\geqslant\left[\dfrac{r_1-1}{n}\right]+1=r_2$.

不妨设 B_{k_2} 中含有点 $p_1,p_2,\cdots,p_{r_2}$，令 $B^{(3)}=\{p_1,p_2,\cdots,p_{r_2}\}$，$|B^{(3)}|=r_2$.

用以上方法进行下去. 令 $B_i^{(m)}=\{p_j\mid p_j\in B^{(m)}$，且 $x_j^{(m)}$ 除以 n 所得的余数为 $i\}$（$i=0,1,2,\cdots,n-1$），$B_i^{(m)}\subseteq B^{(m)}$，$\bigcup\limits_{i=0}^{n-1}B_i^{(m)}=B^{(m)}$.

（1）若 $B_0^{(m)},B_1^{(m)},\cdots,B_{n-1}^{(m)}$ 均不是空集，设 $p_{k_{(m-1)0}},p_{k_{(m-1)1}},\cdots,p_{k_{(m-1)n-1}}$ 分别是 $B_0^{(m)},B_1^{(m)},\cdots,B_{n-1}^{(m)}$ 中的元，则 $x_{k_{(m-1)0}}^{(1)},x_{k_{(m-1)1}}^{(1)},\cdots,x_{k_{(m-1)n-1}}^{(1)}$ 除以 n 得余数为 $k_1,x_{k_{(m-1)0}}^{(2)},x_{k_{(m-1)1}}^{(2)},\cdots,x_{k_{(m-1)n-1}}^{(2)}$ 除以 n 得余数为 $k_2,x_{k_{(m-1)0}}^{(m)},x_{k_{(m-1)1}}^{(m)},\cdots,x_{k_{(m-1)n-1}}^{(m)}$ 除以 n 得余数为 $0,1,\cdots,n-1$，因此，需要满足 $n\left|\dfrac{(n-1)n}{2}\right.$，即 n 为奇数.

（2）若 $B_0^{(m)},B_1^{(m)},\cdots,B_{n-1}^{(m)}$ 中至少有一个空集，设为 $p_{k_{(m-1)0}},p_{k_{(m-1)1}},\cdots,p_{k_{(m-1)n-2}}$，由鸽巢原理知，存在 k_{m+1}，使得 $|B_{k_{m+1}}^{(m)}|\geqslant\left[\dfrac{r_{m-1}-1}{n}\right]+1$，令 $\left[\dfrac{r_{m-1}-1}{n}\right]+1=r_m$，设 $p_{k_m1},p_{k_m2},\cdots,p_{k_mr_m}$ 是其中的元，则 $x_{k_m1}^{(1)},x_{k_m2}^{(1)},\cdots,x_{k_mr_m}^{(1)}$ 除以 n 得余数为 $k_1,x_{k_m1}^{(2)},x_{k_m2}^{(2)},\cdots,x_{k_mr_m}^{(2)}$ 除以 n 得余数为 $k_2\cdots\cdots x_{k_m1}^{(m)},x_{k_m2}^{(m)},\cdots,x_{k_mr_m}^{(m)}$ 除以 n 得余数为 k_{m+1}. 当 $r_m=n$ 时，$p_{k_m1},p_{k_m2},\cdots,p_{k_mr_m}$ 为 n 个点且其重心为

$$p=\left(\frac{1}{n}\sum_{i=1}^{n}x_i^{(1)},\frac{1}{n}\sum_{i=1}^{n}x_i^{(2)},\cdots,\frac{1}{n}\sum_{i=1}^{n}x_i^{(m)}\right)\quad(i=1,2,\cdots,n)$$

此时 $r_0=n^{m-1}(n-1)^2+1$. □

定理 2.2.8 的证明　利用数学归纳法，当 $m=2$ 和 $m=3$ 时结论成立. 假设在 $m-1$ 维空间中成立，即在 $m-1$ 维空间中任取 $4n^{m-3}(n-1)+1$ 个整点，其中必存在 n 个整点其重心也是整点. 下面证明对于 m 维空间也成立.

在 $m-1$ 维空间中满足条件的点为 $4n^{m-3}(n-1)+1$ 个. 将这些点记作 $p_i=(x_i^{(1)},x_i^{(2)},x_i^{(3)},\cdots,x_i^{m-1})(i=1,\cdots,l)$，其中 $l=4n^{m-3}(n-1)+1$. 将这些整点的坐标都模 n 剩余，则它们落在 $m-1$ 维空间中的整点网点 E 中. 若存在 n 个点落入同一网点中，则该 n 个点的重心为整点. 若至多有 $n-1$ 个整点落入同一个网点中，则至少有 $4n^{m-3}+1$ 个不同的网点. 将 m 维空间分成无数个 $m-1$ 维空间，空间中整点的坐标模 n 剩余可看作落在 n 个相同的 E 中，此时有 $4n^{m-2}+1$ 个不同的网点，$4n^{m-2}(n-1)+1$ 个整点，即满足条件. □

2.3　Ramsey 数的几个结论

Ramsey 数：对于任意给定的两个正整数 m 和 n，如果存在最小的正整数 $r(m,n)$，使当 $N \geqslant r(m,n)$ 时，对完全图 K_N 进行任意红蓝两色对边的着色，K_N 中均有红色 K_m 或蓝色 K_n，则称 $r(m,n)$ 为 Ramsey 数.

Ramsey 数的概念可以推广到多色情形 $r(m_1, m_2, \cdots, m_k)$. Ramsey 数是很难求得的.

已知 $r(m,n) = r(n,m)$，显然有 $r(2,n) = n$. 因为如果将 K_n 的边涂成红色或者涂成蓝色，那么，或者 K_n 的某一条边是红色的，从而就得到一个红色的 K_2，或者 K_n 所有的边都是蓝色的，从而就得到一个蓝色的 K_n. 下面的结论是一个关于 $r(m,n)$ 上界的经典结论[10]：

定理 2.3.1　对任意正整数 $m \geqslant 3, n \geqslant 3$，有
$$r(m,n) \leqslant r(m-1,n) + r(m,n-1)$$

证明　令 $N = r(m-1,n) + r(m,n-1)$，对 K_N 的边任意进行红、蓝着色，设 x 是 K_N 的一个顶点，在 K_N 中与 x 相关联的边共有 $r(m-1,n) + r(m,n-1) - 1$ 条. 这些边要么为红色，要么为蓝色. 由鸽巢原理可知，与 x 相关联的这些边中，要么至少有 $r(m-1,n)$ 条红边，要么至少有 $r(m,n-1)$ 条蓝边.

对于至少有 $r(m-1,n)$ 条红边的情形，在这些与 x 相关联的红边的除 x 外的 $r(m-1,n)$ 个顶点构成的完全图 $K_{r(m-1,n)}$ 中，或者有一个红色 K_{m-1}，或者有一个蓝色 K_n. 如果有红色 K_{m-1}，则该红色 K_{m-1} 加上顶点 x 以及 x 与 K_{m-1} 之间的红边，就构成一个红色 K_m；否则，就有一个蓝色 K_n.

对于至少有 $r(m,n-1)$ 条蓝边的情形，以这些与 x 相关联的蓝边的除 x 外的 $r(m,n-1)$ 个顶点构成的完全图 $K_{r(m,n-1)}$ 中，或者有一个红色 K_m，或者有一个蓝色 K_{n-1}，若有一个蓝色 K_{n-1}，则该 K_{n-1} 加上顶点 x 以及 x 与 K_{n-1} 之间的蓝边，就构成一个蓝色 K_n；否则，就有一个红色 K_m.

综合以上两种情况，有
$$r(m,n) \leqslant N = r(m-1,n) + r(m,n-1) \qquad \square$$

根据定理 2.3.1，即可推出如下熟知的结论：

定理 2.3.2　对任意正整数 $m \geqslant 2, n \geqslant 2$，有
$$r(m,n) \leqslant \binom{m+n-2}{m-1}$$

证明　对 $m+n$ 运用归纳法.

当 $m+n \leqslant 5$ 时, $m=2$ 或 $n=2$, 无论是 $m=2$ 还是 $n=2$, 不等式显然成立. 假设对一切满足 $5 \leqslant m+n < k+l$ 的 m,n, 不等式均成立, 则由定理 2.3.1 的结果以及归纳法假定, 有

$$r(k,l) \leqslant r(k,l-1)+r(k-1,l) \leqslant \binom{k+l-3}{k-1}+\binom{k+l-3}{k-2}$$

$$=\binom{k+l-2}{k-1}$$

所以, 对于任意整数 $m \geqslant 2, n \geqslant 2$, 不等式均成立.　　　　□

用多种颜色染边, 有如下一个熟知的结论:

定理 2.3.3　$r\underbrace{(3,3,\cdots,3)}_{k\text{个}3} \leqslant (k+1)[r\underbrace{(3,3,\cdots,3)}_{k\text{个}3}-1]+2$, 并利用该结果得出 $r\underbrace{(3,3,\cdots,3)}_{n\text{个}3}$ 的一个上界.

证明　设 $R_k=r\underbrace{(3,3,\cdots,3)}_{k\text{个}3}$, 令 $N=(k+1)(R_k-1)+2$, 现对完全图 K_N 用 $k+1$ 种颜色进行对边涂色. 设 v 是 K_N 的一个顶点, 由鸽巢原理可知, 以 v 为一个端点的 $(k+1)(R_k-1)+1$ 条边中, 必有 R_4 条边颜色相同, 不妨设这 R_4 条边的颜色是第一种颜色. 考查这 R_4 条边的除 v 外的那些顶点所形成的完全图 K_{R_k}. 如果在这个 K_{R_k} 中有一条边 ab 是第一种颜色的边, 则 $\triangle vab$ 是一个同色三角形. 否则 K_{R_k} 中没有第一种颜色的边, 则它就是一个用 k 种颜色对边着色的 K_{R_k} (没有第一种颜色), 于是它必含有一个同色三角形. 根据以上分析, 对任一个用 $k+1$ 种颜色进行着色的 K_N 都含有同色三角形, 故 $R_{k+1} \leqslant N$, 即

$$r(3,3,\cdots,3) \leqslant (k+1)[r(3,3,\cdots,3)-1]+2$$　　□

利用以上结果, 经逐次递推, 并且由 $R_2=6$ 可得如下关系式

$$R_k \leqslant \frac{5}{2}k!+\sum_{s=0}^{k-4}\prod_{j=0}^{s}(k-j)+2$$

由此可依次得到

$$R_3 \leqslant 17, \quad R_4 \leqslant 66, \quad R_5 \leqslant 327, \quad \cdots$$

20 世纪 Erdős 用概率的方法给出了 $r(n,n)$ 的一个下界.

定理 2.3.4[11]　当 $m>2$ 时, 有 $r(m,m) \geqslant 2^{\frac{m}{2}}$.

证明　考虑对 K_n 所有边进行红、蓝染色, 显然它们共有 $2^{\frac{n}{2}}$ 种情形, 其中 K_n 含有各边同色的 K_m 的染色种数不超过

$$\binom{n}{m} \cdot 2 \cdot 2^{\binom{n}{2}-\binom{m}{2}}$$

上式中第一个因子 $\binom{n}{m}$ 表示 K_n 中各边同色的 K_m 的个数;中间的因子 2 表示这种 K_m 可以全是红边或全是蓝边;而当某个 K_m 的各边染成同色后,K_n 中其余 $\binom{n}{2} - \binom{m}{2}$ 条边可任意染色,所以有最右边的那个因子.这三个因子的积表示使 K_n 中含有各边同色的 K_m 的染色种数的一个上界,又因为大量的这种染色在用三个因子的积计数时有重复,所以,如果 n 满足

$$\binom{n}{m} < 2^{\binom{n}{2} - \binom{m}{2} + 1} < 2^{\binom{n}{2}}$$

即 $\binom{n}{m} < 2^{\binom{m}{2} - 1}$ 成立,则必存在 K_n 的一种边的红、蓝染色,使 K_n 中没有各边同色的 K_m,从而根据 $r(m, m)$ 的定义即得 $r(m, m) > n$.

易证当 $n = 2^{\frac{m}{2}}$ 时有 $\binom{n}{m} < 2^{\binom{m}{2} - 1}$,因为

$$\binom{n}{m} < \frac{n^m}{2^{m-1}} = 2^{\frac{m^2}{2} - m + 1} = 2^{\frac{1}{2}m(m-1) - 1} \cdot 2^{2 - \frac{1}{2}m} \leqslant 2^{\binom{m}{2} - 1}$$

(这里设 $m \geqslant 4$,$m = 3$ 时,命题显然成立),所以由上述的说明即知命题为真. □

1955 年美国数学家 Greenwood 和 Gleason 首创了构造的方法[12],先利用 Paley 图计算出 $r(3, 3) > 5$ 和 $r(4, 4) > 17$,再用存在的方法证明 $r(3, 3) \leqslant 6$ 和 $r(4, 4) \leqslant 18$,于是证明了 $r(3, 3) = 6$ 和 $r(4, 4) = 18$.2002 年,罗海鹏、苏文龙等计算出 4457、5501、8941 阶的 Paley 图的团数,得到 $r(17, 17) \geqslant 8917$,$r(18, 18) \geqslant 11005$,$r(19, 19) \geqslant 17885$.因此,研究 Paley 图的团数对研究 Ramsey 数的下界有着直接有效的作用.以下是许成章、梁文忠在 2012 年研究 Paley 图的理论,给出计算 Paley 图团数的一个计算方法,证明了 $r(22, 22) \geqslant 14814$,$r(23, 23) \geqslant 29629$.以下介绍许成章、梁文忠所给出的方法[13].

设 $p \geqslant 29$ 是 $4k + 1$ 型素数,$Z_p = \{-2k, \cdots, -2, -1, 0, 1, 2, \cdots, 2k\}$ 是有限域,约定以下所有运行结果都在模 P 同余的意义下归结到 Z_p.

定义 2.3.1　设 A 是模 P 的平方剩余形成的集合.无向简单图 G_p 称为Paley图,其顶点集 $V(G_p) = Z_p$,边集 $E(G_p) = \{(x, y) \mid x - y \in A, \forall x, y \in Z_p\}$.

引理 2.3.1[14]　设 $B = \{x \mid x \in A, x - 1 \in Z_p\}$,$G_p$ 在 B 上的导出子图 $G_p[B]$ 有如下六个自同构:

$$f_0(x) = x, \quad f_1(x) = x^{-1}, \quad f_2(x) = 1 - x^{-1}$$
$$f_3(x) = x(1-x)^{-1}, \quad f_4(x) = (1-x)^{-1}, \quad f_5(x) = 1 - x$$

其中 $x \in B$.

上述自同构确定的等价关系"～"把 B 分拆成如下几个等价类.其中代表元是 α 的等价类记为 $\langle \alpha \rangle$,各等价类代表元形成的集合记为 N_1.其中

$$\langle \alpha \rangle = \{a, a^{-1}, 1 - a^{-1}, a(1-a)^{-1}, (1-a)^{-1}, 1-a\} \qquad (2.3.1)$$

引理 2.3.2[15]　$|B| = (p-5)/4$,设 $S = |B| \bmod 6$,则有 $S = 0, 2, 3, 5$ 四种情形.B 中的等价类一般都是(2.3.1)式所示的六元集,当且仅当 $S = 0$ 时,B 中的等价类都是六元集;当且仅当 $S = 2$ 或 $S = 3$ 时,在 B 中有一个 S 元等价类;当且仅当 $S = 5$ 时,在 B 中有一个二元等价类和三元等价类.

不妨把上述所说的导出子图、自同构和等价类分别称为一级导出子图、一级自同构和一级等价类,在此基础上引进图的二级导出子图、二级自同构和二级等价类等新概念.

定义 2.3.2　设 $B_1 = B = \{x \mid x \in A, x - 1 \in A\} \neq \varnothing$,$\forall a \in B_1$,令

$$B_2 = \{x \mid x \in B_1, x - 1 \in A\}$$

称 a 为 B_2 的导出元,B_2 为 a 的导出集.

定理 2.3.5　设 $a \in B_1$ 是 B_2 的导出元,令

$$f_1(x) = \begin{cases} a(1-x)(a-x)^{-1} & (x \neq a) \\ a & (x = a) \end{cases} \qquad (2.3.2)$$

这里 $x \in B_2$.则 f_1 是 $G_p[B]$ 的自同构.

证明　易知 f_1 可看作成 Z_p 的一个置换.注意到 $a \in B_1 \bigcup A$,由 B_1, B_2, f_1 的定义与 A 的性质知,对 $\forall x, y \in B_1 \bigcup A$,当 $xy \neq 0$ 时有

$$f_1(x) = a(1-x)(a-x)^{-1} \in A, f_1(x) - 1 = x(a-1)(x-a)^{-1} \in A$$
$$\Rightarrow f_1(x) \in B$$
$$f_1(x) - f_1(y) = a(y-x)(a-x)^{-1}(a-y) \in A \Leftrightarrow y - x \in A$$

易知当 $x = 0$ 或 $y = 0$ 时也有

$$f_1(x) - f_1(y) \in A \Leftrightarrow x - y \in A$$

因此 f_1 是 G_p 的自同构.　　　　　　　　　　　　　　　□

设 $a \in B_1$ 与 $x \in B_1$ 时,易知 $x \neq 0$,$x^{-1} \in A$,$1 - x \in A$ 与 $f_1 \in B_1$,根据 A 的性质有

$$f_1(x) - a = a(1-x)(a-x)^{-1} - a = a(a-1)(x-a)^{-1} \in A$$

根据定义 2.3.2 知,$f_1(x) = ax^{-1} \in B_2$,即把 B_2 的元仍然变换成 B_2 的元,因此 f_1 也是 $G_p[B_2]$ 的自同构,即 G_p 的二级自同构.

G_p 的 n($n = 1, 2$)级自同构形成的自同构群记为 $\Gamma_n(G_p)$,令 $a_n = |\Gamma_n(G_p)|$,则

$$a_1 = 6, \quad a_2 = 2, \quad \Gamma_2(G_p) = \{f_0, f_1\}$$

其中 f_0 是单位自同构 $f_0(x)=x$，由确定的等价关系"$\sim$"把 B_2 分拆成若干个等价类，称为 G_p 的二级等价类，各等价类的代表元形成的集合记为 N_2，代表元为 b 的等价类记为 $\langle b \rangle$。由定理 2.3.5 即得如下结论：

定理 2.3.6　B_2 可分拆成若干个形如 $\{b, a(b-1), (b-a)^{-1}\}$ 的二级等价类 $\langle b \rangle$，它一般是二元集，除非当 $b=a(b-1)(b-a)^{-1}$ 时，$\langle b \rangle = \{b\}$ 是一元集。

令 $d(x)$ 表示顶点 x 在 $G_p[B_n]$ 中的度数。约定，序号"$<_n$"表示通常的"字典排列法"。

定义 2.3.3　设 $n=1,2$，B_n 上的序"$<_n$"规定如下：

① 同一等价类 $\langle b \rangle$ 的元按如下方式对序 $<_n$ 构成区间：

$$f_0(b) <_n f_1(b) <_n \cdots <_n f_{a_n}(b)$$

② 对于 B_n 中不同等价类的元 $x \in \langle a \rangle$ 和 $y \in \langle b \rangle$，规定 $x <_n y$。当且仅当 $d(x) < d(y)$，或者 $d(x)=d(y)$ 但 $a <_{n-1} b$ 时成立。

注意到，上述定义以"$<_{n-1}$"为基础，在规定了"$<_{n-1}$"之后，"$<_n$"就是明确定义的。易知"$<_n$"是 B_n 上的全序，当 $x <_n y$ 时称为 x 前于 y 或 y 后于 x。

定义 2.3.4　设 $B_1 = \{x \mid x \in A, x-1 \in A\} \neq \varnothing$，$\forall b_1 \in N_1 \subset B_1$，令

$$B_2'(b_1) = \{x \mid x \in B_1, b_1 <_n x, x-b_1 \in A\}$$

称 b_1 为 $B_2'(b_1)$ 的导出元，$B_2'(b_1)$ 为 b_1 的导出集，其导出子图记为 $G_p[B_2']$。

$B_2'(b_1)$ 是 B_2 的某种意义的改进。在不必指出导出元 b_1 时，可以把 $B_2'(b_1)$ 简记为 B_2'，把 B_2' 视同 B_2，即可在"$<_1$"的基础上应用定义 2.3.3 确定 B_2' 上的序"$<_2$"。注意到，只有在定义 2.3.4 中使用了"$<_1$"，其他各定义都使用了"$<_2$"，因此，以下把 $<_1$ 或 $<_2$ 都简记为"$<$"，必要时再加以注明。

定义 2.3.5　设 $B_2'(b_1) \neq \varnothing$，$\forall b_1 \in N_1$，$b_2 \in N_2 \subset B_2'(b_1)$，令

$$B_3'(b_1, b_2) = \{x \mid x \in B_2'(b_1), b_2 <_n x, x-b_2 \in A\}$$

称 b_1, b_2 为 $B_3'(b_1, b_2)$ 的前置元，$B_3'(b_1, b_2)$ 为 b_1, b_2 的导出集，其导出子图记为 $G_p[B_3']$。

定义 2.3.6　设 $B_3'(b_1, b_2) \neq \varnothing$，$G_p[B_3']$ 的顶点不都独立。全序集上的链 $L(x_0): x_0 < x_1 < \cdots < x_k$ 称为起点是 x_0，长为 $L(x_0)=k$ 的链。如果对于 $0 \leqslant i < j \leqslant k$ 有 $x_i - x_j \in A$。连接前置元 b_1, b_2 与 $L(x_0)$ 形成的链 $b_1 < b_2 < x_0 < x_1 < \cdots < x_k$，称其为前置元是 b_1, b_2 的长为 $k+2$ 的链。前置元为 b_1, b_2 的链的长最大记为 $l_3'(b_1, b_2)$。

特别地，如果 $B_3'(b_1, b_2) \neq \varnothing$，则 $L(x_0) \neq \varnothing$，称 $b_1 < b_2$ 为前置元 b_1, b_2 形成的链，此时令 $l_3'(b_1, b_2)=1$，并且形式地令 $L(x_0)=1$。

如果 $B_3'(b_1, b_2) \neq \varnothing$，但 $G_p[B_3']$ 的顶点都独立，则 $L(x_0)$ 只有一个孤立点，含前置元 b_1, b_2 的链形如 $b_1 < b_2 < x_0$，此时令 $L(x_0)=0$，$l_3'(b_1, b_2)=2$。

定理 2.3.7　记 $G_p[B_1]$ 的团数为 $[B_1]$，则 $[B_1] = 1 + \max\{l'_3(b_1, b_2) \mid b_1 \in N_1, b_1 \in N_2\}$。

证明　当 $l'_3(b_1, b_2) \leqslant 2$ 时显然，以下考虑 $l'_3(b_1, b_2) \geqslant 3$。前置元是 b_1, b_2 的链 $b_1 <_2 b_2 < x_0 < x_1 < \cdots < x_k$ 的 $k+3$ 个元显然是 G_p 的一个团。从而 $[B_1] \geqslant k+3$，上式的左边 $\geqslant$ 右边。以下再证上式的左边 $\leqslant$ 右边。

令 $[B_1] = k+3 \geqslant 3$。首先，因为在 $G_p[B_1]$ 中有 $k+3$ 个顶点的团，把这些顶点按 $<_1$ 排序，最前面的顶点记为 b_1，把其余的顶点按 $<_2$ 排序，最前面的顶点记为 b_2。把其余的顶点按 $<$ 排序，就得到一条链。所有像这样由 $G_p[B_1]$ 中任意一个 $k+3$ 顶点的团按 "$<$" 排序得到的链形成的集合记为 Ω，其中排序在最前面的那一条记为 $l_0 =: b_1 <_2 b_2 < x_0 < x_1 < \cdots < x_k$，我们断言，一定有 $b_1 \in N_1, b_1 \in N_2$。

假设不然，则只需考察如下两种情形。

① $b_1 \in \langle a \rangle \subset N_1$ 且 $a <_1 b_1$。设 $f' \in \Gamma_1(G_p)$ 使 $a = f'(b_1)$，对 $G_p[B_1]$ 做变换 f'，注意到 f' 对全序集 $(B'_2, <_2)$ 与 $(B'_3, <)$ 的排序都没有影响，此时
$$f'(L_0): a = f'(b_1) < f'(b_2) < f'(x_0) < f'(x_1) < \cdots < f'(x_k)$$
即得 $f'(L_0) <_1 L_0$，这与假设矛盾。

② $b_1 \in N_1, b_2 \in \langle b \rangle \subset N_2$ 且 $b <_2 b_2$。设 $f'' \in \Gamma_2(G_p)$ 使 $b = f''(b_2)$，对 $G_p[B_2]$ 做变换 f''，则第一前置元 b_1 不变，第二前置元由 b_2 改变为 b，前置元后面各元的排序可能有改变，此时
$$f''(L_0): b_1 <_1 b = f'(b_2) <_2 \cdots$$
由 $b <_2 b_2$ 即得，这与假设矛盾。

综合上述，可知断言成立，即全序集 $(B'_3, <)$ 上第一条最长链的前置元 b_1, b_2 一定是代表元，这就得到定理 2.3.7 的结论。　　　　□

注意到 $G_p[B]$ 的任何一个团与 $\{0, 1\}$ 的并集构成 G_p 的一个团，据 Ramsey 定理与公式[16]
$$r(k, k) \geqslant p + 1 \Rightarrow r(k+1, k+1) \geqslant 2p + 3$$
就得到：

定理 2.3.8　设 $c = c[B_1]$，则有
$$r(c+3, c+3) \geqslant p + 1 \Rightarrow r(c+4, c+4) \geqslant 2p + 3$$
下面给出计算 Paley 图团数的一个新方法：

算法 1　计算 Paley 图团数的新方法：

(1) 给定 $4k+1$ 型素数 $p > 29$，计算出由模 p 的平方剩余形成的集合 A，做集合 $B_1 = \{x \mid x \in A, x - 1 \in A\}$。

(2) 据 (1) 把 B_1 分拆成若干个等价类。据定义 2.3.3 做全序集 $(B_1, <_1)$，各等价类代表元形成的有序集记为 $N_1 = \{a_1, a_2, \cdots, a_r\}$，令 $i = 1, l = 1$。

(3) 做 $B_2'(a_i) = \{x \mid x \in B_1, a_i \prec_1 x, x - a_i \in A\}$，如果 $B_2'(a_i) = \varnothing$，转(8)；否则，分拆成若干个等价类 $\{b, a_i(b-1)(b - a_i^{-1})\}$，据定义 2.3.3 做全序集 $(B_2', \prec_2)$，各等价类代表元形成的有序集记为 $N_2 = \{b_1, b_2, \cdots, b_s\}$，令 $j = 1$.

(4) 做 $B_3'(a_i, b_j) = \{x \mid x \in B_2, b_j \prec_2 x, x - b_j \in A\}$，如果 $B_3'(a_i, b_j) = \varnothing$，转(7)；否则，令 $k = 1$.

(5) 在 $B_3'(a_i, b_j)$ 上用回溯法求起点是 x_k 的链 $L(x_k): x_k \prec x_{k+1} \prec \cdots$，如果链长 $l(x_k) > l$，令 $l = (x_k)$，打印含前置元 a_i, b_j 与 $L(x_k)$ 的长为 $l+2$ 的链：

$$a_i \prec b_j \prec x_k \prec x_{k+1} \prec \cdots$$

(6) 令 $k = k+1$，如果 $k < t$，转到(5).

(7) 令 $j = j+1$，如果 $j < s$，转到(4).

(8) 令 $i = I+1$，如果 $i < r$，转到(3).

(9) 打印 $r(1+6, 1+6) > p+1$，$R(l+7, l+7) > 2p+3$.

(10) 运算结束.

在上述算法中，l 记录了整个运算过程 $l(x_k)$ 的最大值，除非有更长的链，否则不必更新，因此在(5)中打印的是第一条含前置元 a_i, b_j 的长为 $l+2$ 的链(含 $l+3$ 个顶点)，并且只打印唯一的一条这样长的链. G_p 的团数为 $[G_p] = l+5$.

由于算法 1 使用了 Paley 图二级自同构的工具，能够避免大量同构子图的重复计算，因而具有较高的运算效率.

例 2.3.1　令 $p = 53$，由(1)得

$$A = \{1, 4, 6, 7, 9, 10, 11, 13, 15, 16, 17, 24, 25, -25, -24,$$
$$-17, -16, -15, \cdots\}$$
$$B = \{7, 10, 11, 16, 17, 25, -24, -16, -15, -10, -9, -6\}$$

由(2)得两个等价类 $\langle 11 \rangle = \{11, -24, 25, 17, -16, -10\}$，$\langle 7 \rangle = \{7, -15, 16, 10, -9, -6\}$，$N_1 = \{11, 7\}$. 令 $l = -1$，由(3) 做 $B_2'(11) = \{17, 7, 10, -6\}$，$N_2 = \{17, 7\}$，有两个一元等价类 $\langle 17 \rangle = \{17, -6\}$，$\langle 7 \rangle = \{7, 10\}$. 由(4)得 $B_3'(11, 17) = \{7, 10\}$，由(5)打出第一条含前置元 a_1, b_1 的长为 $l+2 = 2(l=0)$ 的链是 $11 \prec 17 \prec 7$.

此后的运算没有更长的链，于是 $l = 0$，G_p 的最大团为 $\{0, 1, 11, 17, 7\}$，由(9)得 $r(6,6) > 54$.　　　　　　　　　　　　　　　　　　　□

例 2.3.2　令 $p = 241$，由(1)得

$$A = \{1, 2, 3, 4, 5, 6, 8, 9, 10, 12, 15, 16, 18, 20, 24, 25, 27, 29, 30, 32, \cdots\}$$
$$B = \{2, 3, 4, 5, 6, 9, 10, 16, 25, 30, 41, 48, 49, 54, 59, 60, 61, \cdots\}$$

由(2) 得 12 个等价类，据定义 2.3.3 做全序集 $(B_1, \prec_1)$ 各等价类代表元形成的有序集记为 $N_1 = \{4, 9, 5, 6, 82, \cdots\}$. 各等价类依次为

$$\langle 4 \rangle = \{4, -60, -61, -79, -80, -3\}$$
$$\langle 9 \rangle = \{9, -107, 108, -29, 30, -8\}$$
$$\langle 5 \rangle = \{5, -48, 49, -59, 60, -4\}$$
$$\langle 6 \rangle = \{6, -40, 41, -47, 48, -5\}$$
$$\langle 82 \rangle = \{82, 97, -96, -118, 119, -81\}$$
$$\cdots$$

由(3)做 $B'_2(4) = \{-60, -79, 9, -8, 5, 49, -4, 6, -5, -96, -118, 83, -90, \cdots\}$(有 26 个元),据定理 2.3.5 得到 13 个等价类,据定义 2.3.3 做全序集$(B_2, <_2)$,各等价类代表元的有序集为 $N_2 = \{-60, -79, 9, -4, 6, -5, -96, 98, -119, -2, \cdots\}$.各等价类依次为$\langle -60 \rangle = \{-60, 49\}$,$\langle -79 \rangle = \{-79, 120\}$,$\langle 9 \rangle = \{9, -90\}$,$\langle -8 \rangle = \{-8, 3\}$,$\langle 5 \rangle = \{5, 16\}$,$\langle 91 \rangle = \{91, 54\}$,$\langle -4 \rangle = \{-4, -118\}$,$\langle 6 \rangle = \{6, 10\}$,$\cdots$.

由(4)做$(4, -60) = \{120, -90, 91, -118, 83, -96, 81, 98, -1, -119, -2\}$(有 11 个元),由(5)打出第一条含前置元 a_1, b_1 的长为 $l + 2 = 4l + 2 = 4$ 的链是
$$4 < -60 < 120 < 91 < -118$$
此后的运算没有更长的链.G_p 的最大团为$\{0, 1, 4, -60, 120, 91, -118\}$,由(9)得 $r(8, 8) > 242$. □

定理 2.3.9 $r(23, 23) \geqslant 29629$.

证明 令 $p = 14813$,由(1)得
$$A = \{1, 4, 6, 7, 9, 10, 15, 16, 22, 23, 24, 25, 26, 28, 29, \cdots\}$$
$$B = \{7, 10, 16, 23, 24, 25, 26, 29, 34, 39, 40, 43, 55, 60, 63, 64, 65, 71, \cdots\}$$

由(2)得 617 个等价类,据定义 2.3.3 做全序集$(B_1, <_1)$,各等价类代表元形成的有序集记为 $N_1 = \{1512, 7, 156, 373, 398, \cdots\}$.各等价类依次为
$$\langle 1512 \rangle = \{1512, -1930, 1931, -3989, 3990, -1511\}$$
$$\langle 7 \rangle = \{7, -2116, 2117, 2470, -2469, -6\}$$
$$\langle 156 \rangle = \{156, 6362, -6361, -3535, 3536, -155\}$$
$$\langle 373 \rangle = \{373, -4845, 4846, -6410, 6411, -372\}$$
$$\langle 398 \rangle = \{398, -6811, 6812, 598, -597, -397\}$$
$$\cdots$$

由(3)做 $B'_2(1512) = \{1931, 3900, -2116, 2470, -2469, 156, 6362, -6361, 3536, -4845, 4846, -372, \cdots\}$(有 1820 个元),据定理 2.3.5 得到 910 个等价类,据定义 2.3.3 做全序集$(B_2, <_2)$,各等价类代表元形成的有序集记为
$$N_2 = \{3517, -4065, 1001, -2381, -2469, 4846, \cdots\}$$
各等价类依次为$\langle 3517 \rangle = \{3517, 3804\}$,$\langle -4065 \rangle = \{-4065, 2696\}$,$\langle 1001 \rangle =$

$\{1001, -5191\}, \langle -2381 \rangle = \{-2381, 2177\}, \langle -2469 \rangle = \{-2469, 793\}, \langle 4846 \rangle = \{4863, -4254\}, \cdots$

当 $i = 1, j = 1$ 时,由(4)做 $B_3'(1512, 3517) = (1512, 3517) = \{2696, 1001, -5191, -2469, 793, -1957, 5963, -4554, 65, 1612, -820, \cdots\}$(有 866 个元),由(5)打出第一条含前置元 a_1, b_1 的长为 $l + 2 = 18$(19 个顶点)的链是

$1512 < 3517 < 1001 < 2693 < 88 < 4398 < 291 < 4438 < 73 < 1663 < -3228$
$< 2573 < 1291 < -5777 < 4739 < 574 < 5203 < 3952 < 284$

此后的运算没有出现更长的链.由(9)得 $r(22, 22) \geqslant 14814$, $r(23, 23) \geqslant 29629$. □

2008 年,陈红与苏文龙[17]证明了 $r(3, 40) \geqslant 263$.所用的方法也是构造性的.

约定,对于整数 $s < t$,记 $[s, t] = \{s, s+1, \cdots, t\}$.给定整数 $n \geqslant 5$,记 Z_n 为模 n 的最小非负剩余系,即 $Z_n = [0, n-1]$.以下除特别情形外,所有模 n 整数的运算结果都理解为模 n 后属于 Z_n,并用通常的等号"="表示"模 n 相等".

定义 2.3.7 令 $m = \left[\dfrac{n}{2}\right]$.对于集合 $S = [1, m]$ 的一个 2 部分拆 $S = S_1 \cup S_2$(S_1 与 S_2 均非空集),记 $A_i = \{x \mid x \in Z_n, x \in S_i, \text{或 } n - x \in S_i\}$,设 n 阶完全图 K_n 的顶点集 $V = Z_n$,边集 E 是 Z_n 的所有二元子集的集且有分拆 $E = E_1 \cup E_2$,其中

$$E_i = \{\{x, y\} \mid \{x, y\} \in E \text{ 且 } x - y \in A_i\} \quad (i = 1, 2)$$

把 E_i 中的边叫作 A_i 色的,记 K_n 中 A_i 色边所导出的子图为 $G_n(A_i)$,其团数记为 $[G_n(A_i)]$,这里 $i = 1, 2$.于是我们按照参数集 S_1 与 S_2 把 K_n 的边 2-染色,得到 n 阶循环图 $G_n(A_i)$.

据 Ramsey 定理,显然有:

引理 2.3.3 设 $k_i = [G_n(A_i)]$($i = 1, 2$),则 $r(k_1 + 1, k_2 + 1) \geqslant n + 1$.

引理 2.3.4 设 $b \in Z_n$ 或 $b = n$,则 Z_n 到自身的变换 $f : x \longmapsto -x + b$ 是 $G_n(A_i)$ 的同构变换.

证明 显然 f 是顶点集 V 的 $1-1$ 变换.对于任意 $x, y \in V = Z_n$,注意到

$$f(y) - f(x) = x - y$$

即得 $\{x, y\} \in A_i \Leftrightarrow \{f(y), f(x)\} \in A_i$.因此 f 把 S_i 色边变换成 S_i 色边. □

对于任意 $i \in \{1, 2\}$,考察 $G_n(A_i)$ 的团和团数.由引理 2.3.4 易知,$G_n(A_i)$ 的团数等于其中含顶点 0 的团的最大阶,因此只需考察 $G_n(A_i)$ 中含顶点 0 的团.据定义 2.3.7 知,这样的团的其他非零顶点是集合 A_i 的元.故有:

引理 2.3.5 把图 $G_n(A_i)$ 中顶点集为 A_i 的导出子图记为 $G_n[A_i]$,$G_n[A_i]$ 的团数为 $[A_i]$,则有 $[G_n(A_i)] = [A_i] + 1$.

于是求 $G_n(A_i)$ 的团数就转化为求 $G_n[A_i]$ 的团数.我们有:

引理 2.3.6　设 $x \in S_i$，记 $d_i(x) = |\{y \mid y \in A_i \text{ 且 } x - y \in A_i\}|$，如果对于任意 $x \in S_i$，都有 $d_i(x) = 0$，那么 $[A_i] = 1$.

证明　用反证法. 若命题不成立. 设对于任意 $x \in S_i$，都有 $d_i(x) = 0$，且有 $[A_i] \geqslant 2$，则 $[G_n(A_i)] \geqslant 3$，在图 $G_n(A_i)$ 中有 3 阶团 $\{0, x, y\}$，其中 $x - y \in A_i$ 有如下情形：

如果 x 或 $y \in S_i$，就有 $d_i(x) \geqslant 1$ 或 $d_i(y) \geqslant 1$，与已知条件矛盾.

如果 $n - x$ 与 $n - y \in S_i$，则由引理 2.3.4 知，$\{0, n - x, n - y\}$ 也是图 $G_n(A_i)$ 的 3 阶团，就有 $d_i(n - x) \geqslant 1$，与已知条件 $d_i(x) = 0$ 矛盾.　　　　□

当 $[A_i] \geqslant 2$ 时，可用回溯法计算 $[A_i]$. 把 A_i 的元按字典排列法排序，做成一个全序集 $(A_i, <)$. 设 $G_n[A_i]$ 的 k 阶团中最小的元为 x_j，称这个团为以 x_j 为起点长度为 $k - 1$ 的 A_i 色的链，并记 $l_i(x_j) = k - 1$.

设 $k = [A_i]$，$\{x_1, x_2, \cdots\}$ 是 $G_n[A_i]$ 中的一个 k 阶团，据引理 2.3.4 知，$\{n - x_1, n - x_2, \cdots\}$ 也是 $G_n[A_i]$ 中的一个 k 阶团. 注意到 $x_j \in S_i$ 与 $n - x_j \in S_i$ 至少有一个成立（当 n 是偶数且 $x_j = m$ 时两者同时成立），故有：

引理 2.3.7　存在 $x_j \in S_i$，使 $l_i(x_j) = [A_i] - 1$.

一般地说，对 $\forall x \in S_i$，有 $l_i(x) \leqslant [A_i] - 1$. 但引理 2.3.7 表明，为了计算 $G_n[A_i]$ 的最大团，只需计算以 $x \in S_i$ 为起点的最长的 A_i 色的链. 这样能够提高运算效率. 根据上述理论，我们有：

算法 2　用一般阶循环图计算 Ramsey 数下界的计算方法：

(1) 给定整数 $n \geqslant 5$，记 $m = \left[\dfrac{n}{2}\right]$. 给定集合 $S = [1, m]$ 的一个 2 部分拆 $S = S_1 \bigcup S_2$（S_1 与 S_2 均非空集）. 设 $q_i = |S_i|$，令 $i = 1$.

(2) 做集合 $A_i = \{x \mid x \in Z_n, x \in S_i, \text{ 或 } n - x \in S_i\}$，并把 A_i 的元按字典排列法排序. 设 $A_i = \{x_1, x_2, \cdots\}$. 令 $[A_i] = 1, j = 1$.

(3) 对于 $x_j \in S_i$，计算 $d_i(x_j) = |\{y \mid y \in A_i, y > x_j \text{ 且 } y - x_j \in A_i\}|$.

如果 $d_i(x_j) = 0$，转到 (5).

(4) 计算以 $x_j \in S_i$ 为起点的 A_i 色的链. 如果 $l_i(x_j) \geqslant [A_i]$，令 $[A_i] = l_i(x_j) + 1$，并打印这条 A_i 色的链.

(5) 令 $j = j + 1$，如果 $j < q_i$，转到 (3).

(6) 令 $k_i = [A_i] + 1$，$i = i + 1$. 如果 $i = 2$，转到 (2).

(7) 打印 $R(k_1 + 1, k_2 + 1) \geqslant n + 1$，运算结束.

在算法 2 中，(3)～(5) 是用回溯法计算最长的 A_i 色的链. 在 (3) 中，当 $d_i(x_j) = 0$ 时，由于前面已设定 $[A_i] = 1$，就不必计算以 x_j 为起点的 A_i 色的链，可转到 (5). 当 $d_i(x_j) > 0$ 时，在 (4) 中打印出来的，都是比前面已知的链更长的链. 最后打印出来的，就是在 $G_n[A_2]$ 中按字典排列法排序在最前面的第一条长度为

$l_i(x_j) = [A_i] - 1$ 的 A_i 色的链,相应于 $G_n[A_i]$ 中的第一个阶数为 $[A_i]$ 的团.

例 2.3.3　取整数 $n = 72$,则 $m = 36$.设参数集 $S_1 = \{1, 3, 12, 18, 23, 25, 33\}$.据算法 2,得到 $[A_1] = 1$,$[A_2] = 13$,$R(3, 15) \geqslant 73$.其中第一条长度为 12 的 A_2 色的链是 $2 < 4 < 6 < 8 < 10 < 15 < 17 < 19 < 21 < 30 < 32 < 34 < 36$.即得 $R(3, 15) \geqslant 73$.　　　□

根据以上的讨论,可得如下结果:

定理 2.3.10　$r(3, 40) \geqslant 263$.

证明　给定整数 $n = 262$ 与参数集

$$S_1 = \{1, 3, 5, 14, 16, 20, 26, 33, 48, 55, 57, 61, 63, 65, 72, 84, 101, 108, 119, 131\}$$

据算法 2,得到 $[A_1] = 1$,$[A_2] = 38$,$R(3, 40) \geqslant 263$.其中第一条长度为 37 的 A_2 色的链是

$2 < 4 < 6 < 8 < 10 < 19 < 21 < 25 < 31 < 38 < 53 < 60 < 62 < 66 < 68$
$< 70 < 77 < 89 < 106 < 113 < 124 < 136 < 148 < 159 < 166 < 183 < 195$
$< 202 < 204 < 206 < 210 < 212 < 219 < 234 < 241 < 247 < 251 < 253$

这就证明了定理 2.3.10 的结论.　　　□

2010 年,董琳给出如下新结果[18]:

定理 2.3.11　对于固定的自然数 $m \geqslant 1$,则对于充分大的 n,有

$$r(m, n) \geqslant 2^m (n - n^{0.525})$$

设 $p \equiv 1 (\mathrm{mod}\, 4)$ 为一素数,F_p 为 p 元的有限域.在 F_p 上定义 Paley 图 G_p 如下,不同的顶点 u 和 v 间有边相连当且仅当 $\chi(u - v) = 1$,其中函数

$$\chi(x) = \begin{cases} 1 & (\text{若 } x \equiv 0 \bmod p \text{ 是平方剩余}) \\ 0 & (x = 0) \\ -1 & (\text{其他}) \end{cases}$$

Paley 图 G_p 是自补的,而函数 $\chi(x)$ 满足 $\chi(xy) = \chi(x)\chi(y)$ 是可乘的实特征,且 $\chi(x)$ 经常被称作平方剩余特征.而作为关于特征和的一个复杂的结果是如下的 Weil 定理:设 $f(x)$ 是 $F(p)$ 上的多项式,且不是另一个多项式的平方,如果 $f(x)$ 具有恰好 s 个零点,则

$$\left| \sum_{x \in F_p} \sum \chi(f(x)) \right| \leqslant (s - 1) \sqrt{p} \tag{2.3.3}$$

证明　令集合 U 是 Paley 图 G_p 的顶点子集且 $|U| = m$.设 $J(U) = \bigcap_{u \in U} N(u)$,如果对于任意 U 都有 $J(U) < n$,则 $r(m, n) > p$.对于任一固定的 U,定义函数 $f(x)$ $(x \in F_p \backslash U)$ 为

$$f(x) = \prod_{u \in U} (1 + \chi(x - u))$$

因为 $f(x) \neq 0$ 当且仅当 $x \in J(U)$,则 $f(x) = 2^m$,且

$$\sum_{x \notin U} f(x) = \sum_{x \notin U} \prod_{u \in U} (1 + \chi(x - u)) = 2^m \mid J(U) \mid$$

对于 $Z \subseteq U$, 设 $P_Z(x) = \prod_{z \in Z} (x - z)$, 则 $P_\varnothing(x) = 1$, 且 $\prod_{z \in Z} \chi(x - z) = \chi(P_z(x))$.

因为 χ 是可乘的,所以

$$\left| p - \sum_{x \in F_p} f(x) \right| = \left| p - \sum_{x \in F_p} \left[\sum_{Z \subseteq U} \prod_{z \in Z} \chi(x - z) \right] \right|$$

$$= \left| p - \sum_{Z \subseteq U} \left[\sum_{x \in F_p} \prod_{z \in Z} \chi(P_Z(x)) \right] \right|$$

$$= \left| \sum_{Z \subseteq U, Z \neq \varnothing} \left[\sum_{x \in F_p} \chi(P_Z(x)) \right] \right|$$

对于非空集合 Z, 由(2.3.3)式得

$$\sum_{x \in F_p} \chi(P_Z(x)) \leqslant (\mid Z \mid - 1) \sqrt{p}$$

即

$$\left| p - \sum_{x \in F_p} f(x) \right| \leqslant \sum_{Z \subseteq U, Z \neq \varnothing} (\mid Z \mid - 1) \sqrt{p}$$

$$= \sum_{k=1}^{m} \binom{m}{k} (k - 1) \sqrt{p} = (m 2^{m-1} - 2^m + 1) \sqrt{p}$$

其中 $\sum_{k=1}^{m} \binom{m}{k} k = m 2^{m-1}$. 因此对于 $p \geqslant 2^m$, 得到

$$\left| p - 2^m \mid J(U) \mid \right| = \left| p - \sum_{x \notin U} f(x) \right|$$

$$\leqslant \left| p - \sum_{x \in F_p} f(x) \right| + \left| \sum_{x \notin U} f(x) \right|$$

$$\leqslant (m 2^{m-1} - 2^m + 1) \sqrt{p} + m 2^m \leqslant m 2^{m-1} \sqrt{p}$$

因此可得

$$2^m \mid J(U) \mid \leqslant p + m 2^{m-1} \sqrt{p}$$

对于 $m = 1$ 而言,结论是平凡的,所以可假设 $m \geqslant 2$. 令 $p \equiv 1 \pmod 4$ 为一素数且介于 $2^m (n - n^{0.525})$ 和 $2^m \left(n - \dfrac{1}{2} n^{0.525} \right)$ 之间.

当 n 充分大时,如此素数的存在性已由估计连续素数间的差距的相关结论给出[19]. 如果著名的黎曼假设成立的话,常数 0.525 将被改进到 $0.5 + o(1)$.

通过选择这样的 p, 可得到对于充分大的 n 有

$$\mid J(U) \mid \leqslant n - \frac{1}{2} n^{0.525} + \frac{1}{2} \sqrt{2^m \left(n - \frac{1}{2} n^{0.525} \right)} < n$$

因此 G_p 不含 $K_{m, n}$. 又因为 G_p 是自补的,则

$$r(m,n) > p \geqslant 2^m (n - n^{0.525})　　　　　　□$$

1999 年,苏文龙、罗海鹏、李乔给出求关于 n 色经典 Ramsey 数 $r(q, q, \cdots, q)$ $= r_n(q)$(这里有 n 个 q)的下界的新方法:利用素数的原根给出素数阶完全图的同构循环图因子分解,先得到一个下界公式;然后提出一种求上述素数阶循环图中完全子图的最大阶数,即团数的算法.这种算法相当有效,借助微型计算机做很短时间的运算即可获得一批较好的下界:

$$r_3(4) \geqslant 458, \quad r_3(5) \geqslant 242, \quad r_3(6) \geqslant 1070$$
$$r_3(7) \geqslant 1214, \quad r_3(8) \geqslant 2834, \quad r_3(9) \geqslant 5282$$

下面 6 个部分是他们主要的工作[20]:

1. 素数阶完全图的同构循环图因子分解和 $r_n(q)$ 的一个下界公式

给定整数 $n \geqslant 2$ 和素数 $p = 2mn + 1$,设 g 是 p 的一个原根,记 $Z_p = \{-mn, \cdots, -1, 0, 1, \cdots, mn\} = [-mn, mn]$(对于整数 $s \leqslant t$,记 $[s, t] = \{s, s+1, \cdots, t\}$).以下除另有说明外,所有整数及其运算结果都理解为模 p 后属于 Z_p,并用通常的等号"$=$"表示"模 p 相等".再记

$$Z_p^* = Z_p \backslash \{0\} = \{g^j : j \in [0, p-2] = [0, 2mn - 1]\}$$
$$A_i = \{g^{nj+i} : j \in [0, 2m-1], i \in [0, n-1]\}$$

根据素数的原根的定义,可知 Z_p^* 是以 g 为生成元的 $2mn$ 阶循环群,A_0 是 Z_p^* 的以 g^n 为生成元的 $2m$ 阶循环子群,$A_i = g^i A_0 = A_0 g^i (i \in [0, n-1])$则是 Z_p^* 的子群 A_0 的 n 个陪集.

引理 2.3.8 设 $i, k \in [0, n-1]$,则有

(1) $a_i \in A_i \Rightarrow a_i A_k = A_r$,其中 $r \in [0, n-1]$,$r \equiv i + k \pmod{n}$.

(2) $-A_k = A_k$,即 $a_k \in A_k \Rightarrow -a_k \in A_k$.

证明 易证结论(1)成立.约定子集 A_i 的下标 i 都理解为模 n 后属于 $[0, n-1]$ 的整数,因此 $a_i \in A_i \Rightarrow a_i A_k = A_r$.

对(2),由于 $(g^{mn})^2 = g^{p-1} = 1$ 且 $g^{mn} \neq 1$,故有 $g^{mn} = -1 \in A_0$,由(1)得

$$-A_k = g^{mn} A_k = A_k　　　　　　□$$

定义 2.3.8 设 p 阶完全图 K_p 的顶点集 $V = Z_p$,其边集 E 是 Z_p 的所有二元子集的集且有分拆 $E = \bigcup\limits_{i=0}^{n-1} E_i$,其中 $E_i = \{\{x, y\} \in E : x - y \in A_i\}$.把 E_i 中的边叫作是 A_i 色的,再记 K_p 中 A_i 色边所导出的子图为 $G_p(A_i)(i \in [0, n-1])$.

由引理 2.3.8 的(2)可知,$x - y \in A_i$ 当且仅当 $y - x \in A_i$,因此,(无向简单)图 $G_p(A_i)$ 是明确定义的.

引理 2.3.9 设 $a_i \in A_i, b \in Z_p$,则 Z_p 到自身的线性变换 $f : x \mapsto a_i x + b$ 是 K_p 的自同构,它把子图 $G_p(A_0)$ 变换成 $G_p(A_i)$.

证明 由 $a_i \in A_i$ 可知,$a_i \neq 0$,因此,f 是 Z_p 到自身的一一对应,从而它是

K_p 的自同构. 对 $G_p(A_0)$ 的任一边 $\{y,z\}$, 有 $y-z\in A_0$ 当且仅当 $f(y)-f(z)=a_i(y-z)\in A_i$, 所以 f 也是 $G_p(A_0)$ 到 $G_p(A_i)$ 的同构. □

每个 $G_p(A_i)$ ($i\in[0,n-1]$) 是一类特殊的 Cayley 图, 称为循环图[21]. 而定义 2.3.8 和引理 2.3.9 给出了 K_p 的同构循环图因子分解

$$K_p = E = \bigcup_{i=0}^{n-1} G_p(A_i)$$

根据 n 色 Ramsey 数 $r_n(q)$ 的定义即可得下述下界公式:

定理 2.3.12 记图 $G_p(A_0)$ 的团数为 $c=c(G_p(A_0))$, 则有 $r_n(c+1)\geqslant p+1$.

2. $G_p(A_0)$ 的一些性质

图 $G_p(A_0)$ 不仅和一般的循环图一样是顶点可迁的, 而且它还是在 Tutte 意义下 1-可迁的[21].

引理 2.3.10 循环图 $G_p(A_0)$ 是 1-可迁的, 从而是边可迁的.

证明 对 $G_p(A_0)$ 的任意一边 $\{x_0,x_1\}$, 令 $G_p(A_0)$ 的一个自同构 f 为

$$f(x) = (x_1 - x_0)x + x_0$$

则有 $f(0)=x_0, f(1)=x_1$, 从而 $G_p(A_0)$ 是 1-可迁的. □

引理 2.3.10 说明, $G_p(A_0)$ 的团数 c 等于 $G_p(A_0)$ 中含 $0,1$ 两顶点的团的最大阶.

定义 2.3.9 设 $G_p(A_0)$ 中与顶点 $0,1$ 都相邻的顶点的集合为 B, 则

$$B = \{x \in A_0 : x - 1 \in A_0\}$$

记 $G_p(A_0)$ 在 B 上的导出子图为 $G[B]$, $G[B]$ 的团数为 $[B]$ (当 $B=\varnothing$ 时规定 $[B]=0$).

从引理 2.3.10 可知, $G_p(A_0)$ 的团数 $c=[B]+2$. 为具体求得 $[B]$, 在 B 上定义一种等价关系.

定义 2.3.10 $x_1, x_2 \in B$ 叫作是线性关联的, 记成 $x_1 \sim x_2$, 如果存在线性变换

$$f: x \mapsto a_0 x + b \quad (a_0 \in A_0, b \in Z_p)$$

把 3 顶点集 $\{0,1,x_1\}$ 映成 $\{0,1,x_2\}$.

引理 2.3.11 B 上的线性关联关系是等价关系. 每个等价类都是如下所示的六元集:

$$\{a, a^{-1}, 1-a^{-1}, a(1-a)^{-1}, (1-a)^{-1}, 1-a\} \tag{2.3.4}$$

除非当 $2\in B$ 时有唯一的三元等价类 $\{2, 2^{-1}, -1\}$, 以及当 $e\in B$ 且 $e(1-e)=1$ 时有唯一的二元等价类 $\{e, 1-e\}$.

证明 易知"$\sim$"是等价关系. 注意到对于 $a\in B$, 把 $\{0,1,a\}$ 映成由 $0,1$ 和 B 的某个元构成的三元集的线性变换只有下列 6 种:

$$f_0(x) = x, \quad f_1(x) = a^{-1}x, \quad f_0(x) = 1 - a^{-1}x$$

$$f_3(x) = (1-a)^{-1}(x-a), \quad f_4(x) = (a-1)^{-1}(x-1), \quad f_5(x) = 1-x$$

记 $\{f_i(0), f_i(1), f_i(a)\} = \{0,1,b\}$ $(i \in [0,5])$. 当 $b_0, b_1, \cdots, b_5$ 互不相同时, 所得到的与 a 线性关联的 6 个元的集 $\{b_0, b_1, \cdots, b_5\}$ 如 (2.3.4) 式所示; 这 6 个元中有相等元当且仅当 15 个等式

$$a = a^{-1}, a = 1 - a^{-1}, \cdots, (1-a)^{-1} = 1 - a$$

中至少有一个成立, 此时归结到 $a \in \{2, 2^{-1}, -1\}$ 或 $a(1-a)-1$ 两种情形之一, 从而引理得证. □

下面是 B 中等价元的一种共性.

引理 2.3.12 对于 $a \in B$, 记 $d(a) = |\{y \in B : y - a \in A_0\}|$, 则

$$a \sim a' \Rightarrow d(a) = d(a')$$

证明 根据定义, $d(a)$ 实际上是图 $G_p(A_0)$ 中与顶点 $0, 1, a$ 都相邻的顶点数. 而由 $a \sim a'$ 可知, 存在 $G_p(A_0)$ 的自同构 f, 使得 $\{f(0), f(1), f(a)\} = \{0, 1, a'\}$, 所以一定有 $d(a) = d(a')$. □

3. B 的一些性质

本节设 $B \neq \varnothing$, 为求得图 $G_p(A_0)$ 的团数 $c = [B] + 2$, 先在 B 上引入一种全序 $\prec$. 易知引理 2.3.11 所述的任意一个等价类中, 至少有一个元是正整数元.

定义 2.3.11 B 的每个等价类中的最小正整数元称为该等价类的代表元, 代表元为 a 的等价类记为 $\langle a \rangle$. B 上的序 $\prec$ 规定如下:

(1) B 的同一等价类的元对序 $\prec$ 构成区间, 其序为: 在 $\langle 2 \rangle$ 中是 $2 \prec 2^{-1} \prec -1$; 在二元等价类 $\langle e \rangle$ 中是 $e \prec 1 - e$; 在其他六元等价类 $\langle a \rangle$ 中是

$$\{a \prec a^{-1} \prec 1 - a^{-1} \prec a(1-a)^{-1} \prec (1-a)^{-1} \prec 1 - a\}$$

(2) 对于 B 中分属不同等价类的元 $x \in \langle a \rangle$ 和 $y \in \langle b \rangle$, 规定 $x \prec y$ 当且仅当 $d(x) < d(y)$, 或 $d(x) = d(y)$ 但 $a < b$.

显然 $\prec$ 是 B 上的全序, $x \prec y$ 称为 x 前于 y 或 y 后于 x.

定义 2.3.12 全序集 $(B, \prec)$ 上的一条长为 k 的链 $x_0 \prec x_1 \prec \cdots \prec x_k$ 称为起点是 x_0 的 A_0 链, 如果对于 $0 \leqslant i < j \leqslant k$ 有 $x_i - y_j \in A_0$. 起点是 x_0 的 A_0 链的最大长记为 $l(x_0)$.

引理 2.3.13

$$[B] = 1 + \max\{l(a) : a \text{ 是 } B \text{ 中等价类的代表元}\} \tag{2.3.5}$$

证明 按定义, 以 a 为起点的一个 A_0 链 $a \prec a_1 \prec \cdots \prec a_k$ 上的 $k+1$ 个元显然是 $G[B]$ 的一个团, 从而 $[B] \geqslant k+1$, (2.3.5) 式中左边 $\geqslant$ 右边. 下面证明 (2.3.5) 式中左边 $\leqslant$ 右边也成立.

令 $[B] = 1 + b (\geqslant 1)$. 首先, 因为 $G[B]$ 有 $1 + b$ 个顶点的团, 把这 $1 + b$ 个顶点按 $\prec$ 排序后即得 $(B, \prec)$ 上的长为 b 的 A_0 链. 再在所有 $(B, \prec)$ 的长为 b 的 A_0 链中取起点按 $\prec$ 来说最前的一条, 记为 $x_0 \prec x_1 \prec \cdots \prec x_b$. 断言 x_0 一定是它所属等

价类的代表元.

假设不然,则 $x_0 \in \langle a \rangle$ 且 $a \prec x_0$. 因为 $x_0 \sim a$, 故有 $G_p(A_0)$ 的自同构 f, 使得 $\{f(0), f(1), f(x_0)\} = \{0, 1, a\}$. 但因为 $\{0, 1, x_0, x_1, \cdots, x_b\}$ 是 $G_p(A_0)$ 的团, 所以

$$\{f(0), f(1), f(x_0), f(x_1), \cdots, f(x_b)\} = \{0, 1, a, f(x_1), \cdots, f(x_b)\}$$

也是 $G_p(A_0)$ 的团, 从而 B 的 $b+1$ 个异于 x_0 的元 $a, f(x_1), \cdots, f(x_b)$ 在 $(B, \prec)$ 上构成长为 b 的 A_0 链, 其起点或 $\prec a$, 或是 a, 但二者都导致此起点 x_0, 这与 x_0 的选取矛盾. 于是断言 x_0 是它所属等价类的代表元为真, 因此 $[B] = 1 + b = 1 + l(x_0) \leqslant (2.3.5)$ 式右边.　　　　　□

4. 求 $G_p(A_0)$ 的团数的一种算法

现在给出对于给定的整数 $n \geqslant 2$ 和素数 $p = 2mn + 1$ 求 $G_p(A_0)$ 的团数 c 的算法, 步骤如下:

(1) 求出 p 的一个原根 g.

(2) 令 $A_i = \{g^{nj} \in Z_p, j \in [0, 2m-1]\}$ 和 $B = \{x \in A_0, x - 1 \in A_0\}$. 若 $B = \varnothing$, 则 $[B] = 0$, 转到 (5).

(3) 求出 B 的所有等价类, 进而把 B 的元从前到后按全序 $\prec$ 排列. 注意这时每个等价类构成一个区间, 最前面的是此等价类中的最小正元, 即其代表元. 若 $\max\{d(a) : a$ 是 B 中等价类的代表元$\} = 0$, 根据定义 2.3.12 与引理 2.3.13 即得 $[B] = 1$, 转到 (5).

(4) 从前到后依次对 $(B, \prec)$ 的每个等价类的代表元 a 向后搜索得出起点为 a 的 A_0 链, 从而得到这种 A_0 链的最大长 $l(a)$. 据引理 2.3.13 得到 $[B] = 1 + \max l(a)$.

(5) $c = [B] + 2$, 并得到结论 $r_n(c+1) \geqslant p + 1$. 运算结束.

上述算法由于利用了 $G_p(A_0)$ 与全序集 $(B, \prec)$ 的性质而提高了运算效率. 对于 $[B] \leqslant 1$ 的简单情形, 在计算机上很快就能得到结论; 对于 $[B] \geqslant 2$, 上述第 (4) 步在寻求最长的以 a 为起点的 A_0 链时, 可以采用算法设计中熟知的深度优先搜索. 由于只限于起点 a 为各等价类的代表元, 并且 $(B, \prec)$ 的排序方式也能节省回溯的运算量, 因此这种方法是相当有效的. 下述两例只需很小的运算量即可得到迄今已知的两个最好下界 $r(6, 6) \geqslant 102$ 和 $r_3(4) \geqslant 128$.

例 2.3.4　$r(6, 6) \geqslant 102$.

证明　取 $n = 2$ 和素数 $p = 101$ 及其原根 $g = 2$, 可求得 B 是 24 元集, 它可分拆成 4 个等价类:

$$\langle 5 \rangle = \{5, -20, 21, -24, 25, -4\}, \quad d(5) = 10$$
$$\langle 14 \rangle = \{14, -36, 37, -30, 31, -13\}, \quad d(14) = 10$$
$$\langle 22 \rangle = \{22, 23, -22, -23, 24, -21\}, \quad d(22) = 10$$

$\langle 6 \rangle = \{6, 17, -16, -19, 20, -5\}, \quad d(6) = 12$

从而全序集 $(B, \prec) = \langle 5 \rangle, \langle 14 \rangle, \langle 22 \rangle, \langle 6 \rangle$. 再求得 $l(5) = l(14) = l(22) = l(6) = 2$, 故有 $[B] = 3, c = 5$. $G_p(A_0)$ 的一个五元团是 $\{0, 1, 5, -20, 25\}$. 由定理 2.3.12 即得 $r(6, 6) \geqslant 102$. □

例 2.3.5 $r_3(4) \geqslant 128$.

证明   取 $n = 3$ 和素数 $p = 127$ 及其原根 $g = 3$, 得 B 是 11 元集, 它可分拆成 3 个等价类:

$$\langle 2 \rangle = \{2, -63, -1\}, \quad d(2) = 0$$
$$\langle 5 \rangle = \{5, 51, -50, 33, -32, -4\}, \quad d(5) = 0$$
$$\langle 20 \rangle = \{20, -19\}, \quad d(20) = 0$$

据 $d(a)$ 与 $l(a)$ 的定义易知, $l(2) = l(5) = l(20) = 0$, 故有 $[B] = 1, c = 3$. $G_p(A_0)$ 的一个三元团是 $\{0, 1, 2\}$. 由定理 2.3.12 即得 $r_3(4) \geqslant 128$. □

5. 若干 Ramsey 数 $R_n(q)$ 的下界

定理 2.3.13 $r_4(4) \geqslant 458, r_3(5) \geqslant 242, r_3(6) \ R3(6) \geqslant 1070, r_3(7) \geqslant 1214, r_3(8) \geqslant 2\,834, r_3(9) \geqslant 5282$.

证明   证明过程与例 2.3.4 和 2.3.5 相同. 为证明 $r_4(4) \geqslant 458$, 取 $n = 4$ 和素数 $p = 457$, 其原根 $g = 13$. 可求得 B 是 20 元集, 它可分拆成 4 个等价类:

$$\langle 7 \rangle = \{7, 196, -195, -75, 76, -6\}, \quad d(7) = 0$$
$$\langle 17 \rangle = \{17, -215, 216, 201, -200, -16\}, \quad d(17) = 0$$
$$\langle 29 \rangle = \{29, -63, 64, 50, -49, -28\}, \quad d(29) = 0$$
$$\langle 134 \rangle = \{134, -133\}, \quad d(134) = 0$$

据 $d(a)$ 与 $l(a)$ 的定义易知, $l(7) = l(17) = l(29) = l(134) = 0$, 故有 $[B] = 1, c = 3$. $G_p(A_0)$ 的一个三元团是 $\{0, 1, 7\}$. 由定理 2.3.12 即得 $r_4(4) \geqslant 458$. 定理 2.3.13 的其余结论可仿此证明. □

表 2.3.1 列出了证明定理 2.3.13 的各关键参数以及相应的循环图 $G_p(A_0)$ 的一个 c 元团, 据此不难验证结论 $r_n(c+1) \geqslant p+1$ 成立.

表 2.3.1 $r_n(c+1) \geqslant p+1$ 的有关数据

n	p	g	$|B|$	c	$G_p(A_0)$ 的一个 c 元团
4	457	13	20	3	$\{0, 1, 7\}$
3	241	7	24	4	$\{0, 1, 6, -105\}$
3	1\,069	6	111	5	$\{0, 1, 78, -472, 418\}$
3	1\,213	2	132	6	$\{0, 1, 115, -176, 87, 336\}$
3	2\,833	5	303	7	$\{0, 1, 447, 469, -715, -526, -1\,372\}$
3	5\,281	7	570	8	$\{0, 1, 678, 2\,142, -955, -741, 237, 703\}$

6. 简单讨论

现在人们在寻求二色 Ramsey 数 $r(m,n)$ 的下界时,十分注意利用素数阶的循环图而不是一般阶的循环图[22].文献[22]对这样做的好处进行了论证,但并未探索到素数阶循环图的更多的性质,所得到的 4 个下界 $r(5,7)\geqslant80$,$r(5,9)\geqslant114$,$r(4,12)\geqslant98$ 和 $r(4,15)\geqslant128$ 中,后 2 个已不是目前最好的.同样利用素数阶循环图,文献[19]得到了目前最好的结果 $r(4,12)\geqslant128$,由此可推出 $r(4,15)\geqslant145$.文献[23]中还得到一些 $r(6,q)$ 的新的下界.但利用素数阶循环图得到 $n(\geqslant3)$ 色 Ramsey 数的下界却未见报道.此外,本书所利用的素数 p 阶循环图 $G_p(A_0)$ 很特殊,应有比本书所说的更多的好性质.例如,能否得到其团数 $c(G_p(A_0))$ 用 p 和 n 给出的表示式?

2.4　鸽巢原理的几个应用实例

例 2.4.1　将 1~16 这 16 个正整数任意分成三部分,其中必有一部分中的一个元素是该部分某两个元素之差(三个元素不一定互不相同).

证明　用反证法.设将 1~16 的 16 个整数任意分成 e_1,e_2 和 e_3 三个部分.若这三部分中无一具有问题所指的性质,即其中一个元素是其中某两个元素之差,由此我们来导出矛盾,从而证明问题的结论是正确的.

(1) 将 1~16 的整数任意分成三部分,由鸽巢原理知,其中必有一部分至少有 $\left\lceil\dfrac{16}{3}\right\rceil=6$ 个元素.不妨设 e_1 中含有 6 个元素,记为 $a_1<a_2<a_3<a_4<a_5<a_6$.

令 $A=e_1=\{a_1,a_2,a_3,a_4,a_5,a_6\}$.若 A 中存在一个元素是某两个元素之差,则 e_1 满足问题的要求.否则,令

$$b_1=a_2-a_1,\quad b_2=a_3-a_1,\quad b_3=a_4-a_1$$
$$b_4=a_5-a_1,\quad b_5=a_6-a_1$$

并令 $B=\{b_1,b_2,b_3,b_4,b_5\}$.显然,$1\leqslant b_i\leqslant16(1\leqslant i\leqslant5)$,即 B 中的元素仍是 1~16 的整数.根据假设,b_1,b_2,b_3,b_4,b_5 无一属于 e_1.否则,与 e_1 中不存在一元素等于某两元素之差矛盾.所以,B 中元素属于 e_2 或 e_3.

(2) 与(1)类似,不妨设 B 中至少有 $\left\lceil\dfrac{5}{2}\right\rceil=3$ 个元素属于 e_2,设为 $c_1<c_2<c_3$,并令 $C=\{c_1,c_2,c_3\}$.由假设,C 中不存在一元素是某两个元素之差.令 $d_1=c_2-c_1$,$d_2=c_3-c_1$,并令 $D=\{d_1,d_2\}$.显然,D 中元素不属于 e_2,否则,与 e_2 中不存在一元素是某两个元素之差矛盾,且 $1\leqslant d_1\leqslant d_2\leqslant16$.下面再证明 D 中元素不属

于 e_1. 设 $c_i = b_{j_i} (i = 1,2,3; 1 \leqslant j_i \leqslant 5)$, 则

$$d_1 = c_2 - c_1 = b_{j_2} - b_{j_1} = (a_{j_2+1} - a_1) - (a_{j_1+1} - a_1) = a_{j_2+1} - a_{j_1+1}$$

同理 $d_2 = a_{j_3+1} - a_{j_1+1}$.

若 d_1 或 d_2 属于 e_1, 则 e_1 中有一元素是另两个元素之差, 所以, d_1, d_2 均不属于 e_1. 因此, D 中元素属于 e_3.

(3) 根据假设, 在 e_3 中不存在一元素是另两个元素之差, 所以 $d_1 \neq d_2 - d_1$, 令 $f = d_2 - d_1$. 与 (1) 类似, f 不属于 e_3; 同 (2) 可以证明 f 也不属于 e_1 和 e_2. 即存在一整数 $1 \leqslant f \leqslant 16$, 它不属于 e_1, e_2 和 e_3 中的任何一个, 这与将 $1 \sim 16$ 间的整数任意分成三个部分的假设矛盾.　　　　　　　　　　　　　　　　　　　□

例 2.4.2　将 $1 \sim 1978$ 这 1978 个正整数任意分成 6 个部分, 其中必有一部分中的一个元素是该部分某两个元素之差.

证明　设 $A = \{1, 2, \cdots, 1978\} = \bigcup\limits_{i=1}^{6} A_i$, 要证明存在某集合中的元 x, 它等于该集合某二元之和. 采用反证法, 即假定 $A_1, A_2, \cdots, A_6$ 每个集合中都不存在这样的元 x, 此假定等价于 $A_1, A_2, \cdots, A_6$ 每个集合中任意两个不同的元的差 (大减小) 都不属于该集合, 以下称此为反证假设.

首先 6 个集合中必有某个集合 (不妨设 A_1) 至少含有 $\left\lceil \dfrac{1978}{6} \right\rceil = 330$ 个元, 记它们为 $a_1 > a_2 > \cdots > a_{1978}$. 由反证假设知, 诸差 $a_1 - a_i (2 \leqslant i \leqslant 330)$ 均不属于 A_1, 它们只能属于另外 5 个集合, 于是由鸽巢原理知, 必有某个集合 (不妨设 A_2) 至少含这 329 个元 $a_1 - a_i$ 中的 $\left\lceil \dfrac{329}{6} \right\rceil = 66$ 个, 记它们为 $b_1 > b_2 > \cdots > b_{66}$. 由反证假设知, 诸差 $b_1 - b_i (2 \leqslant i \leqslant 66)$ 均不属于 A_2, 而且也不属于 A_1 (否则若 $b_1 - b_i \in A_1$, 设 $b_1 = a_1 - a_s, b_i = a_1 - a_t$, 则 $b_1 - b_i = a_t - a_s \in A_1$, 这也违反反证假设), 它们只能属于另外 4 个集合, 进而知必有某一集合 (不妨设 A_3) 至少含有这 65 个 $b_1 - b_i$ 中的 $\left\lceil \dfrac{65}{4} \right\rceil = 17$ 个, 记它们为 $c_1 > c_2 > \cdots > c_{17}$. 由反证假设知, 诸差 $c_1 - c_i (2 \leqslant i \leqslant 17)$ 均不属于 A_3, 而且仿上证明可知也不属于 A_1, A_2, 于是, 这 16 个元 $c_1 - c_i$ 中至少有 $\left\lceil \dfrac{16}{3} \right\rceil = 6$ 个属于另外 A_4, A_5, A_6 这 3 个集合之一 (不妨设 A_4), 记它们为 $d_1 > d_2 > \cdots > d_6$. 再由反证假设知, 诸差 $d_1 - d_i (2 \leqslant i \leqslant 6)$ 均不属于 A_4, 而且仿上证明可知也不属于 A_1, A_2, A_3. 于是, 这 5 个元 $d_1 - d_i$ 中至少有 $\left\lceil \dfrac{5}{2} \right\rceil = 3$ 个属于另外 A_5, A_6 这两个集合之一 (不妨设 A_5), 记它们为 $e_1 > e_2 > e_3$. 由反证假设知, 诸差 $e_1 - e_2, e_1 - e_3$ 均不属于 A_5, 同样地 $e_1 - e_2$ 与 $e_1 - e_3$ 也不属于 $A_1, A_2,$

A_3, A_4，所以，它们只能属于集合 A_6. 对于集合 A_6 中这两个元 $e_1 - e_2, e_1 - e_3$，由反证假设知，它们的差 $(e_1 - e_3) - (e_1 - e_2) = e_2 - e_3$ 不能属于集合 A_6，同上，也不属于 A_1, A_2, A_3, A_4, A_5，但 $e_2 - e_3 \in A = \{1, 2, \cdots, 1978\} = \bigcup_{i=1}^{6} A_i$，矛盾. 故反证假设不成立. □

一般地，我们有如下结果：

定理 2.4.1 设 $A = \left\{ 1, 2, \cdots, n! \left(1 + \sum_{k=1}^{n} \dfrac{1}{k!} \right) \right\}$，对任意的正整数 $m \leqslant n$，$A_1, A_2, \cdots, A_n$ 是 A 的子集，且 $A = \bigcup_{i=1}^{n} A_i$，那么，必存在 $x, y, z \in A$，使得 $x = y + z$.

证明 只需证明 $m = n$ 情形成立，若此成立，显然 $m < n$ 时命题必成立. 把这连续 $n! \left(1 + \sum_{k=1}^{n} \dfrac{1}{k!} \right)$ 个自然数，任意分成 n 个部分 $A_1, A_2, \cdots, A_n$，$A = \bigcup_{i=1}^{n} A_i$，要证明存在某集合中的元 x，它等于该集合某二元之和. 采用反证法，即假定 A_1，$A_2, \cdots, A_n$ 每个集合中都不存在这样的元 x，此假定等价于 $A_1, A_2, \cdots, A_n$ 每个集合中任意两个不同的元的差（大减小）都不属于该集合，以下称此为反证假设.

首先 n 个集合中必有某个集合（不妨设 A_1）至少含有

$$\left\lceil \frac{n! \left(1 + \sum\limits_{k=1}^{n} \dfrac{1}{k!} \right)}{n} \right\rceil = (n-1)! \left(1 + \sum_{k=1}^{n-1} \frac{1}{k!} \right) + 1$$

个元，设它们为 $a_1 > a_2 > \cdots > a_{(n-1)! \left(1 + \sum_{k=1}^{n-1} \frac{1}{k!} \right) + 1}$. 由反证假设知，诸差

$$a_1 - a_i \left(2 \leqslant i \leqslant (n-1)! \left(1 + \sum_{k=1}^{n-1} \frac{1}{k!} \right) + 1 \right)$$

均不属于 A_1，它们只能属于另外 $n-1$ 个集合，于是由鸽巢原理知，必有某个集合（不妨设 A_2）至少含这 $(n-1)! \left(1 + \sum_{k=1}^{n-1} \dfrac{1}{k!} \right)$ 个元 $a_1 - a_i$ 中的

$$\left\lceil \frac{(n-1)! \left(1 + \sum\limits_{k=1}^{n-1} \dfrac{1}{k!} \right)}{n-1} \right\rceil = (n-2)! \left(1 + \sum_{k=1}^{n-2} \frac{1}{k!} \right) + 1$$

个，记它们为 $b_1 > b_2 > \cdots > b_{(n-2)! \left(1 + \sum_{k=1}^{n-2} \frac{1}{k!} \right) + 1}$. 由反证假设知，诸差

$$b_1 - b_i \left(2 \leqslant i \leqslant (n-2)! \left(1 + \sum_{k=1}^{n-2} \frac{1}{k!} \right) + 1 \right)$$

均不属于 A_2，而且也不属于 A_1（否则若 $b_1 - b_i \in A_1$，设 $b_1 = a_1 - a_s$，$b_i = a_1 - a_t$，则 $b_1 - b_i = a_t - a_s \in A_1$，这也违反反证假设），它们只能属于另外 $n-2$ 个集合，进而知必有某一集合（不妨设 A_3）至少含有这 $(n-2)! \left(1 + \sum_{k=1}^{n-2} \dfrac{1}{k!} \right)$ 个 $b_1 -$

b_i 中的

$$\left\lceil \frac{(n-2)!\left(1+\sum\limits_{k=1}^{n-2}\frac{1}{k!}\right)}{n-2} \right\rceil = (n-3)!\left(1+\sum\limits_{k=1}^{n-3}\frac{1}{k!}\right)+1$$

个,记它们为 $c_1 > c_2 > \cdots > c_{(n-3)!\left(1+\sum\limits_{k=1}^{n-3}\frac{1}{k!}\right)+1}$. 由反证假设知,诸差

$$c_1 - c_i\left(2 \leqslant i \leqslant (n-3)!\left(1+\sum\limits_{k=1}^{n-3}\frac{1}{k!}\right)+1\right)$$

均不属于 A_3,而且仿上证明可知也不属于 A_1, A_2,于是,这

$$(n-3)!\left(1+\sum\limits_{k=1}^{n-3}\frac{1}{k!}\right)$$

个元 $c_1 - c_i$ 中至少有

$$\left\lceil \frac{(n-3)!\left(1+\sum\limits_{k=1}^{n-3}\frac{1}{k!}\right)}{n-3} \right\rceil = (n-4)!\left(1+\sum\limits_{k=1}^{n-4}\frac{1}{k!}\right)+1$$

个属于另外 $A_4, A_5, \cdots, A_n$ 这 $n-3$ 个集合之一(不妨设 A_4),记它们为 $d_1 > d_2 > \cdots > d_{(n-4)!\left(1+\sum\limits_{k=1}^{n-4}\frac{1}{k!}\right)+1}$. 再由反证假设知,诸差 $d_1 - d_i\left(2 \leqslant i \leqslant (n-4)!\left(1+\sum\limits_{k=1}^{n-4}\frac{1}{k!}\right)+1\right)$ 均不属于 A_4,而且仿上证明可知也不属于 A_1, A_2, A_3. 于是, 这 $(n-4)!$ $\cdot\left(1+\sum\limits_{k=1}^{n-4}\frac{1}{k!}\right)$ 个元 $d_1 - d_i$ 中至少有

$$\left\lceil \frac{(n-4)!\left(1+\sum\limits_{k=1}^{n-4}\frac{1}{k!}\right)}{n-4} \right\rceil = (n-5)!\left(1+\sum\limits_{k=1}^{n-5}\frac{1}{k!}\right)+1$$

个属于另外的集合 $A_5, \cdots, A_n$ 之中,同样的理由,如此下去,有

$$\left\lceil \frac{(n-(n-2))!\left(1+\sum\limits_{k=1}^{n-(n-2)}\frac{1}{k!}\right)}{n-(n-2)} \right\rceil = 1!\left(1+\sum\limits_{k=1}^{1}\frac{1}{k!}\right)+1 = 3$$

个元在这两个集合 A_{n-1}, A_n 之一(不妨设 A_{n-1}),记它们为 $e_1 > e_2 > e_3$. 由反证假设知,诸差 $e_1 - e_2, e_1 - e_3$ 均不属于 A_{n-1},同样地, $e_1 - e_2$ 与 $e_1 - e_3$ 也不属于 A_1, $A_2, \cdots, A_{n-2}$,所以,它们只能属于集合 A_n. 对于集合 A_n 中这两个元 $e_1 - e_2, e_1 - e_3$, 由反证假设知,它们的差 $(e_1 - e_3) - (e_1 - e_2) = e_2 - e_3$ 不能属于集合 A_n,同上, 也不属于 $A_1, A_2, \cdots, A_{n-1}$,但 $e_2 - e_3 \in A = \left\{1, 2, \cdots, n!\left(1+\sum\limits_{k=1}^{n}\frac{1}{k!}\right)\right\} = \bigcup\limits_{i=1}^{n} A_i$,矛盾. 故反证假设不成立.　　　　　　　　　　□

例 2.4.3　证明:任给 7 个实数,其中必有两个数 x 和 y 满足如下不等式:

$$0 \leqslant \frac{x - y}{1 + xy} \leqslant \frac{\sqrt{3}}{3}$$

证明　令 $x = \tan \alpha_1, y = \tan \alpha_2$,则有

$$\frac{x - y}{1 + xy} = \frac{\tan \alpha_1 - \tan \alpha_2}{1 + \tan \alpha_1 \tan \alpha_2} = \tan(\alpha_1 - \alpha_2)$$

若 $0 \leqslant \alpha_1 - \alpha_2 < \frac{\pi}{6}$,就有

$$0 \leqslant \tan(\alpha_1 - \alpha_2) < \frac{\sqrt{3}}{3} \tag{2.4.1}$$

现在要证明此式成立.首先以非负数和负数为两个鸽巢,由鸽巢原理知,7 个实数中至少有 4 个数非负或为负数,不妨设有 4 个非负数 x, y, z, w 且分别对应

$$x = \tan \alpha_1, y = \tan \alpha_2, z = \tan \alpha_3, w = \tan \alpha_4 \quad \left(0 \leqslant \alpha_i < \frac{\pi}{2}, i = 1, 2, 3, 4\right)$$

其次将 $\alpha_1, \alpha_2, \alpha_3, \alpha_4$ 再放入另一类鸽巢 $\left[0, \frac{\pi}{6}\right), \left[\frac{\pi}{6}, \frac{\pi}{3}\right), \left[\frac{\pi}{3}, \frac{\pi}{2}\right)$ 之中,必有两个属于同一区间(即鸽巢).不妨设 α_1, α_2 属于同一区间且 $\alpha_1 \geqslant \alpha_2$,那么 $0 \leqslant \alpha_1 - \alpha_2 < \frac{\pi}{6}$,从而(2.4.1)式成立.　　　　　　　　　□

更一般的情形,现给出如下定理 2.4.2 与定理 2.4.3 两个结论:

定理 2.4.2　对 $2n + 1(n \geqslant 2)$ 个实数,其中必有两个实数 x 和 y 满足如下不等式:

$$0 \leqslant \frac{x - y}{1 + xy} \leqslant \frac{\pi}{2n} + \frac{\pi^3}{8n^3} + \frac{1}{5}\left(\frac{\pi}{2n}\right)^5$$

证明　以非负数和负数为两个鸽巢,由鸽巢原理知,这 $2n + 1$ 个实数中至少有 $n + 1$ 个数非负或为负数,不妨设有 $n + 1$ 个非负数 $x_1, x_2, \cdots, x_n, x_{n+1}$,且分别对应于

$$x_1 = \tan \alpha_1, \cdots, x_n = \tan \alpha_n, x_{n+1} = \tan \alpha_{n+1} \quad \left(0 \leqslant \alpha_i < \frac{\pi}{2}, i = 1, \cdots, n, n + 1\right)$$

将区间 $\left[0, \frac{\pi}{2}\right)$ 分割成 n 个小区间: $D_i = \left[\frac{(i-1)\pi}{2n}, \frac{i\pi}{2n}\right)(i = 1, 2, \cdots, n)$,于是

$$\bigcup_{i=1}^{n} D_i = \left[0, \frac{\pi}{2}\right)$$

而 $\alpha_1, \alpha_2, \cdots, \alpha_n, \alpha_{n+1} \in \bigcup_{i=1}^{n} D_i = \left[0, \frac{\pi}{2}\right)$,对于 n 个小区间 $\left[\frac{(i-1)\pi}{2n}, \frac{i\pi}{2n}\right)(i = 1,$

$2, \cdots, n$），由鸽巢原理知，$\alpha_1, \alpha_2, \cdots, \alpha_n, \alpha_{n+1}$ 必有两个属于同一小区间，即存在 i，j, k 使得

$$\alpha_i, \alpha_j \in D_k, \alpha_i > \alpha_j \quad (i, j, k \in \{1, 2, \cdots, n\})$$

从而 $0 \leqslant \alpha_i - \alpha_j < \dfrac{\pi}{2n}$，于是

$$0 \leqslant \frac{\tan \alpha_i - \tan \alpha_j}{1 + \tan \alpha_i \tan \alpha_j} = \tan(\alpha_i - \alpha_j) < \tan \frac{\pi}{2n} < \frac{\pi}{2n} + \frac{\pi^3}{8n^3} + \frac{1}{5}\left(\frac{\pi}{2n}\right)^5$$

即 $0 \leqslant \dfrac{x - y}{1 + xy} \leqslant \dfrac{\pi}{2n} + \dfrac{\pi^3}{8n^3} + \dfrac{1}{5}\left(\dfrac{\pi}{2n}\right)^5$. □

仿定理 2.4.2，我们还可以得到如下结论：

定理 2.4.3 对 $2n + 1 (n \geqslant 2)$ 个绝对值不超过 1 的实数，其中必有两个实数 x 和 y 满足如下不等式：

$$0 \leqslant x\sqrt{1 - y^2} - y\sqrt{1 - x^2} \leqslant \frac{\pi}{2n}$$

证明 以非负数和负数为两个鸽巢，由鸽巢原理知，这 $2n + 1$ 个实数中至少有 $n + 1$ 个数非负或为负数，不妨设有 $n + 1$ 个非负数 $x_1, x_2, \cdots, x_n, x_{n+1}$，且分别对应于

$$x_1 = \sin \alpha_1, \quad \cdots, \quad x_n = \sin \alpha_n, \quad x_{n+1} = \sin \alpha_{n+1}$$

由于 $0 \leqslant x_i \leqslant 1$，所以 $0 \leqslant \alpha_i \leqslant \dfrac{\pi}{2}$（$i = 1, \cdots, n, n+1$）. 将区间 $\left[0, \dfrac{\pi}{2}\right)$ 分割成 n 个等长度的小区间：$D_i = \left[\dfrac{(i-1)\pi}{2n}, \dfrac{i\pi}{2n}\right)$（$i = 1, 2, \cdots, n$），于是

$$\bigcup_{i=1}^{n} D_i = \left[0, \frac{\pi}{2}\right)$$

而 $\alpha_1, \alpha_2, \cdots, \alpha_n, \alpha_{n+1} \in \bigcup_{i=1}^{n} D_i = \left[0, \dfrac{\pi}{2}\right)$，对于 n 个小区间 $\left[\dfrac{(i-1)\pi}{2n}, \dfrac{i\pi}{2n}\right)$（$i = 1, 2, \cdots, n$），由鸽巢原理知，$\alpha_1, \alpha_2, \cdots, \alpha_n, \alpha_{n+1}$ 必有两个属于同一小区间，即存在 i, j，k 使得

$$\alpha_i, \alpha_j \in D_k, \alpha_i > \alpha_j \quad (i, j, k \in \{1, 2, \cdots, n\})$$

从而 $0 \leqslant \alpha_i - \alpha_j \leqslant \dfrac{\pi}{2n}$，于是

$$0 \leqslant \sin(\alpha_i - \alpha_j) < \alpha_i - \alpha_j \leqslant \frac{\pi}{2n}$$

即

$$0 \leqslant \sin \alpha_i \cos \alpha_j - \cos \alpha_i \sin \alpha_j < \alpha_i - \alpha_j \leqslant \frac{\pi}{2n}$$

即 $0 \leqslant x\sqrt{1-y^2} - y\sqrt{1-x^2} \leqslant \dfrac{\pi}{2n}$.　　　　　　　□

参 考 文 献

［1］　姜建国,岳建国.组合数学[M].2 版.西安:西安电子科技大学出版社,2007:1-2.

［2］　Reiher C. On Kemnitz conjecture concerning lattice-points in the plane[J]. Ramanujan J, 2007(13):2-3.

［3］　Savchev S, Chen F. Kemnitz' conjecture revisited[J]. Discrete Mathematics, 2005(3):1-2.

［4］　许胤龙,孙淑玲.组合数学引论[M].2 版.合肥:中国科学技术大学出版社,2010:10-11.

［5］　田秋成.组合数学[M].北京:电子工业出版社,2006:133-134.

［6］　慕运动.平面格点形心问题研究[J].河南科学,2001,19(2):2-3.

［7］　康庆德.组合数学笔记[M].北京:科学出版社,2009:148-149.

［8］　张学东.平面格点的形心问题[J].河南教育学院学报,2004,13(2):1-2.

［9］　王晓凯.格点形心问题的若干结果[J].运筹学学报,2002,6(2):70-71.

［10］　许胤龙,孙淑玲.组合数学引论[M].2 版.合肥:中国科学技术大学出版社,2010:18.

［11］　李乔.组合学讲义[M].2 版.北京:高等教育出版社,2008:231-233.

［12］　Greenwood R E, Gleason A M. Combinatorial relations and chromatic graphs[J]. Canadian Journal of Mathematics,1955(7):1-7.

［13］　许成章,梁文忠.对角 Ramsey 数 $R(22,23)$ 的新下界[J].梧州学院学报,2012,22(2):75-80.

［14］　Su W L, Luo H P, Li Q. Lower bounds for multicolor Classical Ramsey Numbers [J]. Science in China (series A), 1999,42(10):1019-1024.

［15］　Luo H P, Su W L, Li Z C. The properties of self-complementary graphs and new lower bounds for diagonal Ramsey numbers [J]. Australasian Journal of Combinatorics, 2002 (25): 103-116.

［16］　Radziszowski S P. Small Ramsey Numbers[EB/OL]. The Electronic Journal of Combinatorics, View the Journal, Dynamic Surveys, 2011, August 22 ElJC revision ♯ 13, 2011,DS1.13: 1-84.

［17］　陈红,苏文龙.经典 Ramsey 数 $R(3,40)$ 的新下界[J].梧州学院学报,2008,18(3)6:1-3.

［18］　董琳.$r(K_{m,n})$ 的一个构造型下界[J].同济大学学报(自然科学版),2010,33(5):766-778.

［19］　苏文龙,罗海鹏,李乔.经典 Ramsey 数 $R(4,12)$,$R(5,11)$ 和 $R(5,12)$ 的新下界[J].科学通报,1997,42(22):2460.

［20］　苏文龙,罗海鹏,李乔.多色经典 Ramsey 数 $R(q,q,\cdots,q)$ 的下界[J].中国科学(A 辑),1999,29(5):408-413.

［21］　Biggs N. Algebraic Graph Theory[M]. Cambridge:Cambridge University Press, 1974.

［22］　Calkin N J, Erdős P, Tovey C A. New Ramsey bounds from cyclic graphs of prime order[J]. SIAM J Discrete Math, 1997, 10:381-387.

［23］　Luo H P, Su W L, Li Q. New lower bounds of classical Ramsey numbers $R(6,12)$,

$R(6,14)$ and $R(6,15)$ [J]. Chinese Science Bulletin, 1998,43(10):817-818.

[24]　Ramsey F P. On a problem of formal logic[J]. Proceedings of the London Mathematical Society, 1930,30:264-286.

[25]　Graham R L, Rothschild B L, Spencer J H. Ramsey theory[M]. Hoboken:John Wiley & Sons, 1990.

[26]　李乔.拉姆塞数理论[M].长沙:湖南教育出版社,1991.

[27]　李乔.组合数学基础[M].北京:高等教育出版社,1993.

[28]　Erdős P. Some remarks on the theory of graphs[J]. Bulletin of the American Mathematical Society, 1947,53:292-294.

[29]　Bondy J A, Murty U S R. Graph Theory with Applications[M]. London:The Macmillan Press Ltd, 1976.

[30]　Greenwood R E, Gleason A M. Combinatorial relations and chromatic graphs[J]. Canadian Journal of Mathematics, 1955(7):1-7.

[31]　Radziszowski S P. Small Ramsey numbers[EB/OL]. The Electronic Journal of Combinatorics, 2006, Dynamic Survey 1, revision ♯11:1-60, http://www. combinatorics. org.

[32]　Su W L, Luo H P, Shen Y Q. New Lower Bounds for Classical Ramsey Numbers $R(5,13)$ and $R(5,14)$[J]. Applied Mathematics Letters, 1999(12):121-122.

[33]　Su W L, Li Q, Luo H P, et al. Lower Bounds of Ramsey Numbers based on cubic residues[J]. Discrete Mathematics, 2002(250):197-209.

[34]　Baker R, Harman G, Pintz J. The difference between consective primes Ⅱ [J]. Proc London Math Soc, 2001(83):532.

第3章 容斥原理的几个应用问题

在求解计数问题时,用间接计数的方法往往比直接计数来得容易,而容斥原理是间接计数中的一种重要的方法.这一章先介绍容斥原理,然后运用它解决若干问题以及在数论等方面的应用.

3.1 容 斥 原 理

定理 3.1.1(容斥原理) 设 $P_1, P_2, \cdots, P_m$ 是集合 S 中的元素所涉及的 m 个性质.令 $A_i = \{x \mid x \in S,$ 且 x 具有性质 $P_i\}(i = 1, 2, \cdots, m)$,则

$$A_i \bigcap A_j = \{x \mid x \in S, \text{且 } x \text{ 具有性质 } P_i \text{ 和 } P_j\}$$
$$A_i \bigcap A_j \bigcap A_k = \{x \mid x \in S, \text{且 } x \text{ 具有性质 } P_i, P_j \text{ 和 } P_k\}$$
$$\cdots$$

那么,集合 S 中不具有性质 $P_1, P_2, \cdots, P_m$ 的元素个数可以由下式给出

$$
\begin{aligned}
&\langle \overline{A_1} \bigcap \overline{A_2} \bigcap \cdots \bigcap \overline{A_m} \rangle \\
&= |S| - \sum |A_i| + \sum |A_i \bigcap A_j| - \sum |A_i \bigcap A_j \bigcap A_k| + \cdots \\
&\quad + (-1)^m |A_1 \bigcap A_2 \bigcap \cdots \bigcap A_m|
\end{aligned}
$$

式中第一个和是对 $\{1, 2, \cdots, m\}$ 的所有 1-组合 $\{i\}$ 进行;第二个和是对 $\{1, 2, \cdots, m\}$ 的所有 2-组合 $\{i, j\}$ 进行;第三个和是对 $\{1, 2, \cdots, m\}$ 的所有 3-组合 $\{i, j, k\}$ 进行……

当 $m = 2$ 时,公式的形式为

$$|\overline{A_1} \bigcap \overline{A_2}| = |S| - |A_1| - |A_2| + |A_1 \bigcap A_2|$$

定理 3.1.1 中的展开式项数为

$$\binom{m}{0} + \binom{m}{1} + \cdots + \binom{m}{m} = 2^m$$

推论 3.1.1 集合 S 中至少具有性质 $P_1, P_2, \cdots, P_m$ 之一的元素个数由

$$|A_1 \bigcup A_2 \bigcup \cdots \bigcup A_m| = \sum |A_i| - \sum |A_i \bigcap A_j| + \sum |A_i \bigcap A_j \bigcap A_k| - \cdots$$

$$+ (-1)^{m+1} |A_1 \bigcap A_2 \cdots \bigcap A_m|$$

$$= \sum_{k=1}^{m} (-1)^{k+1} \sum_{1 \leqslant i_1 < \cdots < i_k \leqslant m} \left| \bigcap_{j=1}^{k} A_{i_j} \right|$$

给出,其中 A_i($i = 1, \cdots, m$)的含义以及式中各项求和的含义均如定理 3.1.1 中所指定.

例 3.1.1 求从 1~1000 中不能被 5,6 和 8 整除的整数个数.

解 令 $S = \{1, 2, \cdots, 1000\}$,设 P_1 是能被 5 整除的性质,P_2 是能被 6 整除的性质,P_3 是能被 8 整除的性质.令

$$A_i = \{x \mid x \in S, \text{令} x \text{具有性质} P_i\} \quad (i = 1, 2, 3)$$

则 $|\overline{A_1} \bigcap \overline{A_2} \bigcap \overline{A_3}|$ 就是 S 中不能被 5,6 和 8 整除的整数个数.

首先

$$|A_1| = \left\lceil \frac{1000}{5} \right\rceil = 200, \quad |A_2| = \left\lceil \frac{1000}{6} \right\rceil = 166, \quad |A_3| = \left\lceil \frac{1000}{8} \right\rceil = 125$$

另外,5 与 6 的最小公倍数是 30;5 与 8 的最小公倍数是 40;6 与 8 的最小公倍数是 24;5,6,8 的最小公倍数是 120,所以

$$|A_1 \bigcap A_2| = \left\lceil \frac{1000}{30} \right\rceil = 33, \quad |A_1 \bigcap A_3| = \left\lceil \frac{1000}{40} \right\rceil = 25$$

$$|A_2 \bigcap A_3| = \left\lceil \frac{1000}{24} \right\rceil = 41, \quad |A_1 \bigcap A_2 \bigcap A_3| = \left\lceil \frac{1000}{120} \right\rceil = 8$$

所以 $|\overline{A_1} \bigcap \overline{A_2} \bigcap \overline{A_3}| = 1000 - (200 + 166 + 125) + (33 + 25 + 41) - 8 = 600.$ □

例 3.1.2 在字母 M,A,T,H,I,S,F,U,N 的排列中,存在多少个不含样式 MATH,IS,FUN 的排列?

解 设 S 是这 9 个字母排列的全体.令 P_1 是 S 中的排列含有样式 MATH 的性质;P_2 是 S 中的排列含有样式 IS 的性质;P_3 是 S 中的排列含有样式 FUN 的性质.令

$$A_i = \{x \mid x \in S, \text{令} x \text{具有性质} P_i\} \quad (i = 1, 2, 3)$$

则 $|A_1 \bigcap A_2 \bigcap A_3|$ 为问题所求.

$|S| = 9!$,A_1 中的排列可以看成 6 个字母"MATH",I,S,F,U,N 的排列,因此 $|A_1| = 6!$.

类似地,A_2 中的排列是 8 个字母 M,A,T,H,"IS",F,U,N 的排列,因此 $|A_2| = 8!$,而 A_3 是 7 个字母 M,A,T,H,I,S,"FUN"的排列,因此 $|A_3| = 7!$.

$A_1 \bigcap A_2$ 中的排列是 5 个字母 "MATH","IS",F,U,N 的排列;$A_1 \bigcap A_3$ 中的排列是 4 个字母 "MATH",I,S,"FUN"的排列;$A_2 \bigcap A_3$ 中的排列是 6 个字母 M,A,T,H,"IS","FUN"的排列;$A_1 \bigcap A_2 \bigcap A_3$ 中的排列 3 个字母"MATH""IS""FUN"的排列.故

$|A_1 \bigcap A_2| = 5!, |A_1 \bigcap A_3| = 4!, |A_2 \bigcap A_3| = 6!, |A_1 \bigcap A_2 \bigcap A_3| = 3!$

所以

$$|\overline{A_1} \bigcap \overline{A_2} \bigcap \overline{A_3}| = 9! - (6! + 8! + 7!) + (5! + 4! + 6!) - 3! \qquad \square$$

3.2　一个方格计数问题

3.2.1　引言

n 维欧氏空间 E^n 可以由可数个单位正方体(边长为 1 的正 $2n$ 面体)胶合而成,将这些单位正方体所构成的集合记为 Λ_n,每个单位正方体的顶点也称为格点. E^n 中一条曲线段 Γ 从格点 P 到格点 T,那么它至少经过 Λ_n 中的多少个元素?

设 E^n 中所有经格点 P 与格点 T 的连续曲线段所构成的集合为 L_{PT},$\forall \Gamma \in L_{PT}$,$\alpha \in \Lambda_n$,定义 Γ 对 α 的影响特征函数为

$$\chi_\Gamma(\alpha) = \begin{cases} 1 & (\mu(\alpha \bigcap \Gamma) > 0) \\ 0 & (\mu(\alpha \bigcap \Gamma) = 0) \end{cases}$$

这里 $\mu(\alpha \bigcap \Gamma)$ 表示点集 $\alpha \bigcap \Gamma$ 的 Lebesgue 测度[8].由于 Γ 是连续曲线,因此,若 $(\mathrm{int}\ \alpha) \bigcap \Gamma \neq \varnothing$,则 $\chi_\Gamma(\alpha) = 1$.

对于 L_{PT} 中的元素 Γ,Γ 与 Λ_n 中所有交非空的元素设为 $\alpha_{\Gamma(1)}$,$\alpha_{\Gamma(2)}$,$\cdots$,$\alpha_{\Gamma(r(\Gamma))}$,设 $\alpha_{\Gamma(k)}(k = 1, 2, \cdots, r(\Gamma))$ 关于 Γ 的影响权重系数为 $\lambda_k(\alpha_{\Gamma(k)})$,那么

$$\inf_{\Gamma \in L_{PT}} \left\{ \sum_{k=1}^{r(\Gamma)} \lambda_k(\alpha_{\Gamma(k)}) \chi(\alpha_{\Gamma(k)}) \right\}$$

的值如何确定?

研究这些问题,具有现实意义.例如,龙卷风所经之地,必然受到不同程度的影响.由于各个地域之间的重要性不一样,所以研究影响特征函数与影响权重系数的乘积之和的下确界具有一定应用价值;这些问题与文献[1－7]等都属于离散几何的极值问题.探讨这些问题,为离散几何极值理论提供又一新的研究课题.

本书只讨论 Λ_n 中所有元素关于 E^n 中任意曲线段的影响权重系数恒等于 1 的情形.其他情形较为复杂,这里暂不讨论.设格点 P 与格点 T 的坐标分别为 $P(s_1, s_2, \cdots, s_n)$,$T(t_1, t_2, \cdots, t_n)$,记 $m_i = |s_i - t_i|(i = 1, 2, \cdots, n)$,下面将证明

$$\inf_{\Gamma \in L_{PT}} \left\{ \sum_{k=1}^{r(\Gamma)} \chi(\alpha_{\Gamma(k)}) \right\} \leqslant \sum_{k=1}^{n} (-1)^{k-1} \sum_{1 \leqslant i_1 < i_2 < \cdots < i_k \leqslant n} \gcd(m_{i_1}, m_{i_2}, \cdots, m_{i_k})$$

3.2.2　主要结果

定理 3.2.1　设在一个 n 维欧氏空间 E^n 中的各维方向的长分别为

$$m_1, m_2, \cdots, m_n \quad (m_1, m_2, \cdots, m_n \in \mathbf{N})$$

的长方体是由 $m_1 m_2 \cdots m_n$ 个 $1 \times 1 \times \cdots \times 1$(这里有 n 个 1)单位立方体胶合而成的.那么这个长方体的对角线共穿过

$$S = \sum_{k=1}^{n} (-1)^{k-1} \sum_{1 \leqslant i_1 < i_2 < \cdots < i_k \leqslant n} \gcd(m_{i_1}, m_{i_2}, \cdots, m_{i_k})$$

个单位立方体.这里 $\gcd(m_{i_1}, m_{i_2}, \cdots, m_{i_k})(1 \leqslant k \leqslant n)$ 表示 $m_{i_1}, m_{i_2}, \cdots, m_{i_k}$ 的最大公约数.

证明　设 n 维欧氏空间 $\mathbf{R}^n$ 的直角坐标轴分别为 $x_1, x_2, \cdots, x_n$,作 $n-1$ 维的超平面:

$$x_1 = 1, x_1 = 2, \cdots, x_1 = m_1; x_2 = 1, x_2 = 2, \cdots, x_2 = m_2; \cdots;$$
$$x_n = 1, x_n = 2, \cdots, x_n = m_n$$

这些超平面相交组成 $m_1 m_2 \cdots m_n$ 个 n 维 $1 \times 1 \times \cdots \times 1$ 的单位立方体.不妨设长方形的对角线所在的两个顶点的坐标分别是 $O(0, 0, \cdots, 0)$ 与 $A(m_1, m_2, \cdots, m_n)$,那么,线段 $\overline{OA}$ 每穿过一个 $n-1$ 维的超平面时,它就穿过一个 $1 \times 1 \times \cdots \times 1$($n$ 个 1)的单位立方体.约定如下所述的 $n-1$ 维的超平面皆是如上定义的 $n-1$ 维的超平面,记 $A_i(1 \leqslant i \leqslant n)$ 为线段 $\overline{OA}$ 穿过垂直于 x_i 轴的 $n-1$ 维超平面的全体的集合.由于垂直于 x_i 轴的 $n-1$ 维的超平面分别为 $x_i = 1, x_i = 2, \cdots, x_i = m_i$,所以集合 A_i 的基数 $|A_i| = m_i$.

一般地,以 $A_{i_1} \cap A_{i_2} \cap \cdots \cap A_{i_k}(1 \leqslant k \leqslant n)$ 表示线段 $\overline{OA}$ 穿过如上所作垂直于 $x_{i_1}, x_{i_2}, \cdots, x_{i_k}$ 轴的 $n-1$ 维超平面相交部分的集合.而直线 OA 的方程为

$$\frac{x_1}{m_1} = \frac{x_2}{m_2} = \cdots = \frac{x_n}{m_n}$$

此直线在 $x_{i_1}, x_{i_2}, \cdots, x_{i_k}$ 轴所确定的 k 维超平面即是直线 l:

$$\frac{x_{i_1}}{m_{i_1}} = \frac{x_{i_2}}{m_{i_2}} = \cdots = \frac{x_{i_k}}{m_{i_k}} \tag{3.2.1}$$

所以,直线 OA 同时经过的 k 组 $n-1$ 维的超平面是:

$$\begin{cases} x_{i_1} = 1, x_{i_1} = 2, \cdots, x_{i_1} = m_{i_1} \\ x_{i_2} = 1, x_{i_2} = 2, \cdots, x_{i_2} = m_{i_2} \\ \cdots \\ x_{i_k} = 1, x_{i_k} = 2, \cdots, x_{i_k} = m_{i_k} \end{cases} \tag{3.2.2}$$

方程(3.2.1)是一个含 k 元的齐次线性方程组,它的系数矩阵为

$$M = \begin{pmatrix} -m_{i_2} & m_{i_1} & 0 & \cdots & 0 \\ -m_{i_3} & 0 & m_{i_1} & \cdots & 0 \\ \vdots & \vdots & \vdots & & \vdots \\ -m_{i_k} & 0 & 0 & \cdots & m_{i_1} \end{pmatrix}$$

显然系数矩阵 M 的秩 $R(M) = k - 1$,故原齐次线性方程组有无穷多个解,但在 (3.2.2)式的约束下,用反证法可以证明它仅有如下 $d = \gcd(m_{i_1}, m_{i_2}, \cdots, m_{i_k})$ 组解[9]:

$$\begin{cases} x_{i_1} = \dfrac{m_{i_1}}{d} \times 1 \\ x_{i_2} = \dfrac{m_{i_2}}{d} \times 1 \\ \cdots \\ x_{i_k} = \dfrac{m_{i_k}}{d} \times 1 \end{cases}, \quad \begin{cases} x_{i_1} = \dfrac{m_{i_1}}{d} \times 2 \\ x_{i_2} = \dfrac{m_{i_2}}{d} \times 2 \\ \cdots \\ x_{i_k} = \dfrac{m_{i_k}}{d} \times 2 \end{cases}, \quad \cdots \quad, \begin{cases} x_{i_1} = \dfrac{m_{i_1}}{d} \times d \\ x_{i_2} = \dfrac{m_{i_2}}{d} \times d \\ \cdots \\ x_{i_k} = \dfrac{m_{i_k}}{d} \times d \end{cases}$$

所以集合 $A_{i_1} \bigcap A_{i_2} \bigcap \cdots \bigcap A_{i_k}$ 的基数为

$$|A_{i_1} \bigcap A_{i_2} \bigcap \cdots \bigcap A_{i_k}| = \gcd(m_{i_1}, m_{i_2}, \cdots, m_{i_k})$$

这里 $d = \gcd(m_{i_1}, m_{i_2}, \cdots, m_{i_k})$ 表示 $m_{i_1}, m_{i_2}, \cdots, m_{i_k}$ 的最大公约数.

由于线段 $\overline{OA}$ 每穿过一个 $n-1$ 维的超平面,它就穿过一个单位立方体,反之亦然.故要计算动点经过单位立方体数,就只需要计算它穿过的 $n-1$ 维的超平面数.据容斥原理知

$$S = |A_1 \bigcup A_2 \bigcup \cdots \bigcup A_n|$$

$$= \sum_{k=1}^{n} (-1)^{k-1} \sum_{1 \leqslant i_1 < i_2 < \cdots < i_k \leqslant n} |A_{i_1} \bigcap A_{i_2} \bigcap \cdots \bigcap A_{i_k}|$$

$$= \sum_{k=1}^{n} (-1)^{k-1} \sum_{1 \leqslant i_1 < i_2 < \cdots < i_k \leqslant n} \gcd(m_{i_1}, m_{i_2}, \cdots, m_{i_k}) \qquad \square$$

在定理 3.2.1 中,当 $n = 3, m_1 = 150, m_2 = 324, m_3 = 375$ 时,有

$S = 150 + 324 + 375 - (150, 324) - (324, 375) - (375, 150) + (150, 324, 375)$

$= 768$

定理 3.2.2　设格点 P 与格点 T 的坐标分别为 $P(s_1, s_2, \cdots, s_n), T(t_1, t_2, \cdots, t_n)$,记 $m_i = |s_i - t_i| (i = 1, 2, \cdots, n)$,那么

$$\max\{m_1, m_2, \cdots, m_n\} \leqslant \inf_{\Gamma \in L_{PT}} \left\{ \sum_{k=1}^{r(\Gamma)} \chi(\alpha_{\Gamma(k)}) \right\}$$

$$\leqslant \sum_{k=1}^{n} (-1)^{k-1} \sum_{1 \leqslant i_1 < i_2 < \cdots < i_k \leqslant n} \gcd(m_{i_1}, m_{i_2}, \cdots, m_{i_k})$$

证明　做格平移,将格点 P 移到原点 $O(0,0,\cdots,0)$,所以格点 T 被平移到如定理 3.2.1 中所述的各维方向的长分别为 $m_1,m_2,\cdots,m_n(m_i=|s_i-t_i|(i=1,2,\cdots,n))$ 的长方体的一个顶点上,且 $\overline{PT}$ 为这个长方体的对角线.由定理 3.2.1 知,线段 $\overline{PT}$ 必经过 Λ_n 中

$$S=\sum_{k=1}^{n}(-1)^{k-1}\sum_{1\leqslant i_1<i_2<\cdots<i_k\leqslant n}\gcd(m_{i_1},m_{i_2},\cdots,m_{i_k})$$

个元素的内部,设这些元素分别为 $\alpha_1,\alpha_2,\cdots,\alpha_S$,而线段 $\overline{PT}\in L_{PT}$,由于 $(\text{int }\alpha_i)\bigcap\overline{PT}\neq\varnothing$,所以 $\chi_{\overline{PT}}(\alpha_i)=1(i=1,2,\cdots,S)$,于是

$$\inf_{\Gamma\in L_{PT}}\Big\{\sum_{k=1}^{r(\Gamma)}\chi(\alpha_{\Gamma(k)})\Big\}\leqslant\Big\{\sum_{i=1}^{S}\chi_{\overline{PT}}(\alpha_i)\Big\}\Big|_{\overline{PT}\in L_{PT}}$$

$$=S=\sum_{k=1}^{n}(-1)^{k-1}\sum_{1\leqslant i_1<i_2<\cdots<i_k\leqslant n}\gcd(m_{i_1},m_{i_2},\cdots,m_{i_k})$$

另一方面,对 $\forall\Gamma\in L_{PT}$,Γ 至少经过 $\max\{m_1,m_2,\cdots,m_n\}$ 个单位立方体的内部,所以这些单位立方体与 Γ 的交的 Lebesgue 测度大于零,故

$$\max\{m_1,m_2,\cdots,m_n\}\leqslant\inf_{\Gamma\in L_{PT}}\Big\{\sum_{k=1}^{r(\Gamma)}\chi(\alpha_{\Gamma(k)})\Big\}\qquad\qquad\square$$

3.2.3　几点注记

(1) 定理 3.2.1 是证明定理 3.2.2 的关键,因此,定理 3.2.2 的证明是构造性的.显然,寻找一个最优的构造方法来求出 $\inf\limits_{\Gamma\in L_{PT}}\Big\{\sum\limits_{k=1}^{r(\Gamma)}\chi(\alpha_{\Gamma(k)})\Big\}$ 的值,将是一件很有意义的工作.

(2) 在定理 3.2.1 中,当 $n=2$ 时,它即是平面中单位方格的计数结果.如图 3.2.1(a) 所示.线段 $\overline{OA}$ 它经过的单位方格数为 $S=m_1+m_2-\gcd(m_1,m_2)$.

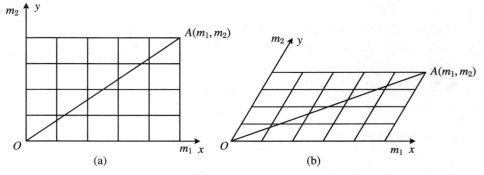

图 3.2.1　定理 3.2.1 中当 $n=2$ 时结论示意图

（3）将单位方格换为全等的平行四边形（图 3.2.1(b)），定理 3.2.1 的结论仍然成立. 同样地，在 n 维欧氏空间 $\mathbf{R}^n$ 中，将单位立方体换为全等的平行 $2n$ 面长方体，定理 3.2.1 的结论仍成立.

（4）对于平面全等的三角形的计数，恰是定理 3.2.1 中 $n = 3$ 的情形. 这是因为三角形三条边的方向与大小可以用平面中的三维仿射坐标来表示. 如图 3.2.2 所示，动点从原点 O 到点 $A(3,8,5)$ 共经过

$$3 + 5 + 8 - \gcd(3,5) - \gcd(5,8) - \gcd(8,3) + \gcd(3,5,8) = 14$$

个小三角形. 另一方面，由于

$$3 + 5 - \gcd(3,5) = 7$$

所以

$$3 + 5 + 8 - \gcd(3,5) - \gcd(5,8) - \gcd(8,3) + \gcd(3,5,8)$$
$$= 14$$
$$= 2 \times 7 = 2(3 + 5 - \gcd(3,5))$$

因为每个平行四边形可以剖分成两个三角形，从而有此结果.

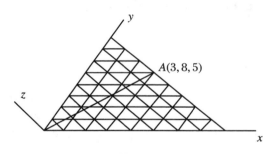

图 3.2.2

（5）同样地，对于 3 维欧氏空间 $\mathbf{R}^3$ 中规则地相处[10]的全等的楔体（即将长方体沿两相对侧棱剖分成两个相等的几何体）的计数问题，恰是定理 3.2.1 中当 $n = 4$ 时的结论. 由此推知，对一般 n 维欧氏空间 $\mathbf{R}^n$ 中规则地相处且具 $2n-1$ 个面全等的楔体的计数问题，恰是定理 3.2.1 中当 n 换为 $n+1$ 的结果. 由于楔体的顶点即为单位正方体（边长为 1 的正 $2n$ 面体）的顶点，即格点，所以关于楔体的影响特征函数和的下确界也有类似定理 3.2.2 的结论. 若记上述的楔体全体的集合为 $\overline{\Lambda}_n$，那么对任意的 $\overline{\alpha} \in \overline{\Lambda}_n$，它关于一条曲线 Γ 的影响特征函数定义如下：

$$\overline{\chi}_\Gamma(\overline{\alpha}) = \begin{cases} 1 & (\mu(\overline{\alpha} \cap \Gamma) > 0) \\ 0 & (\mu(\overline{\alpha} \cap \Gamma) = 0) \end{cases}$$

这里 $\mu(\overline{\alpha} \cap \Gamma)$ 表示点集 $\overline{\alpha} \cap \Gamma$ 的 Lebesgue 测度，那么有

定理 3.2.3　设格点 P 与格点 T 的坐标分别为 $P(s_1, s_2, \cdots, s_n), T(t_1, t_2,$

$\cdots, t_n)$，记 $m_i = |s_i - t_i|\,(i = 1, 2, \cdots, n)$，那么

$$\max\{m_1, m_2, \cdots, m_n\} \leqslant \inf_{\Gamma \in L_{PT}} \left\{ \sum_{k=1}^{r(\Gamma)} \bar{\chi}(\bar{\alpha}_{\Gamma(k)}) \right\}$$

$$\leqslant 2 \sum_{k=1}^{n} (-1)^{k-1} \sum_{1 \leqslant i_1 < i_2 < \cdots < i_k \leqslant n} \gcd(m_{i_1}, m_{i_2}, \cdots, m_{i_k})$$

证明 由定理 3.2.2 知，当 Γ 为线段 $\overline{PT}$ 时，它经过

$$\sum_{k=1}^{n} (-1)^{k-1} \sum_{1 \leqslant i_1 < i_2 < \cdots < i_k \leqslant n} \gcd(m_{i_1}, m_{i_2}, \cdots, m_{i_k})$$

个单位立方体的内部，故它最多经过

$$2 \sum_{k=1}^{n} (-1)^{k-1} \sum_{1 \leqslant i_1 < i_2 < \cdots < i_k \leqslant n} \gcd(m_{i_1}, m_{i_2}, \cdots, m_{i_k})$$

个楔体的内部，所以不等式的右边成立. 左边不等式显然成立.　　□

3.3　容斥原理在剩余理论中的一个应用

在二次剩余理论中有著名的 Gauss 引理：

Gauss 引理 设 p 是一个素数，$(a, p) = 1$，$ak\left(k = 1, 2, \cdots, \dfrac{p-1}{2}\right)$ 对模 p 的

最小非负剩余是 r_k，若大于 $\dfrac{p}{2}$ 的 r_k 个数是 m，则 a 对模 p 的 Legendre 符号有

$$\left(\frac{a}{p}\right) = (-1)^m$$

我们知道，当 $a = 2$ 时，$m \equiv \dfrac{p^2 - 1}{8} \pmod 2$，当 $(a, 2) = 1$ 时，则

$$m \equiv \sum_{k=1}^{\frac{p-1}{2}} \left[\frac{ak}{p}\right] \pmod 2$$

为进一步研究合数模情形，我们将运用容斥原理来解决这一问题. 设 $n = p_1^{\alpha_1} p_2^{\alpha_2} \cdots p_s^{\alpha_s}$，下面将求所有小于 $\dfrac{n}{2}$ 且与 n 互素的自然数之和.

定理 3.3.1 设 $n = p_1^{\alpha_1} p_2^{\alpha_2} \cdots p_s^{\alpha_s}$（$p_1, p_2, \cdots, p_s$ 为奇素数，$\alpha_1, \alpha_2, \cdots, \alpha_s$ 为自然数），那么

$$\sum_{\substack{(t, n)=1 \\ 1 \leqslant t < \frac{n}{2}}} t = \frac{1}{8} \Big[n\varphi(n) - \prod_{i=1}^{s} (1 - p_i) \Big] \tag{3.3.1}$$

这里 $\varphi(n)$ 是 Euler 函数.

引理 3.3.1　设 n 为奇数, $b \mid n$, 则所有小于 $\dfrac{n}{2}$ 且是 b 的倍数的自然数的个数

等于 $\dfrac{\dfrac{n}{b} - 1}{2}$.

这个引理简单直观, 证略.

定理 3.3.1 的证明　由于所有小于或等于自然数 n 且是自然数 $b(b \leqslant n)$ 的

倍数的数之和为 $b \displaystyle\sum_{1 \leqslant k \leqslant \left[\frac{n}{b}\right]} k$, 由容斥定理与引理 3.3.1 即得

$$\sum_{\substack{(t, n) \geqslant 2 \\ 1 \leqslant t < \frac{n}{2}}} t = \sum_{i_1=1}^{s} \Big(p_{i_1} \sum_{1 \leqslant k \leqslant \frac{1}{2}\left(\frac{n}{p_{i_1}}-1\right)} k \Big) - \sum_{1 \leqslant i_1 < i_2 \leqslant s} \Big(p_{i_1} p_{i_2} \sum_{1 \leqslant k \leqslant \frac{1}{2}\left(\frac{n}{p_{i_1} p_{i_2}}-1\right)} k \Big) + \cdots$$

$$+ (-1)^{h-1} \sum_{1 \leqslant i_1 < \cdots < i_k} \Big(p_{i_1} \cdots p_{i_k} \sum_{1 \leqslant k \leqslant \frac{1}{2}\left(\frac{n}{p_{i_1} \cdots p_{i_k}}-1\right)} k \Big) + \cdots$$

$$+ (-1)^{s-1} p_1 \cdots p_s \sum_{1 \leqslant k \leqslant \frac{1}{2}\left(\frac{n}{p_1 \cdots p_s}-1\right)} k$$

$$= \sum_{i_1=1}^{s} p_{i_1} \frac{1}{2} \cdot \frac{1}{2}\Big(\frac{n}{p_{i_1}} - 1\Big)\Big[\frac{1}{2}\Big(\frac{n}{p_i} - 1\Big) + 1\Big]$$

$$- \sum_{1 \leqslant i_1 < i_2 \leqslant s} p_{i_1} p_{i_2} \frac{1}{2} \cdot \frac{1}{2}\Big(\frac{n}{p_{i_1} p_{i_2}} - 1\Big)\Big[\frac{1}{2}\Big(\frac{n}{p_{i_1} p_{i_2}} - 1\Big) + 1\Big] + \cdots$$

$$+ (-1)^{h-1} \sum_{1 \leqslant i_1 < \cdots < i_h \leqslant s} p_{i_1} \cdots p_{i_h} \frac{1}{2}$$

$$\cdot \frac{1}{2}\Big(\frac{n}{p_{i_1} \cdots p_{i_h}} - 1\Big)\Big[\frac{1}{2}\Big(\frac{n}{p_{i_1} \cdots p_{i_h}} - 1\Big) + 1\Big] + \cdots$$

$$+ (-1)^{s-1} p_1 \cdots p_s \frac{1}{2} \cdot \frac{1}{2}\Big(\frac{n}{p_1 \cdots p_s} - 1\Big)\Big[\frac{1}{2}\Big(\frac{n}{p_1 \cdots p_s} - 1\Big) + 1\Big]$$

$$= \frac{1}{8}\Big\{ \sum_{i_1=1}^{s} p_{i_1}\Big(\frac{n^2}{p_{i_1}^2} - 1\Big) - \sum_{1 \leqslant i_1 < i_2 \leqslant s} p_{i_1} p_{i_2}\Big[\Big(\frac{n^2}{(p_{i_1} p_{i_2})^2} - 1\Big)\Big] + \cdots$$

$$+ (-1)^{h-1} \sum_{1 \leqslant i_1 < \cdots < i_h \leqslant s} p_{i_1} \cdots p_{i_h}\Big[\Big(\frac{n}{p_{i_1} \cdots p_{i_h}}\Big)^2 - 1\Big] + \cdots$$

$$+ (-1)^{s-1} p_1 \cdots p_s \left[\left(\frac{n}{p_1 \cdots p_s} \right)^2 - 1 \right] \Big\}$$

$$= \frac{n^2}{8} \Big[\sum_{i_1=1}^{s} \frac{1}{p_{i_1}} - \sum_{1 \leqslant i_1 < i_2 \leqslant s} \frac{1}{p_{i_1} p_{i_2}} + \cdots + (-1)^{h-1}$$

$$\cdot \sum_{1 \leqslant i_1 < \cdots < i_h \leqslant s} \frac{1}{p_{i_1} \cdots p_{i_h}} + \cdots + (-1)^{s-1} \frac{1}{p_1 \cdots p_s} \Big]$$

$$- \frac{1}{8} \Big[\sum_{i_1=1}^{s} p_{i_1} - \sum_{1 \leqslant i_1 < i_2 \leqslant s} p_{i_1} p_{i_2} + \cdots + (-1)^{h-1}$$

$$\cdot \sum_{1 \leqslant i_1 < \cdots < i_h \leqslant s} p_{i_1} \cdots p_{i_h} + \cdots + (-1)^{s-1} p_1 \cdots p_s \Big]$$

$$= \frac{n^2}{8} \Big[1 - \prod_{i=1}^{s} \Big(1 - \frac{1}{p_i} \Big) \Big] + \frac{1}{8} \Big[\prod_{i=1}^{s} (1 - p_i) - 1 \Big]$$

即

$$\sum_{\substack{(t,n) \geqslant 2 \\ 1 \leqslant t < \frac{n}{2}}} t = \frac{n^2}{8} \Big[1 - \prod_{i=1}^{s} \Big(1 - \frac{1}{p_i} \Big) \Big] + \frac{1}{8} \Big[\prod_{i=1}^{s} (1 - p_i) - 1 \Big] \qquad (3.3.2)$$

于是由(3.3.2)式得

$$\sum_{\substack{(t,n)=1 \\ 1 \leqslant t < \frac{n}{2}}} t = \sum_{1 \leqslant t < \frac{n-1}{2}} t - \sum_{\substack{(t,n) \geqslant 2 \\ 1 \leqslant t < \frac{n}{2}}} t$$

$$= \frac{1}{2} \frac{n-1}{2} \Big(\frac{n-1}{2} + 1 \Big) - \Big\{ \frac{n^2}{8} \Big[1 - \prod_{i=1}^{s} \Big(1 - \frac{1}{p_i} \Big) \Big] + \frac{1}{8} \Big[\prod_{i=1}^{s} (1 - p_i) - 1 \Big] \Big\}$$

$$= \frac{1}{8} (n^2 - 1) - \Big\{ \frac{n^2}{8} \Big[1 - \prod_{i=1}^{s} \Big(1 - \frac{1}{p_i} \Big) \Big] + \frac{1}{8} \Big[\prod_{i=1}^{s} (1 - p_i) - 1 \Big] \Big\}$$

$$= \frac{1}{8} \Big[n^2 \prod_{i=1}^{s} \Big(1 - \frac{1}{p_i} \Big) - \prod_{i=1}^{s} (1 - p_i) \Big]$$

$$= \frac{1}{8} \Big[n\varphi(n) - \prod_{i=1}^{s} (1 - p_i) \Big] \qquad \qquad \square$$

推论 3.3.1 设 $n = p_1^{\alpha_1} p_2^{\alpha_2} \cdots p_s^{\alpha_s}$($p_1, p_2, \cdots, p_s$ 为奇素数,$\alpha_1, \alpha_2, \cdots, \alpha_s$ 为自然数),那么

$$\sum_{\substack{(t,n)=1 \\ \frac{n}{2} < t < n}} t = \frac{3}{8} n\varphi(n) + \frac{1}{8} \prod_{i=1}^{s} (1 - p_i)$$

这里 $\varphi(n)$ 是 Euler 函数.

证明 易知不大于 $n(>2)$ 且与 n 互素的自然数成对出现,每对之和等于 n,

所以 $\displaystyle\sum_{\substack{(t,n)=1 \\ 1\leqslant t<n}} t = \frac{1}{2}n\varphi(n)$，因此

$$\sum_{\substack{(t,n)=1 \\ \frac{n}{2}<t<n}} t = \sum_{\substack{(t,n)=1 \\ 1\leqslant t<n}} t - \sum_{\substack{(t,n)=1 \\ 1\leqslant t<\frac{n}{2}}} t = \frac{1}{2}n\varphi(n) - \frac{1}{8}\Big[n\varphi(n) - \prod_{i=1}^{s}(1-p_i)\Big]$$

$$= \frac{3}{8}n\varphi(n) + \frac{1}{8}\prod_{i=1}^{s}(1-p_i) \qquad \square$$

例 3.3.1 当 $n = 3^2 \cdot 5$ 时，由 (3.3.1) 式得 $\displaystyle\sum_{\substack{(t,45)=1 \\ 1\leqslant t<\frac{45}{2}}} t = \frac{1}{8}\big[45\varphi(45) -$

$(1-3)(1-5)\big] = 134$. 实际上 $\displaystyle\sum_{\substack{(t,45)=1 \\ 1\leqslant t<\frac{45}{2}}} t = 1 + 2 + 4 + 7 + 8 + 11 + 13 + 14 + 16 +$

$17 + 19 + 22 = 134$，与公式计算一致. 当奇数 n 很大时，若知道它的标准分解式，利用 (3.3.1) 式计算 $\displaystyle\sum_{\substack{(t,n)=1 \\ 1\leqslant t<\frac{n}{2}}} t$ 与 $\displaystyle\sum_{\substack{(t,n)=1 \\ \frac{n}{2}<t<n}} t$ 都很方便. 例如，若 $n = 5^{200} \cdot 13^{100}$，那么

$$\sum_{\substack{(t,n)=1 \\ 1\leqslant t<\frac{n}{2}}} t = \frac{1}{8}\big[5^{200} \cdot 13^{100}\varphi(5^{200} \cdot 13^{100}) - (1-5)(1-13)\big]$$

$$= 6(5^{399} \cdot 13^{199} - 1)$$

$$\sum_{\substack{(t,n)=1 \\ \frac{n}{2}<t<n}} t = \frac{3}{8}\big[5^{200} \cdot 13^{100}\varphi(5^{200} \cdot 13^{100})\big] + \frac{1}{8}(1-5)(1-13)$$

$$= 6(3 \cdot 5^{399} \cdot 13^{199} + 1) \qquad \square$$

定理 3.3.1 反映奇数情形，对于偶数我们也有类似的结论：

定理 3.3.2 设 $n = 2^{\alpha_1} p_2^{\alpha_2} \cdots p_s^{\alpha_s}$（$p_2, \cdots, p_s$ 为奇素数，$\alpha_1, \alpha_2, \cdots, \alpha_s$ 为自然数），那么当 $\alpha_1 \geqslant 2$ 时，有

$$\sum_{\substack{(t,n)=1 \\ 1\leqslant t<\frac{n}{2}}} t = \frac{1}{8}n\varphi(n) \qquad (3.3.3)$$

这里 $\varphi(n)$ 是 Euler 函数.

引理 3.3.2 设 n 是能被 4 整除的偶数，b 是素数，$b \mid n$，则所有小于 $\dfrac{n}{2}$ 且是 b 的倍数的自然数的个数等于 $\dfrac{n}{2b} - 1$.

这个引理简单直观,证略.

定理 3.3.2 的证明　记 $p_1 = 2$,由于所有小于或等于自然数 n 且是自然数 $m(m \leqslant n)$ 的倍数的数之和为 $m \sum\limits_{1 \leqslant k \leqslant \left[\frac{n}{m}\right]} k$,由容斥定理与引理 3.3.2 即得

$$\sum_{\substack{(t,n) \geqslant 2 \\ 1 \leqslant t < \frac{n}{2}}} t = \sum_{i_1 = 1}^{s} \left(p_{i_1} \sum_{1 \leqslant k \leqslant \frac{n}{2p_{i_1}} - 1} k \right) - \sum_{1 \leqslant i_1 < i_2 \leqslant s} \left(p_{i_1} p_{i_2} \sum_{1 \leqslant k \leqslant \frac{n}{2p_{i_1} p_{i_2}} - 1} k \right) + \cdots$$

$$+ (-1)^{h-1} \sum_{1 \leqslant i_1 < \cdots < i_k} \left(p_{i_1} \cdots p_{i_k} \sum_{1 \leqslant k \leqslant \frac{n}{2p_{i_1} \cdots p_{i_k}} - 1} k \right) + \cdots$$

$$+ (-1)^{s-1} p_1 \cdots p_s \sum_{1 \leqslant k \leqslant \frac{n}{2p_1 \cdots p_s} - 1} k$$

$$= \sum_{i_1 = 1}^{s} p_{i_1} \frac{1}{2} \cdot \left(\frac{n}{2p_{i_1}} - 1 \right) \left[\left(\frac{n}{2p_i} - 1 \right) + 1 \right]$$

$$- \sum_{1 \leqslant i_1 < i_2 \leqslant s} p_{i_1} p_{i_2} \frac{1}{2} \cdot \left(\frac{n}{2p_{i_1} p_{i_2}} - 1 \right) \left[\left(\frac{n}{2p_{i_1} p_{i_2}} - 1 \right) + 1 \right] + \cdots$$

$$+ (-1)^{h-1} \sum_{1 \leqslant i_1 < \cdots < i_h \leqslant s} p_{i_1} \cdots p_{i_h} \frac{1}{2}$$

$$\cdot \left(\frac{n}{2p_{i_1} \cdots p_{i_h}} - 1 \right) \left[\left(\frac{n}{2p_{i_1} \cdots p_{i_h}} - 1 \right) + 1 \right] + \cdots$$

$$+ (-1)^{s-1} p_1 \cdots p_s \frac{1}{2} \cdot \left(\frac{n}{2p_1 \cdots p_s} - 1 \right) \left[\left(\frac{n}{2p_1 \cdots p_s} - 1 \right) + 1 \right]$$

$$= \sum_{i_1 = 1}^{s} p_{i_1} \frac{1}{2} \cdot \left(\frac{n}{2p_{i_1}} - 1 \right) \frac{n}{2p_i} - \sum_{1 \leqslant i_1 < i_2 \leqslant s} p_{i_1} p_{i_2} \frac{1}{2}$$

$$\cdot \left(\frac{n}{2p_{i_1} p_{i_2}} - 1 \right) \frac{n}{2p_{i_1} p_{i_2}} + \cdots$$

$$+ (-1)^{h-1} \sum_{1 \leqslant i_1 < \cdots < i_h \leqslant s} p_{i_1} \cdots p_{i_h} \frac{1}{2} \cdot \left(\frac{n}{2p_{i_1} \cdots p_{i_h}} - 1 \right) \frac{n}{2p_{i_1} \cdots p_{i_h}} + \cdots$$

$$+ (-1)^{s-1} p_1 \cdots p_s \frac{1}{2} \cdot \left(\frac{n}{2p_1 \cdots p_s} - 1 \right) \frac{n}{2p_1 \cdots p_s}$$

$$= \frac{n}{4} \left\{ \sum_{i_1 = 1}^{s} \left(\frac{n}{2p_{i_1}} - 1 \right) - \sum_{1 \leqslant i_1 < i_2 \leqslant s} \left[\left(\frac{n}{2p_{i_1} p_{i_2}} - 1 \right) \right] + \cdots \right.$$

$$\left. + (-1)^{h-1} \sum_{1 \leqslant i_1 < \cdots < i_h \leqslant s} \left(\frac{n}{2p_{i_1} \cdots p_{i_h}} - 1 \right) + \cdots + (-1)^{s-1} \left(\frac{n}{2p_1 \cdots p_s} - 1 \right) \right\}$$

$$= \frac{n^2}{8} \Bigg[\sum_{i_1=1}^{s} \frac{1}{p_{i_1}} - \sum_{1 \leqslant i_1 < i_2 \leqslant s} \frac{1}{p_{i_1} p_{i_2}} + \cdots + (-1)^{h-1}$$

$$\cdot \sum_{1 \leqslant i_1 < \cdots < i_h \leqslant s} \frac{1}{p_{i_1} \cdots p_{i_h}} + (-1)^{s-1} \frac{1}{p_1 \cdots p_s} \Bigg]$$

$$- \frac{n}{4} \Bigg[\binom{s}{1} - \binom{s}{2} + \binom{s}{3} + \cdots + (-1)^{s-1} \binom{s}{s} \Bigg]$$

$$= \frac{n^2}{8} \Bigg[1 - \prod_{i=1}^{s} \Big(1 - \frac{1}{p_i} \Big) \Bigg] - \frac{n}{4}$$

即

$$\sum_{\substack{(t,n) \geqslant 2 \\ 1 \leqslant t < \frac{n}{2}}} t = \frac{n^2}{8} \Bigg[1 - \prod_{i=1}^{s} \Big(1 - \frac{1}{p_i} \Big) \Bigg] - \frac{n}{4} \tag{3.3.4}$$

于是由(3.3.4)式得

$$\sum_{\substack{(t,n)=1 \\ 1 \leqslant t < \frac{n}{2}}} t = \sum_{1 \leqslant t < \frac{n-1}{2}} t - \sum_{\substack{(t,n) \geqslant 2 \\ 1 \leqslant t < \frac{n}{2}}} t$$

$$= \frac{1}{2} \Big(\frac{n}{2} - 1 \Big) \Big(\frac{n}{2} - 1 + 1 \Big) - \Bigg\{ \frac{n^2}{8} \Bigg[1 - \prod_{i=1}^{s} \Big(1 - \frac{1}{p_i} \Big) \Bigg] - \frac{n}{4} \Bigg\}$$

$$= \frac{1}{8} (n^2 - 2n) - \Bigg\{ \frac{n^2}{8} \Bigg[1 - \prod_{i=1}^{s} \Big(1 - \frac{1}{p_i} \Big) \Bigg] - \frac{n}{4} \Bigg\}$$

$$= \frac{1}{8} n^2 \prod_{i=1}^{s} \Big(1 - \frac{1}{p_i} \Big) = \frac{1}{8} n \varphi(n) \qquad\qquad \square$$

推论 3.3.2　设 $n = 2^{\alpha_1} p_2^{\alpha_2} \cdots p_s^{\alpha_s}$($p_2, \cdots, p_s$ 为奇素数, $\alpha_1, \alpha_2, \cdots, \alpha_s$ 为自然数),那么当 $\alpha_1 \geqslant 2$ 时,有

$$\sum_{\substack{(t,n)=1 \\ \frac{n}{2} < t < n}} t = \frac{3}{8} n \varphi(n)$$

这里 $\varphi(n)$ 是 Euler 函数.

证明可仿推论 3.3.1 的证明,略.

例 3.3.2　当 $n = 48 = 2^4 \cdot 3$ 时,由(3.3.3)式以及推论 3.3.2 有

$$\sum_{\substack{(t,n)=1 \\ 1 \leqslant t < \frac{n}{2}}} t = \frac{1}{8} n \varphi(n) = \frac{1}{8} \cdot 48 \varphi(48) = 96$$

$$\sum_{\substack{(t,n)=1 \\ \frac{n}{2} < t < n}} t = \frac{3}{8} n \varphi(n) = 288$$

实际上,

$$\sum_{\substack{(t,n)=1 \\ 1 \leqslant t < \frac{n}{2}}} t = 1 + 5 + 7 + 11 + 13 + 17 + 19 + 23 = 96$$

$$\sum_{\substack{(t,n)=1 \\ \frac{n}{2} < t < n}} t = 47 + 43 + 41 + 37 + 35 + 31 + 29 + 25 = 288$$

与如上公式计算结果一致.　　　　　　　　　　　　　　　　　　　□

定理 3.3.2 指出能被 4 整除的偶数有求和公式,那么对于不能被 4 整除的偶数是否有相应的求和公式呢? 如下定理 3.3.3 给出肯定的结论.

定理 3.3.3　设 $n = 2p_1^{\alpha_1} p_2^{\alpha_2} \cdots p_s^{\alpha_s}$($p_1, p_2, \cdots, p_s$ 为奇素数,$\alpha_1, \alpha_2, \cdots, \alpha_s$ 为自然数),那么

$$\sum_{\substack{(t,n)=1 \\ 1 \leqslant t < \frac{n}{2}}} t = \frac{n}{8}\varphi(n) + \frac{1}{4}\prod_{i=1}^{s}(1 - p_i)$$

这里 $\varphi(n)$ 是 Euler 函数.

定理 3.3.3 的证明　由于 $2 \parallel n$,由引理 3.3.2 知,若 b 是奇素数,$b \mid n$,则所有小于 $\frac{n}{2}$ 且是 b 的倍数的自然数的个数等于 $\frac{n}{2b} - 1$.但所有小于 $\frac{n}{2}$ 且是偶数 $2a$ 的倍数的自然数的个数等于 $\frac{1}{2}\left(\frac{n}{2a} - 1\right)$. 而所有小于或等于自然数 n 且是自然数 $m(m \leqslant n)$ 的倍数的数之和为 $m \sum_{1 \leqslant k \leqslant \left[\frac{n}{m}\right]} k$,由容斥定理与引理 3.3.2 即得

$$\sum_{\substack{(t,n) \geqslant 2 \\ 1 \leqslant t < \frac{n}{2}}} t = \sum_{i=1}^{s}\left(p_{i_1}\sum_{1 \leqslant k \leqslant \frac{n}{2p_{i_1}} - 1} k\right) - \sum_{1 \leqslant i_1 < i_2 \leqslant s}\left(p_{i_1}p_{i_2}\sum_{1 \leqslant k \leqslant \frac{n}{2p_{i_1}p_{i_2}} - 1} k\right) + \cdots$$

$$+ (-1)^{h-1}\sum_{1 \leqslant i_1 < \cdots < i_k}\left(p_{i_1}\cdots p_{i_k}\sum_{1 \leqslant k \leqslant \frac{n}{2p_{i_1}\cdots p_{i_k}} - 1} k\right) + \cdots$$

$$+ (-1)^{s-1}p_1\cdots p_s\sum_{1 \leqslant k \leqslant \frac{n}{2p_1\cdots p_s} - 1} k$$

$$+ 2\sum_{1 \leqslant k \leqslant \frac{1}{2}\left(\frac{n}{2} - 1\right)} k - \sum_{i_1=1}^{s}\left(2p_{i_1}\sum_{1 \leqslant k \leqslant \frac{1}{2}\left(\frac{n}{2p_{i_1}} - 1\right)} k\right)$$

$$+ \sum_{1 \leqslant i_1 < i_2 \leqslant s}\left(2p_{i_1}p_{i_2}\sum_{1 \leqslant k \leqslant \frac{1}{2}\left(\frac{n}{2p_{i_1}p_{i_2}} - 1\right)} k\right) + \cdots$$

$$+ (-1)^h \sum_{1 \leqslant i_1 < \cdots < i_k} \left(2 p_{i_1} \cdots p_{i_k} \sum_{1 \leqslant k \leqslant \frac{1}{2} \left(\frac{n}{2 p_{i_1} \cdots p_{i_k}} - 1 \right)} k \right) + \cdots$$

$$+ (-1)^s 2 p_1 \cdots p_s \sum_{1 \leqslant k \leqslant \frac{1}{2} \left(\frac{n}{2 p_1 \cdots p_s} - 1 \right)} k$$

$$= \sum_{i_1 = 1}^{s} p_{i_1} \frac{1}{2} \cdot \left(\frac{n}{2 p_{i_1}} - 1 \right) \left[\left(\frac{n}{2 p_i} - 1 \right) + 1 \right]$$

$$- \sum_{1 \leqslant i_1 < i_2 \leqslant s} p_{i_1} p_{i_2} \frac{1}{2} \cdot \left(\frac{n}{2 p_{i_1} p_{i_2}} - 1 \right) \left[\left(\frac{n}{2 p_{i_1} p_{i_2}} - 1 \right) + 1 \right] + \cdots$$

$$+ (-1)^{h-1} \sum_{1 \leqslant i_1 < \cdots < i_h \leqslant s} p_{i_1} \cdots p_{i_h} \frac{1}{2}$$

$$\cdot \left(\frac{n}{2 p_{i_1} \cdots p_{i_h}} - 1 \right) \left[\left(\frac{n}{2 p_{i_1} \cdots p_{i_h}} - 1 \right) + 1 \right] + \cdots$$

$$+ (-1)^{s-1} p_1 \cdots p_s \frac{1}{2} \cdot \left(\frac{n}{2 p_1 \cdots p_s} - 1 \right) \left[\left(\frac{n}{2 p_1 \cdots p_s} - 1 \right) + 1 \right]$$

$$+ 2 \times \frac{1}{2} \left(\frac{1}{2} \left(\frac{n}{2} - 1 \right) \right) \left(\frac{1}{2} \left(\frac{n}{2} - 1 \right) + 1 \right)$$

$$- \sum_{i_1 = 1}^{s} 2 p_{i_1} \frac{1}{2} \cdot \frac{1}{2} \left(\frac{n}{2 p_{i_1}} - 1 \right) \left[\frac{1}{2} \left(\frac{n}{2 p_i} - 1 \right) + 1 \right]$$

$$+ \sum_{1 \leqslant i_1 < i_2 \leqslant s} 2 p_{i_1} p_{i_2} \frac{1}{2} \cdot \frac{1}{2} \left(\frac{n}{2 p_{i_1} p_{i_2}} - 1 \right) \left[\frac{1}{2} \left(\frac{n}{2 p_{i_1} p_{i_2}} - 1 \right) + 1 \right] + \cdots$$

$$+ (-1)^h \sum_{1 \leqslant i_1 < \cdots < i_h \leqslant s} 2 p_{i_1} \cdots p_{i_h} \frac{1}{2}$$

$$\cdot \frac{1}{2} \left(\frac{n}{2 p_{i_1} \cdots p_{i_h}} - 1 \right) \left[\frac{1}{2} \left(\frac{n}{2 p_{i_1} \cdots p_{i_h}} - 1 \right) + 1 \right] + \cdots$$

$$+ (-1)^s 2 p_1 \cdots p_s \frac{1}{2} \cdot \frac{1}{2} \left(\frac{n}{2 p_1 \cdots p_s} - 1 \right) \left[\frac{1}{2} \left(\frac{n}{2 p_1 \cdots p_s} - 1 \right) + 1 \right]$$

$$= \sum_{i_1 = 1}^{s} p_{i_1} \frac{1}{2} \cdot \left(\frac{n}{2 p_{i_1}} - 1 \right) \frac{n}{2 p_i} - \sum_{1 \leqslant i_1 < i_2 \leqslant s} p_{i_1} p_{i_2} \frac{1}{2}$$

$$\cdot \left(\frac{n}{2 p_{i_1} p_{i_2}} - 1 \right) \frac{n}{2 p_{i_1} p_{i_2}} + \cdots + (-1)^{h-1} \sum_{1 \leqslant i_1 < \cdots < i_h \leqslant s} p_{i_1} \cdots p_{i_h} \frac{1}{2}$$

$$\cdot \left(\frac{n}{2 p_{i_1} \cdots p_{i_h}} - 1 \right) \frac{n}{2 p_{i_1} \cdots p_{i_h}} + \cdots$$

$$+ (-1)^{s-1} p_1 \cdots p_s \frac{1}{2} \cdot \left(\frac{n}{2p_1 \cdots p_s} - 1 \right) \frac{n}{2p_1 \cdots p_s}$$

$$+ 2 \times \frac{1}{8} \left[\left(\frac{n}{2} \right)^2 - 1 \right] - \frac{1}{8} \left\{ \sum_{i_1=1}^{s} 2p_{i_1} \left(\frac{n^2}{(2p_{i_1})^2} - 1 \right) \right.$$

$$+ \sum_{1 \leqslant i_1 < i_2 \leqslant s} 2p_{i_1} p_{i_2} \left[\left(\frac{n^2}{(2p_{i_1} p_{i_2})^2} - 1 \right) \right] + \cdots$$

$$+ (-1)^h \sum_{1 \leqslant i_1 < \cdots < i_h \leqslant s} 2p_{i_1} \cdots p_{i_h} \left[\left(\frac{n}{2p_{i_1} \cdots p_{i_h}} \right)^2 - 1 \right] + \cdots$$

$$+ \left. (-1)^s 2p_1 \cdots p_s \left[\left(\frac{n}{2p_1 \cdots p_s} \right)^2 - 1 \right] \right\}$$

$$= \frac{n}{4} \left\{ \sum_{i_1=1}^{s} \left(\frac{n}{2p_{i_1}} - 1 \right) - \sum_{1 \leqslant i_1 < i_2 \leqslant s} \left[\left(\frac{n}{2p_{i_1} p_{i_2}} - 1 \right) \right] + \cdots \right.$$

$$+ \left. (-1)^{h-1} \sum_{1 \leqslant i_1 < \cdots < i_h \leqslant s} \left(\frac{n}{2p_{i_1} \cdots p_{i_h}} - 1 \right) + \cdots + (-1)^{s-1} \left(\frac{n}{2p_1 \cdots p_s} - 1 \right) \right\}$$

$$+ 2 \times \frac{1}{8} \left[\left(\frac{n}{2} \right)^2 - 1 \right] - \frac{n^2}{8} \left\{ \sum_{i_1=1}^{s} \frac{1}{2p_{i_1}} - \sum_{1 \leqslant i_1 < i_2 \leqslant s} \frac{1}{2p_{i_1} p_{i_2}} + \cdots \right.$$

$$+ \left. (-1)^{h-1} \sum_{1 \leqslant i_1 < \cdots < i_h \leqslant s} \frac{1}{2p_{i_1} \cdots p_{i_h}} + \cdots + (-1)^{s-1} \frac{1}{2p_1 \cdots p_s} \right\}$$

$$+ \frac{1}{8} \left[\sum_{i_1=1}^{s} 2p_{i_1} - \sum_{1 \leqslant i_1 < i_2 \leqslant s} 2p_{i_1} p_{i_2} + \cdots \right.$$

$$+ \left. (-1)^{h-1} \sum_{1 \leqslant i_1 < \cdots < i_h \leqslant s} 2p_{i_1} \cdots p_{i_h} + \cdots + (-1)^{s-1} 2p_1 \cdots p_s \right]$$

$$= \frac{n^2}{8} \left[\sum_{i_1=1}^{s} \frac{1}{p_{i_1}} - \sum_{1 \leqslant i_1 < i_2 \leqslant s} \frac{1}{p_{i_1} p_{i_2}} + \cdots + (-1)^{h-1} \right.$$

$$\cdot \left. \sum_{1 \leqslant i_1 < \cdots < i_h \leqslant s} \frac{1}{p_{i_1} \cdots p_{i_h}} + \cdots + (-1)^{s-1} \frac{1}{p_1 \cdots p_s} \right]$$

$$- \frac{n}{4} \left[\binom{s}{1} - \binom{s}{2} + \binom{s}{3} + \cdots + (-1)^{s-1} \binom{s}{s} \right]$$

$$+ \frac{1}{4} \left[\left(\frac{n}{2} \right)^2 - 1 \right] - \frac{n^2}{16} \left\{ \sum_{i_1=1}^{s} \frac{1}{p_{i_1}} - \sum_{1 \leqslant i_1 < i_2 \leqslant s} \frac{1}{p_{i_1} p_{i_2}} + \cdots \right.$$

$$+ \left. (-1)^{h-1} \sum_{1 \leqslant i_1 < \cdots < i_h \leqslant s} \frac{1}{p_{i_1} \cdots p_{i_h}} + \cdots + (-1)^{s-1} \frac{1}{p_1 \cdots p_s} \right\}$$

$$+ \frac{1}{4} \Big[\sum_{i_1=1}^{s} p_{i_1} - \sum_{1 \leqslant i_1 < i_2 \leqslant s} p_{i_1} p_{i_2} + \cdots$$

$$+ (-1)^{h-1} \sum_{1 \leqslant i_1 < \cdots < i_h \leqslant s} p_{i_1} \cdots p_{i_h} + \cdots + (-1)^{s-1} p_1 \cdots p_s \Big]$$

$$= \frac{n^2}{16} \Big[1 - \prod_{i=1}^{s} \Big(1 - \frac{1}{p_i} \Big) \Big] - \frac{n}{4} + \frac{1}{4} \Big[\Big(\frac{n}{2} \Big)^2 - 1 \Big] - \frac{1}{4} \Big[\prod_{i=1}^{s} (1 - p_i) - 1 \Big]$$

即

$$\sum_{\substack{(t,n) \geqslant 2 \\ 1 \leqslant t < \frac{n}{2}}} t = \frac{n^2}{16} \Big[1 - \prod_{i=1}^{s} \Big(1 - \frac{1}{p_i} \Big) \Big] - \frac{n}{4} + \frac{1}{4} \Big[\Big(\frac{n}{2} \Big)^2 - 1 \Big] - \frac{1}{4} \Big[\prod_{i=1}^{s} (1 - p_i) - 1 \Big]$$

$$(3.3.5)$$

于是由(3.3.5)式得

$$\sum_{\substack{(t,n)=1 \\ 1 \leqslant t < \frac{n}{2}}} t = \sum_{1 \leqslant t < \frac{n}{2}} t - \sum_{\substack{(t,n) \geqslant 2 \\ 1 \leqslant t < \frac{n}{2}}} t$$

$$= \frac{1}{2} \Big(\frac{n}{2} - 1 \Big) \Big(\frac{n}{2} - 1 + 1 \Big) - \Big\{ \frac{n^2}{16} \Big[1 - \prod_{i=1}^{s} \Big(1 - \frac{1}{p_i} \Big) \Big] - \frac{n}{4} \Big\}$$

$$- \frac{1}{4} \Big[\Big(\frac{n}{2} \Big)^2 - 1 \Big] + \frac{1}{4} \Big[\prod_{i=1}^{s} (1 - p_i) - 1 \Big]$$

$$= \frac{n^2}{16} \prod_{i=1}^{s} \Big(1 - \frac{1}{p_i} \Big) + \frac{1}{4} \prod_{i=1}^{s} (1 - p_i)$$

$$= \frac{n}{16} \cdot 2n \Big(1 - \frac{1}{2} \Big) \prod_{i=1}^{s} \Big(1 - \frac{1}{p_i} \Big) + \frac{1}{4} \prod_{i=1}^{s} (1 - p_i)$$

$$= \frac{n}{8} \varphi(n) + \frac{1}{4} \prod_{i=1}^{s} (1 - p_i) \qquad \square$$

推论 3.3.3　设 $n = 2 p_1^{\alpha_1} p_2^{\alpha_2} \cdots p_s^{\alpha_s}$（$p_1, p_2, \cdots, p_s$ 为奇素数，$\alpha_1, \alpha_2, \cdots, \alpha_s$ 为自然数），那么

$$\sum_{\substack{(t,n)=1 \\ \frac{n}{2} < t < n}} t = \frac{3}{8} n \varphi(n) - \frac{1}{4} \prod_{i=1}^{s} (1 - p_i)$$

这里 $\varphi(n)$ 是 Euler 函数.

证明可仿推论 3.3.1 的证明，略.

例 3.3.3　当 $n = 90 = 2 \cdot 3^2 \cdot 5$ 时，由定理 3.3.3 以及推论 3.3.3 的公式有

$$\sum_{\substack{(t,n)=1 \\ 1 \leqslant t < \frac{n}{2}}} t = \frac{n}{8} \varphi(n) + \frac{1}{4} \prod_{i=1}^{s} (1 - p_i)$$

$$= \frac{90}{8} \cdot 90 \left(1 - \frac{1}{2}\right)\left(1 - \frac{1}{3}\right)\left(1 - \frac{1}{5}\right) + \frac{1}{4}(1-3)(1-5) = 272$$

$$\sum_{\substack{(t,n)=1 \\ \frac{n}{2} < t < n}} t = \frac{3}{8} n \varphi(n) - \frac{1}{4} \prod_{i=1}^{s} (1 - p_i) = 810 - 2 = 808$$

实际上,

$$\sum_{\substack{(t,n)=1 \\ 1 \leqslant t < \frac{n}{2}}} t = 1 + 7 + 11 + 13 + 17 + 19 + 23 + 29 + 31 + 37 + 41 + 43 = 272$$

$$\sum_{\substack{(t,n)=1 \\ \frac{n}{2} < t < n}} t = 89 + 83 + 79 + 77 + 73 + 71 + 67 + 61 + 59 + 53 + 49 + 47 = 808$$

与如上公式计算结果一致.　　　　　　　　　　　　　　　　　　　　　　□

3.4　容斥原理在数论中的两个应用

3.4.1　最小公倍数与最大公约数的几个等式

对于两个整数 a,b,有如下熟知的等式:

$$ab = (a,b)[a,b]$$

这里 $[a,b]$ 与 (a,b) 分别表示 a 与 b 的最小公倍数与最大公约数,这一等式有如下推广的形式[1]:

$$(a_1, a_2, \cdots, a_n) = \frac{a_1 a_2 \cdots a_n}{[a_2 \cdots a_n, a_1 a_3 \cdots a_n, \cdots a_1 \cdots a_{n-1}]}$$

$$[a_1, a_2, \cdots, a_n] = \frac{a_1 a_2 \cdots a_n}{(a_2 \cdots a_n, a_1 a_3 \cdots a_n, \cdots a_1 \cdots a_{n-1})}$$

此外,我们不难证明有如下等式成立[2]:

$$\frac{[a,b,c]^2}{[a,b][b,c][a,c]} = \frac{(a,b,c)^2}{(a,c)(b,c)(a,c)}$$

以上的等式对称优美,由此不难猜想如下等式成立:

$$\frac{\displaystyle\prod_{1\leqslant i_1<i_2\leqslant 4}[a_{i_1},a_{i_2}]}{\displaystyle\prod_{1\leqslant i_1<i_2<i_3\leqslant 4}[a_{i_1},a_{i_2},a_{i_3}]}=\frac{\displaystyle\prod_{1\leqslant i_1<i_2\leqslant 4}(a_{i_1},a_{i_2})}{\displaystyle\prod_{1\leqslant i_1<i_2<i_3\leqslant 4}(a_{i_1},a_{i_2},a_{i_3})}$$

$$\frac{[a_1,a_2,\cdots,a_5]^2\displaystyle\prod_{1\leqslant i_1<i_2<i_3\leqslant 5}[a_{i_1},a_{i_2},a_{i_3}]}{\left(\displaystyle\prod_{1\leqslant i_1<i_2\leqslant 5}[a_{i_1},a_{i_2}]\right)\displaystyle\prod_{1\leqslant i_1<\cdots<i_4\leqslant 5}[a_{i_1},\cdots,a_{i_4}]}$$

$$=\frac{[a_1,a_2,\cdots,a_5]^2\displaystyle\prod_{1\leqslant i_1<i_2<i_3\leqslant 5}[a_{i_1},a_{i_2},a_{i_3}]}{\left(\displaystyle\prod_{1\leqslant i_1<i_2\leqslant 5}(a_{i_1},a_{i_2})\right)\displaystyle\prod_{1\leqslant i_1<\cdots<i_4\leqslant 5}(a_{i_1},\cdots,a_{i_4})}$$

实际上,这个猜想是成立的,并且有如下更进一步的结论:

定理 3.4.1　(1) 当 $n(n\geqslant 4)$ 为偶数时,有如下等式成立:

$$\prod_{k=2}^{n-1}\left(\prod_{1\leqslant i_1<\cdots<i_k\leqslant n}[a_{i_1},\cdots,a_{i_k}]^{(-1)^k}\right)=\prod_{k=2}^{n-1}\left(\prod_{1\leqslant i_1<\cdots<i_k\leqslant n}(a_{i_1},\cdots,a_{i_k})^{(-1)^k}\right)$$

$$(3.4.1)$$

(2) 当 $n(n\geqslant 3)$ 为奇数时,有如下等式成立:

$$[a_1,a_2,\cdots,a_n]^2\prod_{k=2}^{n-1}\left(\prod_{1\leqslant i_1<\cdots<i_k\leqslant n}[a_{i_1},\cdots,a_{i_k}]^{(-1)^{k-1}}\right)$$

$$=(a_1,a_2,\cdots,a_n)^2\prod_{k=2}^{n-1}\left(\prod_{1\leqslant i_1<\cdots<i_k\leqslant n}(a_{i_1},\cdots,a_{i_k})^{(-1)^{k-1}}\right)\quad(3.4.2)$$

引理 3.4.1[3]　设有 n 件事物,其中 N_{α_i} 件有性质 $\alpha_i(i=1,2,\cdots,n)$,$N_{\alpha_{i_1}\alpha_{i_2}}$ 件具有性质 α_{i_1},又有性质 $\alpha_{i_2}(i_1\neq i_2,i_1,i_2\in\{1,2,\cdots n\})$,$N_{\alpha_{i_1}\alpha_{i_2}\alpha_{i_3}}$ 件兼有性质 $\alpha_{i_1}\alpha_{i_2}\alpha_{i_3}\cdots(i_1,i_2,i_3$ 互不相同,且 $i_1,i_2,i_3\in\{1,2,\cdots,n\})$,那么此事物中既无性质 α_1,又无性质 $\alpha_2\cdots$ 又无性质 α_n 的件数为

$$N-\left[\sum_{k=1}^{n}(-1)^{k-1}\sum_{1\leqslant i_1<\cdots<i_k\leqslant n}N_{\alpha_{i_1}\cdots\alpha_{i_k}}\right]$$

引理 3.4.1 即是容斥原理.运用此引理即得如下结论:

引理 3.4.2　若 $c_1,c_2,\cdots,c_s$ 为非负整数,则

$$(1)\ \max\{c_1,c_2,\cdots,c_s\}=\sum_{i=1}^{s}c_i-\sum_{1\leqslant i_1<i_2\leqslant s}\min\{c_{i_1},c_{i_2}\}$$

$$+\sum_{1\leqslant i_1<i_2<i_3\leqslant s}\min\{c_{i_1},c_{i_2},c_{i_3}\}+\cdots$$

$$+(-1)^{s-1}\min\{c_1,c_2,\cdots,c_s\}.$$

(2) $\min\{c_1, c_2, \cdots, c_s\} = \sum_{i=1}^{s} c_i - \sum_{1 \leqslant i_1 < i_2 \leqslant s} \min\{c_{i_1}, c_{i_2}\}$

$$+ \sum_{1 \leqslant i_1 < i_2 < i_3 \leqslant s} \max\{c_{i_1}, c_{i_2}, c_{i_3}\} + \cdots$$

$$+ (-1)^{s-1} \max\{c_1, c_2, \cdots, c_s\}.$$

引理 3.4.3　设 $\beta_{i_1}, \beta_{i_2}, \cdots, \beta_{i_k}$ $(i = 1, 3, \cdots, t)$ 都是负整数,那么

$$[b_1, b_2, \cdots, b_k] = p_1^{\max\{\beta_{11}, \beta_{21}, \cdots, \beta_{t1}\}} \cdots p^{\max\{\beta_{1k}, \beta_{2k}, \cdots, \beta_{tk}\ k\}}$$

$$(b_1, b_2, \cdots, b_k) = p_1^{\min\{\beta_{11}, \beta_{21}, \cdots, \beta_{t1}\}} \cdots p^{\min\{\beta_{1k}, \beta_{2k}, \cdots, \beta_{tk}\ k\}}$$

定理 3.4.1 的证明　设 a_i 的标准分解式为

$$a_i = p_1^{\alpha_{i1}} p_2^{\alpha_{i2}} \cdots p_n^{\alpha_{im}} \quad (i = 1, 2, \cdots, n)$$

这里 $p_1, p_2, \cdots, p_m$ 皆为素数,$\alpha_{i1}, \alpha_{i2}, \cdots, \alpha_{im}$ $(i = 1, 2, \cdots, n)$ 皆为非负整数,由引理 3.4.3 及引理 3.4.2 得

$[a_1, a_2, \cdots, a_n]$

$= p_1^{\max\{\alpha_{11}, \alpha_{21}, \cdots, \alpha_{n1}\}} p_2^{\max\{\alpha_{12}, \alpha_{22}, \cdots, \alpha_{n2}\}} \cdots p_m^{\max\{\alpha_{1m}, \alpha_{2m}, \cdots, \alpha_{nm}\}}$

$\underset{\text{由引理 3.4.2(1)}}{=\!=\!=\!=} p_1^{\sum_{i=1}^{n} \alpha_{i1} - \sum_{1 \leqslant i_1 < i_2 \leqslant n} \min\{\alpha_{i_1 1}, \alpha_{i_2 1}\} + \cdots + (-1)^{n-1} \min\{\alpha_{11}, \alpha_{21}, \cdots, \alpha_{n1}\}}$

$\times p_2^{\sum_{i=1}^{n} \alpha_{i2} - \sum_{1 \leqslant i_1 < i_2 \leqslant n} \min\{\alpha_{i_1 2}, \alpha_{i_2 2}\} + \cdots + (-1)^{n-1} \min\{\alpha_{12}, \alpha_{22}, \cdots, \alpha_{n2}\}}$

$\times \cdots \times p_m^{\sum_{i=1}^{n} \alpha_{im} - \sum_{1 \leqslant i_1 < i_2 \leqslant n} \min\{\alpha_{i_1 m}, \alpha_{i_2 m}\} + \cdots + (-1)^{n-1} \min\{\alpha_{1m}, \alpha_{2m}, \cdots, \alpha_{nm}\}}$

$= (p_1^{\sum_{i=1}^{n} \alpha_{i1}} p_2^{\sum_{i=2}^{n} \alpha_{i2}} \cdots p_m^{\sum_{i=2}^{n} \alpha_{im}})(p_1^{-\sum_{1 \leqslant i_1 < i_2 \leqslant n} \min\{\alpha_{i_1 1} \alpha_{i_2 1}\}} \cdots p_m^{-\sum_{1 \leqslant i_1 < i_2 \leqslant n} \min\{\alpha_{i_1 m} \alpha_{i_2 m}\}}) \cdots$

$(p_1^{(-1)^{n-1} \min\{\alpha_{11}, \alpha_{21}, \cdots, \alpha_{n1}\}} p_2^{(-1)^{n-1} \min\{\alpha_{12}, \alpha_{22}, \cdots, \alpha_{n2}\}} \cdots p_m^{(-1)^{n-1} \min\{\alpha_{1m}, \alpha_{2m}, \cdots, \alpha_{nm}\}})$

$\underset{\text{由引理 3.4.3}}{=\!=\!=\!=} a_1 a_2 \cdots a_n \left[\prod_{1 \leqslant i_1 < i_2 \leqslant n} (a_{i_1}, a_{i_2}) \right]^{-1} \left[\prod_{1 \leqslant i_1 < i_2 < i_3 \leqslant n} (a_{i_1}, a_{i_2}, a_{i_3}) \right]^{(-1)^2}$

$\cdots (a_1, a_2, \cdots, a_n)^{(-1)^{n-1}}$

即当 n 为奇数时,有

$$\frac{[a_1, a_2, \cdots, a_n]}{(a_1, a_2, \cdots, a_n)} = \prod_{k=2}^{n-1} \left(\prod_{1 \leqslant i_1 < \cdots < i_k \leqslant n} (a_{i_1}, \cdots, a_{i_k}) \right)^{(-1)^{k-1}} \quad (3.4.3)$$

当 n 为偶数时,有

$$[a_1, a_2, \cdots, a_n](a_1, a_2, \cdots, a_n) = \prod_{k=2}^{n-1} \left(\prod_{1 \leqslant i_1 < \cdots < i_k \leqslant n} (a_{i_1}, \cdots, a_{i_k}) \right)^{(-1)^{k-1}}$$

$$(3.4.4)$$

由引理 3.4.3 与引理 3.4.2(2),同以上的证明即得当 n 为奇数时,有

$$\frac{(a_1, a_2, \cdots, a_n)}{[a_1, a_2, \cdots, a_n]} = \prod_{k=2}^{n-1} \Big(\prod_{1 \leqslant i_1 < \cdots < i_k \leqslant n} [a_{i_1}, \cdots, a_{i_k}] \Big)^{(-1)^{k-1}} \quad (3.4.5)$$

当 n 为偶数时,有

$$[a_1, a_2, \cdots, a_n](a_1, a_2, \cdots, a_n) = \prod_{k=2}^{n-1} \Big(\prod_{1 \leqslant i_1 < \cdots < i_k \leqslant n} [a_{i_1}, \cdots, a_{i_k}] \Big)^{(-1)^{k-1}}$$

$$(3.4.6)$$

由(3.4.4)、(3.4.6)式,定理中(3.4.1)式得证,由(3.4.3)、(3.4.5)式,定理中(3.4.2)式得证. □

3.4.2 方幂和的又一种计算方法

对于有限项数列:$a_1, a_2, \cdots, a_n$,其方幂和记为 $F(m, n) = \sum_{i=1}^{n} a_i^m$,由此可知 $F(m, n)$ 中每项只含有 m 个 a_i 乘积($i = 1, 2, \cdots, n$),而 $\sum_{i=1}^{n} a_i F(m-1, n)$ 中的项既有 $F(m, n)$ 中的所有项,又有所有形如 $a_j a_i^{n-1}(i \neq j)$ 的项 $\cdots\cdots$ $\sum_{1 \leqslant i_1 < \cdots < i_k \leqslant n} a_{i_1} \cdots a_{i_k} F(m-k, n)$ 中的项既有 $\sum_{1 \leqslant i_1 < \cdots < i_{k-1} \leqslant n} a_{i_1} \cdots a_{i_{k-1}} F(m-k+1, n)$ 的所有形如 $a_{i_1} \cdots a_{i_k} a_j^{m-k}(j \neq i_1, \cdots, i_k, 1 \leqslant i_1 < \cdots < i_k \leqslant n)$ 的项 $\cdots\cdots$ 于是由容斥原理即得如下:

定理 3.4.2 对于有限项数列 $a_1, a_2, \cdots, a_n$,其方幂和记为 $F(m, n) = \sum_{i=1}^{n} a_i^m (m \in \mathbf{Z}^+)$,那么有

$$F(m, n) = \sum_{i=1}^{n} a_i F(m-1, n) - \sum_{1 \leqslant i_1 < i_2 \leqslant n} a_{i_1} a_{i_2} F(m-2, n) + \cdots$$

$$+ (-1)^{t+1} \sum_{1 \leqslant i_1 < \cdots < i_t \leqslant n} a_{i_1} \cdots a_{i_t} F(m-t, n)$$

$$+ (-1)^{m+1} \sum_{1 \leqslant i_1 < \cdots < i_m \leqslant n} a_{i_1} \cdots a_{i_m} F(0, n)$$

这个定理为我们研究方幂和的性质又提供一个新的途径.

推论 3.4.1 自然数方幂和 $\sum_{i=1}^{n} k^m (m, n \in \mathbf{Z}^+)$ 必有因式 $\frac{1}{2}n(n+1)$.

3.5　具有重复的组合的计数

可以利用容斥原理解决多重集 $\{n_1 \cdot a_1, n_2 \cdot a_2, \cdots, n_k \cdot a_k\}$ 的 r-组合计数问题. 下面举例说明.

例 3.5.1　确定多重集 $T = \{3 \cdot a, 4 \cdot b, 5 \cdot c\}$ 的 10-组合数.

解　设 x_a, x_b, x_c 分别为 10-组合中含有 a, b, c 的个数, 则

$$x_a + x_b + x_c = 10 \tag{3.5.1}$$

并且

$$0 \leqslant x_a \leqslant 3 \quad (0 \leqslant x_b \leqslant 4, 0 \leqslant x_c \leqslant 5)$$

设 S 是方程 (3.5.1) 的所有非负整数解的集合, 则 S 的大小为

$$|S| = \binom{10 + 3 - 1}{10} = 66$$

令 P_1 为性质 $x_a \geqslant 4$, P_2 为性质 $x_b \geqslant 5$, P_3 为性质 $x_c \geqslant 6$, 令 A_i 为 S 中满足性质 $P_i (i = 1, 2, 3)$ 的解组成的集合, 则 T 中 10-组合数为 $|\overline{A_1} \cap \overline{A_2} \cap \overline{A_3}|$.

A_1 是方程 $(x_a \geqslant 4, x_b \geqslant 0, x_c \geqslant 0)$ 的整数解集合, 做变量代换

$$y_a = x_a - 4, \quad y_b = x_b, \quad y_c = x_c$$

则方程变为

$$y_a + y_b + y_c = 6 \quad (y_a \geqslant 0, y_b \geqslant 0, y_c \geqslant 0)$$

因此 $|A_1| = \binom{6 + 3 - 1}{6} = 28$.

A_2 是方程 $x_a + x_b + x_c = 10 (x_a \geqslant 0, x_b \geqslant 5, x_c \geqslant 0)$ 的整数解集合, 用类似的方法可求得

$$|A_2| = \binom{5 + 3 - 1}{5} = 21$$

A_3 是方程 $x_a + x_b + x_c = 10 (x_a \geqslant 0, x_b \geqslant 0, x_c \geqslant 6)$ 的整数解集合, 用类似的方法可求得

$$|A_3| = \binom{4 + 3 - 1}{4} = 15$$

$A_1 \cap A_2$ 是方程 $x_a + x_b + x_c = 10 (x_a \geqslant 4, x_b \geqslant 5, x_c \geqslant 0)$ 的整数解集合, 这时可做变量代换

$$z_a = x_a - 4, \quad z_b = x_b - 5, \quad z_c = x_c$$

则方程变为

$$z_a + z_b + z_c = 1 \quad (z_a \geqslant 0, z_b \geqslant 0, z_c \geqslant 0)$$

所以 $|A_1 \bigcap A_2| = \begin{pmatrix} 1+3-1 \\ 1 \end{pmatrix} = 3.$

用类似的方法可求得

$$|A_1 \bigcap A_3| = 1, \quad |A_2 \bigcap A_3| = 0$$

由于 S 中没有既满足性质 P_1, P_2，又满足性质 P_3 的解，故

$$|A_1 \bigcap A_2 \bigcap A_3| = 0$$

因此，由容斥原理可得

$$|\overline{A_1} \bigcap \overline{A_2} \bigcap \overline{A_3}| = 66 - (28 + 21 + 15) + (3 + 1 + 0) - 0 = 6 \qquad \square$$

例 3.5.2　确定多重集 $S = \{4 \cdot a, 3 \cdot b, 4 \cdot c, 5 \cdot d\}$ 的 12-组合数.

解　问题等价于求不定方程

$$x_a + x_b + x_c + x_d = 12 \quad (0 \leqslant x_a \leqslant 4, 0 \leqslant x_b \leqslant 3, 0 \leqslant x_c \leqslant 4, 0 \leqslant x_d \leqslant 5)$$

解的个数. 设 S 是方程 $x_a + x_b + x_c + x_d = 12$ 的非负整数解的集合，则

$$|S| = \begin{pmatrix} 12+4-1 \\ 12 \end{pmatrix} = \begin{pmatrix} 15 \\ 12 \end{pmatrix} = 455$$

设 P_1 为性质 $x_a \geqslant 5$，P_2 为性质 $x_b \geqslant 4$，P_3 为性质 $x_c \geqslant 5$，P_4 为性质 $x_d \geqslant 6$，令 A_i 为 S 中满足性质 $P_i (i = 1, 2, 3, 4)$ 的解的集合.

A_1 是方程

$$x_a + x_b + x_c + x_d = 12 \quad (x_a \geqslant 5, x_b \geqslant 0, x_c \geqslant 0, x_d \geqslant 0)$$

解的集合，则方程变为

$$y_a + y_b + y_c + y_d = 7 \quad (y_a \geqslant 0, y_b \geqslant 0, y_c \geqslant 0, y_d \geqslant 0)$$

所以 $|A_1| = \begin{pmatrix} 7+4-1 \\ 8 \end{pmatrix} = \begin{pmatrix} 10 \\ 7 \end{pmatrix} = 120.$

用类似的方法可求得

$$|A_2| = \begin{pmatrix} 8+3 \\ 8 \end{pmatrix} = 165, \quad |A_3| = \begin{pmatrix} 10 \\ 7 \end{pmatrix} = 120, \quad |A_4| = \begin{pmatrix} 9 \\ 6 \end{pmatrix} = 84$$

$$|A_1 \bigcap A_2| = 20, \quad |A_1 \bigcap A_3| = 10, \quad |A_2 \bigcap A_4| = 10$$

$$|A_1 \bigcap A_4| = 4, \quad |A_2 \bigcap A_3| = 20, \quad |A_3 \bigcap A_4| = 4$$

$$|A_1 \bigcap A_2 \bigcap A_3| = |A_1 \bigcap A_2 \bigcap A_4| = |A_2 \bigcap A_3 \bigcap A_4|$$
$$= |A_1 \bigcap A_3 \bigcap A_4| = 0$$

所以，组合数为

$$455 - (120 + 165 + 120 + 84) + (20 + 10 + 4 + 20 + 10 + 4) = 34 \qquad \square$$

例 3.5.3　求方程 $x_1 + x_2 + x_3 + x_4 = 18 (1 \leqslant x_1 \leqslant 5, -2 \leqslant x_2 \leqslant 4, 0 \leqslant x_3 \leqslant 5, 3$

$\leqslant x_4 \leqslant 9)$的整数解个数.

解 做变量代换
$$y_1 = x_1 - 1, \quad y_2 = x_2 + 2, \quad y_3 = x_3, \quad y_4 = x_4 - 3$$
则方程变为
$$y_1 + y_2 + y_3 + y_4 = 16 \quad (0 \leqslant y_1 \leqslant 4, 0 \leqslant y_2 \leqslant 6, 0 \leqslant y_3 \leqslant 5, 0 \leqslant y_4 \leqslant 6)$$

令 P_1 为性质 $y_1 \geqslant 5$,P_2 为性质 $y_2 \geqslant 7$,P_3 为性质 $y_3 \geqslant 6$,P_4 为性质 $y_4 \geqslant 7$,并设 S 为 $y_1 + y_2 + y_3 + y_4 = 16$ 的非负整数解集合.设 A_i 为 S 中满足性质 P_i($i = 1, 2, 3, 4$)的集合,则该例题所求问题变成在 S 中计算 $\overline{A_1} \cap \overline{A_2} \cap \overline{A_3} \cap \overline{A_4}$ 的大小.

A_1 是方程 $y_1 + y_2 + y_3 + y_4 = 16$($y_1 \geqslant 5, y_2 \geqslant 0, y_3 \geqslant 0, y_4 \geqslant 0$)的整数解集合,通过做代换
$$z_1 = y_1 - 5, \quad z_2 = y_2, \quad z_3 = y_3, \quad z_4 = y_4$$
可得 $|A_1| = \dbinom{11 + 4 - 1}{11} = 364$.

用类似的方法可求得
$$|A_2| = \dbinom{12}{9} = 220, \quad |A_3| = \dbinom{13}{10} = 286, \quad |A_4| = \dbinom{12}{9} = 220$$
$$|A_1 \cap A_3| = \dbinom{8}{5} = 56, \quad |A_1 \cap A_2| = |A_1 \cap A_4| = \dbinom{7}{4} = 35$$
$$|A_2 \cap A_3| = \dbinom{6}{3} = 20, \quad |A_2 \cap A_4| = \dbinom{5}{2} = 10, \quad |A_3 \cap A_4| = \dbinom{6}{3} = 20$$
集合 A_1, A_2, A_3, A_4 中任意三个的交集都是空集,故由容斥原理可得
$$|\overline{A_1} \cap \overline{A_2} \cap \overline{A_3} \cap \overline{A_4}| = 969 - (364 + 220 + 286 + 220)$$
$$+ (35 + 56 + 35 + 20 + 10 + 20) = 55 \qquad \square$$

一般地,可以运用容斥原理确定多重集 $S = \{4m_1 \cdot a_1, m_2 \cdot a_2, \cdots, m_n \cdot a_n\}$ 的 r-组合数.

定理 3.5.1 多重集 $T = \{4m_1 \cdot a_1, m_2 \cdot a_2, \cdots, m_n \cdot a_n\}$ 的 r-组合数 C 为

$$C = \binom{n + r - 1}{r} - \sum_{k=1}^{n} (-1)^{k-1} \sum_{1 \leqslant i_1 < \cdots < i_k \leqslant n} \left(\begin{array}{c} n + r - \sum_{j=1}^{k} (m_{i_j} + 1) - 1 \\ r - \sum_{j=1}^{k} (m_{i_j} + 1) \end{array} \right)$$

证明 设 $x_1, x_2, \cdots, x_n$ 分别为 r-组合中含有 $a_1, a_2, \cdots, a_n$ 的个数,则
$$x_1 + x_2 + \cdots + x_n = r \qquad\qquad (3.5.2)$$
并且
$$0 \leqslant x_1 \leqslant m_1, \quad 0 \leqslant x_2 \leqslant m_2, \quad \cdots, \quad 0 \leqslant x_n \leqslant m_n$$

设 S 是方程(3.5.2)的所有非负整数解的集合,则 S 的大小为

$$|S| = \binom{r+n-1}{r}$$

令 P_1 为性质 $x_1 \geqslant m_1 + 1$,P_2 为性质 $x_2 \geqslant m_2 + 1$,$\cdots$,P_n 为性质 $x_n \geqslant m_n + 1$,令 A_i 为 S 中满足性质 $P_i (i = 1, 2, \cdots, n)$ 的解组成的集合,则 T 中 r-组合数 $\left| \bigcap_{i=1}^{n} \overline{A_i} \right|$.

A_1 是方程$(x_1 \geqslant m_1 + 1, x_2 \geqslant 0, x_3 \geqslant 0, \cdots, x_n \geqslant 0)$ 的整数解集合,做变量代换

$$y_1 = x_1 - (m_1 + 1), \quad y_2 = x_2, \quad y_3 = x_3, \quad \cdots, \quad y_n = x_n$$

则方程变为

$$y_1 + y_2 + \cdots + y_n = r - (m_1 + 1) \quad (y_1 \geqslant 0, y_2 \geqslant 0, y_3 \geqslant 0, \cdots, y_n \geqslant 0)$$

因此 $|A_1| = \binom{n + r - (m_1 + 1) - 1}{r - (m_1 + 1)}$.

A_2 是方程$(x_2 \geqslant m_2 + 1, x_1 \geqslant 0, x_3 \geqslant 0, \cdots, x_n \geqslant 0)$ 的整数解集合,做变量代换

$$y_2 = x_2 - (m_2 + 1), \quad y_1 = x_1, \quad y_3 = x_3, \quad \cdots, \quad y_n = x_n$$

则方程变为

$$y_1 + y_2 + \cdots + y_n = r - (m_2 + 1) \quad (y_1 \geqslant 0, y_2 \geqslant 0, y_3 \geqslant 0, \cdots, y_n \geqslant 0)$$

因此 $|A_2| = \binom{n + r - (m_2 + 1) - 1}{r - (m_2 + 1)}$.

用类似的方法可求得

$$|A_i| = \binom{n + r - (m_i + 1) - 1}{r - (m_i + 1)} \quad (i = 1, 2, \cdots, n)$$

$A_1 \bigcap A_2$ 是方程 $x_1 + x_2 + \cdots + x_n = r (x_1 \geqslant m_1 + 1, x_2 \geqslant m_2 + 1, x_3 \geqslant 0, \cdots, x_n \geqslant 0)$ 的整数解集合,做变量代换

$$y_1 = x_1 - (m_1 + 1), \quad y_2 = x_2 - (m_2 + 1), \quad y_3 = x_3, \quad \cdots, \quad y_n = x_n$$

则方程变为

$$y_1 + y_2 + \cdots + y_n = r - (m_1 + 1) - (m_2 + 1)$$
$$(y_1 \geqslant 0, y_2 \geqslant 0, y_3 \geqslant 0, \cdots, y_n \geqslant 0)$$

所以 $|A_1 \bigcap A_2| = \binom{n + r - (m_1 + 1) - (m_2 + 1) - 1}{r - (m_1 + 1) - (m_2 + 1)}$.

用类似的方法可求得

$$|A_{i_1} \bigcap A_{i_2}| = \binom{n + r - (m_{i_1} + 1) - (m_{i_2} + 1) - 1}{r - (m_{i_1} + 1) - (m_{i_2} + 1)}$$

$$(i_1, i_2 \in \{1, 2, \cdots, n\}, i_1 < i_2)$$

一般地,我们有

$$| A_{i_1} \bigcap A_{i_2} \bigcap \cdots \bigcap A_{i_k} | = \left(\begin{array}{c} n + r - (\sum_{j=1}^{k} (m_{i_j} + 1)) - 1 \\ r - \sum_{j=1}^{k} (m_{i_j} + 1) \end{array} \right)$$

$$(i_1, \cdots, i_n \in \{1, 2, \cdots, n\}, i_1 < \cdots < i_n)$$

因此,由容斥原理可得

$$C = | \overline{A}_1 \bigcap \overline{A}_2 \bigcap \cdots \bigcap \overline{A}_n |$$

$$= \binom{n + r - 1}{r} - \sum_{k=1}^{n} (-1)^{k-1} \sum_{1 \leqslant i_1 < \cdots < i_k \leqslant n} \left(\begin{array}{c} n + r - \sum_{j=1}^{k} (m_{i_j} + 1) - 1 \\ r - \sum_{j=1}^{k} (m_{i_j} + 1) \end{array} \right) \quad \square$$

运用定理 3.5.1 可以得到如下结论:

定理 3.5.2　不定方程 $x_1 + x_2 + \cdots + x_n = r$ 满足条件

$$q_1 \leqslant x_1 \leqslant m_1, q_2 \leqslant x_2 \leqslant m_2, \cdots, q_n \leqslant x_n \leqslant m_n$$

的所有整数解的个数 C 为

$$C = \left(\begin{array}{c} n + r + \sum_{j=1}^{n} q_i - 1 \\ r + \sum_{j=1}^{n} q_i \end{array} \right)$$

$$- \sum_{k=1}^{n} (-1)^{k-1} \sum_{1 \leqslant i_1 < \cdots < i_k \leqslant n} \left(\begin{array}{c} n + r + \sum_{j=1}^{n} q_i - \sum_{j=1}^{k} (m_{i_j} - q_{i_j} + 1) - 1 \\ r + \sum_{j=1}^{n} q_i - \sum_{j=1}^{k} (m_{i_j} - q_{i_j} + 1) \end{array} \right)$$

这里 $q_1, q_2, \cdots, q_n, m_1, m_2, \cdots, m_n$ 都是整数,且 $\sum_{i=1}^{n} m_i \geqslant r$.

　　证明　做变量替换 $y_i = x_i - q_i$,则不定方程 $x_1 + x_2 + \cdots + x_n = r$ 变为不定方程

$$y_1 + y_2 + \cdots + y_n = r + \sum_{j=1}^{n} q_i$$

且满足条件 $0 \leqslant y_i \leqslant m_i - q_i (i = 1, 2, \cdots, n)$.因此将定理 3.5.1 中的 r 换为 $r +$

$\sum\limits_{j=1}^{n} q_i, m_i$ 换为 $m_i - q_i$ 即证. □

例 3.5.1～例 3.5.3 以及定理 3.5.1 都是定理 3.5.2 的特例.

3.6　应　用　举　例

这一节介绍容斥原理的若干应用的例子.

例 3.6.1　试证明:把正整数 n 分成互不相同的项的分拆数等于 n 的奇分拆 (即每一分拆项都是奇数,但分拆项可重复).

证明　以 $p(n)$ 表示 n 的所有分拆数,$p_0(n)$ 表示 n 的奇分拆数,$p_d(n)$ 表示 n 分成互不相同的项的分拆数.

先证明正整数 n 的含有分项 x_1 的分拆数等于正整数 $n - x_1$ 的分拆数 $p(n - x_1)$.因为 n 的任一含有 x_1 的分拆,去掉 x_1 后,恰是 $n - x_1$ 的一个分拆;反之,$n - x_1$ 的一个分拆加上 x_1 之后,恰是 n 的一个分拆.

这一结论同样地可以推广为 n 的含有 $x_1, x_2, x_3, \cdots$ 的分拆数,等于 $n - (x_1 + x_2 + x_3 + \cdots)$ 的分拆数 $p(n - (x_1 + x_2 + x_3 + \cdots))$.

求 $p_0(n)$ 时,应从 $p(n)$ 中减去那些含有偶数 $2, 4, 6, \cdots$ 的分拆数.易知,n 的含有 $2k$ 的分拆数等于 $p(n - 2k)(k = 1, 2, \cdots)$,由容斥原理得

$$p_0(n) = p(n) - [p(n - 2) + p(n - 4) + p(n - 6) + \cdots]$$
$$+ [p(n - 2 - 4) + p(n - 2 - 6) + p(n - 2 - 8) + \cdots]$$
$$- [p(n - 2 - 4 - 6) + p(n - 2 - 4 - 6 - 8) + \cdots] + \cdots$$

上式最终可以写成

$$p_0(n) = p(n) + a_1 p(n - 2) + a_2 p(n - 4) + a_3 p(n - 6) + \cdots$$

其中 $a_1, a_2, a_3, \cdots$ 是整系数.

求 $p_d(n)$ 时,应从 $p(n)$ 中减去那些带有重复项的分拆个数,即减去含有两个 1,两个 2,两个 3,$\cdots$ 的分拆个数.同样地,利用容斥原理,有

$$p_d(n)$$
$$= p(n) - [p(n - 1 - 1) + p(n - 2 - 2) + p(n - 3 - 3) + \cdots]$$
$$+ [p(n - 1 - 1 - 2 - 2) + p(n - 1 - 1 - 3 - 3) + p(n - 2 - 2 - 3 - 3) + \cdots]$$
$$- [p(n - 1 - 1 - 2 - 2 - 3 - 3) + p(n - 1 - 1 - 2 - 2 - 4 - 4) + \cdots] + \cdots$$
$$= p(n) - [p(n - 2) + p(n - 4) + p(n - 6) + \cdots]$$
$$+ [p(n - 2 - 4) + p(n - 2 - 6) + p(n - 2 - 8) + \cdots]$$
$$- [p(n - 2 - 4 - 6) + p(n - 2 - 4 - 6 - 8) + \cdots] + \cdots$$

$$= p_0(n)\qquad\qquad\qquad\square$$

例 3.6.2　设集合 $S = \{1,2,3,\cdots,n\}$,把 $S \times S$ 的任一非空子集 R 称为 S 上的一个二元关系.若对 $\forall i \in S$,有 $(i,i) \in R$,则称 R 是自反的;如果 $(i,j) \in R$,则必有 $(j,i) \in R$,那么称 R 为对称的.那么 S 上有多少个自反或对称的二元关系?

解　设集合 A 是由具有自反性得关系组成的集合,B 是由具有对称性的关系组成的集合,则 AB 是由具有两种性质的关系组成的集合.

有 A 的定义知,A 中的关系 R 包含了所有的元素对 (i,i).于是将问题分为两步:第一步,选全部 (i,i),只有一种可能;第二步,在其余的元素对 $(i,j)(i \neq j)$ 中任选 k 个,即可构成一个自反关系 R,而其余的元素对共有

$$2[1 + 2 + \cdots + (n - 1)] = n(n - 1)$$

个,故有 $\dbinom{n(n-1)}{k}$ 种可能.故 $|A| = \displaystyle\sum_{k=0}^{n(n-1)}\dbinom{n(n-1)}{k}$.

同理,由 B 的定义知,B 中的关系 R 一定同时含有元素对 (i,j) 和 (j,i).于是将问题分为两步:第一步,选 k 个元素对 $(i,j)(i < j)$,有 $1 + 2 + \cdots + n = n(n+1)/2$ 个元素对可选,共有 $\dbinom{n(n+1)/2}{k}$ 种选择;第二步,若 $(i,j) \in R$,则将 (j,i) 也选入 R 中,只有一种可能.故 $|B| = \displaystyle\sum_{k=1}^{n(n+1)/2}\dbinom{n(n+1)/2}{k}$.

现在计算 $|AB|$.先选全部 (i,i),只有一种可能;再选 k 对 $(i,j)(i < j)$,有

$$1 + 2 + \cdots + (n - 1) = n(n - 1)/2$$

对 (i,i) 可选,即有 $\dbinom{n(n-1)/2}{k}$ 种可能;最后选相应的 (j,i),只有一种可能.故

$$|AB| = \sum_{k=0}^{n(n-1)/2}\binom{n(n-1)/2}{k}$$

由题意知,所求为 $|A + B|$,由容斥原理得

$$|A + B| = |A| + |B| - |AB|$$

$$= \sum_{k=0}^{n(n-1)}\binom{n(n-1)}{k} + \sum_{k=1}^{n(n+1)/2}\binom{n(n+1)/2}{k} - \sum_{k=0}^{n(n-1)/2}\binom{n(n-1)/2}{k}\quad\square$$

例 3.6.3　把 $1,2,\cdots,n$ 排成一圈,令 $f(n)$ 表示没有相邻数字恰好是自然顺序的排列数.

(1) 求 $f(n)$.

(2) 证明:$f(n) + f(n+1) = n!\left[1 - \dfrac{1}{1!} + \dfrac{1}{2!} - \cdots + (-1)^{n-1}\dfrac{1}{(n-1)!} + (-1)^n\dfrac{1}{n!}\right].$

解　(1) 此处的"相邻数字恰好是自然顺序"是指对 $1,2,\cdots,n$ 的一个圆排列,沿某个给定的方向,如顺时针方向,数字 1 的下一个位置排的是 2,2 的下一个位置

排的是 3……$n-1$ 的下一个位置排的是 n，n 的下一个位置排的是 1. 而所求的 $f(n)$ 则是指 $1,2,\cdots,n$ 的圆排列中不能出现 $12,23,\cdots,(n-1)n,n1$ 这些情形的排列总数.

以 S 表示 $1,2,\cdots,n$ 的所有圆排列构成的集合，A_i 表示 i 之后为 $i+1$ 的所有圆排列构成的集合（其中 A_n 表示 n 之后为 1 的圆排列之集），则公共数为

$$|R_0| = |S| = (n-1)!$$
$$|R_k| = |A_{i_1} A_{i_2} \cdots A_{i_k}| = (n-k-1)!$$
$$(k = 1,2,\cdots,n, 1 \leqslant i_1 < i_2 < \cdots < i_k \leqslant n)$$
$$|R_n| = |A_1 A_2 \cdots A_n| = 1$$

由容斥原理得到

$$f(n) = N(0) - |\overline{A_1}\overline{A_2}\cdots\overline{A_n}| = \sum_{i=0}^{n} (-1)^i \binom{n}{i} R_i$$

$$= \frac{n!}{0!n!}(n-1)! - \frac{n!}{1!(n-1)!}(n-2)! + \frac{n!}{2!(n-2)!}(n-3)! - \cdots$$

$$+ (-1)^{n-1}\frac{n!}{(n-1)!1!}0! + (-1)^n \frac{n!}{n!0!} \cdot 1$$

$$= n!\left[\frac{1}{0!n} - \frac{1}{1!(n-1)} + \frac{1}{2!(n-2)} - \cdots + (-1)^{n-1}\frac{1}{(n-1)!1} + (-1)^n \frac{1}{n!}\right]$$

（2）由（1）的结果，可得

$$f(n) + f(n+1)$$

$$= n!\left[\frac{1}{0!n} - \frac{1}{1!(n-1)} + \frac{1}{2!(n-2)} - \cdots + (-1)^{n-1}\frac{1}{(n-1)!1} + (-1)^n \frac{1}{n!}\right]$$

$$+ (n+1)!\left[\frac{1}{0!(n+1)} - \frac{1}{1!n} + \frac{1}{2!(n-1)} - \cdots + (-1)^n \frac{1}{n!1} + (-1)^{n+1}\frac{1}{(n+1)!}\right]$$

$$= n!\left[\frac{1}{0!n} - \frac{1}{1!(n-1)} + \frac{1}{2!(n-2)} - \cdots + (-1)^{n-1}\frac{1}{(n-1)!1} + (-1)^n \frac{1}{n!}\right]$$

$$+ n!\left[\frac{n+1}{0!(n+1)} - \frac{n+1}{1!n} + \frac{n+1}{2!(n-1)} - \cdots + (-1)^n \frac{n+1}{n!1} + (-1)^{n+1}\frac{n+1}{(n+1)!}\right]$$

将前一方括号中的第 i 项与后一方括号中的 $i+1$ 项合并，得

$$f(n) + f(n+1) = n!\left[1 - \frac{1}{1!} + \frac{1}{2!} - \cdots + (-1)^{n-1}\frac{1}{(n-1)!} + (-1)^n \frac{1}{n!}\right]$$

参 考 文 献

［1］　朱玉扬. 一种场站设置问题中的几个结论［J］. 数学学报，2011，54（4）：669-676.

［2］　陶志穗，等. $\mathbf{R}^3$ 中的一个 Heilbronn 型问题［J］. 数学学报，2000，43（5）：797-806.

［3］ Du D Z，Hwang F K. The Steiner ration conjecture of Gilbert-Pollack is true［J］. Proceeding of National Academy of Science，1990，87：9464-9466.

［4］ Brass P，Moser W，Pach J. Research Problems in Discrete Geometry［M］. New York：Springer Science，2005：417-430.

［5］ 朱玉扬.离散与组合几何引论［M］.合肥：中国科学技术大学出版社，2008.

［6］ 朱玉扬.一个场站设置问题［J］.中国科学技术大学学报，2011，41(6)：480-491.

［7］ Torchinsky A. Real Variables［M］. New York：Addsion-Wesley Pub. Comp. Inc.，1988.

［8］ 华罗庚.数论导引［M］.北京：科学出版社，1979：68-122.

［9］ 柯召，魏万迪.组合论：上册［M］.北京：科学出版社，1981：86-88.

［10］ 江泽涵.拓扑学引论［M］.上海：上海科学技术出版社，1978：84-85.

第4章 生成函数理论的几个应用

生成函数理论是组合计数理论中的重要组成部分,在数学许多领域中都有重要的应用.本章4.1节介绍生成函数的概念及性质.4.2节给出正整数无序分拆的一个公式.4.3节运用生成函数理论给出自然数方幂和一个快速计算方法.4.4节解决不定方程 $ax_1 + bx_2 + cx_3 = n$,当 $a,b,c \in \mathbf{N},(a,b) = (a,c) = (b,c) = 1$ 时非负整数解的个数计数问题.4.5节介绍不定方程 $\sum_{k=1}^{n} x_k = m$ 满足条件 $b_i \geqslant x_i \geqslant a_i(b_i \geqslant a_i \geqslant 0, a_i, b_i \in \mathbf{Z}, i = 1,2,\cdots n)$ 下的解个数的计数问题.最后运用生成函数给出几个简单的公式.

4.1 生成函数的概念及性质

数列
$$\{a_0, a_1, a_2, \cdots\} \tag{4.1.1}$$
的生成函数是幂级数
$$A(x) = a_0 + a_1 x + a_2 x^2 + \cdots \tag{4.1.2}$$

我们称幂级数(4.1.2)是形式幂级数,其中的 x 是未定元,看作是抽象符号.对于实数域 $\mathbf{R}$ 上的数列 $\{a_0, a_1, a_2, \cdots\}$. x 是 $\mathbf{R}$ 上的未定元,表达式 $A(x) = a_0 + a_1 x + a_2 x^2 + \cdots$ 称为 $\mathbf{R}$ 上的形式幂级数.

一般情况下,形式幂级数中的 x 只是一个抽象符号,并不需要对 x 赋予具体数值,因而就不需要考虑它的收敛性.

$\mathbf{R}$ 上的形式幂级数全体记为 $\mathbf{R}[[x]]$,在集合 $\mathbf{R}[[x]]$ 中适当定义加法和乘法运算,便可使它成为一个整环,任何一个形式幂级数都是这个环中的元素.

定义 4.1.1 设 $A(x) = \sum_{k=0}^{\infty} a_k x^k$ 与 $B(x) = \sum_{k=0}^{\infty} b_k x^k$ 是 $\mathbf{R}$ 上的两个形式幂级数,若对任意 $k \geqslant 0$,有 $a_k = b_k$,则称 $A(x)$ 与 $B(x)$ 相等,记作 $A(x) = B(x)$.

定义 4.1.2   设 a 为任意实数, $A(x) = \sum_{k=0}^{\infty} a_k x^k \in \mathbf{R}[[x]]$, 则将 $A(x) \equiv \sum_{k=0}^{\infty} (aa_k)x^k$ 叫作 a 与 $A(x)$ 的乘积.

定义 4.1.3   设 $A(x) = \sum_{k=0}^{\infty} a_k x^k$ 与 $B(x) = \sum_{k=0}^{\infty} b_k x^k$ 是 $\mathbf{R}$ 上的两个形式幂级数, 将 $A(x)$ 与 $B(x)$ 相加定义为

$$A(x) + B(x) \equiv \sum_{k=0}^{\infty} (a_k + b_k)x^k$$

并称 $A(x) + B(x)$ 为 $A(x)$ 与 $B(x)$ 的和, 把运算"$+$"叫作加法.

将 $A(x)$ 与 $B(x)$ 相乘定义为

$$A(x) \cdot B(x) \equiv \sum_{k=0}^{\infty} (a_k b_0 + a_{k-1} b_1 + \cdots + a_0 b_k)x^k$$

并称 $A(x) \cdot B(x)$ 为 $A(x)$ 与 $B(x)$ 的积, 把运算"$\cdot$"叫作乘法.

定理 4.1.1   集合 $\mathbf{R}[[x]]$ 在上述加法和乘法运算下构成一个整环.

4.2   无序分拆数的求解问题

将正整数进行分拆, 有无序与有序之分. 例如将 5 进行 2 分拆, 有序分拆有 4 个, 即 $5 = 1 + 4 = 4 + 1 = 2 + 3 = 3 + 2$; 无序分拆有 2 个, 即 $5 = 1 + 4 = 3 + 2$. 有序分拆的计数较为简单, 但无序分拆的计数是一个较为困难的问题. 下面用 $B(n, r)$ 来表示正整数 n 的无序 r 分拆的个数, 那么有如下熟知的结论:

定理 4.2.1 n 的 r 分拆数的生成函数为

$$f(x) = \sum_{n=0}^{\infty} B(n, r)x^n = \frac{x^r}{(1-x)(1-x^2)\cdots(1-x^r)}$$

由此我们先求出 $B(n, 2), B(n, 3), B(n, 4), B(n, 5), B(n, 6)$, 然后考虑一般情形.

公式 4.2.1 $B(n, 2) = \sum_{k_1 + k_2 = n-2} \binom{k_1 + 1}{1} (-1)^{k_2} \ (n \geqslant 2)$.

证明   由于

$$f(x) = \sum_{n=0}^{\infty} B(n, 2)x^n = \frac{x^2}{(1-x)(1-x^2)} = \frac{x^2}{(1-x)^2(1+x)}$$

$$= x^2 \left[\sum_{k=0}^{\infty} \binom{k+1}{1} x^k \right] \left[\sum_{k=0}^{\infty} (-1)^k x^k \right] = x^2 \sum_{k=0}^{\infty} \left[\sum_{k_1+k_2=k} \binom{k_1+1}{1} (-1)^{k_2} \right] x^k$$

$$= \sum_{k=0}^{\infty} \left[\sum_{k_1+k_2=k} \binom{k_1+1}{1} (-1)^{k_2} \right] x^{k+2}$$

所以当 $k = n-2$ 时,有 $B(n,2) = \sum\limits_{k_1+k_2=n-2} \binom{k_1+1}{1} (-1)^{k_2}$.　　　□

推论 4.2.1　$\left\lfloor \dfrac{n}{2} \right\rfloor = \sum\limits_{k_1+k_2=n-2} \binom{k_1+1}{1} (-1)^{k_2} (n \geqslant 2)$,这里 $\left\lfloor \dfrac{n}{2} \right\rfloor$ 表示不超过 $\dfrac{n}{2}$ 的最大整数.

证明　由于 $B(n,2) = \left\lfloor \dfrac{n}{2} \right\rfloor$,这是我们熟知的结论,由此可证.　　　□

公式 4.2.2　$B(n,3) = \sum\limits_{k_1+k_2+k_3+k_4=n-3} \binom{k_1+2}{2} (-1)^{k_2} \mathrm{e}^{\frac{-(k_3+2k_4)2\pi i}{3}}$.

证明　由于

$$f(x) = \sum_{n=0}^{\infty} B(n,3) x^n$$

$$= \frac{x^3}{(1-x)(1-x^2)(1-x^3)} = \frac{x^3}{(1-x)^3(1+x)(1-\mathrm{e}^{\frac{-2\pi i}{3}}x)(1-\mathrm{e}^{\frac{-4\pi i}{3}}x)}$$

$$= x^3 \left[\sum_{k=0}^{\infty} \binom{k+2}{2} x^k \right] \left[\sum_{k=0}^{\infty} (-1)^k x^k \right] \left(\sum_{k=0}^{\infty} \mathrm{e}^{\frac{-2\pi k i}{3}} x^k \right) \left(\sum_{k=0}^{\infty} \mathrm{e}^{\frac{-4\pi k i}{3}} x^k \right)$$

$$= \sum_{k=0}^{\infty} \left[\sum_{k_1+k_2+k_3+k_4=k} \binom{k_1+2}{2} (-1)^{k_2} \mathrm{e}^{\frac{-(k_3+2k_4)2\pi i}{3}} \right] x^{k+3}$$

所以当 $k = n-3$ 时,有 $B(n,3) = \sum\limits_{k_1+k_2+k_3+k_4=n-3} \binom{k_1+2}{2} (-1)^{k_2} \mathrm{e}^{\frac{-(k_3+2k_4)2\pi i}{3}}$.　□

公式 4.2.3

$$B(n,4) = \sum_{k_1+k_2+k_3+k_4+k_5+k_6=n-4} \binom{k_1+3}{3} \binom{k_2+1}{1}$$

$$\cdot (-1)^{k_2} \exp \left\{ \frac{-(k_3+2k_4)2\pi i}{3} + \frac{-(k_5+3k_6)2\pi i}{4} \right\}$$

证明　因为

$$f(x) = \sum_{n=0}^{\infty} B(n,4) x^n = \frac{x^4}{(1-x)(1-x^2)(1-x^3)(1-x^4)}$$

$$= \frac{x^4}{(1-x)^4 (1+x)^2 (1-e^{\frac{-2\pi i}{3}}x)(1-e^{\frac{-4\pi i}{3}}x)(1-e^{\frac{-2\pi i}{4}}x)(1-e^{\frac{-6\pi i}{4}}x)}$$

$$= x^4 \Big[\sum_{k=0}^{\infty} \binom{k+3}{3} x^k\Big]\Big[\sum_{k=0}^{\infty} \binom{k+1}{1} (-1)^k x^k\Big]$$

$$\cdot \Big(\sum_{k=0}^{\infty} e^{\frac{-2\pi k i}{3}} x^k\Big)\Big(\sum_{k=0}^{\infty} e^{\frac{-4\pi k i}{3}} x^k\Big)\Big(\sum_{k=0}^{\infty} e^{\frac{-2\pi k i}{4}} x^k\Big)\Big(\sum_{k=0}^{\infty} e^{\frac{-6\pi k i}{4}} x^k\Big)$$

$$= \sum_{k=0}^{\infty}\Big[\sum_{k_1+k_2+k_3+k_4+k_5+k_6=k} \binom{k_1+3}{3}\binom{k_2+1}{1}$$

$$\cdot (-1)^{k_2} \exp\Big\{\frac{-(k_3+2k_4)2\pi i}{3} + \frac{-(k_5+3k_6)2\pi i}{4}\Big\}\Big] x^{k+4}$$

所以当 $k = n-4$ 时,有

$$B(n,4) = \sum_{k_1+k_2+k_3+k_4+k_5+k_6=n-4} \binom{k_1+2}{2}\binom{k_2+1}{1}$$

$$\cdot (-1)^{k_2} \exp\Big\{\frac{-(k_3+2k_4)2\pi i}{3} + \frac{-(k_5+3k_6)2\pi i}{4}\Big\}$$

□

用如上的方法即可证明如下结论:

公式 4.2.4

$$B(n,5) = \sum_{k_1+k_2+\cdots+k_{10}=n-5} \binom{k_1+4}{4}\binom{k_2+1}{1}$$

$$\cdot (-1)^{k_2} \exp\Big\{-\Big(\frac{k_3+2k_4}{3} + \frac{k_5+3k_6}{4} + \frac{k_7+2k_8+3k_9+4k_{10}}{5}\Big)2\pi i\Big\}$$

证明　因为

$$f(x) = \sum_{n=0}^{\infty} B(n,5) x^n = \frac{x^5}{(1-x)(1-x^2)(1-x^3)(1-x^4)(1-x^5)}$$

$$= \frac{x^5}{(1-x)^5 (1+x)^2 (1-e^{\frac{-2\pi i}{3}}x)(1-e^{\frac{-4\pi i}{3}}x)\prod_{k=1,3}(1-e^{\frac{-2k\pi i}{4}}x)\prod_{k=1}^{4}(1-e^{\frac{-2k\pi i}{5}}x)}$$

$$= x^5 \Big[\sum_{k=0}^{\infty} \binom{k+4}{4} x^k\Big]\Big[\sum_{k=0}^{\infty} \binom{k+1}{1} (-1)^k x^k\Big]$$

$$\cdot \Big[\prod_{m=1,2}\Big(\sum_{k=0}^{\infty} e^{\frac{-2\pi m k i}{3}} x^k\Big)\Big]\Big[\prod_{m=1,3}\Big(\sum_{k=0}^{\infty} e^{\frac{-2\pi m k i}{4}} x^k\Big)\Big]\prod_{m=1}^{4}\Big(\sum_{k=0}^{\infty} e^{\frac{-2\pi m k i}{5}} x^k\Big)$$

$$= \sum_{k=0}^{\infty}\Big[\sum_{k_1+k_2+\cdots+k_{10}=k} \binom{k_1+4}{4}\binom{k_2+1}{1}$$

$$\cdot (-1)^{k_2} \exp\left\{ -\left(\frac{k_3 + 2k_4}{3} + \frac{k_5 + 3k_6}{4} + \frac{k_7 + 2k_8 + 3k_9 + 4k_{10}}{5} \right) 2\pi i \right\} \right] x^{k+5}$$

所以当 $k = n - 5$ 时, x^n 的系数为

$$B(n, 5) = \sum_{k_1 + k_2 + \cdots + k_{10} = n-5} \binom{k_1 + 4}{4} \binom{k_2 + 1}{1}$$

$$\cdot (-1)^{k_2} \exp\left\{ -\left(\frac{k_3 + 2k_4}{3} + \frac{k_5 + 3k_6}{4} + \frac{k_7 + 2k_8 + 3k_9 + 4k_{10}}{5} \right) 2\pi i \right\}$$

$\square$

公式 4.2.5

$$B(n, 6) = \sum_{k_1 + k_2 + \cdots + k_{14} = n-6} \binom{k_1 + 5}{3} \binom{k_2 + 2}{2}$$

$$\cdot (-1)^{k_2} \exp\left\{ -\left(\frac{k_3 + 2k_4}{3} + \frac{k_5 + 3k_6}{4} + \frac{k_7 + 2k_8 + 3k_9 + 4k_{10}}{5} \right. \right.$$

$$\left. \left. + \frac{k_{11} + 2k_{12} + 4k_{13} + 5k_{14}}{6} \right) 2\pi i \right\}$$

证明　因为

$$f(x) = \sum_{n=0}^{\infty} B(n, 6) x^n$$

$$= \frac{x^6}{(1-x)(1-x^2)(1-x^3)(1-x^4)(1-x^5)(1-x^6)}$$

$$= \frac{x^6}{(1-x)^6 (1+x)^3 \left[\prod_{k=1,2} (1 - e^{\frac{-2k\pi i}{3}} x) \right] \left[\prod_{k=1,3} (1 - e^{\frac{-2k\pi i}{4}} x) \right]}$$

$$\cdot \frac{1}{\left[\prod_{k=1}^{4} (1 - e^{\frac{-2k\pi i}{5}} x) \right] \left[\prod_{k=1,2,4,5} (1 - e^{\frac{-2k\pi i}{6}} x) \right]}$$

$$= x^6 \left[\sum_{k=0}^{\infty} \binom{k+5}{5} x^k \right] \left[\sum_{k=0}^{\infty} \binom{k+2}{2} (-1)^k x^k \right]$$

$$\cdot \left[\prod_{m=1,2} \left(\sum_{k=0}^{\infty} e^{\frac{-2\pi m k i}{3}} x^k \right) \right] \left[\prod_{m=1,3} \left(\sum_{k=0}^{\infty} e^{\frac{-2\pi m k i}{4}} x^k \right) \right]$$

$$\cdot \prod_{m=1}^{4} \left(\sum_{k=0}^{\infty} e^{\frac{-2\pi m k i}{5}} x^k \right) \prod_{m=1,2,4,5} \left(\sum_{k=0}^{\infty} e^{\frac{-2\pi m k i}{6}} x^k \right)$$

$$= \sum_{k=0}^{\infty} \left[\sum_{k_1 + k_2 + \cdots + k_{14} = k} \binom{k_1 + 5}{5} \binom{k_2 + 2}{2} \right]$$

$$\bullet\ (-1)^{k_2}\exp\Big\{-\Big(\frac{k_3+2k_4}{3}+\frac{k_5+3k_6}{4}+\frac{k_7+2k_8+3k_9+4k_{10}}{5}$$

$$+\frac{k_{11}+2k_{12}+4k_{13}+5k_{114}}{6}\Big)2\pi i\Big\}\Big]x^{k+6}$$

所以当 $k=n-6$ 时，x^n 的系数为

$$B(n,6)=\sum_{k_1+k_2+\cdots+k_{14}=n-6}\binom{k_1+5}{3}\binom{k_2+2}{2}$$

$$\bullet\ (-1)^{k_2}\exp\Big\{-\Big(\frac{k_3+2k_4}{3}+\frac{k_5+3k_6}{4}+\frac{k_7+2k_8+3k_9+4k_{10}}{5}$$

$$+\frac{k_{11}+2k_{12}+4k_{13}+5k_{14}}{6}\Big)2\pi i\Big\}\qquad\qquad\Box$$

对于一般的自然数 m，关于 $B(n,m)$ 的解析公式已经被人求出，但下面的结果是作者于 2005 年获得的：

定理 4.2.2　设 $m,n\in\mathbf{N}$，那么

（1）当 m 为偶数时，有

$$B(n,m)=\sum_{k_1+k_2+(\sum\limits_{k=1}^{\frac{m}{2}-1}\sum\limits_{t=1}^{2k}a_{kt})+(\sum\limits_{k=1}^{\frac{m}{2}}\sum\limits_{\substack{t\neq k\\1\leqslant t\leqslant 2k-1}}b_{kt})=n-m}\binom{k_1+m-1}{m-1}\begin{pmatrix}k_2+\dfrac{m}{2}-1\\[2mm]\dfrac{m}{2}-1\end{pmatrix}$$

$$\bullet\ (-1)^{k_2}\Big(\prod_{k=1}^{\frac{m}{2}-1}\exp\Big\{-\sum_{t=1}^{2k}\frac{2ta_{kt}\pi i}{2k+1}\Big\}\Big)\Big(\prod_{k=1}^{\frac{m}{2}}\exp\Big\{-\sum_{\substack{t\neq k\\1\leqslant t\leqslant 2k-1}}\frac{2tb_{kt}\pi i}{2k}\Big\}\Big)$$

（2）当 m 为奇数时，有

$$B(n,m)=\sum_{k_1+k_2+(\sum\limits_{k=1}^{\frac{m-1}{2}}\sum\limits_{t=1}^{2k}a_{kt})+(\sum\limits_{k=1}^{\frac{m-1}{2}}\sum\limits_{\substack{t\neq k\\1\leqslant t\leqslant 2k-1}}b_{kt})=n-m}\binom{k_1+m-1}{m-1}\begin{pmatrix}k_2+\dfrac{m-1}{2}\\[2mm]\dfrac{m-1}{2}\end{pmatrix}$$

$$\bullet\ (-1)^{k_2}\Big(\prod_{k=1}^{\frac{m-1}{2}}\exp\Big\{-\sum_{t=1}^{2k}\frac{2ta_{kt}\pi i}{2k+1}\Big\}\Big)\Big(\prod_{k=1}^{\frac{m-1}{2}}\exp\Big\{-\sum_{\substack{t\neq k\\1\leqslant t\leqslant 2k-1}}\frac{2tb_{kt}\pi i}{2k}\Big\}\Big)$$

证明　仅证明偶数情形，奇数时同理可证. 注意单位共轭复数之积等于 1，因为

$$f(x)=\sum_{n=0}^{\infty}B(n,m)x^n=\frac{x^m}{(1-x)(1-x^2)\cdots(1-x^m)}$$

$$= \frac{x^m}{(1-x)^m (1+x)^{\frac{m}{2}} \left\{ \prod\limits_{k=1}^{\frac{m}{2}-1} \left[\prod\limits_{t=1}^{2k} (1 - \mathrm{e}^{\frac{-2ta_{kt}\pi \mathrm{i}}{2k+1}} x) \right] \right\} \left\{ \prod\limits_{k=1}^{\frac{m}{2}} \left[\prod\limits_{\substack{t \neq k \\ 1 \leqslant t \leqslant 2k-1}} (1 - \mathrm{e}^{\frac{-2tb_{kt}\pi \mathrm{i}}{2k}} x) \right] \right\}}$$

$$= x^m \left[\sum_{k=0}^{\infty} \binom{d+m-1}{m-1} x^d \right] \left[\sum_{k=0}^{\infty} \binom{d + \frac{m}{2} - 1}{\frac{m}{2} - 1} (-1)^d x^d \right]$$

$$\cdot \left\{ \prod_{k=1}^{\frac{m}{2}-1} \left[\prod_{t=1}^{2k} \left(\sum_{d=0}^{\infty} \mathrm{e}^{\frac{-2td\pi \mathrm{i}}{2k+1}} x^d \right) \right] \right\} \left\{ \prod_{k=1}^{\frac{m}{2}} \left[\prod_{\substack{t \neq k \\ 1 \leqslant t \leqslant 2k-1}} \left(\sum_{d=0}^{\infty} \mathrm{e}^{\frac{-2td\pi \mathrm{i}}{2k}} x^d \right) \right] \right\}$$

$$= \sum_{k=0}^{\infty} \left[\sum_{\substack{k_1+k_2+\left(\sum\limits_{k=1}^{\frac{m-1}{2}}\sum\limits_{t=1}^{2k} a_{kt}\right) + \left(\sum\limits_{k=1}^{\frac{m-1}{2}} \sum\limits_{\substack{t \neq k \\ 1 \leqslant t \leqslant 2k-1}} b_{kt}\right) = k}} \binom{k_1 + m - 1}{m-1} \binom{k_2 + \frac{m-1}{2}}{\frac{m-1}{2}} \right.$$

$$\left. \cdot (-1)^{k_2} \left(\prod_{k=1}^{\frac{m-1}{2}} \exp\left\{ -\sum_{t=1}^{2k} \frac{2ta_{kt}\pi \mathrm{i}}{2k+1} \right\} \right) \left(\prod_{k=1}^{\frac{m-1}{2}} \exp\left\{ -\sum_{\substack{t \neq k \\ 1 \leqslant t \leqslant 2k-1}} \frac{2tb_{kt}\pi \mathrm{i}}{2k} \right\} \right) x^{k+m} \right]$$

所以当 $k = n - m$ 时，x^n 的系数为

$$B(n,m) = \sum_{\substack{k_1+k_2+\left(\sum\limits_{k=1}^{\frac{m}{2}-1}\sum\limits_{t=1}^{2k} a_{kt}\right) + \left(\sum\limits_{k=1}^{\frac{m}{2}} \sum\limits_{\substack{t \neq k \\ 1 \leqslant t \leqslant 2k-1}} b_{kt}\right) = n-m}} \binom{k_1 + m - 1}{m-1} \binom{k_2 + \frac{m}{2} - 1}{\frac{m}{2} - 1}$$

$$\cdot (-1)^{k_2} \left(\prod_{k=1}^{\frac{m}{2}-1} \exp\left\{ -\sum_{t=1}^{2k} \frac{2ta_{kt}\pi \mathrm{i}}{2k+1} \right\} \right) \left(\prod_{k=1}^{\frac{m}{2}} \exp\left\{ -\sum_{\substack{t \neq k \\ 1 \leqslant t \leqslant 2k-1}} \frac{2tb_{kt}\pi \mathrm{i}}{2k} \right\} \right) \quad \square$$

4.3　用生成函数方法求自然数方幂和

　　自然数方幂和在数论与组合数学等方面有着重要的应用价值. 关于它的研究,一直受人关注[2-12]. 以下将先考虑把排列数表示成一个自然数各个不同指数的线

性组合问题,求它相应的系数矩阵,证明这个系数矩阵为右下三角的,利用这个矩阵的逆矩阵求出自然数方幂的生成函数,由此生成函数求出自然数方幂和.

4.3.1　几个结果

由于排列数 $P_{n+m}^{n+1} = m(m+1)\cdots(m+n)$,它是关于 m 的 $n+1$ 次整系数多项式.所以 $P_{n+m}^{n+1} = m^{n+1} + a_1 m^n + \cdots + a_n m\,(a_1, a_2, \cdots, a_n \in \mathbf{Z})$,我们将排列数 P_{n+m}^{n+1} 改记为 $P_{n+1}(m)$.易知有如下结论:

引理 4.3.1　必存在 $n(n \geqslant 1)$ 阶方阵 A_n 使得
$$(P_1(m), P_2(m), \cdots, P_n(m)) = (m^n, m^{n-1}, \cdots, m)A_n$$

证明　由于 n 个多项式 $x, x^2, \cdots, x^n$ 在数域 P 中线性无关,$P_1(x), P_2(x),$ $\cdots, P_n(x)$ 也分别是关于 x 的 1 次,2 次,$\cdots$,n 次多项式,所以 $P_1(x), P_2(x), \cdots,$ $P_n(x)$ 在数域 P 中也线性无关.显然,这两组都是极大线性无关组.故它们之间能相互线性表示,即存在 $n(n \geqslant 1)$ 阶方阵 A_n 使得
$$(P_1(x), P_2(x), \cdots, P_n(x)) = (x^n, x^{n-1}, \cdots, x)A_n$$
令 $x = m$,引理得证.　□

定义 4.3.1　引理 4.3.1 中的 n 阶方阵 A_n 叫作 n 阶的排列数生成矩阵.

定理 4.3.1　设 n 阶的排列数生成矩阵 $A_n = (a_{ij})_{n \times n}$,则

(1) 当 $i + j < n + 1$ 时,有 $a_{ij} = 0$.

(2) 当 $i + j = n + 1$ 时,有 $a_{ij} = 1$.

(3) 当 $i + j > n + 1$ 且 $i < n$ 时,有 $a_{ij} = (j-1)a_{ij-1} + a_{i+1\,j-1}$.

(4) 当 $i = n$ 时,有 $a_{ni} = (i-1)a_{n\,i-1}$.

证明　由引理 4.3.1 知,$(P_1(m), P_2(m), \cdots, P_n(m)) = (m^n, m^{n-1}, \cdots, m)A_n$,所以
$$\begin{cases} m = P_1(m) = a_{11}m^n + a_{21}m^{n-1} + \cdots + a_{n1}m \\ m(m+1) = P_2(m) = a_{12}m^n + a_{22}m^{n-1} + \cdots + a_{n2}m \\ \cdots \\ m(m+1)\cdots(m+n-1) = P_n(m) = a_{1n}m^n + a_{2n}m^{n-1} + \cdots + a_{nn}m \end{cases}$$
$$(4.3.1)$$

由(4.3.1)式知,当 $i + j < n + 1$ 时,有 $a_{ij} = 0$;即(1)成立.

当 $i + j = n + 1$ 时,则 a_{ij} 为 A_n 的副对角线上的元素,有(4.3.1)式即知
$$a_{n1} = 1, \quad a_{(n-1)2} = 1, \quad \cdots, \quad a_{1n} = 1$$
即(2)也成立.下证(3)与(4).

由于 $P_j(m) = P_{j-1}(x)(m+j-1)$,由(1)与(2)知,
$$P_{j-1}(m) = a_{1(j-1)}m^n + a_{2(j-1)}m^{n-1} + \cdots + a_{(i-1)(j-1)}m^{n-(j-2)}$$

$$+ a_{i(j-1)} m^{n-(j-1)} + \cdots + a_{n(j-1)} m$$
$$= a_{(n+2-j)(j-1)} m^{j-1} + a_{(n+3-j)(j-1)} m^{j-2} + \cdots + a_{n(j-1)} m$$

这里 $a_{(n+2-j)(j-1)} = 1$，而

$$P_j(m) = P_{j-1}(m)(m + j - 1)$$
$$= \big[a_{(n+2-j)(j-1)} m^{j-1} + a_{(n+3-j)(j-1)} m^{j-2} + \cdots + a_{n(j-1)} m \big](m + j - 1)$$
$$= a_{(n+2-j)(j-1)} m^j + \big[(j-1) a_{(n+2-j)(j-1)} + a_{(n+3-j)(j-1)} \big] m^{j-1}$$
$$+ \big[(j-1) a_{(n+3-j)(j-1)} + a_{(n+4)(j-1)} \big] m^{j-2} + \cdots$$
$$+ \big[(j-1) a_{(n-1)(j-1)} + a_{n(j-1)} \big] m^2 + (j-1) a_{n(j-1)} m \tag{4.3.2}$$

又因为

$$P_j(m) = a_{(n+1-j)j} m^j + a_{(n+2-j)j} m^{j-1} + \cdots + a_{(n-1)j} m^2 + a_{nj} m \tag{4.3.3}$$

比较(4.3.2)与(4.3.3)式得

$$a_{(n+1-j)j} = 1, \quad a_{(n+2-j)j} = (j-1) a_{(n+2-j)(j-1)} + a_{(n+3-j)(j-1)}$$
$$a_{(n+3-j)j} = (j-1) a_{(n+3-j)(j-1)} + a_{(n+4-j)(j-1)}, \cdots, a_{(n-1)j}$$
$$= (j-1) a_{(n-1)(j-1)} + a_{n(j-1)}$$
$$a_{nj} = (j-1) a_{n(j-1)}$$

于是，(3)与(4)也成立. □

易知，$A_2 = \begin{pmatrix} 0 & 1 \\ 1 & 1 \end{pmatrix}$，由定理 4.3.1 即可计算出 $A_3 = \begin{pmatrix} 0 & 0 & 1 \\ 0 & 1 & 3 \\ 1 & 1 & 2 \end{pmatrix}$，由此据定理

4.3.1 很快可以算出

$$A_4 = \begin{pmatrix} 0 & 0 & 0 & 1 \\ 0 & 0 & 1 & 6 \\ 0 & 1 & 3 & 11 \\ 1 & 1 & 2 & 6 \end{pmatrix}, \quad A_5 = \begin{pmatrix} 0 & 0 & 0 & 0 & 1 \\ 0 & 0 & 0 & 1 & 10 \\ 0 & 0 & 1 & 6 & 35 \\ 0 & 1 & 3 & 11 & 50 \\ 1 & 1 & 2 & 6 & 24 \end{pmatrix}$$

$$A_6 = \begin{pmatrix} 0 & 0 & 0 & 0 & 0 & 1 \\ 0 & 0 & 0 & 0 & 1 & 15 \\ 0 & 0 & 0 & 1 & 10 & 85 \\ 0 & 0 & 1 & 6 & 35 & 225 \\ 0 & 1 & 3 & 11 & 50 & 274 \\ 1 & 1 & 2 & 6 & 24 & 120 \end{pmatrix}$$

注 4.3.1　由定理 4.3.1 即知，对 $\forall n \in \mathbf{N}^+$，$n \geqslant 2$，则 A_{n-1} 为 A_n 的子阵，而且 A_{n-1} 为 A_n 左下角子阵，即 A_n 的第 1 行与第 n 列去掉以后所留下的矩阵即为 A_{n-1}，A_n 的第 1 行

$$a_{11} = a_{12} = \cdots = a_{1(n-1)} = 0, \quad a_{1n} = 1$$

且 $a_{nn} = (n-1)!$ 故若已知 A_{n-1} 而求 A_n 只需求出 $a_{2n}, a_{3n}, \cdots, a_{(n-1)n}$ 这 $n-2$ 个元素. 据定理 4.3.1 中(3)可以很快地求出这 $n-2$ 个元素, 所以根据定理 4.3.1 可快速求出 A_n.

类似地, 可用定理 4.3.1 的证明方法得到如下结论:

定理 4.3.2　设 n 阶的排列数生成矩阵的逆 $A_n^{-1} = (b_{ij})_{n \times n}$, 则

(1) 当 $i + j > n + 1$ 时, 有 $b_{ij} = 0$.

(2) 当 $i + j = n + 1$ 时, 有 $b_{ij} = 1$.

(3) 当 $i + j \leqslant n$ 且 $i \neq 1$ 时, 有 $b_{ij} = -ib_{ij+1} + b_{i-1\,j+1}$.

(4) 当 $i = 1$ 时, 有 $b_{1j} = (-1)^{j+n}$.

注 4.3.2　由定理 4.3.2 即知, 对 $\forall n \in \mathbf{N}^+$, $n \geqslant 2$, 则 A_{n-1}^{-1} 为 A_n^{-1} 的子阵, 而且 A_{n-1}^{-1} 为 A_n^{-1} 右上角子阵, 即 A_n^{-1} 的第 1 列与第 n 行去掉以后所留下的矩阵即为 A_{n-1}^{-1}, A_n^{-1} 的第 n 列

$$b_{2n} = b_{3n} = \cdots = b_{nn} = 0, \quad b_{1n} = 1$$

且 $b_{11} = (-1)^{1+n}$, 故若已知 A_{n-1}^{-1} 而求 A_n^{-1} 时, 只需求出 $b_{21}, b_{31}, \cdots, b_{(n-1)1}$ 这 $n-2$ 个元素. 据定理 4.3.2 中(3)可以很快地求出这 $n-2$ 个元素, 所以根据定理 4.3.2 可快速求出 A_n^{-1}.

引理 4.3.2[9]　设 $G\{a_n^{(i)}\}$ 为数列 $\{a_0^{(i)}, a_1^{(i)}, \cdots, a_n^{(i)}, \cdots\}$ $(i = 1, 2, \cdots, k)$ 的生成函数, 那么对任意的常数 $c_1, c_2, \cdots, c_k$ 有

$$G\left\{\sum_{i=1}^{k} c_i a_n^{(i)}\right\} = \sum_{i=1}^{k} c_i G\{a_n^{(i)}\}$$

引理 4.3.3　若 $(m^n, m^{n-1}, \cdots, m) = (P_1(m), P_2(m), \cdots, P_n(m)) A_n^{-1}$, 则

$$(G\{m^n\}, G\{m^{n-1}\}, \cdots, G\{m\}) = (G\{P_1(m)\}, G\{P_2(m)\}, \cdots, G\{P_n(m)\}) A_n^{-1}$$

证明　设 $A_n^{-1} = \begin{bmatrix} b_{11} & b_{12} & \cdots & b_{1n} \\ b_{21} & b_{22} & \cdots & b_{2n} \\ \vdots & \vdots & & \vdots \\ b_{n1} & b_{n2} & \cdots & b_{nn} \end{bmatrix}$, 于是 $m^i = b_{1i}P_1(m) + b_{2i}P_2(m)$

$+ \cdots + b_{ni}P_n(m)$ $(i = 1, 2, \cdots, n)$, 由引理 4.3.2 知, $G\{m^i\} = \sum_{j=1}^{n} b_{ji} G\{P_j(m)\}$, 故

$$(G\{m^n\}, G\{m^{n-1}\}, \cdots, G\{m\})$$

$$= \left(\sum_{j=1}^{n} b_{j1} G\{P_j(m)\}, \sum_{j=1}^{n} b_{j2} G\{P_j(m)\}, \cdots, \sum_{j=1}^{n} b_{jn} G\{P_j(m)\}\right)$$

$$= (G\{P_1(m)\}, G\{P_2(m)\}, \cdots, G\{P_n(m)\}) \begin{pmatrix} b_{11} & b_{12} & \cdots & b_{1n} \\ b_{21} & b_{22} & \cdots & b_{2n} \\ \vdots & \vdots & & \vdots \\ b_{n1} & b_{n2} & \cdots & b_{nn} \end{pmatrix}$$

$$= (G\{P_1(m)\}, G\{P_2(m)\}, \cdots, G\{P_n(m)\}) \boldsymbol{A}_n^{-1} \qquad \square$$

定理 4.3.3　设 $P_{n+m-1}^n = m(m+1)\cdots(m+n-1)$ 的生成函数为 $G\{P_n(m)\}$，则

$$G\{P_n(m)\} = \frac{n!\, x}{(1-x)^{n+1}}$$

证明　当 $n = 1$ 时，

$$G\{P_1(m)\} = G\{m\} = \sum_{m=1}^{\infty} m x^{m-1} = x\left(\sum_{m=1}^{\infty} x^m\right)' = x\left(\frac{1}{1-x}\right)' = \frac{x}{(1-x)^2}$$

此时结论成立. 假设 $n = k-1$ 时结论成立，即 $G\{P_{k-1}(m)\} = \dfrac{(k-1)!\ x}{(1-x)^k}$，则

$$\int_0^x t^{k-2} G\{P_k(m)\} \mathrm{d}t = \int_0^x \sum_{m=1}^{\infty} m(m+1)\cdots(m+k-1) t^{m+k-2} \mathrm{d}t$$

$$= \sum_{m=1}^{\infty} m(m+1)\cdots(m+k-2) x^{m+k-1}$$

$$= x^{k-1} G\{P_{k-1}(m)\} = x^{k-1} \frac{(k-1)!\, x}{(1-x)^k}$$

对上式两端求导得

$$x^{k-2} G\{P_k(m)\} = \left(x^{k-1} \frac{(k-1)!\, x}{(1-x)^k}\right)' = \frac{k!\, x^{k-1}}{(1-x)^{k+1}}$$

所以 $G\{P_k(m)\} = \dfrac{k!\ x}{(1-x)^{k+1}}$，即 $n = k$ 时结论也成立（由数学归纳法原理）.　$\square$

引理 4.3.4[9]　若 $b_k = \sum_{i=0}^{k} a_i$，则 $G\{b_k\} = \dfrac{G\{a_k\}}{1-x}$.

4.3.2　自然数方幂和的计算方法

为了求自然数方幂和，第 1 步利用定理 4.3.2 以及数学软件求 n 阶排列数生成矩阵 $\boldsymbol{A}_n$ 的逆矩阵 $\boldsymbol{A}_n^{-1}$，第 2 步根据引理 4.3.3 与定理 4.3.3 求出生成函数 $G\{k^t\}\,(t=1,2,\cdots,n)$，第 3 步利用引理 4.3.3 求出 $a_s = \sum_{k=1}^{s} k^t$ 的生成函数，第 4 步计算 a_s 的生成函数 $G\{a_s\}$ 中的 x^n 项的系数，此即为所求.

例 4.3.1　求 $\sum_{k=1}^{n} k^4$.

解　由于 $\boldsymbol{A}_4 = \begin{pmatrix} 0 & 0 & 0 & 1 \\ 0 & 0 & 1 & 6 \\ 0 & 1 & 3 & 11 \\ 1 & 1 & 2 & 6 \end{pmatrix}$,它的逆矩阵为 $\boldsymbol{A}_4^{-1} = \begin{pmatrix} -1 & 1 & -1 & 1 \\ 7 & -3 & 1 & 0 \\ -6 & 1 & 0 & 0 \\ 1 & 0 & 0 & 0 \end{pmatrix}$,

由引理 4.3.3 与定理 4.3.2 知

$$G\{k^4\} = (-1)\frac{x}{(1-x)^2} + 7 \cdot \frac{2!x}{(1-x)^3} + (-6)\frac{3!x}{(1-x)^4} + 1 \cdot \frac{4!x}{(1-x)^5}$$

$$= \frac{(1 + 11x + 11x^2 + x^3)x}{(1-x)^5}$$

设 $a_n = \sum_{k=1}^{n} k^4$,由引理 4.3.4 知,

$$G\{a_n\} = \frac{G\{k^4\}}{1-x} = \frac{(1 + 11x + 11x^2 + x^3)x}{(1-x)^6}$$

$$= (x + 11x^2 + 11x^3 + x^4)\sum_{k=0}^{\infty} \binom{k+5}{k}x^k$$

此式右端 x^n 的系数为

$$\binom{n+4}{n-1} + 11\binom{n+3}{n-2} + 11\binom{n+2}{n-3} + \binom{n+1}{n-4} = \frac{n(n+1)(2n+1)(3n^2+3n-1)}{30}$$

所以 $\sum_{k=1}^{n} k^4 = \frac{n(n+1)(2n+1)(3n^2+3n-1)}{30}$. 　□

例 4.3.2　求 $\sum_{k=1}^{n} k^{12}$.

解　由于 $\boldsymbol{A}_{12}^{-1}$ 为

$$\begin{pmatrix}
-1 & 1 & -1 & 1 & -1 & 1 & -1 & 1 & -1 & 1 & -1 & 1 \\
2047 & -1023 & 551 & -255 & 127 & -63 & 31 & -15 & 7 & -3 & 1 & 0 \\
-86526 & 28510 & -9330 & 3025 & -966 & 301 & -90 & 25 & -6 & 1 & 0 & 0 \\
611501 & -145750 & 34105 & -7770 & 1701 & -350 & 65 & -10 & 1 & 0 & 0 & 0 \\
-1379400 & 246730 & -42525 & 6951 & -1050 & 140 & -15 & 1 & 0 & 0 & 0 & 0 \\
1323652 & -179487 & 22827 & -2646 & 266 & -21 & 1 & 0 & 0 & 0 & 0 & 0 \\
-627396 & 63987 & -5880 & 462 & -28 & 1 & 0 & 0 & 0 & 0 & 0 & 0 \\
159027 & -11880 & 750 & -36 & 1 & 0 & 0 & 0 & 0 & 0 & 0 & 0 \\
-22275 & 1155 & -45 & 1 & 0 & 0 & 0 & 0 & 0 & 0 & 0 & 0 \\
1705 & -55 & 1 & 0 & 0 & 0 & 0 & 0 & 0 & 0 & 0 & 0 \\
-66 & 1 & 0 & 0 & 0 & 0 & 0 & 0 & 0 & 0 & 0 & 0 \\
1 & 0 & 0 & 0 & 0 & 0 & 0 & 0 & 0 & 0 & 0 & 0
\end{pmatrix}$$

由引理 4.3.3 与定理 4.3.2 知,

$$G\{k^{12}\} = (-1)\frac{x}{(1-x)^2} + 2047\frac{2!\,x}{(1-x)^3} + (-86526)\frac{3!\,x}{(1-x)^4}$$

$$+ (611501)\frac{4!\,x}{(1-x)^5} + (-1379400)\frac{5!\,x}{(1-x)^6} + (1323652)\frac{6!\,x}{(1-x)^7}$$

$$+ (-627396)\frac{7!\,x}{(1-x)^8} + 159027\frac{8!\,x}{(1-x)^9} + (-22275)\frac{9!\,x}{(1-x)^{10}}$$

$$+ 1705\frac{10!\,x}{(1-x)^{11}} + (-66)\frac{11!\,x}{(1-x)^{12}} + \frac{12!\,x}{(1-x)^{13}}$$

$$= \frac{1}{(1-x)^{13}}\big[x(1 + 4083x + 478271x^2 + 10187685x^3$$

$$+ 66318474x^4 + 162512286x^5 + 162512286x^6 + 66318474x^7$$

$$+ 10187685x^8 + 478271x^9 + 4083x^{10} + x^{11})\big]$$

设 $a_n = \sum\limits_{k=1}^{n} k^{12}$,由引理 4.3.4 可知,

$$G\{a_n\} = \frac{G\{k^{12}\}}{1-x} = \frac{1}{(1-x)^{14}}\big[x(1 + 4083x + 478271x^2 + 10187685x^3$$

$$+ 66318474x^4 + 162512286x^5 + 162512286x^6 + 66318474x^7$$

$$+ 10187685x^8 + 478271x^9 + 4083x^{10} + x^{11})\big]$$

$$= (x + 4083x^2 + 478271x^3 + 10187685x^4 + 66318474x^5$$

$$+ 162512286x^6 + 162512286x^7 + 66318474x^8 + 10187685x^9$$

$$+ 478271x^{10} + 4083x^{11} + x^{12})\sum_{k=0}^{\infty}\binom{k+13}{k}x^k$$

此时右端 x^n 的系数为

$$\binom{n+12}{n-1} + 4083\binom{n+11}{n-2} + 478271\binom{n+10}{n-3} + 10187685\binom{n+9}{n-4}$$

$$+ 66318474\binom{n+8}{n-5} + 162512286\binom{n+7}{n-6} + 162512286\binom{n+6}{n-7}$$

$$+ 66318474\binom{n+5}{n-8} + 10187685\binom{n+4}{n-9} + 478271\binom{n+3}{n-10}$$

$$+ 4083\binom{n+2}{n-11} + \binom{n+1}{n-12}$$

$$= -\frac{691n}{2730} + \frac{5n^3}{3} - \frac{33n^5}{10} + \frac{22n^7}{7} - \frac{11n^9}{6} + n^{11} + \frac{n^{12}}{2} + \frac{n^{13}}{13}$$

所以 $\sum\limits_{k=1}^{n} k^{12} = -\dfrac{691n}{2730} + \dfrac{5n^3}{3} - \dfrac{33n^5}{10} + \dfrac{22n^7}{7} - \dfrac{11n^9}{6} + n^{11} + \dfrac{n^{12}}{2} + \dfrac{n^{13}}{13}.$ 　□

事实上,由注 4.3.2 知,若求出 n 阶的排列数生成矩阵的逆 $\boldsymbol{A}_n^{-1}$,对于任意 $1 \leqslant m \leqslant n$ 的自然数 m,m 阶的排列数生成矩阵的逆 $\boldsymbol{A}_m^{-1}$ 皆为 $\boldsymbol{A}_n^{-1}$ 的右上角子阵,所以,若求出 n 阶的排列数生成矩阵的逆 $\boldsymbol{A}_n^{-1}$,则对于任意 $1 \leqslant m \leqslant n$ 的自然数 m,方幂和 $\sum\limits_{i=1}^{k} i^m$ 皆可用如上方法快速求出. 例如,我们利用 $\boldsymbol{A}_{12}^{-1}$ 的第 1 列的数求出 $\sum\limits_{i=1}^{k} i^{12}$,利用 $\boldsymbol{A}_{12}^{-1}$ 第 2 列的数即可求出 $\sum\limits_{i=1}^{k} i^{11}$,利用 $\boldsymbol{A}_{12}^{-1}$ 第 3 列的数即可求出 $\sum\limits_{i=1}^{k} i^{10}$,利用 $\boldsymbol{A}_{12}^{-1}$ 第 4 列的数即可求出 $\sum\limits_{i=1}^{k} i^9$ 等等,如利用 $\boldsymbol{A}_{12}^{-1}$ 第 9 列的数即可求出 $\sum\limits_{i=1}^{k} i^4$(见例 4.3.1). 运用此法求自然数的方幂和可在计算机上编程实施,程序简单,运行速度快. 如计算 $\sum\limits_{i=1}^{k} i^{50}$,在普通的计算机上运用 Mathematics 软件,运行不到几分钟即可求出.

4.4　一般二元与三元不定方程 非负整数解个数问题

对于不定方程 $x_1 + x_2 + \cdots + x_k = n$ 的非负整数解[13],我们熟知它的解的个数为 $\dbinom{n+k-1}{k-1}$,而它的正整数解的个数为 $\dbinom{n-1}{k-1}$. 这一节我们将探讨不定方程 $ax_1 + bx_2 = n$ 以及不定方程 $ax_1 + bx_2 + cx_3 = n$ 的非负整数解的个数问题.

4.4.1　$ax_1 + bx_2 = n((a,b)=1)$ 的非负整数解的个数

定理 4.4.1　设 $a,b,n \in \mathbf{N},(a,b)=1$,记不定方程 $ax_1 + bx_2 = n$ 的非负整数解的个数为 $\omega(2,n)$,那么

$$\omega(2,n) = \sum_{k=1}^{a-1} \frac{1}{\mathrm{e}^{\frac{2(n+1)k\pi\mathrm{i}}{a}}\left(1 - \mathrm{e}^{\frac{2bk\pi\mathrm{i}}{a}}\right)\prod\limits_{\substack{t \neq k \\ 0 \leqslant t \leqslant a-1}}\left(\mathrm{e}^{\frac{2k\pi\mathrm{i}}{a}} - \mathrm{e}^{\frac{2t\pi\mathrm{i}}{a}}\right)}$$

$$+ \sum_{k=1}^{b-1} \frac{1}{\mathrm{e}^{\frac{2(n+1)k\pi\mathrm{i}}{b}}\left(1 - \mathrm{e}^{\frac{2ak\pi\mathrm{i}}{b}}\right)\prod\limits_{\substack{t \neq k \\ 0 \leqslant t \leqslant b-1}}\left(\mathrm{e}^{\frac{2k\pi\mathrm{i}}{b}} - \mathrm{e}^{\frac{2t\pi\mathrm{i}}{b}}\right)}$$

$$+ \frac{n+1}{ab} + \frac{a-1}{2ab} + \frac{b-1}{2ab}$$

证明　由于不定方程 $ax_1 + bx_2 = n$ 的非负整数解的个数 $\omega(2,n)$ 所对应的

生成函数是 $g(x) = \dfrac{1}{(1-x^a)(1-x^b)} = \displaystyle\sum_{k=0}^{\infty} \omega(2,k)x^k$,其中当 $k = n$ 时即为所

求. 由此即知,$f(x) = \dfrac{1}{x^{n+1}(1-x^a)(1-x^b)}$ 所展开的形式幂级数中 x^{-1} 项中的

系数即为所求. 为此,只要求出 $f(z)$ 在 $z = 0$ 处的留数即可. 即 $\omega(2,n) =$
$\mathrm{Res}(f(z),0)$,由于 $f(z)$ 在 $z = \infty$ 处解析,故 $f(z)$ 在 $z = \infty$ 处的留数为零,而
$f(z)$ 在复平面中的极点为

$$z = 0, \quad z = 1, \quad z_k = \mathrm{e}^{\frac{2k\pi i}{a}} \ (k = 1,2,\cdots,a-1), \quad z_k = \mathrm{e}^{\frac{2k\pi i}{b}} \ (k = 1,2,\cdots,b-1)$$

再由留数定理知

$$\omega(2,n) = \mathrm{Res}(f(z),0)$$

$$= -\left[\mathrm{Res}(f(z),1) + \sum_{k=1}^{a-1} \mathrm{Res}(f(z),\mathrm{e}^{\frac{2k\pi i}{a}}) + \sum_{k=1}^{b-1} \mathrm{Res}(f(z),\mathrm{e}^{\frac{2k\pi i}{b}}) \right] \quad (4.4.1)$$

在这些非零的极点中,$z = 1$ 为 2 阶极点,其余是 1 阶极点,所以

$$\mathrm{Res}(f(z),\mathrm{e}^{\frac{2k\pi i}{a}}) = \left[(z - \mathrm{e}^{\frac{2k\pi i}{a}})f(z) \right]\Big|_{z = \mathrm{e}^{\frac{2k\pi i}{a}}}$$

$$= \frac{1}{\mathrm{e}^{\frac{2(n+1)k\pi i}{a}} (\mathrm{e}^{\frac{2bk\pi i}{a}} - 1) \displaystyle\prod_{\substack{t \neq k \\ 0 \leqslant t \leqslant a-1}} (\mathrm{e}^{\frac{2k\pi i}{a}} - \mathrm{e}^{\frac{2t\pi i}{a}})} \quad (k = 1,2,\cdots,a-1)$$

$$(4.4.2)$$

$$\mathrm{Res}(f(z),\mathrm{e}^{\frac{2k\pi i}{b}}) = \left[(z - \mathrm{e}^{\frac{2k\pi i}{b}})f(z) \right]\Big|_{z = \mathrm{e}^{\frac{2k\pi i}{b}}}$$

$$= \frac{1}{\mathrm{e}^{\frac{2(n+1)k\pi i}{b}} (\mathrm{e}^{\frac{2ak\pi i}{b}} - 1) \displaystyle\prod_{\substack{t \neq k \\ 0 \leqslant t \leqslant b-1}} (\mathrm{e}^{\frac{2k\pi i}{b}} - \mathrm{e}^{\frac{2t\pi i}{b}})} \quad (k = 1,2,\cdots,b-1)$$

$$(4.4.3)$$

下面求 $\mathrm{Res}(f(z),1) = \left[(z-1)^2 f(z) \right]'\big|_{z=1}$.

$$\left[(z-1)^2 f(z) \right]' = \left[\frac{(1-z)^2}{z^{n+1}(1-z^a)(1-z^b)} \right]'$$

$$= \frac{-2(1-z)}{z^{n+1}(1-z^a)(1-z^b)} + \frac{az^{a-1}(1-z)^2}{z^{n+1}(1-z^a)^2(1-z^b)}$$

$$+ \frac{bz^{b-1}(1-z)^2}{z^{n+1}(1-z^a)(1-z^b)^2} - \frac{(n+1)(1-z)^2}{z^{n+2}(1-z^a)(1-z^b)}$$

$$(4.4.4)$$

而

$$\lim_{z \to 1} \frac{(n+1)(1-z)^2}{z^{n+2}(1-z^a)(1-z^b)} = \frac{n+1}{ab} \tag{4.4.5}$$

$$\lim_{z \to 1} \left[\frac{az^{a-1}(1-z)^2}{z^{n+1}(1-z^a)^2(1-z^b)} - \frac{(1-z)}{z^{n+1}(1-z^a)(1-z^b)} \right]$$

$$= \lim_{z \to 1} \frac{(1-z)^2}{z^{n+1}(1-z^a)(1-z^b)} \left(\frac{az^{a-1}}{1-z^a} - \frac{1}{1-z} \right) \tag{4.4.6}$$

$$\lim_{z \to 1} \frac{(1-z)^2}{z^{n+1}(1-z^a)(1-z^b)} = \frac{1}{ab} \tag{4.4.7}$$

$$\lim_{z \to 1} \left(\frac{az^{a-1}}{1-z^a} - \frac{1}{1-z} \right)$$

$$= \lim_{z \to 1} \frac{1}{1+z+z^2+\cdots+z^{a-1}} \cdot \left(\frac{az^{a-1} - (1+z+z^2+\cdots+z^{a-1})}{1-z} \right)$$

$$= \frac{1}{a} \lim_{z \to 1} \left[\frac{az^{a-1} - (1+z+z^2+\cdots+z^{a-1})}{1-z} \right]$$

由于 $\lim\limits_{z \to 1} [az^{a-1} - (1+z+z^2+\cdots+z^{a-1})] = \lim\limits_{z \to 1}(1-z) = 0$，由 L'Hospital 法则得

$$\lim_{z \to 1} \frac{az^{a-1} - (1+z+z^2+\cdots+z^{a-1})}{1-z}$$

$$= \lim_{z \to 1} \frac{[az^{a-1} - (1+z+z^2+\cdots+z^{a-1})]'}{(1-z)'}$$

$$= \lim_{z \to 1} \frac{a(a-1)z^{a-2} - (1+2z+3z^2+\cdots+(a-1)z^{a-2})}{-1}$$

$$= -\frac{a(a-1)}{2}$$

于是 $\lim\limits_{z \to 1} \left(\dfrac{az^{a-1}}{1-z^a} - \dfrac{1}{1-z} \right) = -\dfrac{1}{a} \dfrac{a(a-1)}{2} = \dfrac{-(a-1)}{2}$，从而由 (4.4.6) 与 (4.4.7) 式得

$$\lim_{z \to 1} \left[\frac{az^{a-1}(1-z)^2}{z^{n+1}(1-z^a)^2(1-z^b)} - \frac{1-z}{z^{n+1}(1-z^a)(1-z^b)} \right] = -\frac{a-1}{2ab} \tag{4.4.8}$$

同理有

$$\lim_{z \to 1} \left[\frac{bz^{b-1}(1-z)^2}{z^{n+1}(1-z^a)(1-z^b)^2} - \frac{1-z}{z^{n+1}(1-z^a)(1-z^b)} \right] = -\frac{b-1}{2ab} \tag{4.4.9}$$

由 (4.4.4)、(4.4.5)、(4.4.8)、(4.4.9) 式得

$$\text{Res}(f(z),1) = [(z-1)^2 f(z)]' \big|_{z=1}$$

$$= \lim_{z \to 1}\left[\frac{-2(1-z)}{z^{n+1}(1-z^a)(1-z^b)} + \frac{az^{a-1}(1-z)^2}{z^{n+1}(1-z^a)^2(1-z^b)}\right.$$

$$\left. + \frac{bz^{b-1}(1-z)^2}{z^{n+1}(1-z^a)(1-z^b)^2} - \frac{(n+1)(1-z)^2}{z^{n+2}(1-z^a)(1-z^b)}\right]$$

$$= -\frac{a-1}{2ab} - \frac{b-1}{2ab} - \frac{n+1}{ab} \tag{4.4.10}$$

由 $(4.4.1)\sim(4.4.3)$、$(4.4.10)$ 式定理得证. $\qquad\square$

推论 4.4.1　设 $a,b,n\in\mathbf{N}$,$(a,b)=1$,记不定方程 $ax_1 + bx_2 = n$ 的非负整数解的个数为 $\omega(2,n)$,当 n 充分大时,有 $\omega(2,n)\sim\dfrac{n}{ab}$.

4.4.2　$ax_1 + bx_2 + cx_3 = n((a,b,c)=1)$ 的非负整数解的个数

在上一节中我们应用组合数学中的生成函数和复变函数中的留数定理等知识,结合分析法,经过计算推出了不定方程 $ax_1 + bx_2 = n((a,b)=1)$ 的非负整数解的个数公式,下面我们将运用同样的方法去研究 $ax_1 + bx_2 + cx_3 = n((a,b,c)=1)$ 的情形.

定理 4.4.2　设 $a,b,c\in\mathbf{N}$,$(a,b)=(a,c)=(b,c)=1$,记不定方程 $ax_1 + bx_2 + cx_3 = n$ 的非负整数解的个数为 $\omega(3,n)$,那么

$$\omega(3,n) = \sum_{k=1}^{a-1}\frac{1}{\mathrm{e}^{\frac{2(n+1)k\pi i}{a}}(\mathrm{e}^{\frac{2bk\pi i}{a}}-1)(\mathrm{e}^{\frac{2ck\pi i}{a}}-1)\prod\limits_{\substack{t\neq k\\0\leqslant t\leqslant a-1}}(\mathrm{e}^{\frac{2k\pi i}{a}}-\mathrm{e}^{\frac{2t\pi i}{a}})}$$

$$+ \sum_{k=1}^{b-1}\frac{1}{\mathrm{e}^{\frac{2(n+1)k\pi i}{b}}(\mathrm{e}^{\frac{2ak\pi i}{b}}-1)(\mathrm{e}^{\frac{2ck\pi i}{b}}-1)\prod\limits_{\substack{t\neq k\\0\leqslant t\leqslant b-1}}(\mathrm{e}^{\frac{2k\pi i}{b}}-\mathrm{e}^{\frac{2t\pi i}{b}})}$$

$$+ \sum_{k=1}^{c-1}\frac{1}{\mathrm{e}^{\frac{2(n+1)k\pi i}{c}}(\mathrm{e}^{\frac{2ak\pi i}{c}}-1)(\mathrm{e}^{\frac{2bk\pi i}{c}}-1)\prod\limits_{\substack{t\neq k\\0\leqslant t\leqslant c-1}}(\mathrm{e}^{\frac{2k\pi i}{c}}-\mathrm{e}^{\frac{2t\pi i}{c}})}$$

$$+ \frac{(n+1)}{2abc}(n+a+b+c-1)$$

$$+ \frac{1}{12abc}\left[(a-1)(a+1)+(b-1)(b+1)+(c-1)(c+1)\right]$$

$$+ \frac{1}{4abc}\left[(a-1)(b-1)+(b-1)(c-1)+(c-1)(a-1)\right]$$

证明　由于不定方程 $ax_1 + bx_2 + cx_3 = n$ 的非负整数解的个数为 $\omega(3,n)$,

所对应的生成函数是 $g(x) = \dfrac{1}{(1-x^a)(1-x^b)(1-x^c)} = \sum\limits_{k=0}^{\infty} \omega(3,k) x^k$，其中

当 $k = n$ 时即为所求. 由此即知，$f(x) = \dfrac{1}{x^{n+1}(1-x^a)(1-x^b)(1-x^c)}$ 所展开

的形式幂级数中 x^{-1} 项的系数即为所求. 为此，只要求出 $f(z)$ 在 $z = 0$ 处的留数即可. 即 $\omega(3,n) = \mathrm{Res}(f(z),0)$，由于 $f(z)$ 在 $z = \infty$ 处解析，故 $f(z)$ 在 $z = \infty$ 处的留数为零，而 $f(z)$ 在复平面中的极点为 $z = 0, z = 1$ 以及

$$z_k = \mathrm{e}^{\frac{2k\pi i}{a}} \quad (k = 1,2,\cdots,a-1)$$

$$z_k = \mathrm{e}^{\frac{2k\pi i}{b}} \quad (k = 1,2,\cdots,b-1)$$

$$z_k = \mathrm{e}^{\frac{2k\pi i}{c}} \quad (k = 1,2,\cdots,c-1)$$

再由留数定理知

$$
\begin{aligned}
\omega(3,n) &= \mathrm{Res}(f(z),0) \\
&= -\mathrm{Res}(f(z),1) - \sum_{k=1}^{a-1} \mathrm{Res}\left(f(z),\mathrm{e}^{\frac{2k\pi i}{a}}\right) \\
&\quad - \sum_{k=1}^{b-1} \mathrm{Res}\left(f(z),\mathrm{e}^{\frac{2k\pi i}{b}}\right) - \sum_{k=1}^{c-1} \mathrm{Res}\left(f(z),\mathrm{e}^{\frac{2k\pi i}{c}}\right) \quad (4.4.11)
\end{aligned}
$$

在这些非零的极点中，$z = 1$ 为 3 阶极点，其余是 1 阶极点，所以

$$
\begin{aligned}
\mathrm{Res}\left(f(z),\mathrm{e}^{\frac{2k\pi i}{a}}\right) &= \left[(z - \mathrm{e}^{\frac{2k\pi i}{a}})f(z)\right]\Big|_{z=\mathrm{e}^{\frac{2k\pi i}{a}}} \\
&= \frac{-1}{\mathrm{e}^{\frac{2(n+1)k\pi i}{a}}(\mathrm{e}^{\frac{2bk\pi i}{a}}-1)(\mathrm{e}^{\frac{2ck\pi i}{a}}-1)\prod\limits_{\substack{t \neq k \\ 0 \leqslant t \leqslant a-1}}(\mathrm{e}^{\frac{2k\pi i}{a}}-\mathrm{e}^{\frac{2t\pi i}{a}})} \\
&\qquad\qquad (k = 1,2,\cdots,a-1) \quad (4.4.12)
\end{aligned}
$$

$$
\begin{aligned}
\mathrm{Res}\left(f(z),\mathrm{e}^{\frac{2k\pi i}{b}}\right) &= \left[(z - \mathrm{e}^{\frac{2k\pi i}{b}})f(z)\right]\Big|_{z=\mathrm{e}^{\frac{2k\pi i}{b}}} \\
&= \frac{-1}{\mathrm{e}^{\frac{2(n+1)k\pi i}{b}}(\mathrm{e}^{\frac{2ak\pi i}{b}}-1)(\mathrm{e}^{\frac{2ck\pi i}{b}}-1)\prod\limits_{\substack{t \neq k \\ 0 \leqslant t \leqslant b-1}}(\mathrm{e}^{\frac{2k\pi i}{b}}-\mathrm{e}^{\frac{2t\pi i}{b}})} \\
&\qquad\qquad (k = 1,2,\cdots,b-1) \quad (4.4.13)
\end{aligned}
$$

$$
\begin{aligned}
\mathrm{Res}\left(f(z),\mathrm{e}^{\frac{2k\pi i}{c}}\right) &= \left[(z - \mathrm{e}^{\frac{2k\pi i}{c}})f(z)\right]\Big|_{z=\mathrm{e}^{\frac{2k\pi i}{c}}} \\
&= \frac{-1}{\mathrm{e}^{\frac{2(n+1)k\pi i}{c}}(\mathrm{e}^{\frac{2ak\pi i}{c}}-1)(\mathrm{e}^{\frac{2bk\pi i}{c}}-1)\prod\limits_{\substack{t \neq k \\ 0 \leqslant t \leqslant c-1}}(\mathrm{e}^{\frac{2k\pi i}{c}}-\mathrm{e}^{\frac{2t\pi i}{c}})} \\
&\qquad\qquad (k = 1,2,\cdots,c-1) \quad (4.4.14)
\end{aligned}
$$

下面求 $\mathrm{Res}(f(z),1)=\dfrac{1}{2}\big[(z-1)^3 f(z)\big]''\big|_{z=1}$.

$\big[(z-1)^3 f(z)\big]'$

$$= \left[\frac{(z-1)^3}{z^{n+1}(1-z^a)(1-z^b)(1-z^c)}\right]'$$

$$= \frac{3(1-z)^2}{z^{n+1}(1-z^a)(1-z^b)(1-z^c)} + \frac{(n+1)(1-z)^3}{z^{n+2}(1-z^a)(1-z^b)(1-z^c)}$$

$$- \frac{az^{a-1}(1-z)^3}{z^{n+1}(1-z^a)^2(1-z^b)(1-z^c)} - \frac{bz^{b-1}(1-z)^3}{z^{n+1}(1-z^a)(1-z^b)^2(1-z^c)}$$

$$- \frac{cz^{c-1}(1-z)^3}{z^{n+1}(1-z^a)(1-z^b)(1-z^c)^2} \tag{4.4.15}$$

$$\left[\frac{(n+1)(1-z)^3}{z^{n+2}(1-z^a)(1-z^b)(1-z^c)}\right]'$$

$$= (n+1)\left[\frac{-3(1-z)^2}{z^{n+2}(1-z^a)(1-z^b)(1-z^c)}\right.$$

$$+ \frac{az^{a-1}(1-z)^3}{z^{n+2}(1-z^a)^2(1-z^b)(1-z^c)} + \frac{bz^{b-1}(1-z)^3}{z^{n+2}(1-z^a)(1-z^b)^2(1-z^c)}$$

$$\left.+ \frac{cz^{c-1}(1-z)^3}{z^{n+2}(1-z^a)(1-z^b)(1-z^c)^2} - \frac{(n+2)(1-z)^3}{z^{n+3}(1-z^a)(1-z^b)(1-z^c)}\right]$$

$$\tag{4.4.16}$$

$$\lim_{z\to 1}\frac{(n+2)(1-z)^3}{z^{n+3}(1-z^a)(1-z^b)(1-z^c)} = \frac{n+2}{abc} \tag{4.4.17}$$

$$\lim_{z\to 1}\left[\frac{az^{a-1}(1-z)^3}{z^{n+2}(1-z^a)^2(1-z^b)(1-z^c)} - \frac{(1-z)^2}{z^{n+2}(1-z^a)(1-z^b)(1-z^c)}\right]$$

$$= \lim_{z\to 1}\frac{(1-z)^3}{z^{n+2}(1-z^a)(1-z^b)(1-z^c)}\left(\frac{az^{a-1}}{1-z^a} - \frac{1}{1-z}\right)$$

$$= \lim_{z\to 1}\frac{(1-z)^3}{z^{n+2}(1-z^a)(1-z^b)(1-z^c)}\lim_{z\to 1}\left(\frac{az^{a-1}}{1-z^a} - \frac{1}{1-z}\right)$$

$$= \frac{1}{abc}\lim_{z\to 1}\left(\frac{az^{a-1}}{1-z^a} - \frac{1}{1-z}\right)$$

由定理 4.4.1 中的证明知,$\lim\limits_{z\to 1}\left(\dfrac{az^{a-1}}{1-z^a} - \dfrac{1}{1-z}\right) = -\dfrac{1}{a}\dfrac{a(a-1)}{2} = \dfrac{-(a-1)}{2}$,于是

$$\lim_{z\to 1}\left[\frac{az^{a-1}(1-z)^3}{z^{n+2}(1-z^a)^2(1-z^b)(1-z^c)} - \frac{(1-z)^2}{z^{n+2}(1-z^a)(1-z^b)(1-z^c)}\right]$$

$$= \frac{-(a-1)}{2abc} \qquad (4.4.18)$$

同理

$$\lim_{z \to 1} \left[\frac{bz^{b-1}(1-z)^3}{z^{n+2}(1-z^a)(1-z^b)^2(1-z^c)} - \frac{(1-z)^2}{z^{n+2}(1-z^a)(1-z^b)(1-z^c)} \right]$$

$$= \frac{-(b-1)}{2abc} \qquad (4.4.19)$$

$$\lim_{z \to 1} \left[\frac{cz^{c-1}(1-z)^3}{z^{n+2}(1-z^a)(1-z^b)(1-z^c)^2} - \frac{(1-z)^2}{z^{n+2}(1-z^a)(1-z^b)(1-z^c)} \right]$$

$$= \frac{-(c-1)}{2abc} \qquad (4.4.20)$$

由(4.4.16)～(4.4.20)式得

$$\left[\frac{(n+1)(1-z)^3}{z^{n+2}(1-z^a)(1-z^b)(1-z^c)} \right]' \bigg|_{z=1}$$

$$= \lim_{z \to 1} (n+1) \left[\frac{-3(1-z)^2}{z^{n+2}(1-z^a)(1-z^b)(1-z^c)} \right.$$

$$+ \frac{az^{a-1}(1-z)^3}{z^{n+2}(1-z^a)^2(1-z^b)(1-z^c)} + \frac{bz^{b-1}(1-z)^3}{z^{n+2}(1-z^a)(1-z^b)^2(1-z^c)}$$

$$+ \left. \frac{cz^{c-1}(1-z)^3}{z^{n+2}(1-z^a)(1-z^b)(1-z^c)^2} - \frac{(n+2)(1-z)^3}{z^{n+3}(1-z^a)(1-z^b)(1-z^c)} \right]$$

$$= -(n+1) \left(\frac{n+2}{abc} + \frac{a-1}{2abc} + \frac{b-1}{2abc} + \frac{c-1}{2abc} \right)$$

以下考虑

$$h(a,z) = \frac{(1-z)^2}{z^{n+1}(1-z^a)(1-z^b)(1-z^c)} - \frac{az^{a-1}(1-z)^3}{z^{n+1}(1-z^a)^2(1-z^b)(1-z^c)}$$

在 $z=1$ 处的导数. 由(4.4.18)式知, $h(a,1) = \dfrac{a-1}{2abc}$, 所以

$$h'(a,1) = \lim_{z \to 1} \frac{h(a,z) - h(a,1)}{z-1}$$

$$= \lim_{z \to 1} \frac{1}{z-1} \left[\frac{(1-z)^2}{z^{n+1}(1-z^a)(1-z^b)(1-z^c)} \right.$$

$$- \left. \frac{az^{a-1}(1-z)^3}{z^{n+1}(1-z^a)^2(1-z^b)(1-z^c)} - \frac{a-1}{2abc} \right]$$

$$= \lim_{z \to 1} \frac{(1-z)^3}{z^{n+1}(1-z^a)(1-z^b)(1-z^c)}$$

$$\cdot \left[\frac{1}{1-z} - \frac{az^{a-1}}{1-z^a} - \frac{(a-1)z^{n+1}(1-z^a)(1-z^b)(1-z^c)}{2abc\,(1-z)^3}\right]\frac{1}{z-1}$$

$$= \frac{1}{abc}\lim_{z\to 1}\left[\frac{1}{1-z} - \frac{az^{a-1}}{1-z^a} - \frac{(a-1)z^{n+1}(1-z^a)(1-z^b)(1-z^c)}{2abc\,(1-z)^3}\right]\frac{1}{z-1}$$

$$(4.4.21)$$

由前面的证明知 $\lim\limits_{z\to 1}\left(\dfrac{az^{a-1}}{1-z^a} - \dfrac{1}{1-z}\right) = \dfrac{-(a-1)}{2}$,而

$$\lim_{z\to 1}\frac{z^{n+1}(1-z^a)(1-z^b)(1-z^c)}{(1-z)^3} = abc$$

因此

$$\lim_{z\to 1}\left[\frac{1}{1-z} - \frac{az^{a-1}}{1-z^a} - \frac{(a-1)z^{n+1}(1-z^a)(1-z^b)(1-z^c)}{2abc\,(1-z)^3}\right] = 0$$

又 $\lim\limits_{z\to 1}(z-1) = 0$,由 (4.4.21) 式知,可用 L'Hospital 法则可求 $h'(a,1)$ 的值,因此要求

$$\lim_{z\to 1}\left[\frac{1}{1-z} - \frac{az^{a-1}}{1-z^a} - \frac{(a-1)z^{n+1}(1-z^a)(1-z^b)(1-z^c)}{2abc\,(1-z)^3}\right]'$$

$$= \lim_{z\to 1}\left[\frac{1}{(1-z)^2} - \frac{a(a-1)z^{a-2}}{1-z^a} - \frac{a^2 z^{2a-2}}{(1-z^a)^2}\right.$$

$$- \frac{(a-1)(n+1)z^n(1-z^a)(1-z^b)(1-z^c)}{2abc\,(1-z)^3}$$

$$- \frac{3(a-1)z^{n+1}(1-z^a)(1-z^b)(1-z^c)}{2abc\,(1-z)^4}$$

$$+ \frac{(a-1)z^{n+1}az^{a-1}(1-z^b)(1-z^c)}{2abc\,(1-z)^3}$$

$$+ \frac{(a-1)z^{n+1}bz^{b-1}(1-z^a)(1-z^c)}{2abc\,(1-z)^3}$$

$$+ \left.\frac{(a-1)z^{n+1}cz^{c-1}(1-z^a)(1-z^b)}{2abc\,(1-z)^3}\right] \qquad (4.4.22)$$

的值应先考虑 (4.4.22) 式右边前三项的极限:

$$\lim_{z\to 1}\left[\frac{1}{(1-z)^2} - \frac{a(a-1)z^{a-2}}{1-z^a} - \frac{a^2 z^{2a-2}}{(1-z^a)^2}\right]$$

$$= \lim_{z\to 1}\frac{1}{(1-z^a)^2}\left[(1+z+z^2+\cdots+z^{a-1})^2 - a(a-1)z^{a-2}(1-z^a) - a^2 z^{2a-2}\right]$$

$$(4.4.23)$$

由 于 $\lim\limits_{z\to 1}\left[(1+z+z^2+\cdots+z^{a-1})^2 - a(a-1)z^{a-2}(1-z^a) - a^2 z^{2a-2}\right] = 0 =$

$\lim\limits_{z\to 1}(1-z^a)^2$，所以(4.4.23)式的极限可用 L'Hospital 法则求，即有

$$\lim_{z\to 1}\frac{1}{(1-z^a)^2}\big[(1+z+z^2+\cdots+z^{a-1})^2-a(a-1)z^{a-2}(1-z^a)-a^2z^{2a-2}\big]$$

$$=\lim_{z\to 1}\frac{1}{\big[(1-z^a)^2\big]'}\big[(1+z+z^2+\cdots+z^{a-1})^2$$

$$-a(a-1)z^{a-2}(1-z^a)-a^2z^{2a-2}\big]'$$

$$=\lim_{z\to 1}\frac{-1}{2az^{a-1}(1-z^a)}\big[2(1+z+z^2+\cdots+z^{a-1})$$

$$\cdot(1+2z+3z^2+\cdots+(a-1)z^{a-2})+a^2(a-1)z^{2a-3}$$

$$-a(a-1)(a-2)z^{a-3}(1-z^a)-a^2(2a-2)z^{2a-3}\big] \tag{4.4.24}$$

由于(4.4.24)式的右边仍是 $\dfrac{0}{0}$ 型的，故可再次运用 L'Hospital 法则求极限，即

$$\lim_{z\to 1}\frac{-1}{2az^{a-1}(1-z^a)}\big[2(1+z+z^2+\cdots+z^{a-1})(1+2z+3z^2+\cdots+(a-1)z^{a-2})$$

$$+a^2(a-1)z^{2a-3}-a(a-1)(a-2)z^{a-3}(1-z^a)-a^2(2a-2)z^{2a-3}\big]$$

$$=\lim_{z\to 1}\frac{-1}{(2az^{a-1}(1-z^a))'}\big[2(1+z+z^2+\cdots+z^{a-1})$$

$$\cdot(1+2z+3z^2+\cdots+(a-1)z^{a-2})$$

$$+a^2(a-1)z^{2a-3}-a(a-1)(a-2)z^{a-3}(1-z^a)-a^2(2a-2)z^{2a-3}\big]'$$

$$=\lim_{z\to 1}\frac{-1}{2a(a-1)z^{a-2}(1-z^a)-2a^2z^{2a-2}}$$

$$\cdot\big[2(1+2z+3z^2+\cdots+(a-1)z^{a-2})^2+2(1+z+z^2+\cdots+z^{a-1})$$

$$\cdot(1\cdot2+2\cdot3z+3\cdot4z^2+\cdots+(a-1)(a-2)z^{a-3})$$

$$+a^2(a-1)(2a-3)z^{2a-4}-a(a-1)(a-2)(a-3)z^{a-4}(1-z^a)$$

$$+a^2(a-1)(a-2)z^{2a-4}-a^2(2a-2)(2a-3)z^{2a-4}\big]$$

$$=\frac{1}{2a^2}\Big[\frac{a^2(a-1)^2}{2}+\frac{2a^2(a-1)(a-2)}{3}+a^2(a-1)(2a-3)$$

$$+a^2(a-1)(a-2)-2a^2(a-1)(2a-3)\Big]$$

$$=\frac{1}{12}(a-1)(a-5) \tag{4.4.25}$$

由(4.4.23)～(4.4.25)式有

$$\lim_{z\to 1}\Big[\frac{1}{(1-z)^2}-\frac{a(a-1)z^{a-2}}{1-z^a}-\frac{a^2z^{2a-2}}{(1-z^a)^2}\Big]=\frac{1}{12}(a-1)(a-5) \tag{4.4.26}$$

下面求极限

$$\lim_{z \to 1} \left[\frac{(a-1)z^{n+1} az^{a-1} (1-z^b)(1-z^c)}{2abc\,(1-z)^3} - \frac{(a-1)z^{n+1}(1-z^a)(1-z^b)(1-z^c)}{2abc\,(1-z)^4} \right]$$

$$= \lim_{z \to 1} \frac{(a-1)z^{n+1}(1-z^a)(1-z^b)(1-z^c)}{2abc\,(1-z)^3} \left(\frac{az^{a-1}}{1-z^a} - \frac{1}{1-z} \right)$$

$$= \frac{(a-1)abc}{2abc} \lim_{z \to 1} \left(\frac{az^{a-1}}{1-z^a} - \frac{1}{1-z} \right)$$

$$= \frac{(a-1)}{2} \lim_{z \to 1} \left(\frac{az^{a-1}}{1-z^a} - \frac{1}{1-z} \right) \tag{4.4.27}$$

由前面的证明知，$\lim\limits_{z \to 1} \left(\dfrac{az^{a-1}}{1-z^a} - \dfrac{1}{1-z} \right) = \dfrac{-(a-1)}{2}$，所以由（4.4.27）式得

$$\lim_{z \to 1} \left[\frac{(a-1)z^{n+1} az^{a-1} (1-z^b)(1-z^c)}{2abc\,(1-z)^3} - \frac{(a-1)z^{n+1}(1-z^a)(1-z^b)(1-z^c)}{2abc\,(1-z)^4} \right]$$

$$= \frac{-(a-1)^2}{4} \tag{4.4.28}$$

同样地，有

$$\lim_{z \to 1} \left[\frac{(a-1)z^{n+1} bz^{b-1} (1-z^a)(1-z^c)}{2abc\,(1-z)^3} - \frac{(a-1)z^{n+1}(1-z^a)(1-z^b)(1-z^c)}{2abc\,(1-z)^4} \right]$$

$$= \lim_{z \to 1} \frac{(a-1)z^{n+1}(1-z^a)(1-z^b)(1-z^c)}{2abc\,(1-z)^3} \left(\frac{bz^{b-1}}{1-z^b} - \frac{1}{1-z} \right)$$

$$= \frac{(a-1)abc}{2abc} \lim_{z \to 1} \left(\frac{bz^{b-1}}{1-z^b} - \frac{1}{1-z} \right)$$

$$= \frac{(a-1)}{2} \lim_{z \to 1} \left(\frac{bz^{b-1}}{1-z^b} - \frac{1}{1-z} \right) \tag{4.4.29}$$

由前面的证明知，$\lim\limits_{z \to 1} \left(\dfrac{bz^{b-1}}{1-z^b} - \dfrac{1}{1-z} \right) = \dfrac{-(b-1)}{2}$，所以由（4.4.29）式得

$$\lim_{z \to 1} \left[\frac{(a-1)z^{n+1} bz^{b-1} (1-z^a)(1-z^c)}{2abc\,(1-z)^3} - \frac{(a-1)z^{n+1}(1-z^a)(1-z^b)(1-z^c)}{2abc\,(1-z)^4} \right]$$

$$= \frac{-(a-1)(b-1)}{4} \tag{4.4.30}$$

类似地，有

$$\lim_{z \to 1} \left[\frac{(a-1)z^{n+1} cz^{c-1} (1-z^a)(1-z^b)}{2abc\,(1-z)^3} - \frac{(a-1)z^{n+1}(1-z^a)(1-z^b)(1-z^c)}{2abc\,(1-z)^4} \right]$$

$$= \frac{-(a-1)(c-1)}{4} \tag{4.4.31}$$

因为

$$\lim_{z \to 1} \frac{(a-1)(n+1)z^n(1-z^a)(1-z^b)(1-z^c)}{2abc(1-z)^3} = \frac{(a-1)(n+1)abc}{2abc}$$

$$= \frac{(a-1)(n+1)}{2} \tag{4.4.32}$$

由(4.4.22)、(4.4.26)、(4.4.28)、(4.4.30)~(4.4.32)式得

$$\lim_{z \to 1}\left[\frac{1}{1-z} - \frac{az^{a-1}}{1-z^a} - \frac{(a-1)z^{n+1}(1-z^a)(1-z^b)(1-z^c)}{2abc(1-z)^3}\right]'$$

$$= \frac{1}{12}(a-1)(a-5) - \frac{(a-1)^2}{4} - \frac{(a-1)(b-1)}{4}$$

$$- \frac{(a-1)(c-1)}{4} - \frac{(a-1)(n+1)}{2}$$

$$= (a-1)\left[\frac{1}{12}(a-5) - \frac{a-1}{4} - \frac{b-1}{4} - \frac{c-1}{4} - \frac{n+1}{2}\right] \tag{4.4.33}$$

由(4.4.21)、(4.4.33)式与 L'Hospital 法则得

$$h'(a,1) = \lim_{z \to 1} \frac{h(a,z) - h(a,1)}{z-1}$$

$$= \frac{1}{abc}\lim_{z \to 1}\left[\frac{1}{1-z} - \frac{az^{a-1}}{1-z^a} - \frac{(a-1)z^{n+1}(1-z^a)(1-z^b)(1-z^c)}{2abc(1-z)^3}\right]'$$

$$\cdot \frac{1}{(z-1)'}$$

$$= \frac{1}{abc}\lim_{z \to 1}\left[\frac{1}{1-z} - \frac{az^{a-1}}{1-z^a} - \frac{(a-1)z^{n+1}(1-z^a)(1-z^b)(1-z^c)}{2abc(1-z)^3}\right]'$$

$$= \frac{(a-1)}{abc}\left[\frac{1}{12}(a-5) - \frac{a-1}{4} - \frac{b-1}{4} - \frac{c-1}{4} - \frac{n+1}{2}\right] \tag{4.4.34}$$

同样地,有

$$h(b,z) = \frac{(1-z)^2}{z^{n+1}(1-z^a)(1-z^b)(1-z^c)} - \frac{bz^{b-1}(1-z)^3}{z^{n+1}(1-z^a)(1-z^b)^2(1-z^c)}$$

$$h'(b,1) = \lim_{z \to 1} \frac{h(b,z) - h(b,1)}{z-1}$$

$$= \frac{1}{abc}\lim_{z \to 1}\left[\frac{1}{1-z} - \frac{bz^{b-1}}{1-z^b} - \frac{(b-1)z^{n+1}(1-z^a)(1-z^b)(1-z^c)}{2abc(1-z)^3}\right]'$$

$$\cdot \frac{1}{(z-1)'}$$

$$= \frac{1}{abc}\lim_{z \to 1}\left[\frac{1}{1-z} - \frac{bz^{b-1}}{1-z^b} - \frac{(b-1)z^{n+1}(1-z^a)(1-z^b)(1-z^c)}{2abc(1-z)^3}\right]'$$

$$= \frac{(b-1)}{abc}\left[\frac{1}{12}(b-5) - \frac{a-1}{4} - \frac{b-1}{4} - \frac{c-1}{4} - \frac{n+1}{2}\right] \quad (4.4.35)$$

$$h(c,z) = \frac{(1-z)^2}{z^{n+1}(1-z^a)(1-z^b)(1-z^c)} - \frac{cz^{c-1}(1-z)^3}{z^{n+1}(1-z^a)(1-z^b)(1-z^c)^2}$$

$$h'(c,1) = \lim_{z\to 1}\frac{h(c,z) - h(c,1)}{z-1}$$

$$= \frac{1}{abc}\lim_{z\to 1}\left[\frac{1}{1-z} - \frac{cz^{c-1}}{1-z^c} - \frac{(c-1)z^{n+1}(1-z^a)(1-z^b)(1-z^c)}{2abc(1-z)^3}\right]'$$

$$\cdot \frac{1}{(z-1)'}$$

$$= \frac{1}{abc}\lim_{z\to 1}\left[\frac{1}{1-z} - \frac{cz^{c-1}}{1-z^c} - \frac{(c-1)z^{n+1}(1-z^a)(1-z^b)(1-z^c)}{2abc(1-z)^3}\right]'$$

$$= \frac{(c-1)}{abc}\left[\frac{1}{12}(c-5) - \frac{a-1}{4} - \frac{b-1}{4} - \frac{c-1}{4} - \frac{n+1}{2}\right] \quad (4.4.36)$$

由(4.4.15)式知,

$$\left[(z-1)^3 f(z)\right]''\big|_{z=1}$$

$$= \left[\frac{(z-1)^3}{z^{n+1}(1-z^a)(1-z^b)(1-z^c)}\right]''\bigg|_{z=1}$$

$$= \left[\frac{3(1-z)^2}{z^{n+1}(1-z^a)(1-z^b)(1-z^c)} + \frac{(n+1)(1-z)^3}{z^{n+2}(1-z^a)(1-z^b)(1-z^c)}\right.$$

$$- \frac{az^{a-1}(1-z)^3}{z^{n+1}(1-z^a)^2(1-z^b)(1-z^c)} - \frac{bz^{b-1}(1-z)^3}{z^{n+1}(1-z^a)(1-z^b)^2(1-z^c)}$$

$$\left. - \frac{cz^{c-1}(1-z)^3}{z^{n+1}(1-z^a)(1-z^b)(1-z^c)^2}\right]'$$

$$= h'(a,1) + h'(b,1) + h'(c,1) + \left[\frac{(n+1)(1-z)^3}{z^{n+2}(1-z^a)(1-z^b)(1-z^c)}\right]'\bigg|_{z=1}$$

而前面已证

$$\left[\frac{(n+1)(1-z)^3}{z^{n+2}(1-z^a)(1-z^b)(1-z^c)}\right]'\bigg|_{z=1} = -(n+1)\left(\frac{n+2}{abc} + \frac{a-1}{2abc} + \frac{b-1}{2abc} + \frac{c-1}{2abc}\right)$$

由上式以及(4.4.34)~(4.4.36)式得

$$\left[(z-1)^3 f(z)\right]''\big|_{z=1}$$

$$= -(n+1)\left(\frac{n+2}{abc} + \frac{a-1}{2abc} + \frac{b-1}{2abc} + \frac{c-1}{2abc}\right)$$

$$+ \frac{(a-1)}{abc}\left[\frac{1}{12}(a-5) - \frac{a-1}{4} - \frac{b-1}{4} - \frac{c-1}{4} - \frac{n+1}{2}\right]$$

$$+ \frac{(b-1)}{abc}\left[\frac{1}{12}(b-5) - \frac{a-1}{4} - \frac{b-1}{4} - \frac{c-1}{4} - \frac{n+1}{2}\right]$$

$$+ \frac{(c-1)}{abc}\left[\frac{1}{12}(c-5) - \frac{a-1}{4} - \frac{b-1}{4} - \frac{c-1}{4} - \frac{n+1}{2}\right]$$

$$= \frac{-(n+1)}{abc}(n+a+b+c-1) - \frac{1}{6abc}\left[(a^2-1)+(b^2-1)+(c^2-1)\right]$$

$$- \frac{1}{2abc}\left[(a-1)(b-1)+(b-1)(c-1)+(c-1)(a-1)\right] \quad (4.4.37)$$

由(4.4.11)～(4.4.14)、(4.4.37)式以及 $\mathrm{Res}(f(z),1) = \frac{1}{2}\left[(z-1)^3 f(z)\right]''|_{z=1}$ 定理获证. □

推论 4.4.2 设 $a,b,c \in \mathbf{N}, (a,b)=(a,c)=(b,c)=1$,记不定方程 $ax_1 + bx_2 + cx_3 = n$ 的非负整数解的个数为 $\omega(3,n)$,那么当 n 充分大时,有 $\omega(3,n) \sim \frac{n}{2abc}(n+a+b+c+1)$.

我们所做的就是将不定方程非负整数的个数求解问题通过生成函数的相关理论巧妙地转化成了留数的求解问题,然后运用留数定理再加上一定的分析技巧,经过不断地运算,推导证明出不定方程 $ax_1 + bx_2 = n\,((a,b)=1)$ 和不定方程

$$ax_1 + bx_2 + cx_3 = n \quad ((a,b,c)=1)$$

的非负整数解的个数公式.下面我们将应用这两个公式,对几个简单的不定方程非负整数解的个数进行求解.

4.4.3 几个应用

下面以几个简单的不定方程为例,对第 3 章的两个定理进行应用:

例 4.4.1 求不定方程 $x_1 + 2x_2 = n$ 的非负整数解的个数 $z(n)$.

解 方法 1 由定理 4.4.1 可得

$$z(n) = \frac{1}{\mathrm{e}^{\frac{2(n+1)\pi i}{2}}(1 - \mathrm{e}^{\frac{2\pi i}{2}})\prod\limits_{\substack{t \neq 1 \\ 0 \leqslant t \leqslant 1}}(\mathrm{e}^{\frac{2\pi i}{2}} - \mathrm{e}^{\frac{2t\pi i}{2}})} + \frac{n+1}{2} + \frac{1}{2 \cdot 2}$$

$$= \frac{1}{(-1)^{n+1} \cdot 2 \cdot (-2)} + \frac{n+1}{2} + \frac{1}{4}$$

$$= \frac{1}{2}(n+1) + \frac{1}{4}\left[1 + (-1)^n\right]$$

故 $\frac{1}{2}(n+1) + \frac{1}{4}\left[1 + (-1)^n\right]$ 即为所求.

方法 2　$z(n)$ 所对应的生成函数为 $g(x) = \dfrac{1}{(1-x)(1-x^2)}$.

因为 $\dfrac{1}{(1-x)(1-x^2)} = \dfrac{1}{4(1-x)} + \dfrac{1}{4(x+1)} + \dfrac{1}{2(1-x)^2}$, $\dfrac{1}{(1-x)^2} =$

$\sum\limits_{k=0}^{\infty} (k+1)x^k$, 所以有

$$\frac{1}{(1-x)(1-x^2)} = \sum_{k=0}^{\infty}\left[\frac{1}{2}(k+1) + \frac{1}{4}(1+(-1)^k)\right]x^k$$

由此得出 $z(n) = \dfrac{1}{2}(n+1) + \dfrac{1}{4}\left[1+(-1)^n\right]$.　　　　　　　□

例 4.4.2　求不定方程 $x_1 + x_2 + 3x_3 = n$ 的非负整数解的个数 $z(n)$.

解　由定理 4.4.2 可得

$$z(n) = \sum_{k=1}^{2} \frac{1}{\mathrm{e}^{\frac{2(n+1)k\pi\mathrm{i}}{3}}(\mathrm{e}^{\frac{2k\pi\mathrm{i}}{3}}-1)(\mathrm{e}^{\frac{2k\pi\mathrm{i}}{3}}-1)\prod\limits_{\substack{t\neq k \\ 0\leqslant t\leqslant 2}}(\mathrm{e}^{\frac{2k\pi\mathrm{i}}{3}}-\mathrm{e}^{\frac{2t\pi\mathrm{i}}{3}})}$$

$$+ \frac{n+1}{2\cdot 3}(n+1+1+3-1) + \frac{1}{12\cdot 3}(2\times 4)$$

$$= \frac{1}{\mathrm{e}^{\frac{2(n+1)\pi\mathrm{i}}{3}}(\mathrm{e}^{\frac{2\pi\mathrm{i}}{3}}-1)(\mathrm{e}^{\frac{2\pi\mathrm{i}}{3}}-1)(\mathrm{e}^{\frac{2\pi\mathrm{i}}{3}}-1)(\mathrm{e}^{\frac{2\pi\mathrm{i}}{3}}-\mathrm{e}^{\frac{4\pi\mathrm{i}}{3}})}$$

$$+ \frac{1}{\mathrm{e}^{\frac{4(n+1)\pi\mathrm{i}}{3}}(\mathrm{e}^{\frac{4\pi\mathrm{i}}{3}}-1)(\mathrm{e}^{\frac{4\pi\mathrm{i}}{3}}-1)(\mathrm{e}^{\frac{4\pi\mathrm{i}}{3}}-1)(\mathrm{e}^{\frac{4\pi\mathrm{i}}{3}}-\mathrm{e}^{\frac{2\pi\mathrm{i}}{3}})}$$

$$+ \frac{(n+1)(n+4)}{6} + \frac{2}{9}$$

$$= \frac{1}{\left(-\dfrac{1}{2}+\dfrac{\sqrt{3}}{2}\mathrm{i}\right)^{n+1}\left(-\dfrac{3}{2}+\dfrac{\sqrt{3}}{2}\mathrm{i}\right)^3\sqrt{3}\mathrm{i}}$$

$$+ \frac{1}{\left(-\dfrac{1}{2}-\dfrac{\sqrt{3}}{2}\mathrm{i}\right)^{n+1}\left(-\dfrac{3}{2}-\dfrac{\sqrt{3}}{2}\mathrm{i}\right)^3(-\sqrt{3}\mathrm{i})}$$

$$+ \frac{(n+1)(n+4)}{6} + \frac{2}{9}$$

$$= \frac{-2^{n+1}}{9(\sqrt{3}\mathrm{i}-1)^{n+1}} + \frac{(-1)^n 2^{n+1}}{9(\sqrt{3}\mathrm{i}+1)^{n+1}} + \frac{(n+1)(n+4)}{6} + \frac{2}{9}　　□$$

例 4.4.3　求不定方程 $x_1 + 2x_2 + 3x_3 = n$ 的非负整数解的个数 $z(n)$.

解　由定理 4.4.2 可得

$$z(n) = \cfrac{1}{e^{\frac{2(n+1)\pi i}{2}}(e^{\frac{2\pi i}{2}}-1)(e^{\frac{2\cdot 3\pi i}{2}}-1)(e^{\frac{2\pi i}{2}}-1)}$$

$$+ \sum_{k=1}^{2} \cfrac{1}{e^{\frac{2(n+1)k\pi i}{3}}(e^{\frac{2k\pi i}{3}}-1)(e^{\frac{2\cdot 2k\pi i}{3}}-1)\prod_{\substack{t\neq k\\0\leqslant t\leqslant 2}}(e^{\frac{2k\pi i}{3}}-e^{\frac{2t\pi i}{3}})}$$

$$+ \frac{(n+1)}{2\cdot 1\cdot 2\cdot 3}(n+1+2+3-1)$$

$$+ \frac{1}{12\cdot 1\cdot 2\cdot 3}((1-1)(1+1)+(2-1)(2+1)+(3-1)(3+1))$$

$$+ \frac{1}{4\cdot 1\cdot 2\cdot 3}((1-1)(2-1)+(2-1)(3-1)+(3-1)(1-1))$$

$$= \cfrac{1}{(-1)^{n+1}(-2)(-2)(-2)}$$

$$+ \cfrac{1}{\left(-\dfrac{1}{2}+\dfrac{\sqrt{3}}{2}i\right)^{n+1}\left(-\dfrac{3}{2}+\dfrac{\sqrt{3}}{2}i\right)\left(-\dfrac{3}{2}-\dfrac{\sqrt{3}}{2}i\right)\left(-\dfrac{3}{2}+\dfrac{\sqrt{3}}{2}i\right)\sqrt{3}i}$$

$$+ \cfrac{1}{\left(-\dfrac{1}{2}-\dfrac{\sqrt{3}}{2}i\right)^{n+1}\left(-\dfrac{3}{2}-\dfrac{\sqrt{3}}{2}i\right)\left(-\dfrac{3}{2}+\dfrac{\sqrt{3}}{2}i\right)\left(-\dfrac{3}{2}-\dfrac{\sqrt{3}}{2}i\right)(-\sqrt{3}i)}$$

$$+ \frac{(n+1)(n+5)}{12} + \frac{11}{72} + \frac{1}{12}$$

$$= \frac{(-1)^n}{8} + \frac{2^n}{9(\sqrt{3}i-1)^n} + \frac{(-1)^n 2^n}{9(\sqrt{3}i+1)^n} + \frac{(n+1)(n+5)}{12} + \frac{17}{72} \qquad \square$$

例 4.4.4　已知某三种商品的价格分别是 1 元、2 元、5 元,现用 100 元去购买这三种商品,若 100 元刚好花完,则不同的购买方案共有多少种?

解　设三种商品的购买数量分别为 x, y, z,由题知,不同的购买方案的种数也就等于方程 $x+2y+5z=100$ 的非负整数解的个数 $z(100)$.

首先 $z(100)$ 所对应的生成函数为 $g(x)=\dfrac{1}{(1-x)(1-x^2)(1-x^5)}$,设

$$\frac{1}{(1-x)(1-x^2)(1-x^5)} = A_0 + A_1 x + A_2 x^2 + \cdots + A_{100} x^{100} + \cdots$$

则该展式中的项 x^{100} 的系数 A_{100} 就是所求的值.

又由例 4.4.1 可知,$\dfrac{1}{(1-x)(1-x^2)}$ 的展开式中 x^n 的系数为

$$\frac{1}{2}(n+1) + \frac{1}{4}\left[1+(-1)^n\right] = \frac{1}{4}\left[2n+3+(-1)^n\right]$$

现将式中的 n 依次取 $100, 95, 90, \cdots, 10, 5, 0$ 等值,求出 $\dfrac{1}{(1-x)(1-x^2)}$ 展开式中

$x^{100}, x^{95}, x^{90}, \cdots, x^{10}, x^5, x^0$ 等的系数,用求得的系数乘 $\dfrac{1}{1-x^5} = 1 + x^5 + x^{10} + \cdots$ 中

对应的项,就可以求出 A_{100}.

$$\begin{aligned}
A_{100} &= \frac{1}{4}\left\{\left[2\times100+3+(-1)^{100}\right] + \left[2\times95+3+(-1)^{95}\right] + \cdots\right.\\
&\quad \left. + \left[2\times0+3+(-1)^0\right]\right\}\\
&= \frac{1}{4}(204 + 192 + 184 + 172 + \cdots + 24 + 12 + 4)\\
&= 51 + 48 + 46 ++ 43 + \cdots + 6 + 3 + 1\\
&= 51 + 49 \times 10\\
&= 541
\end{aligned}$$

故若将 100 元刚好花完,则共有 541 种不同的购买方案.

结合定理 4.4.2 计算可得

$$\sum_{k=1}^{4} \frac{1}{\mathrm{e}^{\frac{202k\pi i}{5}}(\mathrm{e}^{\frac{2k\pi i}{5}}-1)(\mathrm{e}^{\frac{4k\pi i}{5}}-1)\prod_{\substack{t\neq k\\0\leqslant t\leqslant 4}}(\mathrm{e}^{\frac{2k\pi i}{5}}-\mathrm{e}^{\frac{2t\pi i}{5}})} + \frac{2704}{5} = 541$$

故有

$$\sum_{k=1}^{4} \frac{1}{\mathrm{e}^{\frac{202k\pi i}{5}}(\mathrm{e}^{\frac{2k\pi i}{5}}-1)(\mathrm{e}^{\frac{4k\pi i}{5}}-1)\prod_{\substack{t\neq k\\0\leqslant t\leqslant 4}}(\mathrm{e}^{\frac{2k\pi i}{5}}-\mathrm{e}^{\frac{2t\pi i}{5}})} = \frac{1}{5} \qquad\qquad \square$$

4.4.4　更一般情形的结论

下面考虑一般的三元线性不定方程的情形. 设 $a, b, c \in \mathbf{N}$,且 $\gcd(a,b,c) = 1$,那么 $\gcd(a,b) = d_1, \gcd(b,c) = d_2, \gcd(c,a) = d_3, \gcd(d_s, d_t) = 1$($s \neq t$, $s, t \in \{1,2,3\}$),于是

$$a = d_1 d_3 a_1, \quad b = d_1 d_2 b_1, \quad c = d_2 d_3 c_1$$
$$\gcd(a_1, b_1) = \gcd(b_1, c_1) = \gcd(c_1, a_1) = 1$$

定理 4.4.3　设 $a, b, c \in \mathbf{N}, a = d_1 d_3 a_1, b = d_1 d_2 b_1, c = d_2 d_3 c_1, \gcd(d_s, d_t) = 1$($s \neq t, s, t \in \{1,2,3\}$),$\gcd(a_1, b_1) = \gcd(b_1, c_1) = \gcd(c_1, a_1) = 1$. 记不定方程 $ax_1 + bx_2 + cx_3 = n$ 的非负整数解的个数为 $\omega(3,n)$,那么

$\omega(3,n)$

$$= \sum_{s=1}^{d_1-1} e^{\frac{-4(n+1)s\pi i}{d_1}} \Big[\prod_{\substack{k \neq sd_3 a_1 \\ 0 \leqslant k \leqslant a-1}} (e^{\frac{2s\pi i}{d_1}} - e^{\frac{2k\pi i}{a}}) \Big]^{-2} \Big[\prod_{\substack{k \neq sd_2 b_1 \\ 0 \leqslant k \leqslant b-1}} (e^{\frac{2s\pi i}{d_1}} - e^{\frac{2k\pi i}{b}}) \Big]^{-2} (1 - e^{\frac{2sc\pi i}{d_1}})^{-2}$$

$$\cdot \Big\{ (n+1) e^{\frac{2ns\pi i}{d_1}} \prod_{\substack{k \neq sd_3 a_1 \\ 0 \leqslant k \leqslant a-1}} (e^{\frac{2s\pi i}{d_1}} - e^{\frac{2k\pi i}{a}}) \prod_{\substack{k \neq sd_2 b_1 \\ 0 \leqslant k \leqslant b-1}} (e^{\frac{2s\pi i}{d_1}} - e^{\frac{2k\pi i}{b}}) (1 - e^{\frac{2sc\pi i}{d_1}})$$

$$+ e^{\frac{2(n+1)s\pi i}{d_1}} \Big[\sum_{\substack{t \neq sd_3 a_1 \\ 0 \leqslant t \leqslant a-1}} \prod_{\substack{k \neq t, sd_3 a_1 \\ 0 \leqslant k \leqslant a-1}} (e^{\frac{2s\pi i}{d_1}} - e^{\frac{2k\pi i}{a}}) \Big] \Big[\prod_{\substack{k \neq sd_2 b_1 \\ 0 \leqslant k \leqslant b-1}} (e^{\frac{2s\pi i}{d_1}} - e^{\frac{2k\pi i}{b}}) \Big] (1 - e^{\frac{2sc\pi i}{d_1}})$$

$$+ e^{\frac{2(n+1)s\pi i}{d_1}} \Big[\prod_{\substack{k \neq sd_3 a_1 \\ 0 \leqslant k \leqslant a-1}} (e^{\frac{2s\pi i}{d_1}} - e^{\frac{2k\pi i}{a}}) \Big] \Big[\sum_{\substack{t \neq sd_2 b_1 \\ 0 \leqslant t \leqslant b-1}} \prod_{\substack{k \neq t, sd_2 b_1 \\ 0 \leqslant k \leqslant b-1}} (e^{\frac{2s\pi i}{d_1}} - e^{\frac{2k\pi i}{b}}) \Big] (1 - e^{\frac{2sc\pi i}{d_1}})$$

$$- c e^{\frac{2(n+c)s\pi i}{d_1}} \prod_{\substack{k \neq sd_3 a_1 \\ 0 \leqslant k \leqslant a-1}} (e^{\frac{2s\pi i}{d_1}} - e^{\frac{2k\pi i}{a}}) \prod_{\substack{k \neq sd_2 b_1 \\ 0 \leqslant k \leqslant b-1}} (e^{\frac{2s\pi i}{d_1}} - e^{\frac{2k\pi i}{b}}) \Big\}$$

$$+ \sum_{s=1}^{d_2-1} e^{\frac{-4(n+1)s\pi i}{d_2}} \Big[\prod_{\substack{k \neq sd_1 b_1 \\ 0 \leqslant k \leqslant b-1}} (e^{\frac{2s\pi i}{d_2}} - e^{\frac{2k\pi i}{b}}) \Big]^{-2} \Big[\prod_{\substack{k \neq sd_3 c_1 \\ 0 \leqslant k \leqslant c-1}} (e^{\frac{2s\pi i}{d_2}} - e^{\frac{2k\pi i}{c}}) \Big]^{-2} (1 - e^{\frac{2sa\pi i}{d_2}})^{-2}$$

$$\cdot \Big\{ (n+1) e^{\frac{2ns\pi i}{d_2}} \prod_{\substack{k \neq sd_1 b_1 \\ 0 \leqslant k \leqslant b-1}} (e^{\frac{2s\pi i}{d_2}} - e^{\frac{2k\pi i}{b}}) \prod_{\substack{k \neq sd_3 c_1 \\ 0 \leqslant k \leqslant c-1}} (e^{\frac{2s\pi i}{d_2}} - e^{\frac{2k\pi i}{c}}) (1 - e^{\frac{2sa\pi i}{d_2}})$$

$$+ e^{\frac{2(n+1)s\pi i}{d_2}} \Big[\sum_{\substack{t \neq sd_1 b_1 \\ 0 \leqslant t \leqslant b-1}} \prod_{\substack{k \neq t, sd_1 b_1 \\ 0 \leqslant k \leqslant b-1}} (e^{\frac{2s\pi i}{d_2}} - e^{\frac{2k\pi i}{b}}) \Big] \Big[\prod_{\substack{k \neq sd_3 c_1 \\ 0 \leqslant k \leqslant c-1}} (e^{\frac{2s\pi i}{d_2}} - e^{\frac{2k\pi i}{c}}) \Big] (1 - e^{\frac{2sa\pi i}{d_2}})$$

$$+ e^{\frac{2(n+1)s\pi i}{d_2}} \Big[\prod_{\substack{k \neq sd_1 b_1 \\ 0 \leqslant k \leqslant b-1}} (e^{\frac{2s\pi i}{d_2}} - e^{\frac{2k\pi i}{b}}) \Big] \Big[\sum_{\substack{t \neq sd_3 c_1 \\ 0 \leqslant t \leqslant c-1}} \prod_{\substack{k \neq t, sd_3 c_1 \\ 0 \leqslant k \leqslant c-1}} (e^{\frac{2s\pi i}{d_2}} - e^{\frac{2k\pi i}{c}}) \Big] (1 - e^{\frac{2sa\pi i}{d_2}})$$

$$- a e^{\frac{2(n+a)s\pi i}{d_2}} \prod_{\substack{k \neq sd_1 b_1 \\ 0 \leqslant k \leqslant b-1}} (e^{\frac{2s\pi i}{d_2}} - e^{\frac{2k\pi i}{b}}) \prod_{\substack{k \neq sd_3 c_1 \\ 0 \leqslant k \leqslant c-1}} (e^{\frac{2s\pi i}{d_2}} - e^{\frac{2k\pi i}{c}}) \Big\}$$

$$+ \sum_{s=1}^{d_3-1} e^{\frac{-4(n+1)s\pi i}{d_3}} \Big[\prod_{\substack{k \neq sd_2 c_1 \\ 0 \leqslant k \leqslant c-1}} (e^{\frac{2s\pi i}{d_3}} - e^{\frac{2k\pi i}{c}}) \Big]^{-2} \Big[\prod_{\substack{k \neq sd_1 a_1 \\ 0 \leqslant k \leqslant a-1}} (e^{\frac{2s\pi i}{d_3}} - e^{\frac{2k\pi i}{a}}) \Big]^{-2} (1 - e^{\frac{2sb\pi i}{d_3}})^{-2}$$

$$\cdot \Big\{ (n+1) e^{\frac{2ns\pi i}{d_3}} \prod_{\substack{k \neq sd_2 c_1 \\ 0 \leqslant k \leqslant c-1}} (e^{\frac{2s\pi i}{d_3}} - e^{\frac{2k\pi i}{c}}) \prod_{\substack{k \neq sd_1 a_1 \\ 0 \leqslant k \leqslant a-1}} (e^{\frac{2s\pi i}{d_3}} - e^{\frac{2k\pi i}{a}}) (1 - e^{\frac{2sb\pi i}{d_3}})$$

$$+ e^{\frac{2(n+1)s\pi i}{d_3}} \Big[\sum_{\substack{t \neq sd_2 c_1 \\ 0 \leqslant t \leqslant c-1}} \prod_{\substack{k \neq t, sd_2 c_1 \\ 0 \leqslant k \leqslant c-1}} (e^{\frac{2s\pi i}{d_3}} - e^{\frac{2k\pi i}{c}}) \Big] \Big[\prod_{\substack{k \neq sd_1 a_1 \\ 0 \leqslant k \leqslant a-1}} (e^{\frac{2s\pi i}{d_3}} - e^{\frac{2k\pi i}{a}}) \Big] (1 - e^{\frac{2sb\pi i}{d_3}})$$

$$+ e^{\frac{2(n+1)s\pi i}{d_3}} \Big[\prod_{\substack{k \neq sd_2 c_1 \\ 0 \leqslant k \leqslant c-1}} (e^{\frac{2s\pi i}{d_3}} - e^{\frac{2k\pi i}{c}}) \Big] \Big[\sum_{\substack{t \neq sd_1 a_1 \\ 0 \leqslant t \leqslant a-1}} \prod_{\substack{k \neq t, sd_1 a_1 \\ 0 \leqslant k \leqslant a-1}} (e^{\frac{2s\pi i}{d_3}} - e^{\frac{2k\pi i}{a}}) \Big] (1 - e^{\frac{2sb\pi i}{d_3}})$$

$$
- b \mathrm{e}^{\frac{2(n+b)s\pi i}{d_3}} \prod_{\substack{k \neq s d_2 c_1 \\ 0 \leqslant k \leqslant c-1}} (\mathrm{e}^{\frac{2s\pi i}{d_3}} - \mathrm{e}^{\frac{2k\pi i}{c}}) \prod_{\substack{k \neq s d_1 a_1 \\ 0 \leqslant k \leqslant a-1}} (\mathrm{e}^{\frac{2s\pi i}{d_3}} - \mathrm{e}^{\frac{2k\pi i}{a}}) \Big\}
$$

$$
+ \sum_{\substack{k \neq a_1 d_3, 2a_1 d_3, \cdots, (d_1-1)a_1 d_3 \\ k \neq a_1 d_1, 2a_1 d_1, \cdots, (d_3-1)a_1 d_1 \\ 1 \leqslant k \leqslant a-1}} \mathrm{e}^{\frac{-2(n+1)k\pi i}{a}} (\mathrm{e}^{\frac{2bk\pi i}{a}} - 1)^{-1} (\mathrm{e}^{\frac{2ck\pi i}{a}} - 1)^{-1} \Big[\prod_{\substack{t \neq k \\ 0 \leqslant t \leqslant a-1}} (\mathrm{e}^{\frac{2k\pi i}{a}} - \mathrm{e}^{\frac{2t\pi i}{a}}) \Big]^{-1}
$$

$$
+ \sum_{\substack{k \neq b_1 d_2, 2b_1 d_2, \cdots, (d_1-1)b_1 d_2 \\ k \neq b_1 d_1, 2b_1 d_1, \cdots, (d_2-1)b_1 d_1 \\ 1 \leqslant k \leqslant b-1}} \mathrm{e}^{\frac{-2(n+1)k\pi i}{b}} (\mathrm{e}^{\frac{2ak\pi i}{b}} - 1)^{-1} (\mathrm{e}^{\frac{2ck\pi i}{b}} - 1)^{-1} \Big[\prod_{\substack{t \neq k \\ 0 \leqslant t \leqslant b-1}} (\mathrm{e}^{\frac{2k\pi i}{b}} - \mathrm{e}^{\frac{2t\pi i}{b}}) \Big]^{-1}
$$

$$
+ \sum_{\substack{k \neq c_1 d_2, 2c_1 d_2, \cdots, (d_3-1)c_1 d_2 \\ k \neq c_1 d_3, 2c_1 d_3, \cdots, (d_2-1)c_1 d_3 \\ 1 \leqslant k \leqslant c-1}} \mathrm{e}^{\frac{-2(n+1)k\pi i}{c}} (\mathrm{e}^{\frac{2ak\pi i}{c}} - 1)^{-1} (\mathrm{e}^{\frac{2bk\pi i}{c}} - 1)^{-1} \Big[\prod_{\substack{t \neq k \\ 0 \leqslant t \leqslant c-1}} (\mathrm{e}^{\frac{2k\pi i}{c}} - \mathrm{e}^{\frac{2t\pi i}{c}}) \Big]^{-1}
$$

$$
+ \frac{(n+1)}{2abc}(n+a+b+c-1)
$$

$$
+ \frac{1}{12abc}((a-1)(a+1) + (b-1)(b+1) + (c-1)(c+1))
$$

$$
+ \frac{1}{4abc}((a-1)(b-1) + (b-1)(c-1) + (c-1)(a-1))
$$

证明　由于不定方程 $ax_1 + bx_2 + cx_3 = n$ 的非负整数解的个数为 $\omega(3,n)$，所对应的生成函数是 $g(x) = \dfrac{1}{(1-x^a)(1-x^b)(1-x^c)} = \sum\limits_{k=0}^{\infty} \omega(3,k)x^k$，其中当 $k = n$ 时即为所求. 由此即知, $f(x) = \dfrac{1}{x^{n+1}(1-x^a)(1-x^b)(1-x^c)}$ 所展开的形式幂级数中 x^{-1} 项的系数即为所求. 为此, 只要求出 $f(z)$ 在 $z = 0$ 处的留数即可, 即 $\omega(3,n) = \mathrm{Res}(f(z),0)$. 由于 $f(z)$ 在 $z = \infty$ 处解析, 故 $f(z)$ 在 $z = \infty$ 处的留数为零, 而 $f(z)$ 在复平面中的极点为 $z = 0, z = 1$ 以及

$$
z_k = \mathrm{e}^{\frac{2k\pi i}{a}} \quad (k = 1,2,\cdots,a-1)
$$

$$
z_k = \mathrm{e}^{\frac{2k\pi i}{b}} \quad (k = 1,2,\cdots,b-1)
$$

$$
z_k = \mathrm{e}^{\frac{2k\pi i}{c}} \quad (k = 1,2,\cdots,c-1)
$$

再由留数定理知

$$
\begin{aligned}
\omega(3,n) &= \mathrm{Res}(f(z),0) \\
&= -\mathrm{Res}(f(z),1) - \sum_{k=1}^{a-1} \mathrm{Res}(f(z), \mathrm{e}^{\frac{2k\pi i}{a}}) \\
&\quad - \sum_{k=1}^{b-1} \mathrm{Res}(f(z), \mathrm{e}^{\frac{2k\pi i}{b}}) - \sum_{k=1}^{c-1} \mathrm{Res}(f(z), \mathrm{e}^{\frac{2k\pi i}{c}})
\end{aligned}
$$

在这些非零的极点中，$z=1$ 为 3 阶极点，$z=\mathrm{e}^{\frac{2sd_3a_1\pi i}{a}}=\mathrm{e}^{\frac{2s\pi i}{d_1}}$ $(s=1,2,\cdots,d_1-1)$ 以及 $z=\mathrm{e}^{\frac{2sd_2b_1\pi i}{b}}=\mathrm{e}^{\frac{2s\pi i}{d_2}}$ $(s=1,2,\cdots,d_2-1)$ 与 $z=\mathrm{e}^{\frac{2sd_2c_1\pi i}{c}}=\mathrm{e}^{\frac{2s\pi i}{d_2}}$ $(s=1,2,\cdots,d_3-1)$ 都是 2 阶极点，其余是 1 阶极点. 对于 2 阶极点 $z=\mathrm{e}^{\frac{2sd_3a_1\pi i}{a}}=\mathrm{e}^{\frac{2s\pi i}{d_1}}$ $(s=1,2,\cdots,d_1-1)$ 有

$$\mathrm{Res}(f(z),\mathrm{e}^{\frac{2s\pi i}{d_1}})$$

$$=\lim_{z\to \mathrm{e}^{\frac{2s\pi i}{d_1}}}\Big[(z-\mathrm{e}^{\frac{2s\pi i}{d_1}})^2 f(z)\Big]'$$

$$=\Big[(z-\mathrm{e}^{\frac{2s\pi i}{d_1}})^2 f(z)\Big]'\Big|_{z=\mathrm{e}^{\frac{2s\pi i}{d_1}}}$$

$$=-z^{-2(n+1)}\Big[\prod_{\substack{k\neq sd_3a_1\\0\leqslant k\leqslant a-1}}(z-\mathrm{e}^{\frac{2k\pi i}{a}})\Big]^{-2}\Big[\prod_{\substack{k\neq sd_2b_1\\0\leqslant k\leqslant b-1}}(z-\mathrm{e}^{\frac{2k\pi i}{b}})\Big]^{-2}(1-z^c)^{-2}$$

$$\cdot\Big\{(n+1)z^n\prod_{\substack{k\neq sd_3a_1\\0\leqslant k\leqslant a-1}}(z-\mathrm{e}^{\frac{2k\pi i}{a}})\prod_{\substack{k\neq sd_2b_1\\0\leqslant k\leqslant b-1}}(z-\mathrm{e}^{\frac{2k\pi i}{b}})(1-z^c)$$

$$+z^{n+1}\Big[\sum_{\substack{t\neq sd_3a_1\\0\leqslant t\leqslant a-1}}\prod_{\substack{k\neq t,sd_3a_1\\0\leqslant k\leqslant a-1}}(z-\mathrm{e}^{\frac{2k\pi i}{a}})\Big]\Big[\prod_{\substack{k\neq sd_2b_1\\0\leqslant k\leqslant b-1}}(z-\mathrm{e}^{\frac{2k\pi i}{b}})\Big](1-z^c)$$

$$+z^{n+1}\Big[\prod_{\substack{k\neq sd_3a_1\\0\leqslant k\leqslant a-1}}(z-\mathrm{e}^{\frac{2k\pi i}{a}})\Big]\Big[\sum_{\substack{t\neq sd_2b_1\\0\leqslant t\leqslant b-1}}\prod_{\substack{k\neq t,sd_2b_1\\0\leqslant k\leqslant b-1}}(z-\mathrm{e}^{\frac{2k\pi i}{b}})\Big](1-z^c)$$

$$-cz^{n+c}\prod_{\substack{k\neq sd_3a_1\\0\leqslant k\leqslant a-1}}(z-\mathrm{e}^{\frac{2k\pi i}{a}})\prod_{\substack{k\neq sd_2b_1\\0\leqslant k\leqslant b-1}}(z-\mathrm{e}^{\frac{2k\pi i}{b}})\Big\}\Big|_{z=\mathrm{e}^{\frac{2s\pi i}{d_1}}}$$

$$=-\mathrm{e}^{\frac{-4(n+1)s\pi i}{d_1}}\Big[\prod_{\substack{k\neq sd_3a_1\\0\leqslant k\leqslant a-1}}(\mathrm{e}^{\frac{2s\pi i}{d_1}}-\mathrm{e}^{\frac{2k\pi i}{a}})\Big]^{-2}\Big[\prod_{\substack{k\neq sd_2b_1\\0\leqslant k\leqslant b-1}}(\mathrm{e}^{\frac{2s\pi i}{d_1}}-\mathrm{e}^{\frac{2k\pi i}{b}})\Big]^{-2}(1-\mathrm{e}^{\frac{2sc\pi i}{d_1}})^{-2}$$

$$\cdot\Big\{(n+1)\mathrm{e}^{\frac{2ns\pi i}{d_1}}\prod_{\substack{k\neq sd_3a_1\\0\leqslant k\leqslant a-1}}(\mathrm{e}^{\frac{2s\pi i}{d_1}}-\mathrm{e}^{\frac{2k\pi i}{a}})\prod_{\substack{k\neq sd_2b_1\\0\leqslant k\leqslant b-1}}(\mathrm{e}^{\frac{2s\pi i}{d_1}}-\mathrm{e}^{\frac{2k\pi i}{b}})(1-\mathrm{e}^{\frac{2sc\pi i}{d_1}})$$

$$+\mathrm{e}^{\frac{2(n+1)s\pi i}{d_1}}\Big[\sum_{\substack{t\neq sd_3a_1\\0\leqslant t\leqslant a-1}}\prod_{\substack{k\neq t,sd_3a_1\\0\leqslant k\leqslant a-1}}(\mathrm{e}^{\frac{2s\pi i}{d_1}}-\mathrm{e}^{\frac{2k\pi i}{a}})\Big]\Big[\prod_{\substack{k\neq sd_2b_1\\0\leqslant k\leqslant b-1}}(\mathrm{e}^{\frac{2s\pi i}{d_1}}-\mathrm{e}^{\frac{2k\pi i}{b}})\Big](1-\mathrm{e}^{\frac{2sc\pi i}{d_1}})$$

$$+\mathrm{e}^{\frac{2(n+1)s\pi i}{d_1}}\Big[\prod_{\substack{k\neq sd_3a_1\\0\leqslant k\leqslant a-1}}(\mathrm{e}^{\frac{2s\pi i}{d_1}}-\mathrm{e}^{\frac{2k\pi i}{a}})\Big]\Big[\sum_{\substack{t\neq sd_2b_1\\0\leqslant t\leqslant b-1}}\prod_{\substack{k\neq t,sd_2b_1\\0\leqslant k\leqslant b-1}}(\mathrm{e}^{\frac{2s\pi i}{d_1}}-\mathrm{e}^{\frac{2k\pi i}{b}})\Big](1-\mathrm{e}^{\frac{2sc\pi i}{d_1}})$$

$$-c\mathrm{e}^{\frac{2(n+c)s\pi i}{d_1}}\prod_{\substack{k\neq sd_3a_1\\0\leqslant k\leqslant a-1}}(\mathrm{e}^{\frac{2s\pi i}{d_1}}-\mathrm{e}^{\frac{2k\pi i}{a}})\prod_{\substack{k\neq sd_2b_1\\0\leqslant k\leqslant b-1}}(\mathrm{e}^{\frac{2s\pi i}{d_1}}-\mathrm{e}^{\frac{2k\pi i}{b}})\Big\}$$

同样地，对于 2 阶极点 $z=\mathrm{e}^{\frac{2sd_1b_1\pi i}{b}}=\mathrm{e}^{\frac{2s\pi i}{d_2}}$ $(s=1,2,\cdots,d_2-1)$，有

$\operatorname{Res}(f(z), \mathrm{e}^{\frac{2s\pi i}{d_2}})$

$$= \lim_{z \to \mathrm{e}^{\frac{2s\pi i}{d_2}}} ((z - \mathrm{e}^{\frac{2s\pi i}{d_2}})^2 f(z))'$$

$$= ((z - \mathrm{e}^{\frac{2s\pi i}{d_2}})^2 f(z))' \big|_{z = \mathrm{e}^{\frac{2s\pi i}{d_2}}}$$

$$= -\mathrm{e}^{\frac{-4(n+1)s\pi i}{d_2}} \Big[\prod_{\substack{k \neq sd_1 b_1 \\ 0 \leqslant k \leqslant b-1}} (\mathrm{e}^{\frac{2s\pi i}{d_2}} - \mathrm{e}^{\frac{2k\pi i}{b}}) \Big]^{-2} \Big[\prod_{\substack{k \neq sd_3 c_1 \\ 0 \leqslant k \leqslant c-1}} (\mathrm{e}^{\frac{2s\pi i}{d_2}} - \mathrm{e}^{\frac{2k\pi i}{c}}) \Big]^{-2} (1 - \mathrm{e}^{\frac{2sa\pi i}{d_2}})^{-2}$$

$$\cdot \Big\{ (n+1)\mathrm{e}^{\frac{2ns\pi i}{d_2}} \prod_{\substack{k \neq sd_1 b_1 \\ 0 \leqslant k \leqslant b-1}} (\mathrm{e}^{\frac{2s\pi i}{d_2}} - \mathrm{e}^{\frac{2k\pi i}{b}}) \prod_{\substack{k \neq sd_3 c_1 \\ 0 \leqslant k \leqslant c-1}} (\mathrm{e}^{\frac{2s\pi i}{d_2}} - \mathrm{e}^{\frac{2k\pi i}{c}})(1 - \mathrm{e}^{\frac{2sa\pi i}{d_2}})$$

$$+ \mathrm{e}^{\frac{2(n+1)s\pi i}{d_2}} \Big[\sum_{\substack{t \neq sd_1 b_1 \\ 0 \leqslant t \leqslant b-1}} \prod_{\substack{k \neq t, sd_1 b_1 \\ 0 \leqslant k \leqslant b-1}} (\mathrm{e}^{\frac{2s\pi i}{d_2}} - \mathrm{e}^{\frac{2k\pi i}{b}}) \Big] \Big[\prod_{\substack{k \neq sd_3 c_1 \\ 0 \leqslant k \leqslant c-1}} (\mathrm{e}^{\frac{2s\pi i}{d_2}} - \mathrm{e}^{\frac{2k\pi i}{c}}) \Big] (1 - \mathrm{e}^{\frac{2sa\pi i}{d_2}})$$

$$+ \mathrm{e}^{\frac{2(n+1)s\pi i}{d_2}} \Big[\prod_{\substack{k \neq sd_1 b_1 \\ 0 \leqslant k \leqslant b-1}} (\mathrm{e}^{\frac{2s\pi i}{d_2}} - \mathrm{e}^{\frac{2k\pi i}{b}}) \Big] \Big[\sum_{\substack{t \neq sd_3 c_1 \\ 0 \leqslant t \leqslant c-1}} \prod_{\substack{k \neq t, sd_3 c_1 \\ 0 \leqslant k \leqslant c-1}} (\mathrm{e}^{\frac{2s\pi i}{d_2}} - \mathrm{e}^{\frac{2k\pi i}{c}}) \Big] (1 - \mathrm{e}^{\frac{2sa\pi i}{d_2}})$$

$$- a\mathrm{e}^{\frac{2(n+a)s\pi i}{d_2}} \prod_{\substack{k \neq sd_1 b_1 \\ 0 \leqslant k \leqslant b-1}} (\mathrm{e}^{\frac{2s\pi i}{d_2}} - \mathrm{e}^{\frac{2k\pi i}{b}}) \prod_{\substack{k \neq sd_3 c_1 \\ 0 \leqslant k \leqslant c-1}} (\mathrm{e}^{\frac{2s\pi i}{d_2}} - \mathrm{e}^{\frac{2k\pi i}{c}}) \Big\}$$

同样地,对于 2 阶极点 $z = \mathrm{e}^{\frac{2sd_2 c_1 \pi i}{c}} = \mathrm{e}^{\frac{2s\pi i}{d_2}}$ ($s = 1, 2, \cdots, d_3 - 1$),有

$\operatorname{Res}(f(z), \mathrm{e}^{\frac{2s\pi i}{d_3}})$

$$= \lim_{z \to \mathrm{e}^{\frac{2s\pi i}{d_3}}} ((z - \mathrm{e}^{\frac{2s\pi i}{d_3}})^2 f(z))'$$

$$= ((z - \mathrm{e}^{\frac{2s\pi i}{d_3}})^2 f(z))' \big|_{z = \mathrm{e}^{\frac{2s\pi i}{d_3}}}$$

$$= -\mathrm{e}^{\frac{-4(n+1)s\pi i}{d_3}} \Big[\prod_{\substack{k \neq sd_2 c_1 \\ 0 \leqslant k \leqslant c-1}} (\mathrm{e}^{\frac{2s\pi i}{d_3}} - \mathrm{e}^{\frac{2k\pi i}{c}}) \Big]^{-2} \Big[\prod_{\substack{k \neq sd_1 a_1 \\ 0 \leqslant k \leqslant a-1}} (\mathrm{e}^{\frac{2s\pi i}{d_3}} - \mathrm{e}^{\frac{2k\pi i}{a}}) \Big]^{-2} (1 - \mathrm{e}^{\frac{2sb\pi i}{d_3}})^{-2}$$

$$\cdot \Big\{ (n+1)\mathrm{e}^{\frac{2ns\pi i}{d_3}} \prod_{\substack{k \neq sd_2 c_1 \\ 0 \leqslant k \leqslant c-1}} (\mathrm{e}^{\frac{2s\pi i}{d_3}} - \mathrm{e}^{\frac{2k\pi i}{c}}) \prod_{\substack{k \neq sd_1 a_1 \\ 0 \leqslant k \leqslant a-1}} (\mathrm{e}^{\frac{2s\pi i}{d_3}} - \mathrm{e}^{\frac{2k\pi i}{a}})(1 - \mathrm{e}^{\frac{2sb\pi i}{d_3}})$$

$$+ \mathrm{e}^{\frac{2(n+1)s\pi i}{d_3}} \Big[\sum_{\substack{t \neq sd_2 c_1 \\ 0 \leqslant t \leqslant c-1}} \prod_{\substack{k \neq t, sd_2 c_1 \\ 0 \leqslant k \leqslant c-1}} (\mathrm{e}^{\frac{2s\pi i}{d_3}} - \mathrm{e}^{\frac{2k\pi i}{c}}) \Big] \Big[\prod_{\substack{k \neq sd_1 a_1 \\ 0 \leqslant k \leqslant a-1}} (\mathrm{e}^{\frac{2s\pi i}{d_3}} - \mathrm{e}^{\frac{2k\pi i}{a}}) \Big] (1 - \mathrm{e}^{\frac{2sb\pi i}{d_3}})$$

$$+ \mathrm{e}^{\frac{2(n+1)s\pi i}{d_3}} \Big[\prod_{\substack{k \neq sd_2 c_1 \\ 0 \leqslant k \leqslant c-1}} (\mathrm{e}^{\frac{2s\pi i}{d_3}} - \mathrm{e}^{\frac{2k\pi i}{c}}) \Big] \Big[\sum_{\substack{t \neq sd_1 a_1 \\ 0 \leqslant t \leqslant a-1}} \prod_{\substack{k \neq t, sd_1 a_1 \\ 0 \leqslant k \leqslant a-1}} (\mathrm{e}^{\frac{2s\pi i}{d_3}} - \mathrm{e}^{\frac{2k\pi i}{a}}) \Big] (1 - \mathrm{e}^{\frac{2sb\pi i}{d_3}})$$

$$- b\mathrm{e}^{\frac{2(n+b)s\pi i}{d_3}} \prod_{\substack{k \neq sd_2 c_1 \\ 0 \leqslant k \leqslant c-1}} (\mathrm{e}^{\frac{2s\pi i}{d_3}} - \mathrm{e}^{\frac{2k\pi i}{c}}) \prod_{\substack{k \neq sd_1 a_1 \\ 0 \leqslant k \leqslant a-1}} (\mathrm{e}^{\frac{2s\pi i}{d_3}} - \mathrm{e}^{\frac{2k\pi i}{a}}) \Big\}$$

对于 1 阶极点 $z = e^{\frac{2k\pi i}{a}}$ $(1 \leqslant k \leqslant a-1, k \neq a_1 d_3, 2d_3 a_1, \cdots, (d_1-1)d_3 a_1, a_1 d_1,$
$2a_1 d_1, \cdots, (d_3-1)a_1 d_1)$,有

$$\text{Res}(f(z), e^{\frac{2k\pi i}{a}}) = \left[(z - e^{\frac{2k\pi i}{a}}) f(z) \right] \Big|_{z = e^{\frac{2k\pi i}{a}}}$$

$$= \frac{-1}{e^{\frac{2(n+1)k\pi i}{a}}(e^{\frac{2bk\pi i}{a}}-1)(e^{\frac{2ck\pi i}{a}}-1) \prod\limits_{\substack{t \neq k \\ 0 \leqslant t \leqslant a-1}} (e^{\frac{2k\pi i}{a}} - e^{\frac{2t\pi i}{a}})}$$

对于 1 阶极点

$$z = e^{\frac{2k\pi i}{b}} (1 \leqslant k \leqslant b-1, k \neq b_1 d_2, 2b_1 d_2, \cdots,$$
$$(d_1-1)b_1 d_2, b_1 d_1, 2b_1 d_1, \cdots, (d_2-1)b_1 d_1)$$

有

$$\text{Res}(f(z), e^{\frac{2k\pi i}{b}}) = \left((z - e^{\frac{2k\pi i}{b}}) f(z) \right) \Big|_{z = e^{\frac{2k\pi i}{b}}}$$

$$= \frac{-1}{e^{\frac{2(n+1)k\pi i}{b}}(e^{\frac{2ak\pi i}{b}}-1)(e^{\frac{2ck\pi i}{b}}-1) \prod\limits_{\substack{t \neq k \\ 0 \leqslant t \leqslant b-1}} (e^{\frac{2k\pi i}{b}} - e^{\frac{2t\pi i}{b}})}$$

对于 1 阶极点

$$z = e^{\frac{2k\pi i}{c}} (1 \leqslant k \leqslant c-1, k \neq c_1 d_2, 2c_1 d_2, \cdots,$$
$$(d_3-1)c_1 d_2, c_1 d_3, 2c_1 d_3, \cdots, (d_2-1)c_1 d_3)$$

有

$$\text{Res}(f(z), e^{\frac{2k\pi i}{c}}) = \left[(z - e^{\frac{2k\pi i}{c}}) f(z) \right] \Big|_{z = e^{\frac{2k\pi i}{c}}}$$

$$= \frac{-1}{e^{\frac{2(n+1)k\pi i}{c}}(e^{\frac{2ak\pi i}{c}}-1)(e^{\frac{2bk\pi i}{c}}-1) \prod\limits_{\substack{t \neq k \\ 0 \leqslant t \leqslant c-1}} (e^{\frac{2k\pi i}{c}} - e^{\frac{2t\pi i}{c}})}$$

对于 3 阶极点 $z=1$,由定理 4.4.2 的证明知

$$\text{Res}(f(z), 1) = \frac{-(n+1)}{2abc}(n+a+b+c-1)$$
$$- \frac{1}{12abc}((a^2-1)+(b^2-1)+(c^2-1))$$
$$- \frac{1}{4abc}((a-1)(b-1)+(b-1)(c-1)+(c-1)(a-1))$$

所以

$$\omega(3, n)$$
$$= \text{Res}(f(z), 0)$$
$$= -\text{Res}(f(z), 1) - \sum_{k=1}^{a-1} \text{Res}(f(z), e^{\frac{2k\pi i}{a}})$$

$$-\sum_{k=1}^{b-1}\mathrm{Res}(f(z),\mathrm{e}^{\frac{2k\pi i}{b}})-\sum_{k=1}^{c-1}\mathrm{Res}(f(z),\mathrm{e}^{\frac{2k\pi i}{c}})$$

$$=\sum_{s=1}^{d_1-1}\mathrm{e}^{\frac{-4(n+1)s\pi i}{d_1}}\Big[\prod_{\substack{k\neq sd_3a_1\\0\leqslant k\leqslant a-1}}(\mathrm{e}^{\frac{2s\pi i}{d_1}}-\mathrm{e}^{\frac{2k\pi i}{a}})\Big]^{-2}\Big[\prod_{\substack{k\neq sd_2b_1\\0\leqslant k\leqslant b-1}}(\mathrm{e}^{\frac{2s\pi i}{d_1}}-\mathrm{e}^{\frac{2k\pi i}{b}})\Big]^{-2}(1-\mathrm{e}^{\frac{2sc\pi i}{d_1}})^{-2}$$

$$\cdot\Big\{(n+1)\mathrm{e}^{\frac{2ns\pi i}{d_1}}\prod_{\substack{k\neq sd_3a_1\\0\leqslant k\leqslant a-1}}(\mathrm{e}^{\frac{2s\pi i}{d_1}}-\mathrm{e}^{\frac{2k\pi i}{a}})\prod_{\substack{k\neq sd_2b_1\\0\leqslant k\leqslant b-1}}(\mathrm{e}^{\frac{2s\pi i}{d_1}}-\mathrm{e}^{\frac{2k\pi i}{b}})(1-\mathrm{e}^{\frac{2sc\pi i}{d_1}})$$

$$+\mathrm{e}^{\frac{2(n+1)s\pi i}{d_1}}\Big[\sum_{\substack{t\neq sd_3a_1\\0\leqslant t\leqslant a-1}}\prod_{\substack{k\neq t,sd_3a_1\\0\leqslant k\leqslant a-1}}(\mathrm{e}^{\frac{2s\pi i}{d_1}}-\mathrm{e}^{\frac{2k\pi i}{a}})\Big]\Big[\prod_{\substack{k\neq sd_2b_1\\0\leqslant k\leqslant b-1}}(\mathrm{e}^{\frac{2s\pi i}{d_1}}-\mathrm{e}^{\frac{2k\pi i}{b}})\Big](1-\mathrm{e}^{\frac{2sc\pi i}{d_1}})$$

$$+\mathrm{e}^{\frac{2(n+1)s\pi i}{d_1}}\Big[\prod_{\substack{k\neq sd_3a_1\\0\leqslant k\leqslant a-1}}(\mathrm{e}^{\frac{2s\pi i}{d_1}}-\mathrm{e}^{\frac{2k\pi i}{a}})\Big]\Big[\sum_{\substack{t\neq sd_2b_1\\0\leqslant t\leqslant b-1}}\prod_{\substack{k\neq t,sd_2b_1\\0\leqslant k\leqslant b-1}}(\mathrm{e}^{\frac{2s\pi i}{d_1}}-\mathrm{e}^{\frac{2k\pi i}{b}})\Big](1-\mathrm{e}^{\frac{2sc\pi i}{d_1}})$$

$$-c\mathrm{e}^{\frac{2(n+c)s\pi i}{d_1}}\prod_{\substack{k\neq sd_3a_1\\0\leqslant k\leqslant a-1}}(\mathrm{e}^{\frac{2s\pi i}{d_1}}-\mathrm{e}^{\frac{2k\pi i}{a}})\prod_{\substack{k\neq sd_2b_1\\0\leqslant k\leqslant b-1}}(\mathrm{e}^{\frac{2s\pi i}{d_1}}-\mathrm{e}^{\frac{2k\pi i}{b}})\Big\}$$

$$+\sum_{s=1}^{d_2-1}\mathrm{e}^{\frac{-4(n+1)s\pi i}{d_2}}\Big[\prod_{\substack{k\neq sd_1b_1\\0\leqslant k\leqslant b-1}}(\mathrm{e}^{\frac{2s\pi i}{d_2}}-\mathrm{e}^{\frac{2k\pi i}{b}})\Big]^{-2}\Big[\prod_{\substack{k\neq sd_3c_1\\0\leqslant k\leqslant c-1}}(\mathrm{e}^{\frac{2s\pi i}{d_2}}-\mathrm{e}^{\frac{2k\pi i}{c}})\Big]^{-2}(1-\mathrm{e}^{\frac{2sa\pi i}{d_2}})^{-2}$$

$$\cdot\Big\{(n+1)\mathrm{e}^{\frac{2ns\pi i}{d_2}}\prod_{\substack{k\neq sd_1b_1\\0\leqslant k\leqslant b-1}}(\mathrm{e}^{\frac{2s\pi i}{d_2}}-\mathrm{e}^{\frac{2k\pi i}{b}})\prod_{\substack{k\neq sd_3c_1\\0\leqslant k\leqslant c-1}}(\mathrm{e}^{\frac{2s\pi i}{d_2}}-\mathrm{e}^{\frac{2k\pi i}{c}})(1-\mathrm{e}^{\frac{2sa\pi i}{d_2}})$$

$$+\mathrm{e}^{\frac{2(n+1)s\pi i}{d_2}}\Big[\sum_{\substack{t\neq sd_1b_1\\0\leqslant t\leqslant b-1}}\prod_{\substack{k\neq t,sd_1b_1\\0\leqslant k\leqslant b-1}}(\mathrm{e}^{\frac{2s\pi i}{d_2}}-\mathrm{e}^{\frac{2k\pi i}{b}})\Big]\Big[\prod_{\substack{k\neq sd_3c_1\\0\leqslant k\leqslant c-1}}(\mathrm{e}^{\frac{2s\pi i}{d_2}}-\mathrm{e}^{\frac{2k\pi i}{c}})\Big](1-\mathrm{e}^{\frac{2sa\pi i}{d_2}})$$

$$+\mathrm{e}^{\frac{2(n+1)s\pi i}{d_2}}\Big[\prod_{\substack{k\neq sd_1b_1\\0\leqslant k\leqslant b-1}}(\mathrm{e}^{\frac{2s\pi i}{d_2}}-\mathrm{e}^{\frac{2k\pi i}{b}})\Big]\Big[\sum_{\substack{t\neq sd_3c_1\\0\leqslant t\leqslant c-1}}\prod_{\substack{k\neq t,sd_3c_1\\0\leqslant k\leqslant c-1}}(\mathrm{e}^{\frac{2s\pi i}{d_2}}-\mathrm{e}^{\frac{2k\pi i}{c}})\Big](1-\mathrm{e}^{\frac{2sa\pi i}{d_2}})$$

$$-a\mathrm{e}^{\frac{2(n+a)s\pi i}{d_2}}\prod_{\substack{k\neq sd_1b_1\\0\leqslant k\leqslant b-1}}(\mathrm{e}^{\frac{2s\pi i}{d_2}}-\mathrm{e}^{\frac{2k\pi i}{b}})\prod_{\substack{k\neq sd_3c_1\\0\leqslant k\leqslant c-1}}(\mathrm{e}^{\frac{2s\pi i}{d_2}}-\mathrm{e}^{\frac{2k\pi i}{c}})\Big\}$$

$$+\sum_{s=1}^{d_3-1}\mathrm{e}^{\frac{-4(n+1)s\pi i}{d_3}}\Big[\prod_{\substack{k\neq sd_2c_1\\0\leqslant k\leqslant c-1}}(\mathrm{e}^{\frac{2s\pi i}{d_3}}-\mathrm{e}^{\frac{2k\pi i}{c}})\Big]^{-2}\Big[\prod_{\substack{k\neq sd_1a_1\\0\leqslant k\leqslant a-1}}(\mathrm{e}^{\frac{2s\pi i}{d_3}}-\mathrm{e}^{\frac{2k\pi i}{a}})\Big]^{-2}(1-\mathrm{e}^{\frac{2sb\pi i}{d_3}})^{-2}$$

$$\cdot\Big\{(n+1)\mathrm{e}^{\frac{2ns\pi i}{d_3}}\prod_{\substack{k\neq sd_2c_1\\0\leqslant k\leqslant c-1}}(\mathrm{e}^{\frac{2s\pi i}{d_3}}-\mathrm{e}^{\frac{2k\pi i}{c}})\prod_{\substack{k\neq sd_1a_1\\0\leqslant k\leqslant a-1}}(\mathrm{e}^{\frac{2s\pi i}{d_3}}-\mathrm{e}^{\frac{2k\pi i}{a}})(1-\mathrm{e}^{\frac{2sb\pi i}{d_3}})$$

$$+\mathrm{e}^{\frac{2(n+1)s\pi i}{d_3}}\Big[\sum_{\substack{t\neq sd_2c_1\\0\leqslant t\leqslant c-1}}\prod_{\substack{k\neq t,sd_2c_1\\0\leqslant k\leqslant c-1}}(\mathrm{e}^{\frac{2s\pi i}{d_3}}-\mathrm{e}^{\frac{2k\pi i}{c}})\Big]\Big[\prod_{\substack{k\neq sd_1a_1\\0\leqslant k\leqslant a-1}}(\mathrm{e}^{\frac{2s\pi i}{d_3}}-\mathrm{e}^{\frac{2k\pi i}{a}})\Big](1-\mathrm{e}^{\frac{2sb\pi i}{d_3}})$$

$$+ \mathrm{e}^{\frac{2(n+1)s\pi i}{d_3}} \Big[\prod_{\substack{k \neq sd_2 c_1 \\ 0 \leqslant k \leqslant c-1}} (\mathrm{e}^{\frac{2s\pi i}{d_3}} - \mathrm{e}^{\frac{2k\pi i}{c}}) \Big] \Big[\sum_{\substack{t \neq sd_1 a_1 \\ 0 \leqslant t \leqslant a-1}} \prod_{\substack{k \neq t, sd_1 a_1 \\ 0 \leqslant k \leqslant a-1}} (\mathrm{e}^{\frac{2s\pi i}{d_3}} - \mathrm{e}^{\frac{2k\pi i}{a}}) \Big] (1 - \mathrm{e}^{\frac{2sb\pi i}{d_3}})$$

$$- b \mathrm{e}^{\frac{2(n+b)\pi i}{d_3}} \prod_{\substack{k \neq sd_2 c_1 \\ 0 \leqslant k \leqslant c-1}} (\mathrm{e}^{\frac{2s\pi i}{d_3}} - \mathrm{e}^{\frac{2k\pi i}{c}}) \prod_{\substack{k \neq sd_1 a_1 \\ 0 \leqslant k \leqslant a-1}} (\mathrm{e}^{\frac{2s\pi i}{d_3}} - \mathrm{e}^{\frac{2k\pi i}{a}}) \Big\}$$

$$+ \sum_{\substack{k \neq a_1 d_3, 2a_1 d_3, \cdots, (d_1-1)a_1 d_3 \\ k \neq a_1 d_1, 2a_1 d_1, \cdots, (d_3-1)a_1 d_1 \\ 1 \leqslant k \leqslant a-1}} \mathrm{e}^{\frac{-2(n+1)k\pi i}{a}} (\mathrm{e}^{\frac{2bk\pi i}{a}} - 1)^{-1} (\mathrm{e}^{\frac{2ck\pi i}{a}} - 1)^{-1} \Big[\prod_{\substack{t \neq k \\ 0 \leqslant t \leqslant a-1}} (\mathrm{e}^{\frac{2k\pi i}{a}} - \mathrm{e}^{\frac{2t\pi i}{a}}) \Big]^{-1}$$

$$+ \sum_{\substack{k \neq b_1 d_2, 2b_1 d_2, \cdots, (d_1-1)b_1 d_2 \\ k \neq b_1 d_1, 2b_1 d_1, \cdots, (d_2-1)b_1 d_1 \\ 1 \leqslant k \leqslant b-1}} \mathrm{e}^{\frac{-2(n+1)k\pi i}{b}} (\mathrm{e}^{\frac{2ak\pi i}{b}} - 1)^{-1} (\mathrm{e}^{\frac{2ck\pi i}{b}} - 1)^{-1} \Big[\prod_{\substack{t \neq k \\ 0 \leqslant t \leqslant b-1}} (\mathrm{e}^{\frac{2k\pi i}{b}} - \mathrm{e}^{\frac{2t\pi i}{b}}) \Big]^{-1}$$

$$+ \sum_{\substack{k \neq c_1 d_2, 2c_1 d_2, \cdots, (d_3-1)c_1 d_2 \\ k \neq c_1 d_3, 2c_1 d_3, \cdots, (d_2-1)c_1 d_3 \\ 1 \leqslant k \leqslant c-1}} \mathrm{e}^{\frac{-2(n+1)k\pi i}{c}} (\mathrm{e}^{\frac{2ak\pi i}{c}} - 1)^{-1} (\mathrm{e}^{\frac{2bk\pi i}{c}} - 1)^{-1} \Big[\prod_{\substack{t \neq k \\ 0 \leqslant t \leqslant c-1}} (\mathrm{e}^{\frac{2k\pi i}{c}} - \mathrm{e}^{\frac{2t\pi i}{c}}) \Big]^{-1}$$

$$+ \frac{(n+1)}{2abc}(n + a + b + c - 1)$$

$$+ \frac{1}{12abc}((a-1)(a+1) + (b-1)(b+1) + (c-1)(c+1))$$

$$+ \frac{1}{4abc}((a-1)(b-1) + (b-1)(c-1) + (c-1)(a-1)) \qquad \Box$$

推论 4.4.3　设 $a, b, c \in \mathbf{N}, a = d_1 d_3 a_1, b = d_1 d_2 b_1, c = d_2 d_3 c_1, \gcd(d_s, d_t) = 1 (s \neq t, s, t \in \{1,2,3\}), \gcd(a_1, b_1) = \gcd(b_1, c_1) = \gcd(c_1, a_1) = 1$. 记不定方程 $ax_1 + bx_2 + cx_3 = n$ 的非负整数解的个数为 $\omega(3, n)$，那么当 n 充分大时，有

$$\omega(3, n) \sim \sum_{s=1}^{d_1 - 1} (n+1) \mathrm{e}^{\frac{-2(n-2)s\pi i}{d_1}} \Big[\prod_{\substack{k \neq sd_3 a_1 \\ 0 \leqslant k \leqslant a-1}} (\mathrm{e}^{\frac{2s\pi i}{d_1}} - \mathrm{e}^{\frac{2k\pi i}{a}}) \Big]^{-1}$$

$$\cdot \Big[\prod_{\substack{k \neq sd_2 b_1 \\ 0 \leqslant k \leqslant b-1}} (\mathrm{e}^{\frac{2s\pi i}{d_1}} - \mathrm{e}^{\frac{2k\pi i}{b}}) \Big]^{-1} (1 - \mathrm{e}^{\frac{2sc\pi i}{d_1}})^{-1}$$

$$+ \sum_{s=1}^{d_2 - 1} (n+1) \mathrm{e}^{\frac{-2(n-2)s\pi i}{d_2}} \Big[\prod_{\substack{k \neq sd_1 b_1 \\ 0 \leqslant k \leqslant b-1}} (\mathrm{e}^{\frac{2s\pi i}{d_2}} - \mathrm{e}^{\frac{2k\pi i}{b}}) \Big]^{-1}$$

$$\cdot \Big[\prod_{\substack{k \neq sd_3 c_1 \\ 0 \leqslant k \leqslant c-1}} (\mathrm{e}^{\frac{2s\pi i}{d_2}} - \mathrm{e}^{\frac{2k\pi i}{c}}) \Big]^{-1} (1 - \mathrm{e}^{\frac{2sa\pi i}{d_2}})^{-1}$$

$$+ \sum_{s=1}^{d_3-1} (n+1) \mathrm{e}^{\frac{-2(n-2)s\pi i}{d_3}} \Big[\prod_{\substack{k \neq sd_2 c_1 \\ 0 \leqslant k \leqslant c-1}} (\mathrm{e}^{\frac{2s\pi i}{d_3}} - \mathrm{e}^{\frac{2k\pi i}{c}}) \Big]^{-1}$$

$$\cdot \Big[\prod_{\substack{k \neq sd_1 a_1 \\ 0 \leqslant k \leqslant a-1}} (\mathrm{e}^{\frac{2s\pi i}{d_3}} - \mathrm{e}^{\frac{2k\pi i}{a}}) \Big]^{-1} (1 - \mathrm{e}^{\frac{2sb\pi i}{d_3}})^{-1}$$

$$+ \frac{n}{2abc} (n+a+b+c)$$

注　在定理 4.4.3 中,当 $d_1 = d_2 = d_3 = 1$ 时,由定理 4.4.3 即得到定理 4.4.2.

例 4.4.5　求不定方程 $3x_1 + 4x_2 + 6x_3 = n$ 的非负整数解 $z(n)$.

解　$a = d_1 d_3 a_1 = 3, b = d_1 d_2 b_1 = 4, c = d_2 d_3 c_1 = 6, a_1 = 1, b_1 = 2, c_1 = 1,$ $d_1 = 1, d_2 = 2, d_3 = 3, \gcd(a_1, b_1) = \gcd(b_1, c_1) = \gcd(c_1, a_1) = 1.$ 由于 $d_1 = 1,$ 所以

$$\sum_{s=1}^{d_1-1} \mathrm{e}^{\frac{-4(n+1)s\pi i}{d_1}} \Big[\prod_{\substack{k \neq sd_3 a_1 \\ 0 \leqslant k \leqslant a-1}} (\mathrm{e}^{\frac{2s\pi i}{d_1}} - \mathrm{e}^{\frac{2k\pi i}{a}}) \Big]^{-2} \Big[\prod_{\substack{k \neq sd_2 b_1 \\ 0 \leqslant k \leqslant b-1}} (\mathrm{e}^{\frac{2s\pi i}{d_1}} - \mathrm{e}^{\frac{2k\pi i}{b}}) \Big]^{-2} (1 - \mathrm{e}^{\frac{2sc\pi i}{d_1}})^{-2}$$

$$\cdot \Big\{ (n+1)\mathrm{e}^{\frac{2ns\pi i}{d_1}} \Big[\prod_{\substack{k \neq sd_3 a_1 \\ 0 \leqslant k \leqslant a-1}} (\mathrm{e}^{\frac{2s\pi i}{d_1}} - \mathrm{e}^{\frac{2k\pi i}{a}}) \Big] \Big[\prod_{\substack{k \neq sd_2 b_1 \\ 0 \leqslant k \leqslant b-1}} (\mathrm{e}^{\frac{2s\pi i}{d_1}} - \mathrm{e}^{\frac{2k\pi i}{b}}) \Big] (1 - \mathrm{e}^{\frac{2sc\pi i}{d_1}})$$

$$+ \mathrm{e}^{\frac{2(n+1)s\pi i}{d_1}} \Big[\sum_{\substack{t \neq sd_3 a_1 \\ 0 \leqslant t \leqslant a-1}} \prod_{\substack{k \neq t, sd_3 a_1 \\ 0 \leqslant k \leqslant a-1}} (\mathrm{e}^{\frac{2s\pi i}{d_1}} - \mathrm{e}^{\frac{2k\pi i}{a}}) \Big] \Big[\prod_{\substack{k \neq sd_2 b_1 \\ 0 \leqslant k \leqslant b-1}} (\mathrm{e}^{\frac{2s\pi i}{d_1}} - \mathrm{e}^{\frac{2k\pi i}{b}}) \Big] (1 - \mathrm{e}^{\frac{2sc\pi i}{d_1}})$$

$$+ \mathrm{e}^{\frac{2(n+1)s\pi i}{d_1}} \Big[\prod_{\substack{k \neq sd_3 a_1 \\ 0 \leqslant k \leqslant a-1}} (\mathrm{e}^{\frac{2s\pi i}{d_1}} - \mathrm{e}^{\frac{2k\pi i}{a}}) \Big] \Big[\sum_{\substack{t \neq sd_2 b_1 \\ 0 \leqslant t \leqslant b-1}} \prod_{\substack{k \neq t, sd_2 b_1 \\ 0 \leqslant k \leqslant b-1}} (\mathrm{e}^{\frac{2s\pi i}{d_1}} - \mathrm{e}^{\frac{2k\pi i}{b}}) \Big] (1 - \mathrm{e}^{\frac{2sc\pi i}{d_1}})$$

$$- c\mathrm{e}^{\frac{2(n+c)s\pi i}{d_1}} \Big[\prod_{\substack{k \neq sd_3 a_1 \\ 0 \leqslant k \leqslant a-1}} (\mathrm{e}^{\frac{2s\pi i}{d_1}} - \mathrm{e}^{\frac{2k\pi i}{a}}) \Big] \Big[\prod_{\substack{k \neq sd_2 b_1 \\ 0 \leqslant k \leqslant b-1}} (\mathrm{e}^{\frac{2s\pi i}{d_1}} - \mathrm{e}^{\frac{2k\pi i}{b}}) \Big] \Big\} = 0$$

由于 $d_2 = 2, s = 1,$ 利用 $\mathrm{e}^{\frac{\pi i}{2}} = \mathrm{i}, \mathrm{e}^{\pi i} = -1, \mathrm{e}^{\frac{\pi i}{3}} = \frac{1}{2} + \frac{\sqrt{3}}{2}\mathrm{i}, \mathrm{e}^{\frac{2\pi i}{3}} = -\frac{1}{2} + \frac{\sqrt{3}}{2}\mathrm{i}, \mathrm{e}^{\frac{4\pi i}{3}} = -\frac{1}{2}$ $- \frac{\sqrt{3}}{2}\mathrm{i}, \mathrm{e}^{\frac{5\pi i}{3}} = \frac{1}{2} - \frac{\sqrt{3}}{2}\mathrm{i}$ 以及周期性计算得

$$\sum_{s=1}^{d_2-1} \mathrm{e}^{\frac{-4(n+1)s\pi i}{d_2}} \Big[\prod_{\substack{k \neq sd_1 b_1 \\ 0 \leqslant k \leqslant b-1}} (\mathrm{e}^{\frac{2s\pi i}{d_2}} - \mathrm{e}^{\frac{2k\pi i}{b}}) \Big]^{-2} \Big[\prod_{\substack{k \neq sd_3 c_1 \\ 0 \leqslant k \leqslant c-1}} (\mathrm{e}^{\frac{2s\pi i}{d_2}} - \mathrm{e}^{\frac{2k\pi i}{c}}) \Big]^{-2} (1 - \mathrm{e}^{\frac{2sa\pi i}{d_2}})^{-2}$$

$$\cdot \Big\{ (n+1)\mathrm{e}^{\frac{2ns\pi i}{d_2}} \Big[\prod_{\substack{k \neq sd_1 b_1 \\ 0 \leqslant k \leqslant b-1}} (\mathrm{e}^{\frac{2s\pi i}{d_2}} - \mathrm{e}^{\frac{2k\pi i}{b}}) \Big] \Big[\prod_{\substack{k \neq sd_3 c_1 \\ 0 \leqslant k \leqslant c-1}} (\mathrm{e}^{\frac{2s\pi i}{d_2}} - \mathrm{e}^{\frac{2k\pi i}{c}}) \Big] (1 - \mathrm{e}^{\frac{2sa\pi i}{d_2}})$$

$$+ \mathrm{e}^{\frac{2(n+1)s\pi i}{d_2}} \Big[\sum_{\substack{t \neq sd_1 b_1 \\ 0 \leqslant t \leqslant b-1}} \prod_{\substack{k \neq t, sd_1 b_1 \\ 0 \leqslant k \leqslant b-1}} (\mathrm{e}^{\frac{2s\pi i}{d_2}} - \mathrm{e}^{\frac{2k\pi i}{b}}) \Big] \Big[\prod_{\substack{k \neq sd_3 c_1 \\ 0 \leqslant k \leqslant c-1}} (\mathrm{e}^{\frac{2s\pi i}{d_2}} - \mathrm{e}^{\frac{2k\pi i}{c}}) \Big] (1 - \mathrm{e}^{\frac{2sa\pi i}{d_2}})$$

$$+ \mathrm{e}^{\frac{2(n+1)s\pi i}{d_2}} \Big[\prod_{\substack{k \neq sd_1 b_1 \\ 0 \leqslant k \leqslant b-1}} (\mathrm{e}^{\frac{2s\pi i}{d_2}} - \mathrm{e}^{\frac{2k\pi i}{b}}) \Big] \Big[\sum_{\substack{t \neq sd_3 c_1 \\ 0 \leqslant t \leqslant c-1}} \prod_{\substack{k \neq t, sd_3 c_1 \\ 0 \leqslant k \leqslant c-1}} (\mathrm{e}^{\frac{2s\pi i}{d_2}} - \mathrm{e}^{\frac{2k\pi i}{c}}) \Big] (1 - \mathrm{e}^{\frac{2sa\pi i}{d_2}})$$

$$- a\mathrm{e}^{\frac{2(n+a)s\pi i}{d_2}} \Big[\prod_{\substack{k \neq sd_1 b_1 \\ 0 \leqslant k \leqslant b-1}} (\mathrm{e}^{\frac{2s\pi i}{d_2}} - \mathrm{e}^{\frac{2k\pi i}{b}}) \Big] \Big[\prod_{\substack{k \neq sd_3 c_1 \\ 0 \leqslant k \leqslant c-1}} (\mathrm{e}^{\frac{2s\pi i}{d_2}} - \mathrm{e}^{\frac{2k\pi i}{c}}) \Big] \Big\}$$

$$= \mathrm{e}^{\frac{-4(n+1)\pi i}{2}} \Big[\prod_{\substack{k \neq 2 \\ 0 \leqslant k \leqslant 3}} (\mathrm{e}^{\frac{2\pi i}{2}} - \mathrm{e}^{\frac{2k\pi i}{4}}) \Big]^{-2} \Big[\prod_{\substack{k \neq 3 \\ 0 \leqslant k \leqslant 5}} (\mathrm{e}^{\frac{2\pi i}{2}} - \mathrm{e}^{\frac{2k\pi i}{6}}) \Big]^{-2} (1 - \mathrm{e}^{\frac{2 \cdot 3\pi i}{2}})^{-2}$$

$$\cdot \Big\{ (n+1)\mathrm{e}^{\frac{2n\pi i}{2}} \Big[\prod_{\substack{k \neq 2 \\ 0 \leqslant k \leqslant 3}} (\mathrm{e}^{\frac{2\pi i}{2}} - \mathrm{e}^{\frac{2k\pi i}{4}}) \Big] \Big[\prod_{\substack{k \neq 3 \\ 0 \leqslant k \leqslant 5}} (\mathrm{e}^{\frac{2\pi i}{2}} - \mathrm{e}^{\frac{2k\pi i}{6}}) \Big] (1 - \mathrm{e}^{\frac{2 \cdot 3\pi i}{2}})$$

$$+ \mathrm{e}^{\frac{2(n+1)\pi i}{2}} \Big[\sum_{\substack{t \neq 2 \\ 0 \leqslant t \leqslant 3}} \prod_{\substack{k \neq t, 2 \\ 0 \leqslant k \leqslant 3}} (\mathrm{e}^{\frac{2\pi i}{2}} - \mathrm{e}^{\frac{2k\pi i}{4}}) \Big] \Big[\prod_{\substack{k \neq 3 \\ 0 \leqslant k \leqslant 5}} (\mathrm{e}^{\frac{2\pi i}{2}} - \mathrm{e}^{\frac{2k\pi i}{6}}) \Big] (1 - \mathrm{e}^{\frac{2 \cdot 3\pi i}{2}})$$

$$+ \mathrm{e}^{\frac{2(n+1)\pi i}{2}} \Big[\prod_{\substack{k \neq 2 \\ 0 \leqslant k \leqslant 3}} (\mathrm{e}^{\frac{2\pi i}{2}} - \mathrm{e}^{\frac{2k\pi i}{4}}) \Big] \Big[\sum_{\substack{t \neq 3 \\ 0 \leqslant t \leqslant 5}} \prod_{\substack{k \neq t, 3 \\ 0 \leqslant k \leqslant 5}} (\mathrm{e}^{\frac{2\pi i}{2}} - \mathrm{e}^{\frac{2k\pi i}{6}}) \Big] (1 - \mathrm{e}^{\frac{2 \cdot 3\pi i}{2}})$$

$$- 3\mathrm{e}^{\frac{2(n+3)\pi i}{2}} \Big[\prod_{\substack{k \neq 2 \\ 0 \leqslant k \leqslant 3}} (\mathrm{e}^{\frac{2\pi i}{2}} - \mathrm{e}^{\frac{2k\pi i}{4}}) \Big] \Big[\prod_{\substack{k \neq 3 \\ 0 \leqslant k \leqslant 5}} (\mathrm{e}^{\frac{2\pi i}{2}} - \mathrm{e}^{\frac{2k\pi i}{6}}) \Big] \Big\}$$

$$= \frac{(-1)^n}{2^5 \cdot 3^2} (6n + 39)$$

由于 $d_3 = 3, s = 1, 2$，于是

$$\sum_{s=1}^{d_3-1} \mathrm{e}^{\frac{-4(n+1)s\pi i}{d_3}} \Big[\prod_{\substack{k \neq sd_2 c_1 \\ 0 \leqslant k \leqslant c-1}} (\mathrm{e}^{\frac{2s\pi i}{d_3}} - \mathrm{e}^{\frac{2k\pi i}{c}}) \Big]^{-2} \Big[\prod_{\substack{k \neq sd_1 a_1 \\ 0 \leqslant k \leqslant a-1}} (\mathrm{e}^{\frac{2s\pi i}{d_3}} - \mathrm{e}^{\frac{2k\pi i}{a}}) \Big]^{-2} (1 - \mathrm{e}^{\frac{2sb\pi i}{d_3}})^{-2}$$

$$\cdot \Big\{ (n+1)\mathrm{e}^{\frac{2ns\pi i}{d_3}} \Big[\prod_{\substack{k \neq sd_2 c_1 \\ 0 \leqslant k \leqslant c-1}} (\mathrm{e}^{\frac{2s\pi i}{d_3}} - \mathrm{e}^{\frac{2k\pi i}{c}}) \Big] \Big[\prod_{\substack{k \neq sd_1 a_1 \\ 0 \leqslant k \leqslant a-1}} (\mathrm{e}^{\frac{2s\pi i}{d_3}} - \mathrm{e}^{\frac{2k\pi i}{a}}) \Big] (1 - \mathrm{e}^{\frac{2sb\pi i}{d_3}})$$

$$+ \mathrm{e}^{\frac{2(n+1)s\pi i}{d_3}} \Big[\sum_{\substack{t \neq sd_2 c_1 \\ 0 \leqslant t \leqslant c-1}} \prod_{\substack{k \neq t, sd_2 c_1 \\ 0 \leqslant k \leqslant c-1}} (\mathrm{e}^{\frac{2s\pi i}{d_3}} - \mathrm{e}^{\frac{2k\pi i}{c}}) \Big] \Big[\prod_{\substack{k \neq sd_1 a_1 \\ 0 \leqslant k \leqslant a-1}} (\mathrm{e}^{\frac{2s\pi i}{d_3}} - \mathrm{e}^{\frac{2k\pi i}{a}}) \Big] (1 - \mathrm{e}^{\frac{2sb\pi i}{d_3}})$$

$$+ \mathrm{e}^{\frac{2(n+1)s\pi i}{d_3}} \Big[\prod_{\substack{k \neq sd_2 c_1 \\ 0 \leqslant k \leqslant c-1}} (\mathrm{e}^{\frac{2s\pi i}{d_3}} - \mathrm{e}^{\frac{2k\pi i}{c}}) \Big] \Big[\sum_{\substack{t \neq sd_1 a_1 \\ 0 \leqslant t \leqslant a-1}} \prod_{\substack{k \neq t, sd_1 a_1 \\ 0 \leqslant k \leqslant a-1}} (\mathrm{e}^{\frac{2s\pi i}{d_3}} - \mathrm{e}^{\frac{2k\pi i}{a}}) \Big] (1 - \mathrm{e}^{\frac{2sb\pi i}{d_3}})$$

$$- b\mathrm{e}^{\frac{2(n+b)s\pi i}{d_3}} \Big[\prod_{\substack{k \neq sd_2 c_1 \\ 0 \leqslant k \leqslant c-1}} (\mathrm{e}^{\frac{2s\pi i}{d_3}} - \mathrm{e}^{\frac{2k\pi i}{c}}) \Big] \Big[\prod_{\substack{k \neq sd_1 a_1 \\ 0 \leqslant k \leqslant a-1}} (\mathrm{e}^{\frac{2s\pi i}{d_3}} - \mathrm{e}^{\frac{2k\pi i}{a}}) \Big] \Big\}$$

$$= -\frac{1}{2^3 \cdot 3^3}\left(-\frac{1}{2}+\frac{\sqrt{3}}{2}\mathrm{i}\right)^{2(n+1)}\left[(2n+9)(3-\sqrt{3}\mathrm{i})+8(1-\sqrt{3}\mathrm{i})\right]$$

$$-\frac{1}{2^3 \cdot 3^3}\left(-\frac{1}{2}-\frac{\sqrt{3}}{2}\mathrm{i}\right)^{2(n+1)}\left[(2n+9)(3+\sqrt{3}\mathrm{i})+8(1+\sqrt{3}\mathrm{i})\right]$$

再计算

$$\sum_{\substack{k\neq a_1 d_3,2a_1 d_3,\cdots,(d_1-1)a_1 d_3\\ k\neq a_1 d_1,2a_1 d_1,\cdots,(d_3-1)a_1 d_1\\ 1\leqslant k\leqslant a-1}} \mathrm{e}^{\frac{-2(n+1)k\pi\mathrm{i}}{a}}(\mathrm{e}^{\frac{2bk\pi\mathrm{i}}{a}}-1)^{-1}(\mathrm{e}^{\frac{2ck\pi\mathrm{i}}{a}}-1)^{-1}\left[\prod_{\substack{t\neq k\\ 0\leqslant t\leqslant a-1}}(\mathrm{e}^{\frac{2k\pi\mathrm{i}}{a}}-\mathrm{e}^{\frac{2t\pi\mathrm{i}}{a}})\right]^{-1}$$

$$+\sum_{\substack{k\neq b_1 d_2,2b_1 d_2,\cdots,(d_1-1)b_1 d_2\\ k\neq b_1 d_1,2b_1 d_1,\cdots,(d_2-1)b_1 d_1\\ 1\leqslant k\leqslant b-1}} \mathrm{e}^{\frac{-2(n+1)k\pi\mathrm{i}}{b}}(\mathrm{e}^{\frac{2ak\pi\mathrm{i}}{b}}-1)^{-1}(\mathrm{e}^{\frac{2ck\pi\mathrm{i}}{b}}-1)^{-1}\left[\prod_{\substack{t\neq k\\ 0\leqslant t\leqslant b-1}}(\mathrm{e}^{\frac{2k\pi\mathrm{i}}{b}}-\mathrm{e}^{\frac{2t\pi\mathrm{i}}{b}})\right]^{-1}$$

$$+\sum_{\substack{k\neq c_1 d_2,2c_1 d_2,\cdots,(d_3-1)c_1 d_2\\ k\neq c_1 d_3,2c_1 d_3,\cdots,(d_2-1)c_1 d_3\\ 1\leqslant k\leqslant c-1}} \mathrm{e}^{\frac{-2(n+1)k\pi\mathrm{i}}{c}}(\mathrm{e}^{\frac{2ak\pi\mathrm{i}}{c}}-1)^{-1}(\mathrm{e}^{\frac{2bk\pi\mathrm{i}}{c}}-1)^{-1}\left[\prod_{\substack{t\neq k\\ 0\leqslant t\leqslant c-1}}(\mathrm{e}^{\frac{2k\pi\mathrm{i}}{c}}-\mathrm{e}^{\frac{2t\pi\mathrm{i}}{c}})\right]^{-1}$$

$$= \frac{1}{2^4}\left[(-\mathrm{i})^{n+1}(1+\mathrm{i})+\mathrm{i}^{n+1}(1-\mathrm{i})\right]$$

$$+\frac{1}{2^3 \cdot 3^2}\left[\left(\frac{1}{2}-\frac{\sqrt{3}}{2}\mathrm{i}\right)^{n+1}(3+\sqrt{3}\mathrm{i})+\left(\frac{1}{2}+\frac{\sqrt{3}}{2}\mathrm{i}\right)^{n+1}(3-\sqrt{3}\mathrm{i})\right]$$

又因为

$$+\frac{(n+1)}{2abc}(n+a+b+c-1)$$

$$+\frac{1}{12abc}((a-1)(a+1)+(b-1)(b+1)+(c-1)(c+1))$$

$$+\frac{1}{4abc}((a-1)(b-1)+(b-1)(c-1)+(c-1)(a-1))$$

$$= \frac{n+1}{2^4 3^2}(n+12)+\frac{29}{2^4 3^3}+\frac{31}{2^5 3^2}$$

故由定理 4.4.2 得

$$z(n)=\omega(3,n)$$

$$= \frac{(-1)^n}{2^5 \cdot 3^2}(6n+39)+\frac{n+1}{2^4 3^2}(n+12)+\frac{29}{2^4 3^3}+\frac{31}{2^5 3^2}$$

$$-\frac{1}{2^3 \cdot 3^3}\left(-\frac{1}{2}+\frac{\sqrt{3}}{2}\mathrm{i}\right)^{2(n+1)}\left[(2n+9)(3-\sqrt{3}\mathrm{i})+8(1-\sqrt{3}\mathrm{i})\right]$$

$$-\frac{1}{2^3 \cdot 3^3}\left(-\frac{1}{2}-\frac{\sqrt{3}}{2}\mathrm{i}\right)^{2(n+1)}\left[(2n+9)(3+\sqrt{3}\mathrm{i})+8(1+\sqrt{3}\mathrm{i})\right]$$

$$+\frac{1}{2^4}\left[(-\mathrm{i})^{n+1}(1+\mathrm{i})+\mathrm{i}^{n+1}(1-\mathrm{i})\right]$$

$$+ \frac{1}{2^3 \cdot 3^2}\Bigg[\left(\frac{1}{2} - \frac{\sqrt{3}}{2}\mathrm{i}\right)^{n+1}(3 + \sqrt{3}\mathrm{i}) + \left(\frac{1}{2} + \frac{\sqrt{3}}{2}\mathrm{i}\right)^{n+1}(3 - \sqrt{3}\mathrm{i}) \Bigg]$$

当 $n = 1,2,3,4,5,6,7,8,9,10,\cdots$ 时, $z(n) = 0,0,1,1,0,2,1,1,2,2,\cdots$, 特别地, $z(35) = 9$, 这 9 组非负整数解 (x_1, x_2, x_3) 分别为 $(1,2,4),(1,5,2),(1,8,0),$ $(3,2,3),(3,5,1),(5,2,2),(5,5,0),(7,2,1),(9,2,0)$, 易计算 $z(98) = 72, z(99) = 81, z(100) = 81$ 等.

4.4.5 多元情形的结论

定理 4.4.4 设 m 元线性不定方程

$$a_1 x_1 + a_2 x_2 + \cdots + a_m x_m = n$$

$$(a_1, a_2, \cdots, a_m \in \mathbf{N}, \gcd(a_s, a_t) = 1, s \neq t, s, t \in \{1,2,\cdots,m\})$$

非负整数解的个数为 $\omega(m, n)$, 则有

$$\omega(m, n) = \frac{-1}{m - 1}\lim_{z \to 1}\left((1 - z)^m z^{-(n+1)}\prod_{k=1}^{m}(1 - z^{a_k})^{-1}\right)^{(m-1)}$$

$$+ \sum_{k=1}^{m-1}\sum_{s=1}^{a_k-1}\mathrm{e}^{\frac{-2(n+1)s\pi\mathrm{i}}{a_k}}\Bigg[\prod_{\substack{r \neq k \\ 1 \leqslant r \leqslant m}}(1 - \mathrm{e}^{\frac{2a_r s\pi\mathrm{i}}{a_k}})\Bigg]^{-1}\Bigg[\prod_{\substack{t \neq s \\ 0 \leqslant t \leqslant a_k-1}}(\mathrm{e}^{\frac{2s\pi\mathrm{i}}{a_k}} - \mathrm{e}^{\frac{2t\pi\mathrm{i}}{a_k}})\Bigg]^{-1}$$

这里 $f(z) = \dfrac{1}{z^{n+1}\displaystyle\prod_{k=1}^{m}(1 - z^{a_k})} = z^{-(n+1)}\prod_{k=1}^{m}(1 - z^{a_k})^{-1}.$

证明 由于不定方程 $a_1 x_1 + a_2 x_2 + \cdots + a_m x_m = n$ 的非负整数解的个数为 $\omega(m, n)$, 所对应的生成函数是 $g(x) = \dfrac{1}{\displaystyle\prod_{k=1}^{m}(1 - x^{a_k})} = \displaystyle\sum_{k=0}^{\infty}\omega(m, k)x^k$, 其中当 $k = n$ 时即为所求. 由此即知, $f(x) = \dfrac{1}{x^{n+1}\displaystyle\prod_{k=1}^{m}(1 - x^{a_k})}$ 所展开的形式幂级数中 x^{-1} 项的系数即为所求. 为此, 只要求出 $f(z)$ 在 $z = 0$ 处的留数即可. 即 $\omega(m, n) = \mathrm{Res}(f(z), 0)$, 由于 $f(z)$ 在 $z = \infty$ 处解析, 故 $f(z)$ 在 $z = \infty$ 处的留数为零, 而 $f(z)$ 在复平面中的极点为 $z = 0, z = 1$ 以及

$$z_{s,k} = \mathrm{e}^{\frac{2s\pi\mathrm{i}}{a_k}} \quad (s = 1,2,\cdots,a_k - 1, k = 1,2,\cdots,m)$$

再由留数定理知

$$\omega(m, n) = \mathrm{Res}(f(z), 0) = -\mathrm{Res}(f(z), 1) - \sum_{k=1}^{m-1}\sum_{s=1}^{a_k-1}\mathrm{Res}(f(z), \mathrm{e}^{\frac{2s\pi\mathrm{i}}{a_k}})$$

在这些非零的极点中, $z = 1$ 为 m 阶极点, 其余是 1 阶极点, 所以

$$\mathrm{Res}(f(z),\mathrm{e}^{\frac{2s\pi\mathrm{i}}{a_k}}) = \Big[(z - \mathrm{e}^{\frac{2s\pi\mathrm{i}}{a_k}})f(z)\Big]\Big|_{z = \mathrm{e}^{\frac{2s\pi\mathrm{i}}{a_k}}}$$

$$= -\mathrm{e}^{\frac{-2(n+1)s\pi\mathrm{i}}{a_k}}\Big[\prod_{\substack{r\neq k\\1\leqslant r\leqslant m}}(1 - \mathrm{e}^{\frac{2a_r s\pi\mathrm{i}}{a_k}})\Big]^{-1}\Big[\prod_{\substack{t\neq s\\0\leqslant t\leqslant a_k-1}}(\mathrm{e}^{\frac{2s\pi\mathrm{i}}{a_k}} - \mathrm{e}^{\frac{2t\pi\mathrm{i}}{a_k}})\Big]^{-1}$$

$$\mathrm{Res}(f(z),1) = \frac{1}{(m-1)!}\lim_{z\to 1}\Big((1-z)^m z^{-(n+1)}\prod_{k=1}^{m}(1 - z^{a_k})^{-1}\Big)^{(m-1)}$$

于是

$$\omega(m,n) = \mathrm{Res}(f(z),0)$$

$$= -\mathrm{Res}(f(z),1) - \sum_{k=1}^{m-1}\sum_{s=1}^{a_k-1}\mathrm{Res}(f(z),\mathrm{e}^{\frac{2s\pi\mathrm{i}}{a_k}})$$

$$= \frac{-1}{(m-1)!}\lim_{z\to 1}\Big((1-z)^m z^{-(n+1)}\prod_{k=1}^{m}(1 - z^{a_k})^{-1}\Big)^{(m-1)}$$

$$+ \sum_{k=1}^{m-1}\sum_{s=1}^{a_k-1}\mathrm{e}^{\frac{-2(n+1)s\pi\mathrm{i}}{a_k}}\Big[\prod_{\substack{r\neq k\\1\leqslant r\leqslant m}}(1 - \mathrm{e}^{\frac{2a_r s\pi\mathrm{i}}{a_k}})\Big]^{-1}\Big[\prod_{\substack{t\neq s\\0\leqslant t\leqslant a_k-1}}(\mathrm{e}^{\frac{2s\pi\mathrm{i}}{a_k}} - \mathrm{e}^{\frac{2t\pi\mathrm{i}}{a_k}})\Big]^{-1}\quad\square$$

当 $m=2$ 时,即得到定理 4.4.1;当 $m=3$ 时,即得到定理 4.4.2.

推论 4.4.4　设 m 元线性不定方程

$$a_1 x_1 + a_2 x_2 + \cdots + a_m x_m = n$$

$$(a_1, a_2, \cdots, a_m \in \mathbf{N}, \gcd(a_s, a_t) = 1, s\neq t, s, t \in \{1, 2, \cdots, m\})$$

非负整数解的个数为 $\omega(m,n)$,则当 n 充分大时,则有

$$\omega(m,n) \sim -\mathrm{Res}(f(z),1)$$

$$= \frac{-1}{(m-1)!}\lim_{z\to 1}\Big((1-z)^m z^{-(n+1)}\prod_{k=1}^{m}(1 - z^{a_k})^{-1}\Big)^{(m-1)}$$

这里 $f(z) = \dfrac{1}{z^{n+1}\prod\limits_{k=1}^{m}(1 - z^{a_k})} = z^{-(n+1)}\prod_{k=1}^{m}(1 - z^{a_k})^{-1}.$

证明　由于 $\mathrm{e}^{\frac{2(n+1)s\pi\mathrm{i}}{a_k}}$ 为单位复数,所以

$$\Big|\sum_{k=1}^{m-1}\sum_{s=1}^{a_k-1}\mathrm{e}^{\frac{-2(n+1)s\pi\mathrm{i}}{a_k}}\Big[\prod_{\substack{r\neq k\\1\leqslant r\leqslant m}}(1 - \mathrm{e}^{\frac{2a_r s\pi\mathrm{i}}{a_k}})\Big]^{-1}\Big[\prod_{\substack{t\neq s\\0\leqslant t\leqslant a_k-1}}(\mathrm{e}^{\frac{2s\pi\mathrm{i}}{a_k}} - \mathrm{e}^{\frac{2t\pi\mathrm{i}}{a_k}})\Big]^{-1}\Big|$$

$$\leqslant \sum_{k=1}^{m-1}\sum_{s=1}^{a_k-1}\Big|\Big\{\Big[\prod_{\substack{r\neq k\\1\leqslant r\leqslant m}}(1 - \mathrm{e}^{\frac{2a_r s\pi\mathrm{i}}{a_k}})\Big]\prod_{\substack{t\neq s\\0\leqslant t\leqslant a_k-1}}(\mathrm{e}^{\frac{2s\pi\mathrm{i}}{a_k}} - \mathrm{e}^{\frac{2t\pi\mathrm{i}}{a_k}})\Big\}^{-1}\Big|$$

$\sum\limits_{k=1}^{m-1}\sum\limits_{s=1}^{a_k-1}\Big|\Big\{\Big[\prod\limits_{\substack{r\neq k\\1\leqslant r\leqslant m}}(1 - \mathrm{e}^{\frac{2a_r s\pi\mathrm{i}}{a_k}})\Big]\prod\limits_{\substack{t\neq s\\0\leqslant t\leqslant a_k-1}}(\mathrm{e}^{\frac{2s\pi\mathrm{i}}{a_k}} - \mathrm{e}^{\frac{2t\pi\mathrm{i}}{a_k}})\Big\}^{-1}\Big|$ 是一个与 n 无关的常数,故

当 n 充分大时,由定理 4.4.4 得到

$$\omega(m,n) \sim -\operatorname{Res}(f(z),1) = \frac{-1}{m-1} \lim_{z \to 1} \left((1-z)^m z^{-(n+1)} \prod_{k=1}^{m} (1-z^{a_k})^{-1}\right)^{(m-1)}$$

$\Box$

注 由前面的证明知,对一般的 m 元线性不定方程

$$a_1 x_1 + a_2 x_2 + \cdots + a_m x_m = n \, (a_1, a_2, \cdots, a_m \in \mathbf{N}, \gcd(a_1, a_2, \cdots, a_m) = 1)$$

非负整数解的个数 $\omega(m,n) = \operatorname{Res}(f(z),0) = -\operatorname{Res}(f(z),1) - \sum_{k=1}^{m-1} \sum_{s=1}^{a_k-1} \operatorname{Res}(f(z), \mathrm{e}^{\frac{2s\pi i}{a_k}})$. 这里

$$f(z) = \frac{1}{z^{n+1} \prod_{k=1}^{m} (1-z^{a_k})} = z^{-(n+1)} \prod_{k=1}^{m} (1-z^{a_k})^{-1}$$

4.4.6　多元线性不定方程 Frobenius 问题的一个结论

设 $a_1, a_2, \cdots, a_m \, (m \geq 2)$ 都是正整数,且 $\gcd(a_1, a_2, \cdots, a_m) = 1$,记线性型 $\sum_{k=1}^{m} a_k x_k$ 当 $x_k \geq 0$ 且 $x_k \in \mathbf{Z}$ 时,不可表出的最大正整数为 $g(a_1, a_2, \cdots, a_m)$, $g(a_1, a_2, \cdots, a_m)$ 称为 Frobenius 数. 如何求 Frobenius 数即是著名的 Frobenius 问题[13-20],该问题具有重要的理论与实际应用价值. $g(a_1, a_2, \cdots, a_m)$ 的存在性以及它的确定问题是 NP- 难问题,这是我们熟知的事实. 由于不定方程 $a_1 x_1 + a_2 x_2 + \cdots + a_m x_m = n$ 的非负整数解的个数为 $\omega(m,n)$,所对应的生成函数是 $g(x) = \frac{1}{\prod_{k=1}^{m} (1-x^{a_k})} = \sum_{k=0}^{\infty} \omega(m,k) x^k$,其中当 $k = n$ 时即为所求. 由此即知, $f(x) = \frac{1}{x^{n+1} \prod_{k=1}^{m} (1-x^{a_k})}$ 所展开的形式幂级数中 x^{-1} 项的系数即为所求. 而生成函数是

$$g(x) = \frac{1}{\prod_{k=1}^{m} (1-x^{a_k})} = \sum_{k=0}^{\infty} \omega(m,k) x^k$$ 的系数都是整数,于是我们有如下结论:

定理 4.4.5 $g(a_1, a_2, \cdots, a_m)$ 等于满足方程 $\omega(m,n) = 0$ 的最大自然数 n,即

$$g(a_1, a_2, \cdots, a_m) = \max\left\{ n \, \middle| \, -\operatorname{Res}(f(z),1) - \sum_{k=1}^{m-1} \sum_{s=1}^{a_k-1} \operatorname{Res}(f(z), \mathrm{e}^{\frac{2s\pi i}{a_k}}) = 0 \right\}$$

其中 $f(z) = \dfrac{1}{z^{n+1} \prod_{k=1}^{m} (1-z^{a_k})}$.

4.5　一个具有约束条件下的不定方程解的个数问题

对于不定方程 $x_1 + x_2 + \cdots + x_n = m$ 满足约束条件 $x_i \geqslant a_i (i = 1, 2, \cdots n, a_i \geqslant 0, a_i \in \mathbf{Z})$ 的整数解的个数是多少？有下面的简单的结论：

定理 4.5.1　不定方程 $x_1 + x_2 + \cdots + x_n = m$ 满足 $x_i \geqslant a_i (i = 1, 2, \cdots n, a_i \geqslant 0, a_i \in \mathbf{Z})$ 的整数解的个数是 $\begin{pmatrix} n + m - 1 - (a_1 + a_2 + \cdots + a_n) \\ m - (a_1 + a_2 + \cdots + a_n) \end{pmatrix}$.

证明　由于 $M_i = \{a_i, a_i + 1, a_i + 2, \cdots\} (i = 1, 2, \cdots, n)$，故不定方程 $x_1 + x_2 + \cdots + x_n = m$ 满足 $x_i \geqslant a_i (a_i \geqslant 0, a_i \in \mathbf{Z}, i = 1, 2, \cdots n)$ 的整数解的个数是如下生成函数中含 x^m 项的系数：

$$\prod_{i=1}^{n} \sum_{r \in M_i} x^r = \left(\frac{1}{1-x} \right)^n x^{a_1 + a_2 + \cdots + a_n} = \left[\sum_{k=0}^{\infty} \binom{n-1+k}{k} x^k \right] x^{a_1 + a_2 + \cdots + a_n}$$

$$= \sum_{k=0}^{\infty} \binom{n-1+k}{k} x^{k + a_1 + a_2 + \cdots + a_n}$$

由此即知含 x^m 项的系数为 $\begin{pmatrix} n + m - 1 - (a_1 + a_2 + \cdots + a_n) \\ m - (a_1 + a_2 + \cdots + a_n) \end{pmatrix}$.　　□

根据定理 4.5.1，立得如下结论：

定理 4.5.2　不定方程 $x_1 + x_2 + \cdots + x_n = m$ 满足

$$b_i \geqslant x_i \geqslant a_i \quad (b_i \geqslant a_i \geqslant 0, a_i, b_i \in \mathbf{Z}, i = 1, 2, \cdots n)$$

的整数解的个数是

$$\begin{pmatrix} n + m - 1 - (a_1 + a_2 + \cdots + a_n) \\ m - (a_1 + a_2 + \cdots + a_n) \end{pmatrix} - \begin{pmatrix} n + m - 1 - (b_1 + b_2 + \cdots + b_n) \\ m - (b_1 + b_2 + \cdots + b_n) \end{pmatrix}$$

4.6　运用生成函数推出若干公式

定理 4.6.1　对 $\forall m, n \in \mathbf{Z}^+, a_k = \mathrm{C}_n^{m+k} \dfrac{(m+k)!}{k!} x^k$，则

$$S_n = \sum_{k=0}^{n} a_k = \frac{n!}{(n-m)!} (1+x)^{n-m}$$

证明　首先由恒等式：

$$\mathrm{C}_n^0 + \mathrm{C}_n^1 x + \mathrm{C}_n^2 x^2 + \mathrm{C}_n^3 x^3 + \cdots + \mathrm{C}_n^n x^n = (1+x)^n$$

用数学归纳法对该恒等式求 m 阶导得

当 $m=1$ 时，$\mathrm{C}_n^1 + 2\mathrm{C}_n^2 x + 3\mathrm{C}_n^3 x^2 + \cdots + n\mathrm{C}_n^n x^{n-1} = n(1+x)^{n-1}$.

假设当 $m=k$ 时成立，则

$$\mathrm{C}_n^k k! x^0 + \mathrm{C}_n^{k+1} \frac{(k+1)!}{1!} x + \mathrm{C}_n^{k+2} \frac{(k+2)!}{2!} x^2 + \cdots + \mathrm{C}_n^n \frac{n!}{(n-k)!} x^{n-k}$$

$$= \frac{n!}{(n-k)!} (1+x)^{n-k} \tag{4.6.1}$$

当 $m=k+1$ 时，对 (4.6.1) 式两边求导得

$$\mathrm{C}_n^{k+1}(k+1)! x^0 + \mathrm{C}_n^{k+2} \frac{(k+2)!}{1!} x + \mathrm{C}_n^{k+3} \frac{(k+3)!}{2!} x^2 + \cdots + \mathrm{C}_n^n \frac{n!}{(n-k-1)!} x^{n-k-1}$$

$$= \frac{n!}{(n-k-1)!} (1+x)^{n-k-1}$$

整理上式得

$$\mathrm{C}_n^{(k+1)}(k+1)! x^0 + \mathrm{C}_n^{[(k+1)+1]} \frac{[(k+1)+1]!}{1!} x + \mathrm{C}_n^{[(k+1)+2]} \frac{[(k+1)+2]!}{2!} x^2 + \cdots$$

$$+ \mathrm{C}_n^n \frac{n!}{[n-(k+1)]!} x^{n-(k+1)}$$

$$= \frac{n!}{[n-(k+1)]!} (1+x)^{n-(k+1)}$$

即 $m=k+1$ 时结论也真，由数学归纳法原理即获证. □

在定理 4.6.1 中令 $x=1$ 以及 $x=-1$ 时，分别得：

推论 4.6.1　$\mathrm{C}_n^m m! + \mathrm{C}_n^{[m+1]} \frac{[m+1]!}{1!} + \mathrm{C}_n^{[m+2]} \frac{[m+2]!}{2!} + \cdots + \mathrm{C}_n^n$

$\cdot \dfrac{n!}{[n-m]!} = \dfrac{n!}{[n-m]!} 2^{n-m}$.

推论 4.6.2　$\mathrm{C}_n^m m! - \mathrm{C}_n^{m+1} \frac{(m+1)!}{1!} + \mathrm{C}_n^{m+2} \frac{(m+2)!}{2!} + \cdots + (-1)^{n-m} \mathrm{C}_n^n$

$\cdot \dfrac{n!}{(n-m)!} = 0$.

定理 4.6.2　对 $\forall m, n \in \mathbf{Z}^+$，$a_k = (1-x) \dfrac{(m+k-1)!}{(k-1)!} x^{k-1}$

$- \dfrac{m(m+k-1)!}{k!} x^k$，则

$$S_n = \sum_{k=1}^{n} a_k = \frac{-(m+1)!}{(n+1-m)!} x$$

证明　首先用数学归纳法对恒等式

$$(1-x)(1+x+x^2+\cdots+x^n) = 1-x^{n+1}$$

求 m 阶导.

当 $m=1$ 时,

$$-(1+x+x^2+\cdots+x^n) + (1-x)(1+2x+3x^2\cdots+nx^{n-1}) = -(n-1)x^n$$

当 $m=2$ 时,

$$-3(1+2x+3x^2\cdots+n(n-1)x^{n-2}) + (1-x)(3\times2\times1+4\times3\times2x+\cdots$$
$$+ n(n-1)(n-2)x^{n-3})$$
$$= -(n+1)n(n-1)x^{n-2}$$

假设 $m=k$ 时成立,则有

$$-k\left[(k-1)! + \frac{k!}{1!}x^1 + \frac{(k+1)!}{2!}x^2 + \cdots + \frac{n!}{(n-k+1)!}x^{n-k+1}\right]$$
$$+ (1-x)\left[k! + \frac{(k+1)!}{1!}x + \cdots + \frac{n!}{(n-k)!}x^{n-k}\right]$$
$$= \frac{-(n+1)!}{(n+1-k)!}x^{n+1-k} \tag{4.6.2}$$

当 $m=k+1$ 时,即对(4.6.2)式两边再求一次导得

$$-(k+1)\left[k! + \frac{(k+1)!}{1!}x^1 + \frac{(k+2)!}{2!}x^2\cdots + \frac{n!}{(n-k)!}x^{n-k}\right]$$
$$+ (1-x)\left[(k+1)! + \frac{(k+2)!}{1!}x + \cdots + \frac{n!}{(n-k-1)!}x^{n-k-1}\right]$$
$$= \frac{-(n+1)!}{(n-k)!}x^{n-k} \tag{4.6.3}$$

整理(4.6.3)式得

$$-(k+1)\left\{(k+1-1)! + \frac{(k+1)!}{1!}x^1 + \cdots + \frac{n!}{[n-(k+1)]!}x^{n-(k+1)+1}\right\}$$
$$+ (1-x)\left\{(k+1)! + \frac{(k+1+1)!}{1!}x + \cdots + \frac{n!}{[n-(k-1)]!}x^{n-(k+1)}\right\}$$
$$= \frac{-(n+1)!}{[n-(k+1)+1]!}x^{n-(k+1)+1} \tag{4.6.4}$$

由(4.6.4)式知, $m=k+1$ 时命题也为真,由数学归纳法原理即获证.　　□

在定理中令 $x=1$ 及 $x=-1$ 时,分别得:

推论 4.6.3　　$-m\left[(m-1)! + \frac{m!}{1!} + \frac{(m+1)!}{2!}\cdots + \frac{n!}{(n-m+1)!}\right] =$

$$\frac{-(n+1)!}{(n+1-m)!}.$$

推论 4.6.4　　$-k\left[(k-1)! \ -\frac{k!}{1!}+\frac{(k+1)!}{2!}\cdots+(-1)^{2n+1}\frac{n!}{(n-k+1)!}\right]$

$+2\left[k! \ -\frac{(k+1)!}{1!}+\cdots+(-1)^{2n+1}\frac{n!}{(n-k)!}\right]=(-1)^{2n+1}\frac{-(n+1)!}{(n+1-k)!}.$

对 $\forall\, x\in\mathbf{R}$,恒有等式

$$1+x+x^2+\cdots+x^n=\mathrm{C}_{n+1}^1+\mathrm{C}_{n+1}^2(x-1)+\mathrm{C}_{n+1}^3(x-1)^2+\cdots+\mathrm{C}_{n+1}^{n+1}(x-1)^n$$

证明　利用二项式定理有

$$x^{n+1}=\left[1+(x-1)\right]^{n+1}=1+\mathrm{C}_{n+1}^1(x-1)+\mathrm{C}_{n+1}^2(x-1)^2+\cdots+\mathrm{C}_{n+1}^{n+1}(x-1)^{n+1}$$

而 $(x-1)(1+x+x^2+\cdots+x^n)=x^{n+1}-1$.因此

$$(x-1)(1+x+x^2+\cdots+x^n)$$
$$=\mathrm{C}_{n+1}^1(x-1)+\mathrm{C}_{n+1}^2(x-1)^2+\cdots+\mathrm{C}_{n+1}^{n+1}(x-1)^{n+1}$$

当 $x\neq1$ 时,两边同除以 $x-1$ 得

$$1+x+x^2+\cdots+x^n=\mathrm{C}_{n+1}^1+\mathrm{C}_{n+1}^2(x-1)+\cdots+\mathrm{C}_{n+1}^{n+1}(x-1)^n$$

而当 $x=1$ 时,左边 $=n+1=\mathrm{C}_{n+1}^1=$ 右边,故恒有

$$1+x+x^2+\cdots+x^n=\mathrm{C}_{n+1}^1+\mathrm{C}_{n+1}^2(x-1)+\cdots+\mathrm{C}_{n+1}^{n+1}(x-1)^n\qquad\square$$

由 $(1+x)^{m_1+m_2+\cdots+m_n}=(1+x)^{m_1}(1+x)^{m_2}\cdots(1+x)^{m_n}$,将此式两边展开,比较系数得如下公式:

定理 4.6.3　对任意正整数 $m_1,m_2,\cdots,m_n$ 及 r 有

$$\binom{m_1+m_2+\cdots+m_n}{r}=\sum_{\substack{k_1+k_2+\cdots+k_n=r\\ 0\leqslant k_i\leqslant m_i,\,i=1,2,\cdots,n}}\binom{m_1}{k_1}\binom{m_2}{k_2}\cdots\binom{m_n}{k_n}$$

参 考 文 献

［1］　许胤龙,孙淑玲.组合数学引论[M].2 版.合肥:中国科学技术大学出版社,2010:118-138.

［2］　陈景润,黎鉴愚.在 $S_k(n)$ 上的新结果[J].科学通报,1986,31(6):1-7.

［3］　陈景润,黎鉴愚.关于自然数前 n 项幂和[J].厦门大学学报,1984,23(2):1-5.

［4］　朱伟义.有关自然数方幂和公式系数的一个新的递推公式[J].数学的实践与认识,2004,10:170-173.

［5］　陈瑞卿.关于幂和问题的新结果[J].数学的实践与认识,1994,1(1):66-69.

［6］　朱豫根,刘玉清.关于幂和公式系数的一个递推关系式[J].数学的实践与认识,2002,2(32):319-323.

［7］　Johnson A J. Summing the Powers of the Integers Using Caculus [J]. Mathematics Teacher, 1986:79.

［8］　杨国武.有关自然数的有限项幂和[J].武汉理工大学学报,1994(2):222-226.

［9］　孙淑玲,许胤龙.组合数学引论[M].合肥:中国科学技术大学出版社,1999:175-179.

［10］　华罗庚.数论导引[M].北京:科学出版社,1979.

［11］　朱永娥,周宇,王琳.一个积分公式及自然数的方幂和[J].河南师范大学学报(自然科学版),2007(3):15-17.

［12］　沈艳平.微分方程与自然数方幂和公式[J].昆明大学学报,1999(2):21-25.

［13］　Ramírez-Alfonsín J L. The Diophantine Frobenius Problem[M]. London:Oxford University Press, 2005.

［14］　Ramírez-Alfonsín J L. Complexity of the Frobenius problem[EB/OL]. Combinatorica, 1996, DOI:10.1007/BF01300131.

［15］　Beck M, Diaz R, Robins S. The Frobenius Problem, Rational Polytopes, and Fourier-Dedekind Sums [EB/OL]. Journal of Number Theory, 2002, DOI10.1006/jnth.2002.2786.

［16］　Davison J L. On the Linear Diophantine Problem of Frobenius[EB/OL]. Journal of Number Theory, 1994, DOI:10.1006/jnth.1994.1071.

［17］　Erdős P, Graham R L. On a linear diophantine problem of Frobenius[EB/OL]. Acta Arithmetica, 1972, DOI:10.4064/aa-21-1-399-408.

［18］　Егорычев Г П.俄罗斯组合分析问题集[M].叶思源,译.哈尔滨:哈尔滨工业大学出版社,2010:108-109.

［19］　廖群英.Frobenius 问题的一种算法[J].四川大学学报(自然科学版),2007,44(6):1160-1162.

［20］　裘卓明,牛长源.关于 Frobenius 问题[J].山东大学学报(自然科学版),1986,21(1):1-6.

第 5 章　有关递归关系的若干问题研究

这一章主要探讨与递归关系有关的几个专题.5.1 节介绍递归关系的一些预备知识.5.2 节研究两个裁纸的计数问题.5.3 节讨论一类圆半径倒数和的收敛性.5.4 节研究推广的 Hanoi 塔问题.5.5 节给出多项式迭代的一个结论.

5.1　递归关系的一些预备知识

定义 5.1.1　若数列 $\{a_n\} = \{a_1, a_2, \cdots, a_n, \cdots\}$ 的一般项之间满足如下恒等关系

$$a_n = f(a_{n-1}, a_{n-2}, \cdots, a_{n-k}) \tag{5.1.1}$$

则称(5.1.1)式为数列 $\{a_n\}$ 的递归关系,若(5.1.1)式中的最小项是 a_{n-k},则称(5.1.1)式为 k 阶递归关系.

如果一个数列代入递推关系(5.1.1),使得其对任何 $n \geq k$ 都成立,则称这个数列是递推关系(5.1.1)的解.

定义 5.1.2　设 k 是给定的正整数,若数列 $f(0), f(1), \cdots, f(n), \cdots$ 的相邻 k +1项间满足关系

$$f(n) = c_1(n)f(n-1) + c_2(n)f(n-2) + \cdots + c_k(n)f(n-k) + g(n)$$

对 $n \geq k$ 成立,其中 $c_k(n) \neq 0$,则称该关系为 $\{f(n)\}$ 的 k 阶线性递推关系,如果 $c_1(n), c_2(n), \cdots, c_k(n)$ 都是常数,则称之为 k 阶常系数线性递推关系.如果 $g(n) = 0$,则称之为齐次的.

常系数线性齐次递推关系的一般形式为

$$f(n) = c_1 f(n-1) + c_2 f(n-2) + \cdots + c_k f(n-k) \quad (n \geq k, c_k \neq 0) \tag{5.1.2}$$

定义 5.1.3　方程

$$x^k - c_1 x^{k-1} - c_2 x^{k-2} - \cdots - c_k = 0 \tag{5.1.3}$$

叫作递推关系(5.1.2)的特征方程.它的 k 个根 $q_1, q_2, \cdots, q_k$(可能有重根)叫作该

递推关系的特征根,其中,$q_i(i=1,2,\cdots,k)$是复数.

引理 5.1.1　设 q 是非零复数,则 $f(n)=q^n$ 是递推关系(5.1.2)的解,当且仅当 q 是它的特征根.

引理 5.1.2　如果 $h_1(n),h_2(n)$ 都是递推关系(5.1.2)的解,b_1,b_2 是常数,则 $b_1 h_1(n)+b_2 h_2(n)$ 也是递推关系(5.1.2)的解.

定义 5.1.4　如果对于递推关系(5.1.2)的每个解 $h(n)$,都可以选择一组常数 $c'_1,c'_2,\cdots,c'_k$,使得

$$h(n)=c'_1 q_1^n+c'_2 q_2^n+\cdots+c'_k q_k^n$$

成立,则称 $b_1 q_1^n+b_2 q_2^n+\cdots+b_k q_k^n$ 是递推关系(5.1.2)的通解,其中 $b_1,b_2,\cdots,b_k$ 为任意常数.

定理 5.1.1　设 $q_1,q_2,\cdots,q_k$ 是递推关系(5.1.2)的 k 个互不相等的特征根,则

$$f(n)=b_1 q_1^n+b_2 q_2^n+\cdots+b_k q_k^n$$

是递推关系(5.1.2)的通解.

定理 5.1.2　设 $q_1,q_2,\cdots,q_t$ 是递推关系(5.1.2)的全部不同的特征根,其重数分别为 $e_1,e_2,\cdots,e_t(e_1+e_2+\cdots+e_t=k)$,那么递推关系(5.1.2)的通解为

$$f(n)=f_1(n)+f_2(n)+\cdots+f_t(n)$$

其中

$$f_i(n)=(b_{i_1}+b_{i_2}n+\cdots+b_{i_{e_i}}n^{e_i-1})\cdot q_i^n \quad (1\leqslant i\leqslant t)$$

k 阶常系数线性非齐次递推关系的一般形式为

$$f(n)=c_1 f(n-1)+c_2 f(n-2)+\cdots+c_k f(n-k)+g(n) \quad (n\geqslant k)$$
$$(5.1.3)$$

其中 $c_1,c_2,\cdots,c_k$ 为常数,$c_k\neq 0$,$g(n)=0$.递推关系(5.1.3)对应的齐次递推关系为

$$f(n)=c_1 f(n-1)+c_2 f(n-2)+\cdots+c_k f(n-k) \quad (5.1.4)$$

定理 5.1.3　k 阶常系数线性非齐次递推关系(5.1.3)的通解是递推关系(5.1.3)的特解加上其相应的其次递推关系(5.1.4)的通解.

对于一般的 $g(n)$,k 阶常系数线性非齐次递推关系(5.1.3)没有普遍的解法,只有某些简单的情况下,可以用待定系数法求出递推关系(5.1.3)的特解.表5.1.1对于几种 $g(n)$ 给出了递推关系(5.1.3)的特解 $f'(n)$ 的一般形式.在后面我们将用生成函数的方法证明表5.1.1中特解的正确性.

表 5.1.1

$g(n)$	特征多项式 $p(x)$	特解 $f'(n)$ 的一般形式
β^n	$p(\beta)\neq 0$	$\alpha\beta^n$
	β 是 $p(x)=0$ 的 m 重根	$an^m\beta^n$
n^s	$p(1)\neq 0$	$b_s n^s + b_{s-1} n^{s-1} + \cdots + b_1 n + b_0$
	1 是 $p(x)=0$ 的 m 重根	$n^m(b_s b^s + b_{s-1} n^{s-1} + \cdots + b_1 n + b_0)$
$n^s\beta^n$	$p(\beta)\neq 0$	$(b_s n^s + b_{s-1} n^{s-1} + \cdots + b_1 n + b_0)\beta^n$
	β 是 $p(x)=0$ 的 m 重根	$n^m(b_s n^s + b_{s-1} n^{s-1} + \cdots + b_1 n + b_0)\beta^n$

5.2　一类圆半径倒数和的收敛性

设 $C_0, C_1, C_2, \cdots, C_n, \cdots$ 是平面上一族圆周,满足如下关系:C_0 是单位圆

$$x^2 + y^2 = 1$$

对于每个 $n = 0, 1, 2, \cdots$,圆周 C_{n+1} 位于上半平面 $y \geqslant 0$ 内以及 C_n 上方与 C_n 外切,同时与双曲线 $x^2 - y^2 = 1$ 外切于两点,r_n 是圆 C_n 的半径,那么 r_n 是否为整数? $\sum\limits_{n=1}^{\infty} \dfrac{1}{r_n}$ 是否收敛?事实上,有如下结论:

命题 5.2.1　设 $C_0, C_1, C_2, \cdots, C_n, \cdots$ 是平面上一族圆周,满足如下关系:C_0 是单位圆

$$x^2 + y^2 = 1$$

对于每个 $n = 0, 1, 2, \cdots$,圆周 C_{n+1} 位于上半平面 $y \geqslant 0$ 内以及 C_n 上方与 C_n 外切,同时与双曲线 $x^2 - y^2 = 1$ 外切于两点,r_n 是圆 C_n 的半径,那么 r_n 是整数,$\sum\limits_{n=1}^{\infty} \dfrac{1}{r_n}$ 收敛.

证明　因为圆周 C_0 与双曲线 $x^2 - y^2 = 1$ 外切于两点,而双曲线 $x^2 - y^2 = 1$ 关于 y 轴对称,因此圆周 C_n 的圆心在 y 轴上,于是可设圆 C_n 的圆心坐标为 $(0, a_n)(a_n > 0)$,于是圆 C_n 的方程为

$$x^2 + (y - a_n)^2 = r_n^2 \quad (n = 1, 2, \cdots) \tag{5.2.1}$$

由于圆周 C_n 与圆周 C_{n-1} 外切,那么这两个圆的圆心距是其半径之和,于是有

$$a_n - a_{n-1} = r_n + r_{n-1} \quad (n = 1, 2, \cdots) \tag{5.2.2}$$

因为圆周 C_n 与双曲线 $x^2 - y^2 = 1$ 外切的两点具有相同的纵坐标,因此方程组

$$\begin{cases} x^2 - y^2 = 1 \\ x^2 + (y - a_n)^2 = r_n^2 \end{cases} \tag{5.2.3}$$

恰有两组解,这两组解的 y 是相等的.将(5.2.3)式中的第一个式子代入(5.2.3)式中的第二个式子得到 $y^2 + 1 + (y - a_n)^2 = r_n^2$,展开此式得

$$2y^2 - 2a_n y + (a_n^2 + 1 - r_n^2) = 0$$

由于两组解的 y 是相等的,所以这个方程的系数的判别式等于零,即

$$4a_n^2 - 8(a_n^2 + 1 - r_n^2) = 0$$

于是

$$a_n^2 = 2(r_n^2 - 1) \tag{5.2.4}$$

由于 $r_0 = 1, a_0 = 0$,所以(5.2.4)式对所有非负整数都成立.用 $n-1$ 代替(5.2.4)式中 n,有

$$a_{n-1}^2 = 2(r_{n-1}^2 - 1) \tag{5.2.5}$$

由(5.2.4)~(5.2.5)式得

$$a_n^2 - a_{n-1}^2 = 2(r_n^2 - r_{n-1}^2) \tag{5.2.6}$$

由(5.2.2)式与(5.2.6)式得

$$a_n + a_{n-1} = 2(r_n - r_{n-1}) \tag{5.2.7}$$

由(5.2.2)式与(5.2.7)式相加或相减得

$$2a_n = 3r_n - r_{n-1} \quad (n \in \mathbf{N}) \tag{5.2.8}$$

$$2a_{n-1} = r_n - 3r_{n-1} \quad (n \in \mathbf{N}) \tag{5.2.9}$$

在(5.2.8)式中用 $n-1$ 代替 n,得

$$2a_{n-1} = 3r_{n-1} - r_{n-2} \tag{5.2.10}$$

由(5.2.9)式与(5.2.10)式得

$$r_n = 6r_{n-1} - r_{n-2} \tag{5.2.11}$$

由于 $r_0 = 1$,现在需要求 r_1,由(5.2.2)式,有 $a_1 = r_1 + 1$,在(5.2.4)式中取 $n = 1$ 得 $a_1^2 = 2(r_1^2 - 1)$,将 $a_1 = r_1 + 1$ 代入 $a_1^2 = 2(r_1^2 - 1)$ 得 $(r_1 + 1)^2 = 2(r_1^2 - 1)$,解此方程得 $r_1 = 3, r_1 = -1$(舍去),所以 $r_0 = 1, r_1 = 3$.另一方面,由递归关系式(5.2.11)知,$r_2, r_3, \cdots, r_n, \cdots$ 皆为整数,这就证明了定理 5.1.1 中的第一个结论.

下证 $\sum\limits_{n=1}^{\infty} \dfrac{1}{r_n}$ 收敛.

首先用组合数学的理论求出 r_n 的解析表达式.因为(5.2.11)式的特征方程为

$$x^2 = 6x - 1 \tag{5.2.12}$$

特征根为 $\alpha_1 = 3 + 2\sqrt{2}, \alpha_2 = 3 - 2\sqrt{2}$,于是

$$r_n = C_1 \alpha_1^n + C_2 \alpha_2^n = C_1 (3 + 2\sqrt{2})^n + C_2 (3 - 2\sqrt{2})^n \tag{5.2.13}$$

将 $r_0 = 1, r_1 = 3$ 代入(5.2.13)式得

$$\begin{cases} 1 = C_1(3+2)^0 + C_2(3-2)^0 \\ 3 = C_1(3+2)^1 + C_2(3-2)^1 \end{cases} \tag{5.2.14}$$

由此解得 $C_1 = C_2 = \dfrac{1}{2}$，所以

$$r_n = \frac{1}{2}\left[(3+2\sqrt{2})^n + (3-2\sqrt{2})^n\right] \tag{5.2.15}$$

易证当 $n > 3$ 时，有 $r_n > 3^{n+1}$，而由(5.2.15)式知，$r_2 = 17$，$r_3 = 99$，因此

$$\sum_{n=1}^{\infty}\frac{1}{r_n} = \frac{1}{3} + \frac{1}{17} + \frac{1}{99} + \cdots < \frac{1}{3} + \frac{1}{17} + \frac{1}{99} + \frac{1}{3^5} + \frac{1}{3^6} + \frac{1}{3^7} + \cdots + \frac{1}{3^{n+1}} + \cdots$$

$$= \frac{1}{3} + \frac{1}{17} + \frac{1}{99} + \frac{1}{3^5}\cdot\frac{1}{1-\dfrac{1}{3}} = \frac{1}{3} + \frac{1}{17} + \frac{1}{99} + \frac{1}{162}$$

所以 $\displaystyle\sum_{n=1}^{\infty}\frac{1}{r_n}$ 收敛. □

对于命题5.2.1，我们有更一般的结论.

命题 5.2.2 设 $C_0, C_1, C_2, \cdots, C_n, \cdots$ 是平面上一族圆周，满足如下关系：C_0 是圆

$$x^2 + y^2 = a^2 \quad (a \in \mathbf{N})$$

对于每个 $n = 0, 1, 2, \cdots$，圆周 C_{n+1} 位于上半平面 $y \geqslant 0$ 内以及 C_n 上方与 C_n 外切，同时与双曲线 $x^2 - y^2 = b (b \in \mathbf{N}, 2(a^2 + b)$ 是完全平方数) 外切于两点，r_n 是圆 C_n 的半径，那么 r_n 是整数，$\displaystyle\sum_{n=1}^{\infty}\frac{1}{r_n}$ 收敛.

证明 因为圆周 C_0 与双曲线 $x^2 - y^2 = b$ 外切于两点，而双曲线 $x^2 - y^2 = b$ 关于 y 轴对称，因此圆周 C_n 的圆心在 y 轴上，于是可设圆 C_n 的圆心坐标为$(0, a_n)(a_n > 0)$，于是圆 C_n 的方程为

$$x^2 + (y - a_n)^2 = r_n^2 \quad (n = 1, 2, \cdots) \tag{5.2.16}$$

由于圆周 C_n 与圆周 C_{n-1} 外切，那么这两个圆的圆心距是其半径之和，于是有

$$a_n - a_{n-1} = r_n + r_{n-1} \quad (n = 1, 2, \cdots) \tag{5.2.17}$$

因为圆周 C_n 与双曲线 $x^2 - y^2 = b$ 外切的两点具有相同的纵坐标，因此方程组

$$\begin{cases} x^2 - y^2 = b \\ x^2 + (y - a_n)^2 = r_n^2 \end{cases} \tag{5.2.18}$$

恰有两组解，这两组解的 y 是相等的. 将(5.2.18)式中的第一个式子代入(5.2.18)式中的第二个式子得到 $y^2 + b + (y - a_n)^2 = r_n^2$，展开此式得

$$2y^2 - 2a_n y + (a_n^2 + b - r_n^2) = 0$$

由于两组解的 y 是相等的，所以这个方程的系数的判别式等于零，即

$$4a_n^2 - 8(a_n^2 + b - r_n^2) = 0$$

于是

$$a_n^2 = 2(r_n^2 - b) \tag{5.2.19}$$

由于 $r_0 = a$，$a_0 = 0$，所以(5.2.19)式对所有非负整数都成立. 用 $n-1$ 代替 (5.2.19)式中 n，有

$$a_{n-1}^2 = 2(r_{n-1}^2 - b) \tag{5.2.20}$$

由(5.2.19)～(5.2.20)式得

$$a_n^2 - a_{n-1}^2 = 2(r_n^2 - r_{n-1}^2) \tag{5.2.21}$$

由(5.2.17)式与(5.2.21)式得

$$a_n + a_{n-1} = 2(r_n - r_{n-1}) \tag{5.2.22}$$

由(5.2.17)式与(5.2.22)式相加或相减得

$$2a_n = 3r_n - r_{n-1} \quad (n \in \mathbf{N}) \tag{5.2.23}$$

$$2a_{n-1} = r_n - 3r_{n-1} \quad (n \in \mathbf{N}) \tag{5.2.24}$$

在(5.2.23)式中用 $n-1$ 代替 n，得

$$2a_{n-1} = 3r_{n-1} - r_{n-2} \tag{5.2.25}$$

由(5.2.24)式与(5.2.25)式得

$$r_n = 6r_{n-1} - r_{n-2} \tag{5.2.26}$$

由于 $r_0 = a$，现在需要求 r_1，由(5.2.17)式，有 $a_1 = r_1 + a$，在(5.2.19)式中取 $n = 1$ 得 $a_1^2 = 2(r_1^2 - b)$，将 $a_1 = r_1 + a$ 代入 $a_1^2 = 2(r_1^2 - b)$ 得 $(r_1 + a)^2 = 2(r_1^2 - b)$，解此方程得

$$r_1 = a + \sqrt{2(a^2 + b)}, \quad r_1 = a - \sqrt{2(a^2 + b)}(<0)(舍去)$$

所以 $r_0 = a$，$r_1 = a + \sqrt{2(a^2 + b)}$，由于 $2(a^2 + b)$ 是完全平方数，所以 $r_1 = a + \sqrt{2(a^2 + b)}$ 是整数. 另一方面，由递归关系式(5.2.26)知，$r_2, r_3, \cdots, r_n, \cdots$ 皆为整数，这就证明了命题 5.2.2 中的第一个结论. 下证 $\sum\limits_{n=1}^{\infty} \dfrac{1}{r_n}$ 收敛.

再用组合数学的理论求出 r_n 的解析表达式. 因为(5.2.26)式的特征方程为

$$x^2 = 6x - 1 \tag{5.2.27}$$

特征根为 $\alpha_1 = 3 + 2\sqrt{2}$，$\alpha_2 = 3 - 2\sqrt{2}$，于是

$$r_n = C_1\alpha_1^n + C_2\alpha_2^n = C_1(3 + 2\sqrt{2})^n + C_2(3 - 2\sqrt{2})^n \tag{5.2.28}$$

将 $r_0 = a$，$r_1 = a + \sqrt{2(a^2 + b)}$ 代入(5.2.28)式得

$$\begin{cases} a = C_1(3 + 2\sqrt{2})^0 + C_2(3 - 2\sqrt{2})^0 \\ a + \sqrt{2(a^2 + b)} = C_1(3 + 2\sqrt{2})^1 + C_2(3 - 2\sqrt{2})^1 \end{cases} \tag{5.2.29}$$

由此解得

$$C_1 = \frac{1}{2}\left[a + \frac{1}{2\sqrt{2}}(a + \sqrt{2(a^2 + b)} - 3a)\right]$$

$$C_2 = \frac{1}{2}\left[a - \frac{1}{2\sqrt{2}}(a + \sqrt{2(a^2 + b)} - 3a)\right]$$

所以

$$r_n = \frac{1}{2}\left[a + \frac{1}{2\sqrt{2}}(a + \sqrt{2(a^2 + b)} - 3a)\right](3 + 2\sqrt{2})^n$$

$$+ \frac{1}{2}\left[a - \frac{1}{2\sqrt{2}}(a + \sqrt{2(a^2 + b)} - 3a)\right](3 - 2\sqrt{2})^n \quad (5.2.30)$$

易证当 $n > 1$ 时,有 $r_n > 3^n$,由(5.2.30)式知,

$$\sum_{n=1}^{\infty} \frac{1}{r_n} < \frac{1}{3} + \frac{1}{3^2} + \cdots + \frac{1}{3^n} + \cdots = \frac{1}{2}$$

所以 $\sum_{n=1}^{\infty} \frac{1}{r_n}$ 收敛. $\qquad\qquad\qquad\qquad\qquad\qquad\qquad\qquad\qquad\quad\square$

　　实际上,由于 $r_0 = a, r_1 = a + \sqrt{2(a^2 + b)} > (1 + \sqrt{2})a > a$,根据(5.2.26)式有 $r_n = 6r_{n-1} - r_{n-2}$,所以由数学归纳法原理,得 $r_n = 6r_{n-1} - r_{n-2} > 6r_{n-1} - r_{n-1} = 5r_{n-1}$,于是有

$$r_n > 5r_{n-1} > \cdots > 5^{n-1}r_1$$

则

$$\sum_{n=1}^{\infty} \frac{1}{r_n} < \frac{1}{r_1} + \frac{1}{5r_1} + \frac{1}{5^2 r_1} + \cdots + \frac{1}{5^{n-1} r_1} + \cdots = \frac{5}{4r_1} = \frac{5}{4(a + \sqrt{2(a^2 + b)})}$$

所以 $\sum_{n=1}^{\infty} \frac{1}{r_n}$ 收敛.

　　特别地,在命题 5.2.2 中,当 $a = 1, b = 7$ 时有如下推论:

　　推论 5.2.1　设 $C_0, C_1, C_2, \cdots, C_n, \cdots$ 是平面上一族圆周,满足如下关系:C_0 是圆

$$x^2 + y^2 = 1$$

对于每个 $n = 0, 1, 2, \cdots$,圆周 C_{n+1} 位于上半平面 $y \geqslant 0$ 内以及 C_n 上方与 C_n 外切,同时与双曲线 $x^2 - y^2 = 7$ 外切于两点,r_n 是圆 C_n 的半径,那么 r_n 是整数,$\sum_{n=1}^{\infty} \frac{1}{r_n}$ 收敛.

　　满足命题 5.2.2 中的整数 a 与 b 有无穷多组,当整数对 $(a, b) = (1, 2k^2 - 1)$ $(k = 1, 2, 3, \cdots)$,更一般地,当整数对 $(a, b) = (a, 2k^2 - a^2)$ $(\forall a, k \in \mathbf{N})$ 都有相应的结论.

在命题 5.2.1 中有 $a = b = 1$,那么当 $a = b$ 时还有哪些情形有命题 5.2.1 的结论? 由命题 5.2.2 知,当 $2(a^2 + b) = 2(a^2 + a)$ 为完全平方数时即有相应结论,实际上,运用 Pell 方程的理论,可以证明,存在无穷多个整数 a 使得 $2(a^2 + a)$ 都是完全平方数.因此,当 $a = b$ 时,存在无穷多个整数 a 有相应命题 5.2.1 的结论.

引理 5.2.1　设 D 是正整数,且它不是一个完全平方数,则 Pell 方程 $x^2 - Dy^2 = 1$ 有无限多组整数解 x, y.若 $x_0^2 - Dy_0^2 = 1, x_0 > 0, y_0 > 0$ 是所有 $x > 0, y > 0$ 的解中使 $x + y\sqrt{D}$ 最小的那组解(称 (x_0, y_0) 为基本解),则 Pell 方程的全部解 $x,$ y 由

$$x + y\sqrt{D} = \pm(x_0 + y_0\sqrt{D})^n$$

表出,其中 n 是任意正整数.

引理 5.2.1 在相关数论著作中都有证明,证明略.

由引理 5.2.1,我们来考虑命题 5.2.2 中 $a = b$ 的情形.由于 $2(b^2 + b)$ 是完全平方数,即

$$2(b^2 + b) = t^2 \quad (t \in \mathbf{N})$$

则

$$b^2 + b - \frac{t^2}{2} = 0 \ \Rightarrow \ b = \frac{1}{2}(-1 + \sqrt{1 + 2t^2})$$

由此知 $1 + 2t^2$ 是完全平方数,故可设

$$1 + 2t^2 = k^2 \ \Rightarrow \ k^2 - 2t^2 = 1$$

对于 Pell 方程 $k^2 - 2t^2 = 1$ 有最小正解 $(k, t) = (3, 2)$,由引理 5.2.1 知它的所有正整数解为

$$k + t\sqrt{2} = (3 + 2\sqrt{2})^n \quad (n = 1, 2, 3, \cdots)$$

当 $n = 1$ 时,$(k, t) = (3, 2)$,此时 $b = 1$,因此有命题 5.2.1 的结果.当 $n = 2$ 时,$(k, t) = (17, 12)$,此时 $b = 8$,因此有下面的结果:

推论 5.2.2　设 $C_0, C_1, C_2, \cdots, C_n, \cdots$ 是平面上一族圆周,满足如下关系:C_0 是圆

$$x^2 + y^2 = 8^2$$

对于每个 $n = 0, 1, 2, \cdots$,圆周 C_{n+1} 位于上半平面 $y \geqslant 0$ 内以及 C_n 上方与 C_n 外切,同时与双曲线 $x^2 - y^2 = 8$ 外切于两点,r_n 是圆 C_n 的半径,那么 r_n 是整数,$\sum\limits_{n=1}^{\infty} \dfrac{1}{r_n}$ 收敛.

当 $n = 3$ 时,$(k, t) = (99, 70)$,此时 $b = 49$,因此有下面的结果:

推论 5.2.3　设 $C_0, C_1, C_2, \cdots, C_n, \cdots$ 是平面上一族圆周,满足如下关系:C_0 是圆

$$x^2 + y^2 = 49^2$$

对于每个 $n = 0, 1, 2, \cdots$, 圆周 C_{n+1} 位于上半平面 $y \geqslant 0$ 内以及 C_n 上方与 C_n 外切, 同时与双曲线 $x^2 - y^2 = 49$ 外切于两点, r_n 是圆 C_n 的半径, 那么 r_n 是整数, $\sum\limits_{n=1}^{\infty} \dfrac{1}{r_n}$ 收敛.

当 $n = 4$ 时, $(k, t) = (577, 312)$, 此时 $b = 288$, 此时也有相应的结果.

下面考虑如果在如上定理的条件中, 将双曲线换为其他曲线是否有类似的结论.

命题 5.2.3 设 $C_0, C_1, C_2, \cdots, C_n, \cdots$ 是平面上一族圆周, 各圆的圆心都在 y 轴上, 满足如下关系: C_0 是圆

$$x^2 + y^2 = a^2 \quad (a \in \mathbf{N})$$

对于每个 $n = 0, 1, 2, \cdots$, 圆周 C_{n+1} 位于上半平面 $y \geqslant 0$ 内以及 C_n 上方与 C_n 外切, 同时与直线 $y = kx + h$($1 + k^2$ 是完全平方数, 当 $a - h < 0$ 时, $\dfrac{h - a}{1 + \sqrt{1 + k^2}}$ 是整数; 当 $\dfrac{\sqrt{5} - 1}{2\sqrt{5}} a - \dfrac{1}{\sqrt{5}} h > 0$ 时, $\dfrac{a - h}{\sqrt{1 + k^2} - 1}$ 是整数) 外切于两点, r_n 是圆 C_n 的半径, 如果对于任意自然数 n, r_n 都是整数, 那么 $k = \sqrt{3}$, 且 $\sum\limits_{n=1}^{\infty} \dfrac{1}{r_n}$ 收敛.

证明 因为圆周 C_0 与直线 $y = kx + h$ 外切, 圆周 C_n 的圆心在 y 轴上, 于是可设圆 C_n 的圆心坐标为 $(0, a_n)(a_n > 0)$, 于是圆 C_n 的方程为

$$x^2 + (y - a_n)^2 = r_n^2 \quad (n = 1, 2, \cdots) \tag{5.2.31}$$

由于圆周 C_n 与圆周 C_{n-1} 外切, 那么这两个圆的圆心距是其半径之和, 于是有

$$a_n - a_{n-1} = r_n + r_{n-1} \quad (n = 1, 2, \cdots) \tag{5.2.32}$$

因为圆周 C_n 与直线 $y = kx + h$ 相切, 因此方程组

$$\begin{cases} y = kx + h \\ x^2 + (y - a_n)^2 = r_n^2 \end{cases} \tag{5.2.33}$$

恰有两组重解, 将 (5.2.33) 式中第一个式子代入 (5.2.33) 式中第二个式子得到

$$(1 + k^2)x^2 - 2k(h - a_n)x + \left[(h - a_n)^2 - r_n^2\right] = 0$$

由判别式等于零得

$$(a_n - h)^2 = (1 + k^2)r_n^2 \tag{5.2.34}$$

由于 $r_0 = a$, $a_0 = 0$, 所以 (5.2.34) 式对所有非负整数 n 都成立. 用 $n - 1$ 代替 (5.2.34) 式中 n, 有

$$(a_{n-1} - h)^2 = (1 + k^2)r_{n-1}^2 \tag{5.2.35}$$

由 (5.2.34)~(5.2.35) 式得

$$(a_n - a_{n-1})(a_n + a_{n-1} + 2h) = (1 + k^2)(r_n^2 - r_{n-1}^2) \qquad (5.2.36)$$

由(5.2.32)式与(5.2.36)式得

$$a_n + a_{n-1} = (1 + k^2)(r_n - r_{n-1}) - 2h \qquad (5.2.37)$$

由(5.2.32)式与(5.2.37)式相加或相减得

$$2a_n = (2 + k^2)r_n - k^2 r_{n-1} - 2h \quad (n \in \mathbf{N}) \qquad (5.2.38)$$

$$2a_{n-1} = k^2 r_n - (1 + k^2)r_{n-1} - 2h \quad (n \in \mathbf{N}) \qquad (5.2.39)$$

在(5.2.38)式中用 $n-1$ 代替 n 得

$$2a_{n-1} = (2 + k^2)r_{n-1} - k^2 r_{n-2} - 2h \quad (n > 1) \qquad (5.2.40)$$

由(5.2.39)式与(5.2.40)式得

$$k^2 r_n - (3 + 2k^2)r_{n-1} + k^2 r_{n-2} = 0 \quad (n > 1) \qquad (5.2.41)$$

由于 $r_0 = a, a_0 = 0$,现在需要求 r_1,由(5.2.32)式,有 $a_1 = r_1 + a$,在(5.2.34)式中
取 $n = 1$ 得 $(a_1 - h)^2 = (1 + k^2)r_1^2$,将 $a_1 = r_1 + a$ 代入 $(a_1 - h)^2 = (1 + k^2)r_1^2$ 得

$$r_1 = \frac{h - a}{1 + \sqrt{1 + k^2}} \; (a - h < 0), \quad r_1 = \frac{a - h}{\sqrt{1 + k^2} - 1} \; (a - h > 0)$$

由(5.2.41)式得

$$r_n - \left(\frac{3}{k^2} + 2\right)r_{n-1} + r_{n-2} = 0 \quad (n > 1) \qquad (5.2.42)$$

因此 $k^2 \,|\, 3 \Rightarrow k = \pm 1, \pm\sqrt{3}$,当 $k = \pm 1$ 时,$\sqrt{1 + k^2} = \sqrt{2}$ 不是整数,故舍去. 所以 $k = \pm\sqrt{3}$,将 $k = \pm\sqrt{3}$ 代入(5.2.42)式得

$$r_n = 3r_{n-1} - r_{n-2} \quad (n > 1) \qquad (5.2.43)$$

所以 $r_0 = a$,当 $r_1 = \dfrac{h - a}{1 + \sqrt{1 + k^2}} = \dfrac{h - a}{3}(a - h < 0)$ 或 $r_1 = \dfrac{a - h}{\sqrt{1 + k^2} - 1} =$

$a - h \left(\dfrac{\sqrt{5} - 1}{2\sqrt{5}}a - \dfrac{1}{\sqrt{5}}h > 0\right)$ 为整数时,由(5.2.43)式知,对一切自然数 n, r_n 都是

整数,这就证明命题 5.2.3 中的第一个结论. 下证 $\displaystyle\sum_{n=1}^{\infty} \frac{1}{r_n}$ 收敛.

根据(5.2.43)式,它的特征方程为 $x^2 - 3x + 1 = 0$,两个根为 $x_1 = \dfrac{3 + \sqrt{5}}{2}, x_2 =$

$\dfrac{3 - \sqrt{5}}{2}$,所以

$$r_n = C_1 \left(\frac{3 + \sqrt{5}}{2}\right)^n + C_2 \left(\frac{3 - \sqrt{5}}{2}\right)^n \qquad (5.2.44)$$

由于 $r_0 = a$,当 $a - h < 0$ 时,$r_1 = \dfrac{h - a}{1 + \sqrt{1 + k^2}} = \dfrac{h - a}{3}$,所以由(5.2.44)式得如下

方程组：

$$\begin{cases} a = C_1 + C_2 \\ \dfrac{h-a}{3} = C_1 \dfrac{3+\sqrt{5}}{2} + C_2 \dfrac{3-\sqrt{5}}{2} \end{cases} \tag{5.2.45}$$

由(5.2.45)式得

$$C_1 = \frac{3-\sqrt{5}}{6} a + \frac{\sqrt{5}}{15} h, \quad C_2 = \frac{\sqrt{5}+3}{6} a - \frac{\sqrt{5}}{15} h \tag{5.2.46}$$

将(5.2.46)式代入(5.2.44)式得

$$r_n = \left(\frac{3-\sqrt{5}}{6} a + \frac{\sqrt{5}}{15} h \right) \left(\frac{3+\sqrt{5}}{2} \right)^n + \left(\frac{\sqrt{5}+3}{6} a - \frac{\sqrt{5}}{15} h \right) \left(\frac{3-\sqrt{5}}{2} \right)^n \tag{5.2.47}$$

由(5.2.47)式得

$$r_n > \frac{3-\sqrt{5}}{6} \left(\frac{3+\sqrt{5}}{2} \right)^n a = \frac{1}{3} \left(\frac{3+\sqrt{5}}{2} \right)^{n-1} a \tag{5.2.48}$$

由(5.2.48)式得

$$\sum_{n=1}^{\infty} \frac{1}{r_n} < \frac{3}{a} \sum_{n=1}^{\infty} \left(\frac{2}{3+\sqrt{5}} \right)^{n-1} = \frac{3}{a} (2 + \sqrt{5})$$

所以 $\sum\limits_{n=1}^{\infty} \dfrac{1}{r_n}$ 收敛.

当 $r_1 = \dfrac{a-h}{\sqrt{1+k^2}-1} = a - h \left(\dfrac{\sqrt{5}-1}{2\sqrt{5}} a - \dfrac{1}{\sqrt{5}} h > 0 \right)$ 时，由于 $r_0 = a$，所以由

(5.2.44)式得如下方程组：

$$\begin{cases} a = C_1 + C_2 \\ a - h = C_1 \dfrac{3+\sqrt{5}}{2} + C_2 \dfrac{3-\sqrt{5}}{2} \end{cases} \tag{5.2.49}$$

由(5.2.49)式解得

$$C_1 = \frac{\sqrt{5}-1}{2\sqrt{5}} a - \frac{1}{\sqrt{5}} h, \quad C_2 = \frac{\sqrt{5}+1}{2\sqrt{5}} a + \frac{1}{\sqrt{5}} h \tag{5.2.50}$$

将(5.2.50)式代入(5.2.44)式得

$$r_n = \left(\frac{\sqrt{5}-1}{2\sqrt{5}} a - \frac{1}{\sqrt{5}} h \right) \left(\frac{3+\sqrt{5}}{2} \right)^n + \left(\frac{\sqrt{5}+1}{2\sqrt{5}} a + \frac{1}{\sqrt{5}} h \right) \left(\frac{3-\sqrt{5}}{2} \right)^n$$

由于 $\dfrac{\sqrt{5}-1}{2\sqrt{5}} a - \dfrac{1}{\sqrt{5}} h > 0$，所以

$$r_n > \left(\frac{\sqrt{5}-1}{2\sqrt{5}}a - \frac{1}{\sqrt{5}}h \right) \left(\frac{3+\sqrt{5}}{2} \right)^n$$

因此

$$\sum_{n=1}^{\infty} \frac{1}{r_n} < \left(\frac{\sqrt{5}-1}{2\sqrt{5}}a - \frac{1}{\sqrt{5}}h \right) \frac{2\sqrt{5}}{(\sqrt{5}-1)a - 2h} \sum_{n=1}^{\infty} \left(\frac{2}{3+\sqrt{5}} \right)^n$$

$$= \frac{\sqrt{5}(3+\sqrt{5})}{(\sqrt{5}-1)a - 2h}(2+\sqrt{5})$$

所以 $\displaystyle\sum_{n=1}^{\infty} \frac{1}{r_n}$ 收敛.　　　　　　　　　　　　　　　　　　　　　　□

5.3　裁纸计数问题

将一张矩形的纸张对折 n 次后,用刀沿着折痕裁它,每次裁后不准将其重叠再裁,即每次裁后不准改变纸张的位置,那么,至少要裁多少刀才可以将纸张裁成 2^n 张小纸片? 为解决这一问题,先看表 5.3.1.

表 5.3.1　裁纸张数分布表

对折次数 n	1	2	3	4	5	6	7
按要求需裁最少刀数	1	3	5	9	13	21	29
裁得纸张数	2^1	2^2	2^3	2^4	2^5	2^6	2^7

定理 5.3.1　将一张矩形的纸张对折 n 次后,用刀沿着折痕裁它,每次裁后不准改变纸张的位置,将其裁成 2^n 张小纸片,那么要裁的最少刀数为

$$f(n) = \begin{cases} 2^{\frac{n+3}{2}} - 3 & (n = 2m-1, m \in \mathbf{N}^+) \\ 3(2^{\frac{n}{2}} - 1) & (n = 2m, m \in \mathbf{N}^+) \end{cases}$$

证明　记对折 n 次后需裁的刀数为 $f(n)$.我们知道,对折 n 次,最后一道折痕即是最厚的一道折痕,它所对应的一边需裁 1 刀,倒数第二道折痕即是次厚的折痕,它所对应的一边需裁 2 刀.

不妨令折痕最厚的边为"下边",折痕次厚的边为"右边",故"下边"需裁 1 刀,"右边"需裁 2 刀,而所折纸块的另两边即"上边"与"左边"所需裁的最少刀数分别设为 a_{n-2} 与 b_{n-2},所以 $f(n)$ 等于各边最少刀数之和,即

$$f(n) = 1 + 2 + a_{n-2} + b_{n-2}$$

下面我们来考虑数列 $\{a_n\}$ 与 $\{b_n\}$ 之间的关系.

当 $n = k + 2(k \in \mathbf{N}^+)$ 时,由上面所设知"上边"所需裁的最少刀数为 a_k,"左边"所需裁的最少刀数为 b_k,而"下边"所需裁的最少刀数为 1 刀,"右边"所需裁的最少刀数为 2 刀(见图 5.3.1(a)).

当 $n = k + 3$ 时,我们可逆向考虑.如图 5.3.1(b)所示,将原先所折纸张沿着图中间实线对折,则图 5.3.1(a)变为图 5.3.1(b):

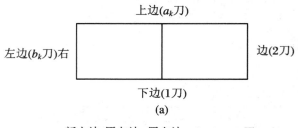

(a)

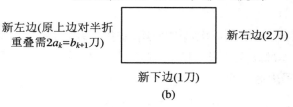

(b)

图 5.3.1

因此 $\begin{cases} a_{k+1} = b_k + 2 \\ b_{k+1} = 2a_k \end{cases}$ 即有

$$a_{k+1} = 2(a_{k-1} + 1) \tag{5.3.1}$$

因 $a_0 = 0, a_1 = 2$,由(5.3.1)式易证 $a_{2k-1} = a_{2k}(k \in \mathbf{N}^+)$,事实上,当 $k = 1$ 时,$a_0 = 0, a_1 = 2$,由(5.3.1)式得 $a_2 = 2(a_0 + 1) = 2$,即 $k = 1$ 时,有 $a_{2k-1} = a_{2k}$.假设 $k = s$ ($s \geqslant 1, s \in \mathbf{N}^+$)时有 $a_{2s-1} = a_{2s}$,那么当 $k = s + 1$ 时,有

$$\begin{cases} a_{2(s+1)-1} = a_{2s+1} \xlongequal{\text{由}(5.3.1)\text{式}} 2(a_{2s-1} + 1) \\ a_{2(s+1)} = a_{2s+2} \xlongequal{\text{由}(5.3.1)\text{式}} 2(a_{2s} + 1) \end{cases} \tag{5.3.2}$$

由假设知 $a_{2s-1} = a_{2s}$,由(5.3.2)两式即得 $a_{2(s+1)-1} = a_{2(s+1)}$,由数学归纳法原理即知,$a_{2k-1} = a_{2k}(k \in \mathbf{N}^+)$.

再令 $t_k = a_{2k-1} = a_{2k}(k \in \mathbf{N}^+)$,由(5.3.1)式得 $t_{k+1} = 2(t_k + 1)$,即得 $t_{k+1} + 2 = 2(t_k + 2)$,因此递归得 $t_{k+1} + 2 = 2(t_k + 2) = 2^2(t_{k-1} + 2) = \cdots = 2^k(t_1 + 2)$,而 $t_1 = a_1 = 2$,因此

$$t_{k+1} + 2 = 2^k(t_1 + 2) = 2^{k+2} \quad \Rightarrow \quad t_{k+1} = 2^{k+2} - 2$$

故当 $n \geqslant 3$ 时,$f(n) = 3 + a_{n-2} + b_{n-2} = 3 + a_{n-2} + 2a_{n-3}$,而 $t_k = a_{2k-1} = a_{2k}$,所以当 n 为奇数时,

$$f(n) = 3 + a_{n-2} + 2a_{n-3} = 3 + t_{\frac{n-1}{2}} + 2t_{\frac{n-3}{2}}$$
$$= 3 + (2^{\frac{n-1}{2}+1} - 2) + 2(2^{\frac{n-3}{2}+1} - 2) = 2^{\frac{n+3}{2}} - 3$$

当 n 为偶数时,

$$f(n) = 3 + a_{n-2} + 2a_{n-3} = 3 + t_{\frac{n-2}{2}} + 2a_{(n-2)-1}$$
$$= 3 + t_{\frac{n-2}{2}} + 2a_{n-2} = 3 + t_{\frac{n-2}{2}} + 2t_{\frac{n-2}{2}}$$
$$= 3(1 + t_{\frac{n-2}{2}}) = 3(1 + 2^{\frac{n-2}{2}+1} - 2) = 3(2^{\frac{n}{2}} - 1)$$

故当 $n \geqslant 3$ 时有

$$f(n) = \begin{cases} 2^{\frac{n+3}{2}} - 3 & (n = 2m-1, m \in \mathbf{N}^+) \\ 3(2^{\frac{n}{2}} - 1) & (n = 2m, m \in \mathbf{N}^+) \end{cases}$$

另一方面,当 $n = 1, 2$ 时,因 $f(1) = 1, f(2) = 3$,即上式也成立,故对一切自然数 n($n \geqslant 1$),上式皆成立. □

实际上,我们有如下统一的公式:

定理 5.3.1′　将一张矩形的纸张对折 n 次后,用刀沿着折痕裁它,每次裁后不准改变纸张的位置,将其裁成 2^n 张小纸片,那么要裁的最少刀数为

$$f(n) = (1+\sqrt{2})((\sqrt{2})^{n-2} + (\sqrt{2})^{n-1}) + (1-\sqrt{2})(-1)^{n-2}((\sqrt{2})^{n-2} - (\sqrt{2})^{n-1}) - 3$$
$$(n = 1, 2, 3, \cdots)$$

证明　由递归关系(5.3.1)知,$a_{k+1} = 2(a_{k-1} + 1)$,即

$$a_{k+1} - 2a_{k-1} - 2 = 0$$

这是一个常系数线性非齐次的递归关系,非齐次项为 -2,所以有特解(见参考文献[1])$f(n) = a$,代入递归关系 $a_{k+1} - 2a_{k-1} - 2 = 0$ 得 $a - 2a - 2 = 0$,即 $a = -2$.

而齐次项对应的递归关系是 $a_{k+1} - 2a_{k-1} = 0$,对应的特征方程为 $x^2 - 2 = 0$,它的根为 $x_1 = \sqrt{2}, x_2 = -\sqrt{2}$,从而递归关系(5.3.1)的通解为齐次的通解加特解,即

$$a_n = C_1(\sqrt{2})^n + C_2(-\sqrt{2})^n - 2$$

由于 $a_0 = 0, a_1 = 2$,因此有

$$\begin{cases} 0 = C_1(\sqrt{2})^0 + C_2(-\sqrt{2})^0 - 2 \\ 2 = C_1(\sqrt{2})^2 + C_2(-\sqrt{2})^2 - 2 \end{cases}$$

由此解得 $C_1 = 1 + \sqrt{2}, C_2 = 1 - \sqrt{2}$,所以

$$a_n = (1+\sqrt{2})(\sqrt{2})^n + (1-\sqrt{2})(-\sqrt{2})^n - 2$$

由前面定理的证明知,$b_{k+1} = 2a_k$,即 $b_n = 2a_{n-1}$,故

$$b_n = 2a_{n-1} = 2(1+\sqrt{2})(\sqrt{2})^{n-1} + 2(1-\sqrt{2})(-\sqrt{2})^{n-1} - 4$$

再根据定理的证明知

$$f(n) = 3 + a_{n-2} + b_{n-2} = (1+\sqrt{2})(\sqrt{2})^{n-2} + (1-\sqrt{2})(-\sqrt{2})^{n-2} - 2$$
$$+ 2(1+\sqrt{2})(\sqrt{2})^{n-3} + 2(1-\sqrt{2})(-\sqrt{2})^{n-3} - 4$$
$$= (1+\sqrt{2})((\sqrt{2})^{n-2} + (\sqrt{2})^{n-1}) + (1-\sqrt{2})(-1)^{n-2}((\sqrt{2})^{n-2} - (\sqrt{2})^{n-1}) - 3$$

$\square$

对于等腰直角三角形每次沿着底边上的高对折,用刀沿着折痕裁它,每次裁后不准改变纸张的位置,将其裁成 2^n 张小纸片,那么要裁的最少刀数是多少?用类似的方法,我们有下面的结论:

定理 5.3.2　将一张等腰直角三角形的纸张每次沿着底边上的高对折 n 次后,用刀沿着折痕裁它,每次裁后不准改变纸张的位置,将其裁成 2^n 张小纸片,那么要裁的最少刀数为

$$f(n) = \begin{cases} 3 \cdot 2^{k-1} - 2 & (n = 2k-1, k \in \mathbf{N}^+) \\ 2(2^k - 1) & (n = 2k, k \in \mathbf{N}^+) \end{cases}$$

证明　对于一个等腰直角三角形,每次沿着底边上的高对折 n 次后,得到 2^n 个重叠在一起的小等腰直角三角形,每次裁都不改变它们原来的位置,设其底部需裁的最少刀数为 B_n,左边需裁的最少刀数为 L_n,右边需裁的最少刀数为 R_n.由于每次对折后总有一直角边只需裁一刀即可(即是最厚的一道折痕),设这个直角边总为左边,故 $L_n = 1$.另一方面,每次都是沿着底边上的高对折,因此折痕沿原三角形的底边的中点,从而原三角形底边从中点对折重叠形成新的等腰直角三角形,新的等腰直角三角形的一个直角边即是由原三角形底边重叠形成的,这个直角边即是新的等腰直角三角形的右边,因此,由所设知

$$R_{n+1} = 2B_n$$

又因为原等腰直角三角形沿底边上的高对折,故对折后原等腰直角三角形的两直角边重叠成为新的等腰直角三角形的底边,因此有

$$B_{n+1} = L_n + R_n = 1 + R_n$$

故总有如下递归关系:

$$\begin{cases} B_{n+1} = L_n + R_n \\ R_{n+1} = 2B_n \\ L_{n+1} = L_n = 1 \end{cases} \tag{5.3.3}$$

由此递归关系,仿照定理 3.5.1 的证明,可以用数学归纳法证明有如下结果:

$$\begin{cases} B_{2k+1} = 2^k - 1 \\ R_{2k+1} = 2^{k+1} - 2 \quad (k = 0,1,2,\cdots) \\ L_{2k+1} = 1 \end{cases}$$

以及

$$\begin{cases} B_{2k} = 2^k - 1 \\ R_{2k} = 2^k - 2 \quad (k = 0,1,2,\cdots) \\ L_{2k} = 1 \end{cases}$$

由 $f(n) = L_n + R_n + B_n$，定理获证. □

同样地，我们有如下统一的公式：

定理 5.3.2′　将一张等腰直角三角形的纸张每次沿着底边上的高对折 n 次后，用刀沿着折痕裁它，每次裁后不准改变纸张的位置，将其裁成 2^n 张小纸片，那么要裁的最少刀数为

$$f(n) = \left[\left(\frac{3}{2} + \sqrt{2} \right) + (-1)^{n-1} \left(\frac{3}{2} - \sqrt{2} \right) \right] (\sqrt{2})^{n-1} - 2 \quad (n = 1,2,\cdots)$$

证明　由递归关系 (5.3.3) 知，$B_{n+1} = 1 + R_n$，$R_{n+1} = 2B_n$，即

$$B_{n+1} = 1 + R_n = 1 + 2B_{n-1}$$

于是

$$B_{n+1} - 2B_{n-1} - 1 = 0$$

这是一个常系数线性非齐次的递归关系，非齐次项为 -1，所以有特解（见参考文献 [1]）$f(n) = a$，代入递归关系 $B_{k+1} - 2B_{k-1} - 1 = 0$ 得 $a - 2a - 1 = 0$，即 $a = -1$. 而齐次项对应的递归关系是 $B_{k+1} - 2B_{k-1} = 0$，对应的特征方程为 $x^2 - 2 = 0$，它的根为 $x_1 = \sqrt{2}$，$x_2 = -\sqrt{2}$，从而递归关系 (5.3.3) 的通解为齐次的通解加特解，即

$$B_n = C_1 (\sqrt{2})^n + C_2 (-\sqrt{2})^n - 1$$

由于 $B_1 = 0$，$B_2 = 1$，因此有

$$\begin{cases} 0 = C_1 (\sqrt{2})^1 + C_2 (-\sqrt{2})^1 - 1 \\ 1 = C_1 (\sqrt{2})^2 + C_2 (-\sqrt{2})^2 - 1 \end{cases}$$

由此解得 $C_1 = \frac{1}{4}(2 + \sqrt{2})$，$C_2 = \frac{1}{4}(2 - \sqrt{2})$，所以

$$B_n = \frac{1}{4}(2 + \sqrt{2})(\sqrt{2})^n + \frac{1}{4}(2 - \sqrt{2})(-\sqrt{2})^n - 1$$

由前面定理 5.3.2 的证明知，$R_{n+1} = 2B_n$，即 $R_n = 2B_{n-1}$，故

$$R_n = 2B_{n-1} = \frac{1}{2}(2 + \sqrt{2})(\sqrt{2})^{n-1} + \frac{1}{2}(2 - \sqrt{2})(-\sqrt{2})^{n-1} - 2$$

再根据 $f(n) = L_n + R_n + B_n$ 知，

$$f(n) = R_n + B_n + L_n$$

$$= \frac{1}{2}(2 + \sqrt{2})(\sqrt{2})^{n-1} + \frac{1}{2}(2 - \sqrt{2})(-\sqrt{2})^{n-1} - 2$$

$$+ \left[\frac{1}{4}(2 + \sqrt{2})(\sqrt{2})^{n} + \frac{1}{4}(2 - \sqrt{2})(-\sqrt{2})^{n} - 1 \right] + 1$$

$$= \left[\left(\frac{3}{2} + \sqrt{2} \right) + (-1)^{n-1} \left(\frac{3}{2} - \sqrt{2} \right) \right] (\sqrt{2})^{n-1} - 2 \quad (n = 1, 2, \cdots) \quad \square$$

5.4 Hanoi 塔问题的再探讨

5.4.1 一个近似计算

1. 引言

Hanoi 塔问题是一个古老的数学问题,何时提出,现在难以考证. 1883 年, Edouard Lucas 解决了标准的三柱 Hanoi 塔问题. Hanoi 塔问题在计算机科学、计算数学、组合数学、心智测试方面都有着重要的应用[4-20],近年来人们研究 Hanoi 塔的问题的算法的文献较多. 2004 年,杨楷、徐川运用微分的方法给出四柱 Hanoi 塔问题的解公式[1]. 2006 年,刘铎、戴一奇用三层归纳的方法研究多柱 Hanoi 塔问题的解公式[2]. 2001 年,钱建国、张福基运用图论的方法研究 Hanoi 塔问题的解公式[3],颇有新意. 本书将运用发生函数的理论给出更为一般的 $k + 2(k \geqslant 1, k \in \mathbf{N})$ 柱 Hanoi 塔问题的两个不同形式的解公式,其中,第二个公式形式极为简单. 由这两个不同形式的公式可以导出许多恒等式.

2. 一般 Hanoi 塔问题

设有 $k + 2(k \geqslant 1, k \in \mathbf{N})$ 根柱子,依次为 $A_1, A_2, \cdots, A_{k+2}$,$n$ 个大小不同的圆盘,它们的半径分别是 $r_1, r_2, \cdots, r_n$,而且 $r_1 < r_2 < \cdots < r_n$,依圆盘的半径的大小,依次从下而上地套在 A_1 上,现要将这 n 个圆盘全部移到 A_{k+2} 上,要求满足如下两个约束条件:

① 每次只允许移动一个圆盘;

② 在移动的过程中不允许大盘放在小盘上.

寻求移动最少步数 $f(n, k + 2)$ 即为一般 Hanoi 塔问题.

3. 一种移动方法

先考虑将柱 A_1 上 $n - k$ 个圆盘移到 A_2 上,移动的最少次数为 $g(n - k, k + 2)$;接下来把 A_1 上剩下的 k 个圆盘依次各移一个到 $A_3, A_4, \cdots, A_{k+2}$ 上,共移动 k

次;再依次从 $A_{k+1},A_k,\cdots,A_3$ 上将圆盘移到 A_{k+2} 上,这样又移动 $k-1$ 次,此时 A_{k+2} 上有 k 个圆盘,它们的半径自上而下依次为 $r_{n-k+1},r_{n-k+2},\cdots,r_n$;现在再将 A_2 上的 $n-k$ 个圆盘按要求移到 A_{k+2} 上,所需的最少步数仍是 $g(n-k,k+2)$, 因此将 A_1 上 n 个大小不同的圆盘按要求移到 A_{k+2} 上,所需的最少步数等于 $2g(n-k,k+2)+k+k-1$,所以有递归关系

$$g(n,k+2) = 2g(n-k,k+2) + 2k - 1 \tag{5.4.1}$$

显然

$$g(0,k+2) = 0, \quad g(1,k+2) = 1, \quad g(2,k+2) = 3, \quad \cdots,$$
$$g(k+1,k+2) = 2(k+1) - 1 \tag{5.4.2}$$

需要指出的是 $f(n,k+2) \leqslant g(n,k+2)$.

4. $g(n,k+2)$ 的求解公式

定理 5.4.1

$$g(n,k+2) = -(2k-1) + \sum_{q=0}^{k-1} a_q 2^{\frac{n}{k}} e^{-\frac{2q(n+1)i}{k}} \tag{5.4.3}$$

其中当 $n < k+1$ 时,有 $-(2k-1) + \sum_{q=0}^{k-1} a_q 2^{\frac{n}{k}} e^{-\frac{2q(n+1)i}{k}} = 2n-1 \ (n=1,2,\cdots,k)$.

证明　考虑 $g(n,k+2)$ 的发生函数,令

$$H(x) = \sum_{n=0}^{\infty} g(n,k+2)x^n \tag{5.4.4}$$

那么

$$2x^k H(x) = \sum_{n=0}^{\infty} 2g(n,k+2)x^{n+k} \tag{5.4.5}$$

当 $r \geqslant k$ 时,由(5.4.1)式得

$$g(n,k+2) - 2g(n-k,k+2) = 2k-1 \tag{5.4.6}$$

将(5.4.6)式代入(5.4.4)、(5.4.5)式得

$$(1-2x^k)H(x) = \sum_{n=0}^{k-1} g(n,k+2)x^n + (2k-1)\sum_{n=k}^{\infty} x^n$$

由(5.4.2)式得

$$(1-2x^k)H(x) = \sum_{n=1}^{k-1} (2n-1)x^n + (2k-1)\sum_{n=k}^{\infty} x^n$$
$$= \frac{1}{1-x}\left(\frac{2x(1-x^{k-1})}{1-x} - x - (2k-3)x^k \right) + (2k-1)\frac{x^k}{1-x}$$
$$= \frac{x+x^2-2x^{k+1}}{1-x} = \frac{x+2(x^2+x^3+\cdots+x^k)}{1-x}$$

于是

$$H(x) = \frac{x + 2(x^2 + x^3 + \cdots + x^k)}{(1 - x)(1 - 2x^k)}$$

$$= \frac{-(2k - 1)}{1 - x} + \frac{2k - 1 + \sum\limits_{l=1}^{k-1} 2(k + l - 1)x^l}{1 - 2x^k} \tag{5.4.7}$$

由于[21]

$$1 - 2x^k = \prod_{q=0}^{k-1} (e^{\frac{2q\pi i}{k}} - 2^{\frac{1}{k}} x) \tag{5.4.8}$$

由(5.4.7)、(5.4.8)式及多项式理论知,存在复常数 $a_0, a_1, \cdots, a_{k-1}$ 得

$$H(x) = \frac{-(2k - 1)}{1 - x} + \frac{2k - 1 + \sum\limits_{l=1}^{k-1} 2(k + l - 1)x^l}{1 - 2x^k}$$

$$= \frac{-(2k - 1)}{1 - x} + \sum_{q=0}^{k-1} \frac{a_t}{e^{\frac{2q\pi i}{k}} - 2^{\frac{1}{k}} x}$$

$$= \sum_{n=0}^{\infty} \left(-(2k - 1) + \sum_{q=0}^{k-1} a_q 2^{\frac{n}{k}} e^{-\frac{2q(n+1)i}{k}} \right) x^n \tag{5.4.9}$$

由(5.4.4)、(5.4.9)式,比较系数得

$$g(n, k + 2) = -(2k - 1) + \sum_{q=0}^{k-1} a_q 2^{\frac{n}{k}} e^{-\frac{2q(n+1)i}{k}}$$

此外,由初值(5.4.2)式知,复常数 $a_0, a_1, \cdots, a_{k-1}$ 必满足:当 $n < k + 1$ 时,有

$$-(2k - 1) + \sum_{q=0}^{k-1} a_q 2^{\frac{n}{k}} e^{-\frac{2q(n+1)i}{k}} = 2n - 1 \quad (n = 1, 2, \cdots, k) \tag{5.4.10}$$

□

注 从定理的证明中可知,计算复常数 $a_0, a_1, \cdots, a_{k-1}$ 最为关键,由(5.4.9)和(5.4.10)式知,我们有两种计算方法. 由(5.4.10)式知,它是 k 元线性方程组,若用 Gauss 消元法求复常数 $a_0, a_1, \cdots, a_{k-1}$,那么运算次数不超过 $O(k^3)$.

实际上,将(5.4.7)式右边直接展开,我们有更为简单的求解公式,即如下结论:

定理 5.4.2 $g(n, k + 2)$ 满足:

(1) 如果 $\left[\dfrac{n}{k}\right] = m, n \equiv l \pmod{k}, 1 \leqslant l \leqslant k - 1$,那么

$$g(n, k + 2) = 2^{m+1}(k - 1 + l) - (2k - 1) \tag{5.4.11}$$

(2) 如果 $\left[\dfrac{n}{k}\right] = m, n \equiv l \pmod{k}, l = 0$,那么

$$g(n, k + 2) = (2k - 1)(2^m - 1) \tag{5.4.12}$$

这里 $\left[\dfrac{n}{k}\right]$ 表示不超过 $\dfrac{n}{k}$ 的最大整数.

证明　由(5.4.7)式知

$$H(x) = \frac{-(2k-1)}{1-x} + \frac{2k-1+\sum\limits_{l=1}^{k-1}2(k+l-1)x^l}{1-2x^k}$$

$$= -(2k-1)\sum_{m=0}^{\infty}x^m + \left(2k-1+\sum_{l=1}^{k-1}2(k+l-1)x^l\right)\sum_{m=0}^{\infty}2^m x^{km}$$

$$= -(2k-1)\sum_{m=0}^{\infty}x^m + (2k-1)\sum_{m=0}^{\infty}2^m x^{mk} + 2k\sum_{m=0}^{\infty}2^m x^{mk+1}$$

$$\quad + 2(k+1)\sum_{m=0}^{\infty}2^m x^{mk+2} + \cdots + 2(2k-2)\sum_{m=0}^{\infty}2^m x^{mk+k-1}$$

$$= \sum_{m=0}^{\infty}\left[2^m(2k-1)-(2k-1)\right]x^{mk} + \sum_{m=0}^{\infty}\left[2^{m+1}k-(2k-1)\right]x^{mk+1}$$

$$\quad + \sum_{m=0}^{\infty}\left[2^{m+1}(k+1)-(2k-1)\right]x^{mk+2} + \cdots$$

$$\quad + \sum_{m=0}^{\infty}\left[2^{m+1}(2k-2)-(2k-1)\right]x^{mk+k-1}$$

由此知,如果 $\left[\dfrac{n}{k}\right]=m$，$n\equiv l\pmod{k}$（$1\leqslant l\leqslant k-1$），那么(5.4.11)式成立;如果 $\left[\dfrac{n}{k}\right]=m$，$n\equiv l\pmod{k}$（$l=0$），那么(5.4.12)式成立.　□

5. 几个推论

当 $k=1$ 时,由(5.4.10)式得 $a_0=1$，由定理 5.3.1 中的(5.4.4)式得:

推论 5.4.1

$$g(n,3) = 2^n - 1 \tag{5.4.13}$$

推论 5.4.1 也可以由(5.4.12)式直接得到.

当 $k=2$ 时,由(5.4.7)式得

$$\frac{x+2x^2}{(1-x)(1-2x^2)} = \frac{3+2\sqrt{2}}{2(1-\sqrt{2}x)} + \frac{3-2\sqrt{2}}{2(1+\sqrt{2}x)} + \frac{-3}{1-x}$$

所以 $a_0=\dfrac{3+2\sqrt{2}}{2}$，$a_1=\dfrac{3-2\sqrt{2}}{2}$，故由(5.4.4)式即得到:

推论 5.4.2

$$g(n,4) = \frac{1}{2}\left((3+2\sqrt{2})(\sqrt{2})^n + (3-2\sqrt{2})(-\sqrt{2})^n\right) - 3 \tag{5.4.14}$$

当 $k=2$ 时,由(5.4.11)与(5.4.12)式知:

推论 5.4.2′ 如果 $n\equiv 1(\bmod 2)$,那么 $g(n,4)=2^{\frac{n-1}{2}+2}-3$;如果 $n\equiv 0(\bmod 2)$,那么 $g(n,4)=3(2^{\frac{n}{2}}-1)$.

比较推论 5.4.2′ 与推论 5.4.2 的(5.4.14)式就得到如下的恒等式:

$$2^{\frac{n-1}{2}+2}-3=\frac{1}{2}\big((3+2\sqrt{2})(\sqrt{2})^n+(3-2\sqrt{2})(-\sqrt{2})^n\big)-3 \quad (n\equiv 1(\bmod 2))$$

$$3(2^{\frac{n}{2}}-1)=\frac{1}{2}\big((3+2\sqrt{2})(\sqrt{2})^n+(3-2\sqrt{2})(-\sqrt{2})^n\big)-3 \quad (n\equiv 0(\bmod 2))$$

当 $k=3$ 时,由(5.4.10)或(5.4.7)式即得

$$a_0=\frac{1}{3}(5+3\times 4^{\frac{1}{3}}+4\times 2^{\frac{1}{3}})$$

$$a_1=-\frac{1}{2}\Big[\frac{1}{3}(5+8\times 2^{\frac{1}{3}})+4^{\frac{1}{3}}-\frac{\sqrt{3}}{3}(3\times 4^{\frac{1}{3}}-5)i\Big]$$

$$a_2=-\frac{1}{2}\Big[\frac{1}{3}(5-8\times 2^{\frac{1}{3}})+4^{\frac{1}{3}}+\frac{\sqrt{3}}{3}(3\times 4^{\frac{1}{3}}-5)i\Big]$$

于是,由定理 5.3.1 得:

推论 5.4.3 $g(n,5)=\dfrac{1}{3}(5+3\times 4^{\frac{1}{3}}+4\times 2^{\frac{1}{3}})2^{\frac{n}{3}}$

$$+\frac{1}{2}\Big[\frac{1}{3}(5+8\times 2^{\frac{1}{3}})+4^{\frac{1}{3}}-\frac{\sqrt{3}}{3}(3\times 4^{\frac{1}{3}}-5)i\Big]\frac{(-1)^n 2^{\frac{n}{3}}}{\big(\frac{1}{2}+\frac{\sqrt{3}}{2}i\big)^{n+1}}$$

$$+\frac{1}{2}\Big[\frac{1}{3}(5-8\times 2^{\frac{1}{3}})+4^{\frac{1}{3}}+\frac{\sqrt{3}}{3}(3\times 4^{\frac{1}{3}}-5)i\Big]\frac{(-1)^n 2^{\frac{n}{3}}}{\big(\frac{1}{2}-\frac{\sqrt{3}}{2}i\big)^{n+1}}.$$

另一方面,由定理 5.3.2 又可以得:

推论 5.4.3′ 如果 $n\equiv l(\bmod 3),1\leqslant l\leqslant 2$,那么

$$g(n,5)=2^{\frac{n-l}{3}+1}(2+l)-5$$

如果 $n\equiv l(\bmod 3),l=0$,那么

$$g(n,5)=5(2^{\frac{n}{3}}-1)$$

比较推论 5.4.3 与推论 5.4.3′,则又可得

$$2^{\frac{n-l}{3}+1}(2+l)-5$$

$$=\frac{1}{3}(5+3\times 4^{\frac{1}{3}}+4\times 2^{\frac{1}{3}})2^{\frac{n}{3}}$$

$$+ \frac{1}{2}\left[\frac{1}{3}(5 + 8 \times 2^{\frac{1}{3}}) + 4^{\frac{1}{3}} - \frac{\sqrt{3}}{3}(3 \times 4^{\frac{1}{3}} - 5)\mathrm{i}\right]\frac{(-1)^n 2^{\frac{n}{3}}}{\left(\frac{1}{2} + \frac{\sqrt{3}}{2}\mathrm{i}\right)^{n+1}}$$

$$+ \frac{1}{2}\left[\frac{1}{3}(5 - 8 \times 2^{\frac{1}{3}}) + 4^{\frac{1}{3}} + \frac{\sqrt{3}}{3}(3 \times 4^{\frac{1}{3}} - 5)\mathrm{i}\right]\frac{(-1)^n 2^{\frac{n}{3}}}{\left(\frac{1}{2} - \frac{\sqrt{3}}{2}\mathrm{i}\right)^{n+1}}$$

$$(l = 1, 2)$$

$$5(2^{\frac{n}{3}} - 1)$$

$$= \frac{1}{3}(5 + 3 \times 4^{\frac{1}{3}} + 4 \times 2^{\frac{1}{3}})2^{\frac{n}{3}}$$

$$+ \frac{1}{2}\left[\frac{1}{3}(5 + 8 \times 2^{\frac{1}{3}}) + 4^{\frac{1}{3}} - \frac{\sqrt{3}}{3}(3 \times 4^{\frac{1}{3}} - 5)\mathrm{i}\right]\frac{(-1)^n 2^{\frac{n}{3}}}{\left(\frac{1}{2} + \frac{\sqrt{3}}{2}\mathrm{i}\right)^{n+1}}$$

$$+ \frac{1}{2}\left[\frac{1}{3}(5 - 8 \times 2^{\frac{1}{3}}) + 4^{\frac{1}{3}} + \frac{\sqrt{3}}{3}(3 \times 4^{\frac{1}{3}} - 5)\mathrm{i}\right]\frac{(-1)^n 2^{\frac{n}{3}}}{\left(\frac{1}{2} - \frac{\sqrt{3}}{2}\mathrm{i}\right)^{n+1}}$$

$$(n \equiv 0 (\mathrm{mod}\ 3))$$

当 $k = 4$ 时,由(5.4.10)或(5.4.7)式即得

$$a_0 = \frac{1}{4}\left(7 + \frac{10}{\sqrt{2}} + \frac{8}{2^{\frac{1}{4}}} + \frac{12}{8^{\frac{1}{4}}}\right), \quad a_1 = -\frac{1}{4}\left[\frac{8}{2^{\frac{1}{4}}} - \frac{12}{8^{\frac{1}{4}}} - \left(7 - \frac{10}{\sqrt{2}}\right)\mathrm{i}\right]$$

$$a_2 = -\frac{1}{4}\left(7 + \frac{10}{\sqrt{2}} - \frac{8}{2^{\frac{1}{4}}} - \frac{12}{8^{\frac{1}{4}}}\right), \quad a_3 = -\frac{1}{4}\left[\frac{8}{2^{\frac{1}{4}}} - \frac{12}{8^{\frac{1}{4}}} + \left(7 - \frac{10}{\sqrt{2}}\right)\mathrm{i}\right]$$

于是,由定理 5.3.1 得:

推论 5.4.4　$g(n, 6) = \frac{1}{4}\left(7 + \frac{10}{\sqrt{2}} + \frac{8}{2^{\frac{1}{4}}} + \frac{12}{8^{\frac{1}{4}}}\right)(2^{\frac{1}{4}})^n$

$$+ \frac{1}{4}\left[7 - \frac{10}{\sqrt{2}} + \left(\frac{8}{2^{\frac{1}{4}}} - \frac{12}{8^{\frac{1}{4}}}\right)\mathrm{i}\right](-2^{\frac{1}{4}})^n$$

$$+ \frac{1}{4}\left(7 + \frac{10}{\sqrt{2}} - \frac{8}{2^{\frac{1}{4}}} - \frac{12}{8^{\frac{1}{4}}}\right)(-2^{\frac{1}{4}})^n$$

$$+ \frac{1}{4}\left[7 - \frac{10}{\sqrt{2}} - \left(\frac{8}{2^{\frac{1}{4}}} - \frac{12}{8^{\frac{1}{4}}}\right)\mathrm{i}\right](2^{\frac{1}{4}})^n - 7.$$

另一方面,由定理 5.4.2 又可得:

推论 5.4.4′　如果 $n \equiv l(\mathrm{mod}\ 3), 1 \leqslant l \leqslant 3$,那么 $g(n, 6) = 2^{\frac{n-l}{4}+1}(3 + l) - 7$;

如果 $n \equiv l \pmod 3$，$l = 0$，那么 $g(n,6) = 7(2^{\frac{n}{4}} - 1)$．

比较推论 5.4.4 与推论 5.4.4′，又能得到一些恒等式，这里从略．

6. Hanoi 塔问题的进一步推广

设有 $m + k + 2(m, k \in \mathbf{N})$ 根柱子，其中 m 个柱子上分别套有 $n_1, n_2, \cdots, n_m$ 个大小互不相等的圆盘，在满足上面第 2 点中约束条件 ①，② 的前提下，将这 $\sum\limits_{h=0}^{m} n_h$ 个盘子移到某个指定的空柱 C 上，移动的最少次数是多少？记移动最少次数为 $f(n_1, n_2, \cdots, n_m, m + k + 2)$．先考 $m = 2$ 时 $g(n_1, n_2, \cdots, n_m, m + k + 2)$ 的情形．

定理 5.4.3　如果第一根柱子上有 n_1 个圆盘，半径分别为 $r_{11}, r_{12}, \cdots, r_{1n_1}$，第二根柱子上有 n_2 个圆盘，半径分别为 $r_{21}, r_{22}, \cdots, r_{2n_1}$，而且

$$r_{11} < r_{12} < \cdots < r_{1n_1} < r_{21} < r_{22} < \cdots < r_{2n_1}$$

那么

$$g(n_1, n_2, k + 4) = g(n_2, k + 3) + g(n_1, k + 4) \tag{5.4.15}$$

证明　先将第二根柱子上的 n_2 个圆盘按约束条件①，②移到某个指定的空柱 C 上，则第一根柱子不能使用，故移动的最少步数为 $g(n_2, k + 3)$，再将第一根柱子上 n_1 个圆盘按约束条件①，②移到柱 C 上，这时每个柱子都可使用，所以此时移动的步数为 $g(n_1, k + 4)$，故所移动的步数为 $g(n_2, k + 3) + g(n_1, k + 4)$．　　□

同样的方法易证如下结论：

定理 5.4.4　如果第 t 根柱子上有 n_t 个圆盘，半径分别为 $r_{t1}, r_{t2}, \cdots, r_{tn_t}$（$t = 1, 2, \cdots, m$），而且

$$r_{11} < r_{12} < \cdots < r_{1n_1} < r_{21} < r_{22} < \cdots < r_{2n_1} < r_{m1} < r_{m2} < \cdots < r_{mn_m}$$

那么

$$\begin{aligned} &g(n_1, n_2, \cdots, n_m, m + k + 2) \\ &= g(n_2, k + 3) + g(n_1, k + 4) + \cdots + g(n_1, m + k + 2) \end{aligned} \tag{5.4.16}$$

例 5.4.1　试求 $g(n_1, n_2, 5)$．

解　由于 $m = 2$，$k = 1$，故由 (5.4.15) 式以及推论 5.4.2、推论 5.4.3 得

$$g(n_1, n_2, 5) = g(n_2, 4) + g(n_1, 5)$$

$$\begin{aligned} &= \frac{1}{2}\Big[(3 + 2\sqrt{2})(\sqrt{2})^{n_2} + (3 - 2\sqrt{2})(-\sqrt{2})^{n_2}\Big] - 3 \\ &\quad + \frac{1}{3}(5 + 3 \times 4^{\frac{1}{3}} + 4 \times 2^{\frac{1}{3}})2^{\frac{n_1}{3}} \\ &\quad + \frac{1}{2}\Big[\frac{1}{3}(5 + 8 \times 2^{\frac{1}{3}}) + 4^{\frac{1}{3}} - \frac{\sqrt{3}}{3}(3 \times 4^{\frac{1}{3}} - 5)\mathrm{i}\Big] \frac{(-1)^{n_1} 2^{\frac{n_1}{3}}}{\big(\frac{1}{2} + \frac{\sqrt{3}}{2}\mathrm{i}\big)^{n_1 + 1}} \end{aligned}$$

$$+ \frac{1}{2} \left[\frac{1}{3}(5 - 8 \times 2^{\frac{1}{3}}) + 4^{\frac{1}{3}} + \frac{\sqrt{3}}{3}(3 \times 4^{\frac{1}{3}} - 5)\mathrm{i} \right] \frac{(-1)^{n_1} 2^{\frac{n_1}{3}}}{\left(\frac{1}{2} - \frac{\sqrt{3}}{2}\mathrm{i} \right)^{n_1 + 1}}$$

由推论 5.4.2′ 与推论 5.4.3′，上式可以写得更简单. 　　　　　　□

5.4.2　四柱 Hanoi 塔问题

2003 年，杨锴与徐川解决了四柱 Hanoi 塔问题[1]. 四柱 Hanoi 塔的 Frame 算法是这样的[22]：

对于碟数为 n 的四柱 Hanoi 塔，假定碟数 i 小于 n 时的算法已经确定，i 个碟子的四柱 Hanoi 塔需要移动的步数为 $F(i)$. 可把 A 柱上的碟子分成上、下两部分[22]. 下部分共有 r 个碟子，上部分 $n - r$ 个碟子（$1 \leqslant r \leqslant n$）. 操作步骤如下：

① 用四柱 Hanoi 塔 Frame 算法把 A 柱上部分的 $n - r$ 个碟子通过 C 柱和 D 柱移到 B 柱上，需要 $F(n - r)$ 步；

② 用三柱 Hanoi 塔经典算法把 A 柱上剩余的 r 个碟子通过 C 柱移到 D 柱上，需要 $T(r) = 2^r - 1$ 步；

③ 用四柱 Hanoi 塔 Frame 算法把 B 柱上的 $n - r$ 个碟子通过 A 柱和 C 柱移到 D 柱上，需要 $F(n - r)$ 步.

据此，计算出总步数为 $f(n, r)$，随后对所有的 r（$1 \leqslant r \leqslant n$）逐一进行尝试. 选择一个 r 使得 $f(n, r)$ 取最小值，并定义此时的 r 为 $R(n)$. 这样，就可以确定完成 n 个碟子的四柱 Hanoi 塔游戏需要的最少步数[1]：

$$F(n) = \min_r f(n, r) = \min_r [2F(n - r) + T(r)] = \min_r [2F(n - r) + 2^r - 1] \tag{5.4.17}$$

1. 定理与证明

根据上述算法，不难得到如表 5.4.1 所示的数据.

定理 5.4.5

$$F(n) = \left[n - \frac{R^2(n) - R(n) + 2}{2} \right] \cdot 2^{R(n)} + 1 \tag{5.4.18}$$

其中

$$R(n) = \left\lfloor \frac{\sqrt{8n + 1} - 1}{2} \right\rfloor \tag{5.4.19}$$

从表 5.4.1 不难看出，按照公式 $R(n) = \left\lfloor \dfrac{\sqrt{8n + 1} - 1}{2} \right\rfloor$ 用横线将所有自然数 n 划分成区，每区中所有的 n 对应同一个 $R(n)$，该区简称为 R 区. 如 $n = 3, n = 4, n = 5$ 在同一个区，$R(n)$ 都等于 2.

表 5.4.1

n	$R(n)$	$F(n)$	n	$R(n)$	$F(n)$
1	1	1	12	4	81
2	1	3	13	4	97
3	2	5	14	4	113
4	2	9	15	5	129
5	2	13	16	5	161
6	3	17	17	5	193
7	3	25	18	5	225
8	3	33	19	5	257
9	3	41	20	5	289
10	4	49	21	6	321
11	4	65	...	...	...

引理 5.4.1　若对 $n < \dfrac{(R_0+1)(R_0+2)}{2}$ 有

$$F(n) = \left[n - \frac{R^2(n) - R(n) + 2}{2} \right] \cdot 2^{R(n)} + 1$$

则对于落在 R_0+1 区的任意一个 n,当 $n-r$ 不落在 R_0+1 区时,$f(n,r)$ 是关于 r 的连续函数.

引理 5.4.1 的证明　当 $n-r$ 在某一个区(如 R 区,$R \leqslant R_0$)内变化时,

$$f(n,r) = 2F(n-r) + 2^r - 1$$
$$= 2\left[\left(n - r - \frac{R^2 - R + 2}{2} \right) \cdot 2^R + 1 \right] + 2^r - 1$$

它当然是关于 r 连续的.

下面只需考虑 $n-r$ 由 R 区跳变至 $R-1$ 区时,$f(n,r)$ 的行为.

当 $r = n - \dfrac{(R+1)(R+2)}{2}$ 时, $n-r = \dfrac{(R+1)(R+2)}{2}$,有 $n-r$ 落在 R 区.

$$f(n,r)\big|_{r=n-\frac{R(R+1)}{2}} = 2F(n-r) + 2^r - 1$$
$$= 2\left[\left(n - r - \frac{R^2 - R + 2}{2} \right) \cdot 2^R + 1 \right] + 2^r - 1$$
$$= (R-1)2^{R+1} + 2^{n-\frac{R(R+1)}{2}} + 1$$

当 $r \to n - \dfrac{R(R+1)}{2} + 0$ 时,$n-r \to \dfrac{R(R+1)}{2} - 0$,有 $n-r$ 落在 $R-1$ 区.所以

$$\lim_{r \to n-\frac{R(R+1)}{2}+0} f(n,r)\big|_{r=n-\frac{R(R+1)}{2}}$$

$$= 2F(n - r) + 2^r - 1$$

$$= 2\left[\left(n - r - \frac{(R-1)^2 - (R-1) + 2}{2}\right) \cdot 2^{R-1} + 1\right] + 2^r - 1$$

所以

$$f(n, r)\big|_{r = n - \frac{R(R+1)}{2}} = \lim_{r \to n - \frac{R(R+1)}{2} + 0} f(n, r)$$

则 $n - r$ 由 R 区跳变至 $R - 1$ 区时，$f(n, r)$ 也关于 r 连续.　　　　　　□

定理 5.4.5 的证明　可用数学归纳法证明：(5.4.17)，(5.4.19)式推出 (5.4.18)式.

(1) 显然，当 $n = 1$ 时，$R(n) = 1$，$F(n) = 1$. 当 $n = 2$ 时，$R(n) = 1$，$F(n) = 3$. 所以，对于 $n = 1$ 和 $n = 2$，公式(5.4.18)式是正确的.

(2) 假设对于 $n < \dfrac{(R_0 + 1)(R_0 + 2)}{2}$ 内的所有 n，都有

$$F(n) = \left[n - \frac{R^2(n) - R(n) + 2}{2}\right] \cdot 2^{R(n)} + 1 \quad (R_0 \text{ 为自然数})$$

现考虑 $\dfrac{(R_0 + 1)(R_0 + 2)}{2} \leqslant n < \dfrac{(R_0 + 2)(R_0 + 3)}{2}$ 内所有 n. 可将这些 n 分为以下 3 种情况讨论：

① $n = \dfrac{(R_0 + 1)(R_0 + 2)}{2}$;

② $\dfrac{(R_0 + 1)(R_0 + 2)}{2} < n \leqslant \dfrac{(R_0 + 2)(R_0 + 3)}{2} - 2$;

③ $n = \dfrac{(R_0 + 2)(R_0 + 3)}{2} - 1$.

先讨论①：

当 $n = \dfrac{(R_0 + 1)(R_0 + 2)}{2}$ 时，$n - r$ 必然落在 R_0 区或 R_1 区($R_1 < R_0$). 所谓 $n - r$ 落在 R_1 区，即 $n - r < \dfrac{R_0(R_0 + 1)}{2}$.

（ⅰ）若 $n - r$ 落在 R_0 区，即

$$\frac{R_0(R_0 + 1)}{2} \leqslant \frac{(R_0 + 1)(R_0 + 2)}{2} - r < \frac{(R_0 + 1)(R_0 + 2)}{2}$$

有 $0 < r \leqslant R_0 + 1$，所以

$$f(n, r) = 2F(n - r) + 2^r - 1$$

$$= 2\left[\left(n - r - \frac{R_0^2 - R_0 + 2}{2}\right) \cdot 2^{R_0} + 1\right] + 2^r - 1$$

$$\frac{\partial f}{\partial r} = -2^{R_0+1} + 2^r \ln 2$$

令 $\dfrac{\partial f}{\partial r} = 0$，则 $r = R_0 + 1 + (\ln 2)^{-1} \ln \ln 2 = R_0 + 1.529$.

当 $r \leqslant R_0 + 1.529$ 时，$\dfrac{\partial f}{\partial r} < 0$；当 $r > R_0 + 1.529$ 时，$\dfrac{\partial f}{\partial r} > 0$；所以当 $r \leqslant R_0 + 1$ 时，$\dfrac{\partial f}{\partial r} < 0$.

（ⅱ）若 $n - r$ 落在 R_1 区，即 $\dfrac{(R_0+1)(R_0+2)}{2} - r < \dfrac{R_0(R_0+1)}{2}$，有 $r > R_0 + 1$，所以

$$f(n,r) = 2F(n-r) + 2^r - 1$$
$$= 2\left[\left(n - r - \frac{R_1^2 - R_1 + 2}{2}\right) \cdot 2^{R_1} + 1\right] + 2^r - 1$$

因为

$$R_1 < R_0 \quad \Rightarrow \quad R_1 + 1 \leqslant R_0$$

所以

$$\frac{\partial f}{\partial r} = -2^{R_1+1} + 2^r \ln 2 \geqslant -2^{R_0} + 2^r \ln 2 > -2^{R_0} + 2^{r-1}$$

则当 $r > R_0 + 1$ 时，$\dfrac{\partial f}{\partial r} > 0$.

由（ⅰ），（ⅱ）和引理 5.4.1，当且仅当 $r = R_0 + 1$ 时，$f(n,r)$ 达到最小值. 而且

$$f(n, R_0 + 1) = \left(n - \frac{R_0^2 + R_0 + 2}{2}\right) \cdot 2^{R_0+1} + 1$$

则

$$F(n) = F\left(\frac{(R_0+1)(R_0+2)}{2}\right) = \left(n - \frac{R_0^2 + R_0 + 2}{2}\right) \cdot 2^{R_0+1} + 1$$

$$(5.4.20)$$

再讨论②：

当 $\dfrac{(R_0+1)(R_0+2)}{2} < n \leqslant \dfrac{(R_0+2)(R_0+3)}{2} - 2$ 时，$n - r$ 必然落在 R_0 区或 R_1 区或 $r = R_0 + 1$ 区（$R_1 < R_0$）.

（ⅰ）若 $n - r$ 落在 R_0 区，即 $\dfrac{R_0(R_0+1)}{2} \leqslant n - r < \dfrac{(R_0+1)(R_0+2)}{2}$. 所以

$$f(n,r) = 2F(n-r) + 2^r - 1$$
$$= 2\left[\left(n - r - \frac{R_0^2 - R_0 + 2}{2}\right) \cdot 2^{R_0} + 1\right] + 2^r - 1$$

$$\frac{\partial f}{\partial r} = -2^{R_0+1} + 2^r \ln 2$$

令 $\dfrac{\partial f}{\partial r} = 0$, 则 $r = R_0 + 1 + (\ln 2)^{-1} \ln \ln 2 = R_0 + 1.529$.

当 $n - \dfrac{(R_0+1)(R_0+2)}{2} < r \leqslant R_0 + 1.529$ 时

$$\frac{\partial f}{\partial r} < 0 \qquad\qquad (5.4.21)$$

当 $R_0 + 1.529 < r < n - \dfrac{R_0(R_0+1)}{2}$ 时

$$\frac{\partial f}{\partial r} > 0 \qquad\qquad (5.4.22)$$

（ⅱ）若 $n-r$ 落在 R_1 区, 即 $n - r < \dfrac{R_0(R_0+1)}{2}$, 有 $r > n - \dfrac{R_0(R_0+1)}{2}$.

因为

$$n \geqslant \frac{(R_0+1)(R_0+2)}{2} + 1 \quad \Rightarrow \quad n - \frac{R_0(R_0+1)}{2} \geqslant R_0 + 2, r > R_0 + 2$$

所以

$$f(n,r) = 2F(n-r) + 2^r - 1$$
$$= 2\left[\left(n - r - \frac{R_1^2 - R_1 + 2}{2}\right) \cdot 2^{R_1} + 1\right] + 2^r - 1$$

因为

$$R_1 < R_0 \quad \Rightarrow \quad R_1 + 1 \leqslant R_0$$

所以

$$\frac{\partial f}{\partial r} = -2^{R_1+1} + 2^r \ln 2 \geqslant -2^{R_0} + 2^r \ln 2 > -2^{R_0} + 2^{r-1}$$

则当 $r > n - \dfrac{R_0(R_0+1)}{2}$ 时

$$\frac{\partial f}{\partial r} > 0 \qquad\qquad (5.4.23)$$

（ⅲ）若 $n - r$ 落在 $R_0 + 1$ 区, 即 $\dfrac{(R_0+1)(R_0+2)}{2} \leqslant n - r$

$$< \frac{(R_0 + 2)(R_0 + 3)}{2}.$$

显然，$n \leqslant \dfrac{(R_0 + 2)(R_0 + 3)}{2} - 2 = \dfrac{R_0^2 + 5R_0 + 2}{2}$，有 $2R_0 \geqslant n - \dfrac{R_0^2 + R_0 + 2}{2}$.

所以

$$2R_0 \cdot 2^{R_0+1} \geqslant \left(n - \frac{R_0^2 + R_0 + 2}{2} \right) 2^{R_0+1}$$

$$2R_0 \cdot 2^{R_0+1} + 2 > \left(n - \frac{R_0^2 + R_0 + 2}{2} \right) 2^{R_0+1} + 1$$

即

$$2(R_0 \cdot 2^{R_0+1} + 1) > \left(n - \frac{R_0^2 + R_0 + 2}{2} \right) 2^{R_0+1} + 1 \qquad (5.4.24)$$

所以

$$\overset{②(ⅲ)}{\min_{r}} f(n,r) = \min_{r}(2F(n-r) + 2^r - 1) > \min_{r}(2F(n-r))$$

$$= 2F\left(\frac{(R_0+1)(R_0+2)}{2} \right) = 2(R_0 \cdot 2^{R_0+1} + 1) \qquad (5.4.25)$$

由 $(5.4.24)$，$(5.4.25)$ 式可知，$\overset{②(ⅲ)}{\min_{r}} f(n,r) > \left(n - \dfrac{R_0^2 + R_0 + 2}{2} \right) \cdot 2^{R_0+1} + 1.$

这就是说，当 $n - r$ 落在 $R_0 + 1$ 区时，即 $0 < r \leqslant n - \dfrac{(R_0+1)(R_0+2)}{2}$ 时，无论 r 取何值，都有

$$\overset{②(ⅲ)}{\min_{r}} f(n,r) > f(n, R_0 + 1) \qquad (5.4.26)$$

综合 $(5.4.21)$，$(5.4.22)$，$(5.4.23)$，$(5.4.26)$ 式和引理 $5.4.1$，只能在 $r = R_0 + 1$ 或 $r = R_0 + 2$ 上达到最小值. 而且

$$f(n, R_0 + 1) = f(n, R_0 + 2) = \left(n - \frac{R_0^2 + R_0 + 2}{2} \right) \cdot 2^{R_0+1} + 1$$

所以，不妨取 $r = R_0 + 1$.

故当 $r = R_0 + 1$ 时，$f(n,r)$ 取最小值. 这样，

$$F(n) = \left(n - \frac{R_0^2 + R_0 + 2}{2} \right) \cdot 2^{R_0+1} + 1 \qquad (5.4.27)$$

最后讨论 ③：

当 $n = \dfrac{(R_0+2)(R_0+3)}{2} - 1$ 时，$n - r$ 必然落在 R_0 区或 R_1 区或 $r = R_0 + 1$ $(R_1 < R_0)$ 区.

（ⅰ）若 $n-r$ 落在 R_0 区，即 $\dfrac{R_0(R_0+1)}{2} \leqslant n-r < \dfrac{(R_0+1)(R_0+2)}{2}$，有

$$R_0 + 1 < r \leqslant 2R_0 + 2$$

所以

$$
\begin{aligned}
f(n,r) &= 2F(n-r) + 2^r - 1 \\
&= 2\left[\left(n - r - \frac{R_0^2 - R_0 + 2}{2}\right) \cdot 2^{R_0} + 1\right] + 2^r - 1 \quad (5.4.28)
\end{aligned}
$$

$$\frac{\partial f}{\partial r} = -2^{R_0+1} + 2^r \ln 2$$

令 $\dfrac{\partial f}{\partial r} = 0$，则 $r = R_0 + 1 + (\ln 2)^{-1} \ln \ln 2 = R_0 + 1.529$.

当 $R_0 + 1 < r < R_0 + 1.529$ 时

$$\frac{\partial f}{\partial r} < 0 \quad (5.4.29)$$

当 $R_0 + 1.529 < r \leqslant 2R_0 + 2$ 时

$$\frac{\partial f}{\partial r} > 0 \quad (5.4.30)$$

（ⅱ）若 $n-r$ 落在 R_1 区，即 $n-r < \dfrac{R_0(R_0+1)}{2}$，有

$$r > n - \frac{R_0(R_0+1)}{2}, \quad r > 2R_0 + 2$$

所以

$$
\begin{aligned}
f(n,r) &= 2F(n-r) + 2^r - 1 \\
&= 2\left[\left(n - r - \frac{R_1^2 - R_1 + 2}{2}\right) \cdot 2^{R_1} + 1\right] + 2^r - 1
\end{aligned}
$$

$$\frac{\partial f}{\partial r} = -2^{R_1+1} + 2^r \ln 2 > -2^{R_0+1} + 2^r \ln 2$$

而当 $r > 2R_0 + 2$ 时，有 $r > R_0 + 2$，所以 $-2^{R_0+1} + 2^r \ln 2 > 0$，有 $\dfrac{\partial f}{\partial r} > 0$. 即当 $r > R_0 + 2$ 时

$$\frac{\partial f}{\partial r} > 0 \quad (5.4.31)$$

（ⅲ）若 $n-r$ 落在 $R_0 + 1$ 区，即 $\dfrac{(R_0+1)(R_0+2)}{2} \leqslant n-r < \dfrac{(R_0+2)(R_0+3)}{2}$，有 $r \leqslant R_0 + 1$，$f(n,r) = 2F(n-r) + 2^r - 1$. 可以利用②的结

论得

$$F(n - r) = \left(n - r - \frac{R_0^2 + R_0 + 2}{2} \right) \cdot 2^{R_0+1} + 1 = (2R_0 + 1 - r) \cdot 2^{R_0+1} + 1$$

这样

$$\begin{aligned} f(n, r) &= 2F(n - r) + 2^r - 1 \\ &= (2R_0 + 1 - r) \cdot 2^{R_0+2} + 2^r + 1 \end{aligned} \tag{5.4.32}$$

所以 $\dfrac{\partial f}{\partial r} = -2^{R_1+2} + 2^r \ln 2$，令 $\dfrac{\partial f}{\partial r} = 0$，则 $r = R_0 + 2 + (\ln 2)^{-1} \ln \ln 2 = R_0 + 2.529$.

当 $r \leqslant R_0 + 1$ 时

$$\frac{\partial f}{\partial r} < 0 \tag{5.4.33}$$

显然，当 $r = R_0 + 1$ 时，$n - r$ 位于 $R_0 + 1$ 区；$r \to R_0 + 1 + 0$ 时，$n - r$ 位于 R_0 区，利用(5.4.28)，(5.4.32)式可知

$$f(n, R_0 + 1) = (2R_0 + 1) \cdot 2^{R_0+1} + 1 = \lim_{r \to R_0 + 1 + 0} f(n, r) \tag{5.4.34}$$

(5.4.34)式保证了 $f(n, r)$ 在 $r = R_0 + 1$ 处连续，引理 5.4.1 保证了 $f(n, r)$ 在 $r = 2R_0 + 2$ 处连续，这样综合(5.4.29)，(5.4.30)，(5.4.31)和(5.4.33)式，只能在 $r = R_0 + 1$ 或 $r = R_0 + 2$ 上达到最小值.

显然，当 $r = R_0 + 2$ 时，$n - r$ 位于 R_0 区，

$$\begin{aligned} f(n, R_0 + 2) &= 2\left[\left(n - r - \frac{R_0^2 - R_0 + 2}{2} \right) \cdot 2^{R_0} + 1 \right] + 2^r - 1 \\ &= (2R_0 + 1) 2^{R_0+1} + 1 \end{aligned} \tag{5.4.35}$$

比较(5.4.34)式与(5.4.35)式可知

$$f(n, R_0 + 1) = f(n, R_0 + 2)$$

不妨取 $r = R_0 + 1$，这样

$$\begin{aligned} F(n) &= f(n, R_0 + 1) = f(n, R_0 + 2) \\ &= \left(n - \frac{R_0^2 + R_0 + 2}{2} \right) \cdot 2^{R_0+1} + 1 = (2R_0 + 1) \cdot 2^{R_0+1} + 1 \end{aligned}$$

故当 $r = R_0 + 1$ 时，$f(n, r)$ 取最小值. 这样，

$$F(n) = \left(n - \frac{R_0^2 + R_0 + 2}{2} \right) \cdot 2^{R_0+1} + 1 \tag{5.4.36}$$

由(5.4.20)，(5.4.27)，(5.4.36)式可知，对于

$$\frac{(R_0 + 1)(R_0 + 2)}{2} \leqslant n < \frac{(R_0 + 2)(R_0 + 3)}{2}$$

内所有的 n，$r = R_0 + 1$ 都能使 $f(n, r)$ 取最小值.

这样，

$$F(n) = \left(n - \frac{R_0^2 + R_0 + 2}{2}\right) \cdot 2^{R_0+1} + 1$$

$$= \left[n - \frac{(R_0 + 1)^2 + (R_0 + 1) + 2}{2}\right] \cdot 2^{R_0+1} + 1$$

综上所述,由(1)与(2)可知,任意给定一个自然数 n,可计算出 $R(n) = \left\lfloor \frac{\sqrt{8n+1} - 1}{2} \right\rfloor$,即 $\frac{R(n)(R(n)+1)}{2} \leqslant n < \frac{(R(n)+1)(R(n)+2)}{2}$,都有

$$F(n) = \left[n - \frac{R^2(n) - R(n) + 2}{2}\right] \cdot 2^{R(n)+1} + 1$$

这样,(5.4.17)、(5.4.19)式可推出(5.4.18)式. □

5.4.3　多柱 Hanoi 塔问题

2004 年,刘铎与戴一奇对具有多根柱的 Hanoi 塔进行了进一步的研究,给出了一般情况下最少步数的具体表达式,并采用三重数学归纳的方法对其进行了证明[2].

用 $f_k(n)$ 表示在有 $k+3$ 根柱的 Hanoi 塔中挪动 n 个盘子从一柱(记为 1 号柱)到另一柱(记为 $k+3$ 号柱)的最少挪动次数.应用动态规划的思想,该问题的解一定是如下所述形式:先将 1 号柱最上面的 r 个圆盘通过其他 $k+2$ 根柱移到某个不同于 $k+3$ 号柱的柱(不妨记之为 2 号柱)上,而后将 1 号柱上面的 $n-r$ 个圆盘通过 3 号至 $k+3$ 这 $k+1$ 根柱移到 $k+3$ 号柱上,最后将 2 号柱上的 r 个圆盘移到 $k+3$ 号柱上.则明显地有

$$f_{k+1}(n) = \min\{2f_{k+1}(n-s) + f_k(s) : 1 \leqslant s \leqslant n\} \tag{5.4.37}$$

首先叙述一些 $f_k(n)$ 的基本性质,并引入一些记号(如不加特殊说明,所有变量均取值于整数环):

引理 5.4.2　固定 $k \geqslant 0$,则 $f_k(n)$ 关于 n 是严格递增的.

证明　假设存在 $m \geqslant 0$,使得 $f_k(m) \geqslant f_k(m+1)$,在 $m+1$ 个圆盘的 $k+3$ 柱 Hanoi 塔问题的最优解法中将所有涉及最大圆盘的移动均不进行,则当所有移动结束时,即是一个 m 个盘子的 $k+3$ 柱 Hanoi 塔问题的解,且其移动次数严格小于 $f_k(m+1)$,与假设矛盾.

引理 5.4.3　$N(k, t) = \binom{k+t}{k+1}$ $(k \geqslant 0, t \geqslant 1)$.则有

$$N(k+1, t) + N(k, t+1) = N(k+1, t+1) \tag{5.4.38}$$

证明　$N(k+1, t) + N(k, t+1) = \binom{k+2}{k+t+1} + \binom{k+1}{k+t+1}$

$$= \binom{k+2}{k+t+2} = N(k+1,t+1) \qquad \square$$

引理 5.4.4 $N(k,t) \leqslant n \leqslant N(k,t+1)(t \geqslant 1)$，则可以定义
$$H_k(n) = H_k(N(k,t)) + 2^t[n - N(k,t)] \qquad (5.4.39)$$
其中

$$H_k(N(k,t)) = \sum_{i=0}^{t-1} 2^i \binom{k+i}{k} \qquad (5.4.40)$$

证明 要证明该定义是良性的，即在两个相邻分段的重合处（所有形如 $N(k, t+1)$ 处）按照后段的不同定义方法其数值还是相同的. 换言之，即固定 k，对于所有 $t \geqslant 1$，均要有
$$H_k(N(k,t)) + 2^t[N(k,t+1) - N(k,t)] = H_k(N(k,t+1))$$
而这只需要注意到

$$H_k(N(k,t+1)) = \sum_{i=0}^{t+1-1} 2^i \binom{k+i}{k} = \sum_{i=0}^{t-1} 2^i \binom{k+i}{k} + 2^t \binom{k+t}{k}$$
$$= H_k(N(k,t)) + 2^t[N(k,t+1) - N(k,t)]$$
即可. $\qquad \square$

有了如上的三个引理和记号，在此可以给出 $f_k(n)$ 的具体表达式：$f_k(n) = H_k(n)$；下面给出一些引理，为定理 5.4.6 中该具体表达式的证明做准备.

引理 5.4.5 $H_k(n)$ 具有以下性质：

① 对于任意 $n > 0, k \geqslant 0$，总存在正整数 m，使得 $H_k(n+1) - H_k(n) = 2^m$；

② $\Delta H_k(n) = H_k(n+1) - H_k(n)$ 关于 n 单调不减；

③ 对于任意正整数 t，使得 $H_k(n+1) - H_k(n) = 2^t$ 的 n 共有 $\binom{k+t}{k}$ 个；

④
$$\min\{n : H_k(n+1) - H_k(n) = 2^t\} = N(k,t) \qquad (5.4.41)$$

⑤ k 固定，任意的 $a, b > 0$，假设对某个 $t \geqslant 1$ 有 $a \geqslant N(k,t)$，则
$$H_k(a+b) \geqslant H_k(a) + 2^t b \qquad (5.4.42)$$

⑥ k 固定，任意的 $a > b > 0$，假设对某个 $t \geqslant 1$ 有 $a \leqslant N(k,t+1)$，则
$$H_k(a-b) \geqslant H_k(a) - 2^t b \qquad (5.4.43)$$

证明 ① 由 $H_k(n)$ 的定义可见，对于任意的 $n > 0$，总存在某 $t > 0$，使得 $N(k,t) \leqslant n < n+1 \leqslant N(k,t+1)$. 于是 $H_k(n+1) - H_k(n) = 2^t$；

② 假设 $m > n > 0$，于是存在 $t_1, t_2 > 0$，使得
$$N(k,t_1) \leqslant m < m+1 \leqslant N(k,t_1+1)$$
$$N(k,t_2) \leqslant n < n+1 \leqslant N(k,t_2+1)$$

且 $t_1 \geqslant t_2$，因而 $\Delta H_k(m) = 2^{t_1} \geqslant 2^{t_2} = \Delta H_k(n)$；

　　③ 由 $H_k(n)$ 的定义可见，只有 $N(k,t) \leqslant n < N(k,t+1)$ 的 n 才满足

$\Delta H_k(n) = 2^t$，共 $N(k,t+1) - N(k,t) = \dbinom{k+t}{k}$ 个；

　　④ 由③的讨论立得 $\min\{n : H_k(n+1) - H_k(n) = 2^t\} = N(k,t)$；

　　⑤ 由性质②，④立得；

　　⑥ 由性质②，④，有：对任意 $a > b > 0$，$\Delta H_k(a-s) \leqslant 2^t$，于是

$$H_k(a) - H_k(a-b) \leqslant \sum_{s=1}^{b} \Delta H_k(a-s) \leqslant 2^t b \qquad \square$$

引理 5.4.6　定义 $v(k,t) = H_k(N(k,t))$，则

$$v(k+1, t+1) = v(k, t+1) + 2v(k+1, t) \qquad (5.4.44)$$

$$v(k+1, t) + v(k, t) = 2^t \dbinom{k+t}{k+1} \qquad (5.4.45)$$

$$v(k+1, t+1) + v(k, t+2) = 2^{t+1} N(k, t+2) \qquad (5.4.46)$$

证明　(5.4.44)式的证明：

$$\begin{aligned}
v(k, t+1) + 2v(k+1, t) &= \sum_{i=0}^{t} 2^i \binom{k+i}{k} + 2\sum_{i=0}^{t-1} 2^i \binom{k+1+i}{k+1} \\
&= \sum_{i=0}^{t} 2^i \binom{k+i}{k} + \sum_{i=1}^{t} 2^i \binom{k+i}{k+1} \\
&= \sum_{i=0}^{t} 2^i \left[\binom{k+i}{k} + \binom{k+i}{k+1} \right] \\
&= \sum_{i=0}^{t} 2^i \binom{k+1+i}{k+1} = v(k+1, t+1)
\end{aligned}$$

　　(5.4.45)式的证明：由引理 5.4.4 的证明以及(5.4.38)式可得到：

$$v(k, t+1) - v(k, t) = 2^t \left[N(k, t+1) - N(k, t) \right] = 2^t N(k-1, t+1)$$

于是

$$v(k, t+1) + v(k, t) = v(k+1, t+1) - v(k+1, t) - v(k, t+1) + v(k, t)$$

$$\xlongequal{\text{由(5.4.44)式}} 2^t N(k, t+1) - 2^t N(k-1, t+1)$$

$$= 2^t N(k, t) = 2^t \binom{k+t}{k+1}$$

　　(5.4.46)式的证明：

$$v(k+1, t+1) + v(k, t+2)$$

$$= v(k, t+1) + v(k2^{t+1} N(k-1, t+2), t+1) + v(k, t+2) - v(k, t+1)$$

$$= 2^{t+1} N(k, t+1) - 2^{t+1} N(k-1, t+2) = 2^{t+1} N(k, t+2) \qquad \square$$

引理 5.4.7 定义 $w(k,t) = \dfrac{1}{2^t}(v(k,t+2) + (-1)^k)$，则有

$$w(k+1,t) + w(k,t) = \begin{pmatrix} k+t \\ k+1 \end{pmatrix} \tag{5.4.47}$$

$$w(k,t) = \sum_{j=0}^{k} (-1)^{k-j} \begin{pmatrix} t-1+j \\ j \end{pmatrix} \tag{5.4.48}$$

由此，$H_k(n)$ 的定义也可以写为：若 $N(k,t) \leqslant n < N(k,t+1)$，则有

$$H_k(n) = 2^t \left[n + \sum_{j=0}^{k+1} (-1)^{k-j} \begin{pmatrix} t-1+j \\ j \end{pmatrix} \right] - (-1)^k \tag{5.4.49}$$

$$= 2^t \left[n - \sum_{j=0}^{\lfloor \frac{k+1}{2} \rfloor} \begin{pmatrix} k-2j+t-1 \\ t-2 \end{pmatrix} \right] - (-1)^k \tag{5.4.50}$$

证明 (5.4.47)式的证明：由(5.4.46)式，立得；

(5.4.48)式的证明：当 $k=0$ 时，$w(0,t) = \dfrac{1}{2^t}(v(0,t) + (-1)^0) = 1$；当 $k \geqslant 1$ 时

$$w(k,t) = \sum_{i=0}^{k-2} (w(k-i,t) + w(k-i-1,t)) \cdot (-1)^i - (-1)^{k-2} w(1,t)$$

$$= \sum_{i=0}^{k-1} (-1)^i \begin{pmatrix} k+t-i-1 \\ k-i \end{pmatrix} - (-1)^k$$

$$\xlongequal{j=k-i} \sum_{j=0}^{k} (-1)^{k-j} \begin{pmatrix} t-1+j \\ j \end{pmatrix}$$

(5.4.49) 式的证明：由 $H_k(n) = v(k,t) + 2^t (n - N(k,t))$，将 $N(k,t)$ 的定义及(5.4.48) 式代入即得；

(5.4.50) 式的证明：在(5.4.49) 式中，考察 $\sum\limits_{j=0}^{k+1} (-1)^{k-j} \begin{pmatrix} t-1+j \\ j \end{pmatrix}$ 部分.

当 k 是偶数时

$$\sum_{j=0}^{k+1} (-1)^{k-j} \begin{pmatrix} t-1+j \\ j \end{pmatrix} = \sum_{j=0}^{k/2} \left[\begin{pmatrix} t-1+2j \\ 2j \end{pmatrix} - \begin{pmatrix} t-1+2j+1 \\ 2j+1 \end{pmatrix} \right]$$

$$= - \sum_{j=0}^{k/2} \begin{pmatrix} t-1+2j \\ 2j+1 \end{pmatrix} = - \sum_{j=0}^{k/2} \begin{pmatrix} t-1+2j \\ t-2 \end{pmatrix}$$

当 k 是奇数时

$$\sum_{j=0}^{k+1} (-1)^{k-j} \begin{pmatrix} t-1+j \\ j \end{pmatrix} = - \begin{pmatrix} t-1 \\ 0 \end{pmatrix} + \sum_{j=1}^{(k+1)/2} \left[\begin{pmatrix} t-1+2j-1 \\ 2j-1 \end{pmatrix} - \begin{pmatrix} t-1+2j \\ 2j \end{pmatrix} \right]$$

$$= -1 - \sum_{j=1}^{(k+1)/2} \binom{t-1+2j-1}{2j}$$

$$= - \sum_{j=0}^{(k+1)/2} \binom{t-1+2j-1}{t-2}$$

综合两者,得到

$$\sum_{j=0}^{k+1} (-1)^{k-j} \binom{t-1+j}{j} = - \sum_{j=0}^{\lfloor \frac{k+1}{2} \rfloor} \binom{k-2j+t-1}{t-2} \qquad \square$$

定理 5.4.6　对所有 $k \geqslant 0, n \geqslant 1$ 有

$$f_k(n) = H_k(n) = 2^t \left[n - \sum_{j=0}^{\lfloor \frac{k+1}{2} \rfloor} \binom{k-2j+t-1}{t-2} \right] - (-1)^k \quad (5.4.51)$$

其中 t 满足: $N(k,t) \leqslant n < N(k,t+1)$.

证明　采用 3 层归纳法:

（Ⅰ）当 $k = 0$ 时,即是经典的 Hanoi 塔问题,易于验证 $f_0(n) = H_0(n) = 2^n - 1$. 定理成立;

（Ⅱ）假定当 $k = K$ 时定理成立,即 $f_K(n) = H_K(n)$. 下面证明在 $k = K+1$ 时定理也成立:

（ⅰ）　明显地,$f_{K+1}(1) = 1 = H_{K+1}(1)$;

（ⅱ）　当 $N(K+1,1) \leqslant n < N(K+1,2)$,即 $1 < n \leqslant K+3$ 时,$H_{K+1}(n) = 2n - 1$,而另一方面,

$$f_{K+1}(n) = \min\{2f_{K+1}(n-s) + f_K(s) : 1 \leqslant s < n\}$$
$$= \min\{2f_{K+1}(n-s) + 2s - 1 : 1 \leqslant s < n\}$$

对 n 进行归纳易于证明 $f_{K+1}(n) = H_{K+1}(n) = 2n - 1$.

（ⅲ）　假定对于 $1 \leqslant t \leqslant T$,及所有 n 满足 $N(K+1,T) \leqslant n < N(K+1,T+1)$,均有 $f_{K+1}(n) = H_{K+1}(n)$. 现考察 $t = T+1$ 的情形. 假定

$$N(K+1,T+1) \leqslant n < N(K+1,T+2)$$

令 $r = n - N(K+1,T+1)$,则

$$0 \leqslant r \leqslant N(K+1,T+2) - N(K+1,T+1) = N(K,T+2)$$

下面对于 s 进行归纳:

a. $r = 0$ 由归纳假设（ⅲ）保证;

b. 假设对于 $0 \leqslant r \leqslant R-1 \leqslant N(K,T+2)$ 的 r,定理均成立.

当 $r = R$ 时,对于任意的 s_0 满足

$$N(K,T+1) \leqslant s_0 \leqslant N(K,T+2) \qquad (5.4.52)$$

且

$$n - N(K+1, T+1) \leqslant s_0 \leqslant n - N(K+1, T) \tag{5.4.53}$$

(即 $N(K+1, T) \leqslant n - s_0 \leqslant N(K+1, T+1)$). 则

$2f_{K+1}(n - s_0) + f_K(s_0)$

$\qquad = 2H_{K+1}(n - s_0) + H_K(s_0)$ （由 b 得出）

$\qquad = 2(v(K+1, T) + 2^T(n - s_0 - N(K+1, T)))$

$\qquad \quad + (v(K, T+1) + 2^{T+1}(s_0 - N(K, T+1)))$

$\qquad = 2v(K+1, T) + v(K, T+1) + 2^{T+1}(n - N(K+1, T) - N(K, T+1))$

$\qquad = v(K+1, T+1) + 2^{T+1}R$ （由 (5.4.44) 式得出）

$\qquad = H_{K+1}(n)$

另外, 由 $N(K, T+2) - [n - N(K+1, T+1)] = N(K+1, T+2) - n \geqslant 0$, 有

$[N(K, T+1), N(K, T+2)] \bigcap [n - N(K+1, T+1), n - N(K+1, T)] \neq \varnothing$

说明 $f_K(s) = 2f_{K+1}(n - s)$ 是可以取到数值 $H_{K+1}(n)$ 的.

下面分 4 种情况讨论当 s 不在 (5.4.52) 和 (5.4.53) 式所表示的区间内时, $f_K(s) = 2f_{K+1}(n - s)$ 值的大小情况.

① 当 $s < N(K, T+1)$ 时, 假设 $s = N(K, T+1) - m(0 < m < N(K, T+1))$, 则

$$\begin{aligned} n - s &= N(K+1, T+1) + R - (N(K, T+1) - m) \\ &= R + N(K+1, T) + m \end{aligned}$$

因而

$$\begin{aligned} f_K(s) + 2f_{K+1}(n - s) &= f_K(N(K, T+1) - m) + 2f_{K+1}(N(K+1, T) + R + m) \\ &= H_K(N(K, T+1) - m) + 2H_{K+1}(N(K+1, T) + R + m) \\ &\qquad \text{（由 b 得出）} \\ &\geqslant H_K(N(K, T+1)) - 2^T m + 2H_{K+1}(N(K+1, T)) \\ &\qquad + (R + m)2^T \\ &\qquad \text{（由引理 5.4.5 性质 ⑤, ⑥ 得出）} \\ &= v(K, T+1) + 2v(K+1, T) + 2^{T+1}R + 2^T m \\ &= v(K+1, T+1) + 2^{T+1}R + 2^T m \\ &= H_{K+1}(n) + 2^T m > H_{K+1}(n) \end{aligned}$$

② 当 $s < n - N(K+1, T+1) = R$ 时, 假设 $s = R - m(R > m > 0)$, 则

$$n - s = N(K+1, T+1) + m$$

由 $N(K, T+2) \geqslant R$ 知, $N(K, T+2) - R + m > 0$. 于是

$$\begin{aligned} f_K(s) + 2f_{K+1}(n - s) &= f_K(R - m) + 2f_{K+1}(N(K+1, T+1) + m) \\ &= H_K(R - m) + 2H_{K+1}(N(K+1, T+1) + m) \\ &\qquad \text{（由 (Ⅱ), b 得出）} \end{aligned}$$

$$= H_K(N(K, T+2) - (N(K, T+2) - R + m))$$
$$+ 2H_{K+1}(N(K+1, T+1) + m)$$
$$\geqslant v(K, T+2) + 2^{T+1}(N(K, T+2) - R + m)$$
$$- 2(v(K+1, T+1) + 2^{T+1}m)$$
$$= v(K+1, T+1) + 2^{T+1}R + 2^{T+1}m$$
$$+ v(K, T+2) - 2^{T+1}N(K, T+2) + v(K+1, T+1)$$

（由(5.4.44)式得出）

$$= H_{K+1}(n) + 2^{T+1}m > H_{K+1}(n) \quad （由(5.4.46)式得出）$$

③ 当 $s > n - N(K+1, T)$ 时,假设

$$s = n - N(K+1, T) + m$$
$$= N(K+1, T+1) + R - N(K+1, T) + m$$
$$= N(K, T+1) + R + m(m > 0)$$

则 $n - s = N(K+1, T) - m.$ 于是

$$f_K(s) + 2f_{K+1}(n-s) = f_K(N(K+1, T+1) + R + m) + 2f_{K+1}(N(K+1, T) - m)$$
$$= H_K(N(K+1, T+1) + R + m) + 2H_{K+1}(N(K+1, T) - m)$$

（由(Ⅱ),(ⅲ)得出）

$$\geqslant v(K, T+1) + 2^{T+1}(R+m) - 2(v(K+1, T) - 2^{T-1}m)$$
$$= v(K+1, T+1) + 2v(K+1, T) + 2^{T+1}R + 2^{T+1}m$$
$$= H_{K+1}(n) + 2^T m > H_{K+1}(n)$$

④ 当 $s > N(K, T+2)$ 时,假设 $s = N(K, T+2) + m(m > 0)$,则

$$n - s = N(K+1, T+1) + R - (N(K, T+2) + m)$$
$$= N(K+1, T+1) - (N(K, T+2) - R + m)$$

由 $N(K, T+2) \geqslant R$ 知,$N(K, T+2) - R + m > 0.$ 于是

$$f_K(s) + 2f_{K+1}(n-s) = f_K(N(K, T+2) + m)$$
$$+ 2f_{K+1}(N(K+1, T+1) - (N(K, T+2) - R + m))$$
$$= H_K(N(K, T+2) + m) + 2H_{K+1}(N(K+1, T+1)$$
$$- (N(K, T+2) - R + m))$$

（由(ⅲ),b 得出）

$$\geqslant v(K, T+2) + 2^{T+2}m + 2v(K+1, T+1)$$
$$- 2^{T+1}(N(K, T+2) - R - m)$$
$$= v(K+1, T+1) + 2^{T+1}R + 2^{T+1}m + v(K, T+2)$$
$$+ 2v(K+1, T+1) - 2^{T+1}N(K, T+2)$$
$$= H_{K+1}(n) + 2^{T+1}m > H_{K+1}(n) \quad （由(5.4.46)式得出）$$

综上所述,说明 $f_{K+1}(n) = H_{K+1}(n)$ 对 $n = R + N(K+1, T+1)$ 成立.由此 3

层归纳得到结论：$f_k(n) = H_k(n)$对所有 $k \geqslant 0, n \geqslant 1$ 成立. $\qquad\qquad$ □

上面给出了多柱 Hanoi 塔最少移动次数的计算公式,特别地:当 $k = 0$ 时,

$N(0,t) = \binom{t}{1} = t, n = N(0,n) \leqslant n \leqslant N(0,n+1) = n+1, f_0(n) = 2^n - 1$,即是经

典 Hanoi 塔问题的解;当 $k = 1$ 时,$N(1,t) = \binom{t+1}{2} = t, f_1(n) = $

$2^t \left(n - \binom{t-1}{t-2} - \binom{t+1}{t-2} \right) + 1$,即是第 5.4.2 节中的结果($R_0$即是 t).

5.5　多项式迭代的一个结论

关于线性函数 $f(x) = a_1 x + a_0$ 的 m 次迭代公式我们不难求出,但函数 $f(x)$

$= \sum\limits_{k=0}^{n} a_k x^k$ 当 $n \geqslant 2$ 时,它的 m 次迭代公式我们不易求出.下面将研究在一种特殊

情况下,函数 $f(x) = \sum\limits_{k=0}^{n} a_k x^k$ 的迭代公式.

定理 5.5.1　设 $f(x) = \sum\limits_{k=0}^{n} a_k x^k$,令

$$f_0(x) = x, \quad f_m(x) = f(f_{m-1}(x)) \quad (m \in \mathbf{N}, a_k \in \mathbf{C}, a_n \neq 0)$$

若存在 $t \in \mathbf{C}$ 使得

$$a_k a_n^{\frac{1}{n-1}} = C_n^k a_n^{\frac{k}{n-1}} t^{n-k} (k = 1,2,\cdots,n), \quad a_0 a_n^{\frac{1}{n-1}} + t = t^n$$

那么

(1) $f_m(x) = a_n^{\frac{-1}{n-1}} \left[(a_n^{\frac{1}{n-1}} x + t)^{n^m} - t \right]$.

(2) $f_m(x)$的零点均分布在复平面中一个圆周上.

(3) $f(x)$ 有 n 个相异的不动点.

证明　(1) 因 $f_m(x) = \sum\limits_{k=0}^{n} a_k (f_{m-1}(x))^k$,两边同乘以 $a_n^{\frac{1}{n-1}}$ 得

$$a_n^{\frac{1}{n-1}} f_m(x) = \sum\limits_{k=0}^{n} a_k a_n^{\frac{1}{n-1}} (f_{m-1}(x))^k \qquad\qquad (5.5.1)$$

由于存在 $t \in \mathbf{C}$,使得

$$a_k a_n^{\frac{1}{n-1}} = C_n^k a_n^{\frac{k}{n-1}} t^{n-k} (k = 1,2,\cdots,n), \quad a_0 a_n^{\frac{1}{n-1}} + t = t^n$$

将(5.5.1)式两边加 t 得

$$a_n^{\frac{1}{n-1}}f_m(x) + t = \left\{ \sum_{k=0}^{n} a_k a_n^{\frac{1}{n-1}} (f_{m-1}(x))^k \right\} + t$$

$$= \sum_{k=1}^{n} C_n^k a_n^{\frac{k}{n-1}} t^{n-k} (f_{m-1}(x))^k + a_0 a_n^{\frac{1}{n-1}} + t$$

$$= \sum_{k=1}^{n} C_n^k (a_n^{\frac{1}{n-1}} f_{m-1}(x))^k t^{n-k} + t^n$$

$$= \sum_{k=0}^{n} C_n^k (a_n^{\frac{1}{n-1}} f_{m-1}(x))^k t^{n-k}$$

$$= (a_n^{\frac{1}{n-1}} f_{m-1}(x) + t)^n$$

令 $g_j(x) = a_n^{\frac{1}{n-1}} f_{m-1}(x) + t (j = 1, 2, \cdots)$,那么

$$g_m(x) = \left[g_{m-1}(x) \right]^n = \left[g_{m-2}(x) \right]^{n^2} = \cdots = \left[g_0(x) \right]^{n^m}$$

即

$$a_n^{\frac{1}{n-1}} f_m(x) + t = \left[a_n^{\frac{1}{n-1}} f_0(x) + t \right]^{n^m} = \left[a_n^{\frac{1}{n-1}} x + t \right]^{n^m}$$

所以 $f_m(x) = a_n^{\frac{-1}{n-1}} \left[(a_n^{\frac{1}{n-1}} x + t)^{n^m} - t \right] (a_n \neq 0)$.

(2) 由于 $f_m(x) = 0$,令 $a_n^{\frac{1}{n-1}} x + t = z$,所以 $z^{n^m} - t = 0$,即 $z = t^{\frac{1}{n^m}}$,所以点 z 均匀分布在以原点为圆心,以模 $|t^{\frac{1}{n^m}}|$ 为半径的圆周上.因为 $a_n^{\frac{1}{n-1}} x + t = z$ 是线性变换,故 x 必均匀分布在复平面中一圆周上.

(3) 考虑不动点方程 $a_n^{\frac{1}{n-1}} x + t = (a_n^{\frac{1}{n-1}} x + t)^n$,所以

$$x = -a_n^{\frac{-1}{n-1}} t \quad \text{或} \quad x = (e^{\frac{2k\pi i}{n-1}} - t) a_n^{\frac{-1}{n-1}} \quad (k = 0, 1, 2, \cdots, n-1)$$

这些点显然相异. □

例 5.5.1　已知函数 $f(x) = 4x^3 + 6x^2 + 3x$,考虑定理 5.5.1 中相应的结论.

解　因 $a_3 = 4$,于是 $a_3^{\frac{1}{3-1}} = 2$,又因为 $a_2 = 6, a_1 = 3, a_0 = 0$,而

$$C_3^1 a_3^{\frac{1}{2}} t^{3-1} = 3 \cdot 2 \cdot t^2 = a_1 a_3^{\frac{1}{2}} = 3 \cdot 2$$

所以 $t^2 = 1, C_3^2 a_3^{\frac{2}{2}} t^{3-2} = 3 \cdot 4 \cdot t = a_2 a_3^{\frac{1}{2}} = 6 \cdot 2 \Rightarrow t = 1$,

$$a_0 a_3^{\frac{1}{2}} + t = t^3 \Rightarrow t = t^3 \Rightarrow t = \pm 1, t = 0$$

故存在 $t = 1$ 满足定理 5.5.1 的条件,因此

$$f_m(x) = a_3^{-\frac{1}{2}} \left[(a_3^{\frac{1}{2}} x + 1)^{3^m} - 1 \right] = \frac{1}{2} \left[(2x+1)^{3^m} - 1 \right]$$

$f_m(x)$ 的零点为 $x = \frac{1}{2}(2^{3^{-m}} e^{2k\pi 3^{-m} i} - 1)(k = 0, 1, 2, \cdots, 3^m - 1), f(x)$ 的不动点为

$x = -\frac{1}{2}$ 或 $x = (e^{\frac{2k\pi i}{2}} - 1) a_3^{-\frac{1}{2}} = \frac{1}{2}(e^{k\pi i} - 1)(k = 0, 1)$,所以 $f(x)$ 有 3 个不动点为

$-\dfrac{1}{2},0,-1.$　　　　　　　　　　　　　　　　　　　　　　　$\square$

例 5.5.2　已知函数 $f(x)=x^4+4\mathrm{i}x^3-6x^2-4\mathrm{i}x+1-\mathrm{i}$，考虑定理 5.5.1 中相应的结论．

解　因 $a_4=1,a_3=4\mathrm{i},a_2=-6,a_1=-4\mathrm{i},a_0=1-\mathrm{i}$，于是

$$a_3 a_4^{\frac{1}{4-1}}=\mathrm{C}_4^3 a_4^{\frac{3}{4-1}}t^{4-3}\quad\Rightarrow\quad 4\mathrm{i}=4t$$

$$a_2 a_4^{\frac{1}{4-1}}=\mathrm{C}_4^2 a_4^{\frac{2}{4-1}}t^{4-2}\quad\Rightarrow\quad -6=6t^2$$

$$a_1 a_4^{\frac{1}{4-1}}=\mathrm{C}_4^1 a_4^{\frac{1}{4-1}}t^{4-1}\quad\Rightarrow\quad -4\mathrm{i}=4t^3$$

$$a_0 a_4^{\frac{1}{4-1}}+t=t^4\quad\Rightarrow\quad 1-\mathrm{i}+t=t^4$$

所以 $t=\mathrm{i}$，即存在 $t=\mathrm{i}$ 满足定理 5.5.1 的条件，因此

$$f_m(x)=a_4^{\frac{-1}{4-1}}\big[(a_4^{\frac{1}{4-1}}x+t)^{4^m}-t\big]=(x+\mathrm{i})^{4^m}-\mathrm{i}$$

$f_m(x)$ 的零点为 $x=\mathrm{e}^{\left(2k\pi+\frac{\pi}{2}\right)4^{-m}\mathrm{i}}-\mathrm{i}(k=0,1,2,\cdots,4^m-1)$．

$f(x)$ 的不动点为 $x=-a_4^{\frac{-1}{4-1}}t=-\mathrm{i}$，或 $x=(\mathrm{e}^{\frac{2k\pi\mathrm{i}}{4-1}}-\mathrm{i})a_4^{\frac{-1}{4-1}}(k=0,1,2)$，所以 $f(x)$ 有 4 个不动点为 $-\mathrm{i},1-\mathrm{i},-\dfrac{1}{2}+\dfrac{\sqrt{3}-2}{2}\mathrm{i},-\dfrac{1}{2}-\dfrac{\sqrt{3}+2}{2}\mathrm{i}$．　　$\square$

在定理 5.5.1 中当 $n=2,3,4$ 时，我们有如下 3 个推论：

推论 5.5.1　对于函数 $f(x)=a_2x^2+a_1x+a_0(a_0,a_1,a_2\in\mathbf{C})$，若

$$a_1^2-4a_0a_2+2a_1=0,\quad a_2\neq 0$$

则

$$f_m(x)=a_2^{-1}\Big[\Big(a_2x+\dfrac{1}{2}a_1\Big)^{2^m}-\dfrac{1}{2}a_1\Big]\quad(m=0,1,2,\cdots)$$

推论 5.5.2　对于函数 $f(x)=a_3x^3+a_2x^2+a_1x+a_0(a_0,a_1,a_2,a_3\in\mathbf{C})$，若

$$a_2^2=3a_1a_3,\quad 9a_0a_3=a_1a_2-3a_2,\quad a_3\neq 0$$

则

$$f_m(x)=a_3^{-\frac{1}{2}}\Big[\Big(a_3^{\frac{1}{2}}x+\dfrac{1}{3}a_2a_3^{-\frac{1}{2}}\Big)^{3^m}-\dfrac{1}{3}a_2a_3^{-\frac{1}{2}}\Big]\quad(m=0,1,2,\cdots)$$

推论 5.5.3　对于函数 $f(x)=a_4x^4+a_3x^3+a_2x^2+a_1x+a_0(a_0,a_1,a_2,a_3,a_4\in\mathbf{C})$，若

$$a_0=\dfrac{1}{256}a_3^4a_4-\dfrac{1}{4}a_3a_4^{-1},\quad a_1=\dfrac{1}{16}a_3^3a_4^{-2},\quad a_2=\dfrac{3}{8}a_3^2a_4^{-1},\quad a_4\neq 0$$

则

$$f_m(x)=a_4^{-\frac{1}{3}}\Big[\Big(a_4^{\frac{1}{3}}x+\dfrac{1}{4}a_3a_4^{-\frac{2}{3}}\Big)^{4^m}-\dfrac{1}{4}a_3a_4^{-\frac{2}{3}}\Big]\quad(m=0,1,2,\cdots)$$

仅证明推论 5.5.3,而推论 5.5.1 与推论 5.5.2 同理可证.

证明　由前面的定理知,当 $n=4$ 时,

$$\begin{cases} a_0 a_4^{\frac{1}{3}} = t^4 - t \\ a_1 a_4^{\frac{1}{3}} = C_4^1 a_4^{\frac{1}{3}} t^3 \\ a_2 a_4^{\frac{1}{3}} = C_4^2 a_4^{\frac{2}{3}} t^2 \\ a_3 a_4^{\frac{1}{3}} = C_4^3 a_4^{\frac{3}{3}} t \end{cases} \Rightarrow \begin{cases} a_0 a_4^{\frac{1}{3}} = t^4 - t \\ \dfrac{1}{4} a_1 = t^3 \\ \dfrac{1}{6} a_2 a_4^{-\frac{1}{3}} = t^2 \\ \dfrac{1}{4} a_3 a_4^{-\frac{2}{3}} = t \end{cases}$$

因此 $t = \dfrac{1}{4} a_3 a_4^{-\frac{2}{3}}$,消去 t 即得到

$$a_0 = \frac{1}{256} a_3^4 a_4 - \frac{1}{4} a_3 a_4^{-1}, \quad a_1 = \frac{1}{16} a_3^3 a_4^{-2}, \quad a_2 = \frac{3}{8} a_3^2 a_4^{-1}$$

由定理知

$$f_m(x) = a_n^{\frac{-1}{n-1}} \left[(a_n^{\frac{1}{n-1}} x + t)^{n^m} - t \right] = a_4^{-\frac{1}{3}} \left[\left(a_4^{\frac{1}{3}} x + \frac{1}{4} a_3 a_4^{-\frac{2}{3}} \right)^{4^m} - \frac{1}{4} a_3 a_4^{-\frac{2}{3}} \right]$$

$\square$

5.6　常系数线性非齐次递归关系一个结论

设 k 是给定的正整数,若数列 $f(0),f(1),\cdots,f(n),\cdots$ 的相邻 $k+1$ 项间满足关系

$$f(n) = c_1(n) f(n-1) + c_2(n) f(n-2) + \cdots + c_k(n) f(n-k) + g(n) \tag{5.6.1}$$

对 $n \geqslant k$ 成立,其中 $c_k(n) \neq 0$,则称该关系为 $\{f(n)\}$ 的 k 阶线性递推关系,如果 $c_1(n),c_2(n),\cdots,c_k(n)$ 都是常数,则称之为 k 阶常系数线性递推关系. 如果 $g(n)=0$,则称之为齐次的. 如果 $g(n)$ 是关于 n 的 r 次多项式,我们有如下结论:

定理 5.6.1　在(5.6.1)式中如果 $g(n) = P_r(n)$,$P_r(n)$ 是关于 n 的 r 次多项式,则递归关系(5.6.1)有解,且有特解为

$$f^*(n) = n^m Q_r(n)$$

其中 $Q_r(n)$ 是与 $P_r(n)$ 是关于 n 的同次多项式,m 是(5.6.1)式对应齐次的特征方程的特征根 1 的重数.

证明　当 $r=0$ 时，$g(n)=P_0(n)=a_0 (a_0 \neq 0)$ 是常数，那么由(5.6.1)式得

$$f(n) - f(n-1) = c_1[f(n-1) - f(n-2)] + c_2[f(n-2) - f(n-3)]$$
$$+ \cdots + c_k[f(n-k) - f(n-k-1)] + a_0 - a_0$$

即

$$f(n) = (c_1 + 1)f(n-1) + (c_2 - c_1)f(n-2) + \cdots$$
$$+ (c_k - c_{k-1})f(n-k) - c_k f(n-k-1) \tag{5.6.2}$$

(5.6.2)式是常系数线性齐次的递归关系，故它可解，从而(5.6.1)式可解。因此当 $P_r(n)$ 是零次多项式时，(5.6.1)式可解。再证当 $P_r(n)$ 是 $1(r=1)$ 次多项式时，(5.6.1)式可解。

由于 $P_r(n) = P_1(n) = a_1 n + a_0 (a_1 \neq 0)$，由(5.6.1)式得

$$f(n) - f(n-1) = c_1[f(n-1) - f(n-2)] + c_2[f(n-2) - f(n-3)]$$
$$+ \cdots + c_k[f(n-k) - f(n-k-1)]$$
$$+ a_1[n - (n-1)] + a_0 - a_0$$

即

$$f(n) = (c_1 + 1)f(n-1) + (c_2 - c_1)f(n-2) + \cdots$$
$$+ (c_k - c_{k-1})f(n-k) - c_k f(n-k-1) + a_1 \tag{5.6.3}$$

(5.6.3)式是常系数线性非齐次的递归关系，而非齐次项是零次多项式（常数），故从前面的证明知，它可解，从而(5.6.1)式可解。因此当 $P_r(n)$ 是 1 次多项式时，(5.6.1)式可解。假设当 $P_r(n)$ 是 $r=s$ 次多项式时，常系数线性非齐次的递归关系可解。那么 $r=s+1$ 时，

$$P_r(n) = P_{s+1}(n)$$
$$= a_{s+1} n^{s+1} + a_s n^s + a_{s-1} n^{s-1} + \cdots + a_1 n^1 + a_0 \quad (a_{s+1} \neq 0)$$

由(5.6.1)式得

$$f(n) - f(n-1) = c_1[f(n-1) - f(n-2)] + c_2[f(n-2) - f(n-3)]$$
$$+ \cdots + c_k[f(n-k) - f(n-k-1)]$$
$$+ a_{s+1}[n^{s+1} - (n-1)^{s+1}] + a_s[n^s - (n-1)^s] + \cdots$$
$$+ a_1[n - (n-1)] + a_0 - a_0$$

即

$$f(n) = (c_1 + 1)f(n-1) + (c_2 - c_1)f(n-2) + \cdots$$
$$+ (c_k - c_{k-1})f(n-k) - c_k f(n-k-1) + + a_{s+1}[n^{s+1} - (n-1)^{s+1}]$$
$$+ a_s[n^s - (n-1)^s] + \cdots + a_1[n - (n-1)] + a_0 - a_0$$

于是

$$f(n) = (c_1 + 1)f(n-1) + (c_2 - c_1)f(n-2) + \cdots$$

$$+ (c_k - c_{k-1})f(n-k) - c_k f(n-k-1) + a_{s+1} \sum_{i=0}^{s} (-1)^i \binom{s+1}{i} n^{s-i}$$

$$+ a_s \sum_{i=0}^{s-1} (-1)^i \binom{s}{i} n^{s-1-i} + \cdots + a_1 \tag{5.6.4}$$

(5.6.4)式是常系数线性非齐次的递归关系,而非齐次项是 s 次多项式,故由假设知,它可解,从而(5.6.1)式可解. 至此由归纳法,我们证明了当非齐次常系数线性递推关系中非齐次项是关于 n 的任意次多项式,它都可解. 当 1 不是(5.6.1)式对应特征方程的根时,如果 $f^*(n) = Q_r(n)$ 满足(5.6.1)式,那么

$$Q_r(n) = c_1 Q_r(n-1) + c_2 Q_r(n-2) + \cdots + c_k(n) Q_s(n-k) + P_r(n)$$

由此可以求出 $Q_r(n)$ 的各项的系数,从而求出(5.6.1)式的特解 $f^*(n) = Q_r(n)$. 同样地,当 1 是(5.6.1)式对应特征方程的根时,m 是特征根 1 的重数,可求出(5.6.1)式的特解为 $f^*(n) = n^m Q_r(n)$. □

更一般地,我们有如下结论:

定理 5.6.2 在(5.6.1)式中如果 $g(n) = C^n P_r(n)$,$P_r(n)$ 是关于 n 的 r 次多项式,C 为常数,则递归关系(5.6.1)有解,且有特解为

$$f^*(n) = n^m C^n Q_r(n)$$

其中 $Q_r(n)$ 是与 $P_r(n)$ 是关于 n 的同次多项式,m 是(5.6.1)式对应齐次的特征方程的特征根 C 的重数.

例 5.6.1 求递归关系

$$f(n) = 4f(n-1) - 4f(n-2) + 2n + 1 \tag{5.6.5}$$

的通解.

解 由于 $g(n) = 2n+1$,(5.6.5)式对应的特征方程为 $x^2 - 4x + 4 = 0$,特征根为 $x = 2$,且是 2 重的,因此(5.6.5)式有特解为 $f^*(n) = Q_1(n) = an + b$,将此代入(5.6.5)式得

$$an + b = 4[a(n-1) + b] - 4[a(n-2) + b] + 2n + 1$$

即

$$an + b = (8a + 2)n + (8b - 12a + 1)$$

比较系数得 $(a, b) = \left(-\dfrac{2}{7}, -\dfrac{31}{49} \right)$,(5.6.5)式对应齐次的通解为 $F(n) = C_1 2^n + C_2 n 2^n$,故(5.6.5)式的通解为

$$f(n) = F(n) + Q_1(n) = C_1 2^n + C_2 n 2^n - \frac{2}{7} n - \frac{31}{49}$$

这里 C_1, C_2 为常数. □

例 5.6.2 求递归关系

$$f(n) = 4f(n-1) - 4f(n-2) + 2^n(2n + 1) \tag{5.6.6}$$

的通解.

解　由于 $g(n) = 2^n(2n+1)$，(5.6.6)式对应的特征方程为 $x^2 - 4x + 4 = 0$，特征根为 $x = 2$，且是 2 重的，因此(5.6.6)式有特解为 $f^*(n) = n^2 2^n(an+b)$，将此代入(5.6.6)式得

$$n^2 2^n(an+b) = 4(n-1)^2 2^{n-1}[a(n-1)+b]$$
$$- 4(n-2)^2 2^{n-2}[a(n-2)+b] + 2^n(2n+1)$$

两边同除以 2^{n-2}，并合并同类项，即得

$$4n^2(an+b) = 4an^3 + 4bn^2 + (-24a+8)n + (16a-8b+4)$$

比较系数得 $a = \dfrac{1}{3}$，$b = \dfrac{1}{6}$，(5.6.6)式对应齐次的通解为 $F(n) = C_1 2^n + C_2 n 2^n$，故(5.6.6)式的通解为

$$f(n) = F(n) + Q_1(n) = C_1 2^n + C_2 n 2^n + n^2 2^n \left(\frac{1}{3} n + \frac{1}{6} \right)$$

这里 C_1, C_2 为常数.　　　　　　　　　　　　　　　　　　　　　　　□

5.7　与 Fibonacci 数列相似数列的几个性质

Fibonacci 数列以具有许多奇特的性质以及重要的应用而著称. 本节将利用它的性质来研究一类与它相似的数列的性质.

定义 5.7.1　设数列 $\{a_n\}$ 满足 $a_n = a_{n-1} + a_{n-2}$（$n \geqslant 3$），则称数列 $\{a_n\}$ 与 Fibonacci 数列 $\{F_n\}$ 相似.

数列 $\{a_n\}$ 与 Fibonacci 数列 $\{F_n\}$ 相似，那么它们所满足的递归关系是一样的，只不过它们所满足的初值不一定相同.

定理 5.7.1　若数列 $\{a_n\}$ 与 Fibonacci 数列 $\{F_n\}$ 相似，则对任何 $k, n \in \mathbf{N}^+$，$k > n, n \geqslant 2$，有 $a_k = a_{n-1} F_{k-n} + a_n F_{k-(n-1)}$.

证明　(1) 当 $n = 2$ 时，即要证 $a_k = a_1 F_{k-2} + a_2 F_{k-1}$. 事实上当 $k = 3 > 2 = n$ 时，因 $F_1 = F_2 = 1$，所以 $a_3 = a_1 + a_2 = a_1 F_1 + a_2 F_2$，即 $k = 3 > 2 = n$ 时，命题为真. 假设 $3 \leqslant k \leqslant s$ 有 $a_k = a_1 F_{k-2} + a_2 F_{k-1}$，那么 $k = s+1$ 时，因为

$$a_1 F_{(s+1)-2} + a_2 F_{(s+1)-1} - a_s = a_1 F_{(s+1)-2} + a_2 F_{(s+1)-1} - (a_1 F_{s-2} + a_2 F_{s-1})$$
$$= a_1 (F_{(s+1)-2} - F_{s-2}) + a_2 (F_{(s+1)-1} - F_{s-1})$$
$$= a_1 F_{s-3} + a_2 F_{s-2} \xLeftrightarrow{\text{由假设}} a_{s-1}$$

于是

$$a_1F_{(s+1)-2} + a_2F_{(s+1)-1} = a_s + a_{s-1} = a_{s+1}$$

即 $k = s + 1$ 时,有 $a_k = a_1F_{k-2} + a_2F_{k-1}$. 故对一切 $k \geqslant 3$,都有 $a_k = a_1F_{k-2} + a_2F_{k-1}$.

(2) 假设 $n = m \geqslant 2, k > m \, (m, k \in \mathbf{N}^+)$,则有 $a_k = a_{m-1}F_{k-m} + a_mF_{k-(m-1)}$,那么 $n = m + 1$ 时,

$$a_mF_{k-(m+1)} + a_{m+1}F_{k-m} - a_k$$

$$\xlongequal{\text{由假设}} a_mF_{k-(m+1)} + a_{m+1}F_{k-m} - a_{m-1}F_{k-m} - a_mF_{k-(m-1)}$$

$$= a_m(F_{k-(m+1)} - F_{k-(m-1)}) + (a_{m+1} - a_{m-1})F_{k-m}$$

$$= a_m(-F_{k-m}) + a_mF_{k-m} = 0$$

即 $a_k = a_mF_{k-(m+1)} + a_{m+1}F_{k-m}$,所以 $n = m + 1$ 时命题 2 也为真,由数学归纳法原理定理获证. □

利用 Fibonacci 数列的性质,我们可以证明如下定理 5.7.2:

定理 5.7.2　若数列 $\{a_n\}$ 与 Fibonacci 数列 $\{F_n\}$ 相似,则对任何 $k, n \in \mathbf{N}^+$, $2k \geqslant n, n \geqslant 1$ 且 $n \geqslant 2$,有

(1) $a_{k+1}^2 + a_k^2 = a_{n-1}a_{2k-n+1} + a_na_{2k-n+2}$;

(2) $a_{k+1}^2 - a_k^2 = a_{n-1}a_{2k-n} + a_na_{2k-n+1}$;

(3) $a_{k-1}a_m + a_ka_{m+1} = a_{n-1}a_{k+m-n} + a_na_{k+m+1-n}$;

(4) $a_{k+1}^2 - a_ka_{k+2} = (-1)^k(a_1^2 - a_2^2 + a_1a_2)$.

证明　(1) 由定理 5.7.1 知

$$a_k^2 + a_{k+1}^2 = (a_{n-1}F_{k-n} + a_nF_{k-(n-1)})^2 + (a_{n-1}F_{k+1-n} + a_nF_{k+1-(n-1)})^2$$

$$= a_{n-1}^2(F_{k-n}^2 + F_{k+1-n}^2) + a_n^2(F_{k+1-n}^2 + F_{k+2-n}^2)$$

$$\quad + 2a_{n-1}a_n(F_{k-n}F_{k+1-n} + F_{k+1-n}F_{k+2-n})$$

$$= a_{n-1}^2F_{2(k-n+1)-1} + a_n^2F_{2(k-n+1)+1} + 2a_{n-1}a_nF_{2(k-n+1)}$$

$$= a_{n-1}(a_{n-1}F_{2(k-n+1)-1} + a_nF_{2(k-n+1)}) + a_n(a_{n-1}F_{2(k-n+1)} + a_nF_{2(k-n+1)+1})$$

$$\xlongequal{\text{由定理 7.7.1}} a_{n-1}a_{2k-n+1} + a_na_{2k-n+2}$$

同理可证明(2)与(3). 再证明(4)

$$a_{k+1}^2 - a_ka_{k+2} = (a_1F_{k-1} + a_2F_k)^2 - (a_1F_{k-2} + a_2F_{k-1})(a_1F_k + a_2F_{k+1})$$

$$= a_1^2(F_{k-1}^2 - F_{k-2}F_k) + a_2^2(F_k^2 - F_{k-1}F_{k+1})$$

$$\quad + a_1a_2(F_{k-1}F_k - F_{k+1}F_{k-2})$$

$$= a_1^2(-1)^{k-2} + a_2^2(-1)^{k-1} + a_1a_2(F_{k-1}F_k - F_{k+1}F_{k-2})$$

$$= a_1^2(-1)^{k-2} + a_2^2(-1)^{k-1}$$

$$\quad + a_1a_2(F_{k-1}F_k - (F_k - F_{k-1})(F_k + F_{k-1}))$$

$$= a_1^2(-1)^{k-2} + a_2^2(-1)^{k-1} + a_1a_2(F_{k-1}^2 + F_kF_{k-1} - F_k^2)$$

$$= (-1)^k (a_1^2 - a_2^2) + a_1 a_2 (F_{k-1} F_{k+1} - F_k^2)$$
$$= (-1)^k (a_1^2 - a_2^2) + a_1 a_2 (-1)^k = (-1)^k ((a_1^2 - a_2^2) + a_1 a_2) \qquad \square$$

参 考 文 献

［1］　杨锴,徐川.四柱 Hanoi 塔之初步探究［J］.北京大学学报（自然科学版）,2004,40（1）: 99-106.

［2］　刘铎,戴一奇.多柱 Hanoi 塔问题研究［J］.北京大学学报（自然科学版）,2006,42（1）: 99-102.

［3］　Qian J G, Zhang F J. How to Move the Discs on the Tower of Hanoi［J］. Or Transactions, 2001,5（2）:21-32.

［4］　Minhe T, Albert C. Mindless Intelligence Method for Solving the Tower of Hanoi Problem［J］. Chinese Journal of Mechanical Engineering, 2009,22（2）:159-168.

［5］　Cardoso J. Revisiting the Towers of Hanoi［C］//AI Expert, Oct., 1991:48-53.

［6］　Chan T H. A statistical analysis of the Towers of Hanoi problem［J］. Inter. J. Computer Math., 1989（28）:57-65.

［7］　Er M C. A representation approach to the Towers of Hanoi problem［J］. The Computer J, 1982,25（4）.

［8］　Er M C. A loopless approach for constructing a fastest algorithm for the Towers of Hanoi problem［J］. Inter. J. Computer Math., 1986（20）:49-54.

［9］　Gupta P, Chakrbarti P P, Ghose S. The towers Hanoi: generalizations, specializations and algorithms［J］. Intern J. Computer Math., 1992（46）:149-161.

［10］　Gerety C, Cull P. Time complexity of the Towers of Hanoi problem［J］. Sigact news, 1986（18）:80-88.

［11］　Hinz A M. Square-free of Hanoi Sequences［J］. Enseign Math., 1996,42（3）:257-264.

［12］　Hayes P J. A note on the Towers of Hanoi problem［J］. The Computer J, 1977,20（3）: 282-285.

［13］　Wu J S, Chen R J. The Towers of Hanoi problem with parallel moves［J］. Information Processing Letters, 1992（44）:7-10.

［14］　Lu X M. Towers of Hanoi graph［J］. Inter. J. Computer Math.,1986（19）:23-38.

［15］　Zhang F J, Li X L. Hexagonal systems with forcing edges［J］. Discrete Math., 1995 （140）:253-263.

［16］　Zhao K, Wan D W. Combinatorial Analysis［M］. New York: Science Press, 1981: 86-88.

［17］　Buneman P, Levy L. The Towers of Hanoi problem［J］. Information Processing Letters, 1980（10）:243-244.

［18］　Cull P, Ecklund E F J. Towers of Hanoi and analysis of algorithms［J］. Amer. Math. Monthly, 1985（92）:406-420.

［19］ Lu X M，Dillon T S. A note on parallelism for the tower of Hanoi［J］. Math. And Computer Modeling，1994，20（3）：1-6.

［20］ Atkinson M. The cyclic Towers of Hanoi problem［J］. Information Processing Letters，1981（13）：118-119.

［21］ 余家荣.复变函数［M］.北京：高等教育出版社，2002：81-82.

［22］ Boardman J T，Garrett C，Robson G C. A recursive Algorithm for the Optimal Solution of a Complex Allocation Problem Using a Dynamic Programming Formulation［J］. The Computer Jounral，1986，29（2）：182-186.

第 6 章　Pólya 计数定理的几个应用

    Bunside 引理与 Pólya 计数定理是组合计数理论中重要理论,有许多复杂的计数问题在实际计数时容易出现重复计数或遗漏的情况,而 Bunside 引理与 Pólya 计数定理可以很好地解决这类问题.尤其是 Pólya 计数定理,便于简化分类计数,是组合计数理论中经典优美的结果.6.1 节介绍 Bunside 引理与 Pólya 计数定理,6.2 节介绍 Pólya 计数定理的应用与推广.

6.1　Bunside 引理与 Pólya 计数定理

    置换群是一类重要的群,本章后面介绍的 Burnside 引理和 Pólya 计数定理都基于置换群.

    定义 6.1.1　有限集合 D 上的一一映射称为 D 上的置换.

    不失一般性,我们可以取 n 元有限集合 $D = \{1, 2, \cdots, n\}$ 来讨论置换和置换群.

    设 σ 为 n 元集合 D 上的一个置换.由于 σ 是 D 上的一一映射,故是 D 中元素的一个全排列,记 σ 为

$$\sigma = \begin{pmatrix} 1 & 2 & \cdots & n \\ \sigma(1) & \sigma(2) & \cdots & \sigma(n) \end{pmatrix}$$

$D = \{1, 2, \cdots, n\}$ 上的置换 σ 与 D 中元素的全排列 $\sigma(1)\sigma(2)\cdots\sigma(n)$ 一一对应,所以 D 上共有 $n!$ 个不同的置换,记 D 上所有置换的全体为 S_n.

    既然 D 上的置换为 D 上的一一映射,可以定义 D 上置换的复合运算.设

$$\sigma = \begin{pmatrix} 1 & 2 & \cdots & n \\ \sigma(1) & \sigma(2) & \cdots & \sigma(n) \end{pmatrix}$$

和

$$\tau = \begin{pmatrix} 1 & 2 & \cdots & n \\ \tau(1) & \tau(2) & \cdots & \tau(n) \end{pmatrix}$$

为 D 上的两个置换,定义 σ 和 τ 的复合为

$$\sigma \cdot \tau = \begin{pmatrix} 1 & 2 & \cdots & n \\ \sigma(\tau(1)) & \sigma(\tau(2)) & \cdots & \sigma(\tau(n)) \end{pmatrix}$$

例 6.1.1　设 $D = \{1,2,3,4\}$ 上的置换 σ 和 τ 分别为

$$\sigma = \begin{pmatrix} 1 & 2 & 3 & 4 \\ 3 & 2 & 4 & 1 \end{pmatrix}, \quad \tau = \begin{pmatrix} 1 & 2 & 3 & 4 \\ 2 & 4 & 3 & 1 \end{pmatrix}$$

则有

$$(\sigma \cdot \tau)(1) = \sigma(\tau(1)) = \sigma(2) = 2$$

同理

$$(\sigma \cdot \tau)(2) = (1), \quad (\sigma \cdot \tau)(3) = 4, \quad (\sigma \cdot \tau)(4) = 3$$

所以

$$\sigma \cdot \tau = \begin{pmatrix} 1 & 2 & 3 & 4 \\ 2 & 1 & 4 & 3 \end{pmatrix}$$

类似地可得

$$\tau \cdot \sigma = \begin{pmatrix} 1 & 2 & 3 & 4 \\ 3 & 4 & 1 & 2 \end{pmatrix} \qquad \square$$

从上例可以看出,置换的复合运算不满足交换律.由于映射的复合运算满足结合律,所以置换的复合运算满足结合律.

$D = \{1,2,\cdots,n\}$ 上的恒等映射称为 D 上的恒等置换,通常记为 σ_I,即

$$\sigma_I = \begin{pmatrix} 1 & 2 & \cdots & n \\ 1 & 2 & \cdots & n \end{pmatrix}$$

对 D 上的任意置换 σ,显然有

$$\sigma_I \cdot \sigma = \sigma \cdot \sigma_I = \sigma$$

成立.由于 S_n 中的每个置换都是 D 上的一一映射,所以 σ 存在逆映射 σ^{-1},定义为:

任给 $i \in D$,若 $\sigma(i) = j$,则 $\sigma^{-1}(j) = i$.

显然,σ^{-1} 也是 D 的一个置换.

例 6.1.2　考虑 S_6 中的置换

$$\sigma = \begin{pmatrix} 1 & 2 & 3 & 4 & 5 & 6 \\ 5 & 6 & 3 & 1 & 2 & 4 \end{pmatrix}$$

将第一行与第二行互换,得

$$\begin{pmatrix} 5 & 6 & 3 & 1 & 2 & 4 \\ 1 & 2 & 3 & 4 & 5 & 6 \end{pmatrix}$$

重新调整顺序,得

$$\sigma^{-1} = \begin{pmatrix} 1 & 2 & 3 & 4 & 5 & 6 \\ 4 & 5 & 3 & 6 & 1 & 2 \end{pmatrix} \qquad \square$$

从上面的分析可知，S_n 中所有的置换关于置换的复合运算"·"都是封闭的，满足结合律，存在单位元，而且 S_n 中每个元素关于"·"都有逆元. 综上可得下面的定理 6.1.1.

定理 6.1.1 $D = \{1, 2, \cdots, n\}$ 上所有置换的集合 S_n 关于置换的复合运算"·"构成群，叫作 n 次对称群，通常简记为 S_n.

S_n 的阶为 $n!$，S_n 的子群叫作 n 次**置换群**.

定义 6.1.2 设 σ 是 $D = \{1, 2, \cdots, n\}$ 上的置换，若存在 D 中的 k 个不同的元素 $i_1, i_2, \cdots, i_k$，使得 $\sigma(i_1) = i_2, \sigma(i_2) = i_3, \cdots, \sigma(i_{k-1}) = i_k, \sigma(i_k) = i_1$，且对 D 中其余元素 d，均有 $\sigma(d) = d$，则称 σ 为一个长为 k 的轮换，记作 $(i_1 i_2 \cdots i_k)$.

例如，$D = \{1, 2, 3, 4, 5, 6\}$ 上长为 3 的轮换

$$(135) = \begin{pmatrix} 1 & 2 & 3 & 4 & 5 & 6 \\ 3 & 2 & 5 & 4 & 1 & 6 \end{pmatrix}$$

由轮换的定义，一个长为 k 的轮换 $(i_1 i_2 \cdots i_k)$ 可以有 k 个不同的表达方式：$(i_1 i_2 \cdots i_k) = (i_2 \cdots i_k i_1) = \cdots = (i_k i_1 \cdots i_{k-1})$. 如上例中 $(135) = (351) = (531)$.

若 σ 与 τ 是 D 上的两个轮换，若 σ 与 τ 表达式中没有相同的元素，则称 σ 与 τ 为两个互不相交的轮换. 例如，$D = \{1, 2, \cdots, 6\}$ 的两个轮换 $\sigma = (135)$ 与 $\tau = (246)$ 不相交. 易证，两个不相交的轮换关于置换的复合运算是可交换的.

定理 6.1.2 任一置换可表示成不想交的轮换之积.

将一个置换分解成一些不相交的轮换之积之后，其中的每个轮换称为原置换的**轮换因子**.

例如，置换

$$\sigma = \begin{pmatrix} 1 & 2 & 3 & 4 & 5 & 6 & 7 & 8 & 9 & 10 & 11 \\ 2 & 5 & 6 & 4 & 8 & 7 & 3 & 1 & 10 & 9 & 11 \end{pmatrix} = (1258)(367)(4)(910)(11)$$

σ 写成 2 个长为 1、1 个长为 2、1 个长为 3、1 个长为 4 的轮换之积，我们称它为 $1^2 2^1 3^1 4^1$ 型的置换. 一般地，若 σ 有 b_i 个长为 i 的不相交轮换因子 $(1 \leqslant i \leqslant n)$，则称 σ 是 $1^{b_1} 2^{b_2} \cdots n^{b_n}$ 型的置换. 对于 $b_i = 0$ 的那些因子（即不存在长为 i 的轮换因子），则不必写出. 为了方便，将置换表示成不相交的轮换之积时，有时将长度为 1 的轮换因子省去.

定义 6.1.3 设 D, R 是有限集合，从 D 到 R 的映射全体记为

$$F = \{f \mid f: D \to R\}$$

G 是 D 上的一个置换群，对任意的 $f_1, f_2 \in F$，若存在 $\sigma \in G$，使得对任意 $d \in D$，等式

$$f_1(d) = f_2(\sigma(d))$$

均成立,则称 f_1 与 f_2 是 G 等价的.

定理 6.1.3　G 等价关系是 F 上的等价关系.

定义 6.1.4　设 G 是 S_n 的子群,对任意的 $s,t \in S_n$,若存在 $g \in G$,使得 $s = g^{-1}tg$,则称 s 与 t 是 G 共轭的.

定理 6.1.4　G 共轭关系是 S_n 上的等价关系.

引理 6.1.1　两个置换 $s,t \in S_n$ 是共轭的,当且仅当它们是同类型的.

由引理 6.1.1 知,S_n 中所有同型的置换关于 S_n 共轭这一等价关系构成一个等价类,我们称它为共轭类.

引理 6.1.2　S_n 中属于 $1^{b_1} 2^{b_2} \cdots n^{b_n}$ 的置换个数为

$$\frac{n!}{b_1! b_2! \cdots b_n! 1^{b_1} 2^{b_2} \cdots n^{b_n}}$$

定义 6.1.5　设 G 是 $\{1, 2, \cdots, n\}$ 上的置换群,定义 k 不动类

$$Z_k = \{\sigma \mid \sigma \in G, \sigma(k) = k\}$$

是 G 中使元素 k 保持不动的置换全体.

引理 6.1.3　设 G 是 $D = \{1, 2, \cdots, n\}$ 上的置换群,任给 $k \in D$,Z_k 是 G 的子群.

定义 6.1.6　设 G 是 $D = \{1, 2, \cdots, n\}$ 上的置换群.对任意 $k, h \in D$,若存在 $\sigma \in G$,使得 $\sigma(k) = h$,则称 k 与 h 是 G^- 等价的.

易证,G^- 等价关系是 D 上的等价关系,由该关系确定的 D 上的等价关系成为 G 诱导出来的等价关系.元素 k 所在的等价类记为 E_k.根据如上结论可以得到如下引理:

引理 6.1.4　如上定义的 G, Z_k, E_k 满足

$$|E_k| \cdot |Z_k| = |G| \quad (1 \leqslant k \leqslant n)$$

利用上面介绍的 k 不动类、k 等价类的概念以及引理 6.1.4,可以推导出下面的 Burnside 引理. Burnside 引理给出了一种求 G 等价类的方法.

引理 6.1.5(Burnside 引理)　设 $G = \{a_1, a_2, \cdots, a_n\}$ 是 $\{1, 2, \cdots, n\}$ 上的置换群,则 G 诱导出来的等价类个数为

$$L = \frac{1}{G} \sum_{i=1}^{g} c_1(a_i)$$

其中 $c_1(a_i)$ 表示置换 a_i 作用下保持不变的元素个数.

证明　设在置换群 G 的诱导下,把 $\{1, 2, \cdots, n\}$ 分成 L 个等价类 $E_{k_1}, E_{k_2}, \cdots, E_{k_L}$.下面首先证明:若 c 与 b 在同一个等价类中,则 c 不动类与 b 不动类中元素的个数相等,即 $|Z_c| = |Z_b|$.

不妨假设 $c, b \in E_{i_k}$,即存在 $q_c, q_b \in G$ 使得

$$q_c(i_k) = c, \quad q_b(i_k) = b$$

令 $q = q_b q_c^{-1}$，则有

$$q \in G \text{ 且 } q(c) = q_b q_c^{-1}(c) = q_b(i_k) = b$$

对任意 $a \in Z_c$，有 $qaq^{-1}(b) = qa(c) = q(c) = b$，所以 $qaq^{-1} \in Z_b$. 定义 f：$Z_c \to Z_b$，使得 $f(a) = qaq^{-1}$. 易证 f 是一一映射，从而 $|Z_c| = |Z_b|$.

表 6.1.1 列出了 $c_1(a_i)$ 与 $|Z_k|$ 之间的关系.

表 6.1.1　$c_1(a_i)$ 与 $|Z_k|$ 之间的关系示意图

G 的元素	1	2	$\cdots$	n	$\sum$
a_1	s_{11}	s_{12}	$\cdots$	s_{1n}	$c_1(a_1)$
a_2	s_{21}	s_{22}	$\cdots$	s_{2n}	$c_1(a_2)$
$\vdots$	$\vdots$	$\vdots$		$\vdots$	$\vdots$
a_g	s_{g1}	s_{g2}	$\cdots$	s_{gn}	$c_1(a_g)$
$\sum$	$|Z_1|$	$|Z_2|$	$\cdots$	$|Z_n|$	

表 6.1.1 中 $s_{ij} = \begin{cases} 1 & (a_i(j) = j) \\ 0 & (a_i(j) \neq j) \end{cases}$，于是

$$\sum_{i=1}^{g} c_1(a_i) = \sum_{i=1}^{n} |Z_i| = \sum_{j=1}^{L} \left(\sum_{k \in E_{i_j}} Z_k \right)$$

$$= \sum_{j=1}^{L} |E_{i_j}| |Z_{i_j}| = \sum_{j=1}^{L} |G| = L \cdot |G|$$

从而

$$L = \frac{1}{|G|} \sum_{i=1}^{g} c_1(a_i) \qquad\qquad \square$$

由 Burnside 引理知，只需知道在 G 中每个元素作用下保持不动的元素个数，就可以求出 G 等价类. 而在将每个置换表示成一些不相交的轮换之积之后，长度为 1 的轮换因子个数就是保持不动的元素个数.

例 6.1.3　对正方形的 4 个顶点进行红、蓝两色着色，在允许旋转的前提下，问有多少种不同的着色方案？

解　对正方形的 4 个顶点进行红、蓝两色着色，全部着色方案有 $2^4 = 16$ 个，分别记作 $f_1, f_2, \cdots, f_{16}$，如图 6.1.1 所示.

这里，要进行等价分类的集合为 $D = \{f_1, f_2, \cdots, f_{16}\}$.

因为正方形允许旋转，D 上的置换群为 $G = \{p_0, p_1, p_2, p_3\}$，其中

$$p_0 = (f_1)(f_2) \cdots (f_{16})$$

$$p_1 = (f_1)(f_{16})(f_2 f_3 f_4 f_5)(f_6 f_7 f_8 f_9)(f_{10} f_{11})(f_{12} f_{13} f_{14} f_{15})$$

$$p_2 = (f_1)(f_{16})(f_{10})(f_{11})(f_2 f_4)(f_3 f_5)(f_6 f_8)(f_7 f_9)(f_{12} f_{14})(f_{13} f_{15})$$
$$p_3 = (f_1)(f_{16})(f_2 f_5 f_4 f_3)(f_6 f_9 f_8 f_7)(f_{10} f_{11})(f_{12} f_{15} f_{14} f_{13})$$

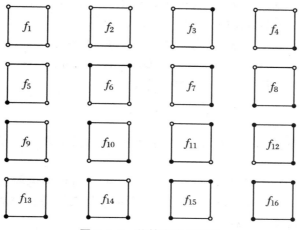

图 6.1.1　旋转方案示意图

所以,于是,G 诱导出来的等价类个数(图 6.1.2)为 $L = \dfrac{1}{4}(16+2+4+2) = 6$. □

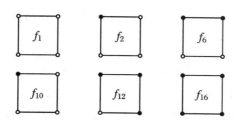

图 6.1.2　G 诱导出来的等价类个数示意图

　　为对分配方案进行分类,我们先定义颜色的权和着色的权,用着色的权来反映着色的特征,基于着色的权来对着色进行分类.

　　我们对集合 R 中的每一个元素赋予一个权 $w(c_i)$,$w(c_i)$ 可以是数字或字母,对 $w(c_i)$ 可以进行加法($+$)和连接($\cdot$)运算,并且这些运算满足结合律和交换律.映射的权是所有像权的连接,即

$$w(f) = \prod_{d \in D} w(f(d))$$

若 F' 是 F 的子集,则 F' 权为

$$w(F') = \sum_{f \in F'} w(f)$$

定理 6.1.5　如果 $f_1, f_2 \in F = \{f: D \to R\}$,且 f_1 与 f_2 是 G 等价的,则 $w(f_1)$

$= w(f_2).$

由定理 6.1.5 可知,同一个等价类中的映射有相同的权.由此,我们可以定义等价类的权(简称模式)为该等价类中映射的权.需要特别指出的是,具有相同权的映射不一定在同一个等价类中.

定理 6.1.6 设 D,R 为有限集合,$F = \{f \mid f : D \to R\}$,$D_1, D_2, \cdots, D_k$ 为集合 D 的一个 k 分划.对任意 $f \in F, d_1, d_2 \in D$,若 d_1, d_2 属于同一个 $D_i (1 \leqslant i \leqslant k)$,$f(d_1) = f(d_2)$,那么 F 中映射构成的模式表为

$$\prod_{i=1}^{k} \left(\sum_{r \in R} w(r)^{|D_i|} \right)$$

由于每个等价类与一个模式一一对应,映射的模式表反映了所有不同的等价类.

在模式表中,等价类与模式一一对应.若我们将每种颜色的权都定义为 1,而权的连接和加法分别对应于正整数的乘法和加法,则每个等价类的权均为 1,而模式表的权则为等价类的个数.

在下一节,我们将介绍 Pólya 计数定理,得出在置换群的作用下求等价类集合的模式表的公式,然后再令模式表中所有元素的权为 1,按照正整数的加法和乘法运算即可得出不同的等价类个数.

由前面的讨论可知,对问题进行分类可以通过求出等价类集合的模式表来完成,要求模式表,则需要知道有哪些等价类,每个等价类的模式是什么? 由于同一个等价类不同映射的权相等,但权相等的映射不一定属于同一个等价类.因此,需要将权相等的映射分成一些等价类,从而求出所有等价类集合的模式表.

设 $D = \{1, 2, \cdots, n\}$,$R = \{c_1, c_2, \cdots, c_m\}$,$G$ 是 D 上的置换群.记从 D 到 R 的映射全体 $F = \{f \mid f : D \to R\}$.设 w_1 为 F 中某个函数的权,定义 F 中权为 w_1 的映射全体为

$$F_i = \{f \mid f \in F, w(f) = w_i\}$$

下面的问题是如何对 F_i 进行等价类划分.由 Burnside 引理知,需要定义 F_i 上的置换群.

设 $\pi \in G, f_1 \in F_i$,由 π 与 f_1 确定了 F 上的一个映射 f_2.任给 $d \in D$,令

$$f_2(d) = f_1(\pi^{-1}(d))$$

由 f_2 定义知,对任意 $d \in D$,有

$$f_1(d) = f_2(\pi(d))$$

所以

$$w(f_1) = \prod_{d \in D} f_1(d) = \prod_{d \in D} f_2(\pi d)) = \prod_{d' \in D} f_1(d') = w(f_2)$$

因为 $f_1 \in F_i$,所以 $f_2 \in F_i$.故每个 $\pi \in G$ 确定了一个 F_i 到其自身上的一个

映射.

定义 6.1.7　给定 $\pi \in G$,定义 F_i 上的映射 $\pi^{(i)}$ 如下:任给 $f_1 \in F_i$,$\pi^{(i)}(f_1) = f_2$ 当且仅当任给 $d \in D$,$f_2(d) = f_1(\pi^{-1}(d))$.

由此定义即知有如下引理 6.1.6 与引理 6.1.7:

引理 6.1.6　映射 $\pi^{(i)}$ 是 F_i 上的置换.

引理 6.1.7　对任何 $\pi_1,\pi_2 \in G$,均有

$$(\pi_2 \cdot \pi_1)^{(i)} = \pi_2^{(i)} \cdot \pi_1^{(i)}$$

由 Burnside 引理知,F_i 上的等价类个数为

$$m_i = \frac{1}{|\widetilde{G}_i|} \sum_{\pi^{(i)} \in \widetilde{G}_i} c_1(\pi^{(i)})$$

可以证明

$$m_i = \frac{1}{|\widetilde{G}_i|} \sum_{\pi^{(i)} \in \widetilde{G}_i} c_1(\pi^{(i)}) = \frac{1}{|G|} \sum_{\pi \in G} c_1(\pi^{(i)})$$

这里 $\widetilde{G}_i = \{\pi^{(i)} \mid \pi \in G\}$.

定理 6.1.7　设 $D = \{1,2,\cdots,n\}$,$R = \{r_1,r_2,\cdots,r_m\}$,$G$ 是 D 上的置换群. 记从 D 到 R 的映射全体 $F = \{f \mid f:D \to R\}$.则 F 上的全部模式表为

$$P_G\left(\sum_{r \in R} w(r), \sum_{r \in R} w^2(r), \cdots, \sum_{r \in R} w^n(r)\right)$$

其中

$$P_G(x_1,x_2,\cdots,x_n) = \frac{1}{|G|} \sum_{\pi \in G, \pi \text{是} 1^{b_1} \cdots n^{b_n} \text{型的}} x_1^{b_1} \cdots x_1^{b_n}$$

推论　F 上等价类的个数为 $P_G(|R|,|R|,\cdots,|R|)$.

设 $D = \{1,2,\cdots,n\}$,$R = \{r_1,r_2,\cdots,r_m\}$,$G$ 是 D 上的置换群. 记从 D 到 R 的映射全体 $F = \{f \mid f:D \to R\}$.

6.2　Pólya 计数定理的应用与推广

这一节主要介绍 Pólya 计数定理的推广以及在环形排列计数等的几个应用. 本节主要取材于文献[1-4].

6.2.1　Pólya 计数定理的推广[1]

引理 6.2.1　设 A,B 都是非空有限集,$A \cap B = \varnothing$,$(G,*)$ 和 $(H,\cdot)$ 分别是 A 和 B 上的置换群,设 $g \in G$,$h \in H$,以 (g,h) 表示 $A \cup B$ 上如下的置换:$\forall a \in A \cup B$,

$$(g,h)a = \begin{cases} ga & (a \in A) \\ ha & (a \in B) \end{cases}$$

以∘表示通常的置换乘法,则$(G \times H, \circ)$是$A \cup B$上的一个置换群.

证明　设e和e'分别是群$(G, *)$和群$(H, \cdot)$单位元,显然$(G \times H, \circ)$有单位元(e, e');对任一个$(g, h) \in G \times H$,(g, h)有逆元(g^{-1}, h^{-1});对任意的(g_1, h_1),$(g_2, h_2) \in G \times H$,有$(g_1, h_1) \circ (g_2, h_2) = (g_1 * g_2, h_1 \cdot h_2)$,又因为置换的乘法满足结合律,所以$(G \times H, \circ)$是$A \cup B$上的一个置换群.　　　　　□

定义 6.2.1　设A, B都是非空有限集,$(H, \cdot)$是B上的置换群,设$h \in H$,对任一个从A到B的映射f,即$f \in B^A$,以hf表示有A到B的如下的映射$f': \forall a \in A, f'(a) = hf(a)$.这里$B^A$表示从$A$到$B$全体映射的集合.

显然,如果$h_1, h_2 \in H, f \in B^A$,则$(h_1 \circ h_2)f = h_1(h_2 f)$.

定义 6.2.2　设A, B都是非空有限集,$(G, *)$和$(H, \cdot)$分别是A和B上的置换群,令

$$R_{G,H} = \{(f_1 f_2) \mid f_1, f_2 \in B^A, \text{且存在} g \in G, h \in H, \text{使得} f_1 g = hf_2\}$$

则B^A上的关系$R_{G,H}$称为B^A上的(G, H)-关系.

定理 6.2.1　设A, B都是非空有限集,$(G, *)$和$(H, \cdot)$分别是A和B上的置换群,则B^A上的(G, H)-关系是一个等价关系.

证明　设e和e'分别是群$(G, *)$和群$(H, \cdot)$单位元.

先证明自反性.设$f \in B^A$.因为对任一个$a \in A$,有$f(ea) = f(a) = e'f(a)$.所以$fe = e'f$,从而$fR_{G,H}f$,即$R_{G,H}$是自反的.

下证对称性.$f_1, f_2 \in B^A$,且$f_1 R_{G,H} f_2$,则有$g \in G, h \in H$,使得$f_1 g = hf_2$,因为对任一个$a \in A$,有

$$hf_2(g^{-1}a) = f_1 g(g^{-1}a) = f_1(g(g^{-1}a)) = f_1((g * g^{-1})a) = f_1(ea) = f_1(a)$$

即$f_2(g^{-1}a) = h^{-1}f_1(a)$,所以$f_2 g^{-1} = h^{-1}f_1$,又因为$g^{-1} \in G, h^{-1} \in H$,所以$f_2 R_{G,H} f_1$,即$R_{G,H}$是对称的.

再证传递性.设$f_1, f_2, f_3 \in B^A$,且$f_1 R_{G,H} f_2, f_2 R_{G,H} f_3$,则有$g_1, g_2 \in G$以及$h_1, h_2 \in H$,使得$f_1 g_1 = h_1 f_2$及$f_2 g_2 = h_2 f_3$.因为对任一个$a \in A$,有

$$(f_1(g_1 * g_2))a = f_1((g_1 * g_2)a) = f_1(g_1(g_2 a)) = f_1 g_1(g_2 a)$$
$$= h_1 f_2(g_2 a) = h_1(f_2 g_2(a)) = h_1(h_2 f_3(a))$$
$$= (h_1 \cdot h_2)f_3(a) = ((h_1 \cdot h_2)f_3)(a)$$

所以$f_1(g_1 * g_2) = (h_1 \cdot h_2)f_3$,又因为$g_1 * g_2 \in G, h_1 \cdot h_2 \in H$,所以$f_1 R_{G,H} f_3$,因此$R_{G,H}$是传递的.　　　　　□

由定理 6.2.1 知,如果A, B都是有限集,$(G, *)$和$(H, \cdot)$分别是A和B上的置换群,则B^A上的(G, H)-关系是一个等价关系.此等价关系把B^A划分成若干

个等价类,这些等价类称为 B^A 的 (G,H)-轨道.以 T 表示 B^A 的 (G,H)-轨道所成之集.设 B^A 的任一个元 f 都被赋予权 $w(f)$,且设 $F \in T$,如果对任意的 $f_1,f_2 \in F$,都有 $w(f_1) = w(f_2)$,则称 F 可定义权且定义 F 的权 $w(F) = w(f)$,其中 $f \in F$,如果对任意的 $F \in T,F$ 都可定义权,则称 B^A 具有 (G,H)-轨道表,且定义 B^A 的 (G,H)-轨道表为 $\sum_{F \in T} w(F)$.记为 $L_{G,H}(B^A)$.

定理 6.2.2 设 A,B 都是非空有限集,$(G,*)$ 和 $(H,\cdot)$ 分别是 A 和 B 上的置换群,B 中任一个元 b 都被赋予权 $w(b)$.又设 B^A 具有 (G,H)-轨道表,则 B^A 的 (G,H)-轨道表为

$$L_{G,H}(B^A) = \frac{1}{|G| \cdot |H|} \sum_{g \in G, h \in H} \sum_{f \in B^A, fg = hf} w(f)$$

证明 设 B^A 中的元可能取的全部不同的权为 $w_1,w_2,\cdots,w_k$.以 $S_i(1,2,\cdots,k)$ 表示 B^A 中权为 w_i 的元所成之集.因为 B^A 具有 (G,H)-轨道表,所以 S_i 是 B^A 的若干个 (G,H)-轨道的并集.

对任意的 $(g,h) \in G \times H$ 和 $f \in S_i(1 \leqslant i \leqslant k)$,令 $f' = hfg^{-1}$.因为 $f'g = hf$,所以 $fR_{G,H}f'$.又因为 B^A 具有 (G,H)-轨道表,所以 $f' \in S_i$,把 f' 记为 $(g,h)f$.以 η 表示由 $(G \times H) \times S_i$ 到 S_i 的如下映射:设 $(g,h) \in G \times H$ 和 $f \in S_i$,则

$$\eta(((g,h),f)) = (g,h)f$$

设 e 和 e' 分别是群 $(G,*)$ 和群 $(H,\cdot)$ 单位元,则 (e,e') 是 $(G \times H,\circ)$ 的单位元.再设 $f \in S_i$,则 $(e,e')f = e'fe^{-1} = f$.

设 $(g_1,h_1),(g_2,h_2) \in G \times H, f \in S_i$,则

$$\begin{aligned}((g_1,h_1) \circ (g_2,h_2))f &= (g_1 * g_2, h_1 \cdot h_2)f = (h_1 \cdot h_2)f(g_1 * g_2)^{-1} \\ &= (h_1 \cdot h_2)f(g_2^{-1} * g_1^{-1}) = h_1(h_2 fg_2^{-1})g_1^{-1} \\ &= (g_1,h_1)(h_2 fg_2^{-1}) = (g_1,h_1)(g_2,h_2)f\end{aligned}$$

所以群 $(G \times H,\circ)$ 作用在有限集 $S_i(1 \leqslant i \leqslant k)$ 上.由 Burnside 引理,S_i 的 (G,H)-轨道的个数为

$$\frac{1}{|G \times H|} \sum_{g \in G, h \in H} c_{1w_i}((g,h))$$

这里 $c_{1w_i}((g,h))$ 是满足 $w(f) = w_i$ 且 $(g,h)f = f$ 的 $f \in B^A$ 的个数.

因为 S_i 中每个元都有权 w_i,所以 B^A 的 (G,H)-轨道表为

$$\begin{aligned}L_{G,H}(B^A) &= \sum_{i=1}^{k} \frac{1}{|G \times H|} \sum_{g \in G, h \in H} c_{1w_i}((g,h)) \\ &= \frac{1}{|G| \cdot |H|} \sum_{g \in G, h \in H} \sum_{i=1}^{k} w_i c_{1w_i}((g,h))\end{aligned}$$

$$= \frac{1}{|G| \cdot |H|} \sum_{g \in G, h \in H} \sum_{f \in B^A, fg = hf} w(f) \qquad \square$$

定理 6.2.3 设 A, B 都是非空有限集，$(G, *)$ 和 $(H, \cdot)$ 分别是 A 和 B 上的置换群，$(g, h) \in G \times H, f \in B^A$，则 f 是由 A 到 B 的一个一一映射的充要条件是 hfg^{-1} 是由 A 到 B 的一个一一映射.

证明 先证明必要性. 设 f 是由 A 到 B 的一个一一映射，因为当 $a_1, a_2 \in A$ 且 $a_1 \neq a_2$ 时，有 $g^{-1} a_1 \neq g^{-1} a_2$，所以 $f(g^{-1} a_1) \neq f(g^{-1} a_2)$，从而 $hf(g^{-1} a_1) \neq hf(g^{-1} a_2)$，即 $(hfg^{-1})(a_1) \neq (hfg^{-1})(a_2)$，所以 hfg^{-1} 是由 A 到 B 的一个一一映射.

再证明充分性. 设 hfg^{-1} 是由 A 到 B 的一个一一映射，$a_1, a_2 \in A$ 且 $a_1 \neq a_2$，因为 g 是 A 上的一个置换，所以 $ga_1 \neq ga_2$，从而 $(hfg^{-1})(ga_1) \neq (hfg^{-1})(ga_2)$，即 $hf((g^{-1} * g) a_1) \neq hf((g^{-1} * g) a_2)$，所以 $hf(a_1) \neq hf(a_2)$. 因为 h^{-1} 是 B 上的一个置换，所以 $h^{-1}(hf(a_1)) \neq h^{-1}(hf(a_2))$，即 $(h^{-1} \cdot h) f(a_1) \neq (h^{-1} \cdot h) f(a_2)$，于是 $f(a_1) \neq f(a_2)$，所以 f 是由 A 到 B 的一个一一映射. $\square$

设 A, B 都是非空有限集，$(G, *)$ 和 $(H, \cdot)$ 分别是 A 和 B 上的置换群，如果 $f_1, f_2 \in B^A$，且 $f_1 R_{G, H} f_2$，则存在 $g \in G, h \in H$，使得 $f_1 g = hf_2$，即有 $f_1 = hf_2 g^{-1}$，由定理 6.2.3 知，f_1 是由 A 到 B 的一个一一映射的充要条件是 f_2 是由 A 到 B 的一个一一映射. 因此 B^A 的任一 (G, H)-轨道所含的映射要么全是由 A 到 B 的一一映射，要么全不是由 A 到 B 的一个一一映射，如果全是，则称该 (G, H)-轨道是一一映射 (G, H)-轨道.

定理 6.2.4 设 A, B 都是非空有限集，$|A| = n, |B| = m$，且 $m \geqslant n, (G, *)$ 和 $(H, \cdot)$ 分别是 A 和 B 上的置换群，则 B^A 的一一映射 (G, H)-轨道的个数为

$$\left[P_G \left(\frac{\partial}{\partial y_1}, \frac{\partial}{\partial y_2}, \cdots, \frac{\partial}{\partial y_n} \right) P_H (1 + y_1, 1 + 2 y_2, \cdots, 1 + m y_m) \right]_{y_1 = y_2 = \cdots = y_m = 0}$$

证明 对任一 $f \in B^A$，指定 f 的权为

$$w(f) = \begin{cases} 1 & (f \text{ 是由 } A \text{ 到 } B \text{ 的一一映射}) \\ 0 & (f \text{ 不是由 } A \text{ 到 } B \text{ 的一一映射}) \end{cases}$$

则 $L_{G, H}(B^A)$ 就是 B^A 的一一映射 (G, H)-轨道的个数. 下面对取定的 $g \in G, h \in H$，求 $\sum_{f \in B^A, fg = hf} w(f)$ 的值.

设 g 的型为 $(s_1, s_2, \cdots, s_n)$，h 的型为 $(t_1, t_2, \cdots, t_m)$，f 是满足条件 $fg = hf$ 的任一个由 A 到 B 的一一映射，任取 $a \in A$，设 a 属于 g 的一个长为 $j (1 \leqslant j \leqslant n)$ 的轮换，则此轮换是 $(a, ga, g^2 a, \cdots, g^{j-1} a)$ 且 $g^j a = a$. 因为 $fg = hf$，所以

$$fg^i = hfg^{i-1} = h^2 fg^{i-2} = \cdots = h^{i-1} fg = h^i f \quad (i = 1, 2, \cdots, j-1)$$

于是 $f(g^i a) = h^i f(a) (i = 1, 2, \cdots, j-1)$，且

$$h^j f(a) = f g^j (a) = f(g^j a) = f(a)$$

因为 $a, ga, g^2 a, \cdots, g^{j-1} a$ 彼此相异且 f 是由 A 到 B 的一一映射，所以

$$f(a), f(ga), f(g^2 a), \cdots, f(g^{j-1} a)$$

也彼此相异，从而 $f(a)$ 所在的 h 的轮换是 $(f(a), hf(a), h^2 f(a), \cdots, h^{j-1} f(a))$，其长度也为 j. 因此，f 把 g 的一个长为 j 的轮换映射成 h 的一个长为 j 的轮换，而且 g 的不同的轮换被 f 映射成 h 的不同的轮换.

因为 g 有 $s_j (j = 1, 2, \cdots, n)$ 个长为 j 的轮换，h 有 t_j 个长为 j 的轮换，而由一个 s_j 元集到另一个 t_j 元集的一一映射有 $(t_j)_{s_j}$ 个，故满足条件 $fg = hf$ 的由 A 到 B 的一一映射 f 的个数为 $\prod\limits_{j=1}^{n} j^{s_j} (t_j)_{s_j}$，从而

$$\sum_{f \in B^A, fg = hf} w(f) = \prod_{j=1}^{n} j^{s_j} (t_j)_{s_j}$$

因为 $\dfrac{\mathrm{d}^s}{\mathrm{d}y^s} (1 + jy)^t = j^s (t)_s (1 + jy)^{s-t}$，所以 $\dfrac{\mathrm{d}^s}{\mathrm{d}y^s}(1 + jy)^t \Big|_{y=0} = j^s (t)_s$，有

$$\sum_{f \in B^A, fg = hf} w(f) = \Big[\Big(\frac{\partial}{\partial y_1} \Big)^{s_1(g)} \Big(\frac{\partial}{\partial y_2} \Big)^{s_2(g)} \cdots \Big(\frac{\partial}{\partial y_n} \Big)^{s_n(g)} (1 + y_1)^{t_1(h)}$$

$$\cdot (1 + 2y_2)^{t_2(h)} \cdots (1 + my_m)^{t_m(h)} \Big]_{y_1 = y_2 = \cdots = y_m = 0}$$

其中 $\Big(\dfrac{\partial}{\partial y} \Big)^s = \dfrac{\partial^s}{\partial y^s}$. 于是由定理 6.2.2 知，$B^A$ 的一一映射 (G, H)-轨道的个数为

$$\frac{1}{|G| \cdot |H|} \sum_{g \in G, h \in H} \Big[\Big(\frac{\partial}{\partial y_1} \Big)^{s_1(g)} \Big(\frac{\partial}{\partial y_2} \Big)^{s_2(g)} \cdots \Big(\frac{\partial}{\partial y_n} \Big)^{s_n(g)} (1 + y_1)^{t_1(h)}$$

$$\cdot (1 + 2y_2)^{t_2(h)} \cdots (1 + my_m)^{t_m(h)} \Big]_{y_1 = y_2 = \cdots = y_m = 0}$$

$$= \frac{1}{|G|} \sum_{g \in G} \Big[\Big(\frac{\partial}{\partial y_1} \Big)^{s_1(g)} \Big(\frac{\partial}{\partial y_2} \Big)^{s_2(g)} \cdots \Big(\frac{\partial}{\partial y_n} \Big)^{s_n(g)} \frac{1}{|H|} \sum_{h \in H} (1 + y_1)^{t_1(h)}$$

$$\cdot (1 + 2y_2)^{t_2(h)} \cdots (1 + my_m)^{t_m(h)} \Big]_{y_1 = y_2 = \cdots = y_m = 0}$$

$$= \Big[P_G \Big(\frac{\partial}{\partial y_1}, \frac{\partial}{\partial y_2}, \cdots, \frac{\partial}{\partial y_n} \Big) P_H (1 + y_1, 1 + 2y_2, \cdots, 1 + my_m) \Big]_{y_1 = y_2 = \cdots = y_m = 0} \quad \square$$

定理 6.2.5　设 A, B 都是非空有限集，$|A| = |B| = n$，$(G, *)$ 和 $(H, \cdot)$ 分别是 A 和 B 上的置换群，则 B^A 的一一映射 (G, H)-轨道的个数为

$$\Big[P_G \Big(\frac{\partial}{\partial y_1}, \frac{\partial}{\partial y_2}, \cdots, \frac{\partial}{\partial y_n} \Big) P_H (y_1, 2y_2, \cdots, ny_n) \Big]_{y_1 = y_2 = \cdots = y_n = 0}$$

证明　对任一 $f \in B^A$，指定 f 的权为

$$w(f) = \begin{cases} 1 & (f \text{ 是由 } A \text{ 到 } B \text{ 的——映射}) \\ 0 & (f \text{ 不是由 } A \text{ 到 } B \text{ 的——映射}) \end{cases}$$

则 $L_{G,H}(B^A)$ 就是 B^A 的——映射 (G,H)- 轨道的个数. 下面对取定的 $g \in G$, $h \in H$, 求 $\sum\limits_{f \in B^A, fg = hf} w(f)$ 的值.

由定理 6.2.4 的证明知, 如果 f 是满足条件 $fg = hf$ 的任一个由 A 到 B 的——映射, 则 f 把 g 的一个长为 $j(1 \leqslant j \leqslant n)$ 的轮换映射成 h 的一个长为 j 的轮换, 而且 g 的不同的轮换被 f 映射成 h 的不同的轮换. 又因为 $|A| = |B| = n$, 故 g 和 h 的型相同. 又由定理 6.2.4 的证明知, g 的型为 $(s_1, s_2, \cdots, s_n)$, h 的型为 $(t_1, t_2, \cdots, t_n)$, 所以 $\sum\limits_{f \in B^A, fg = hf} w(f) = \prod\limits_{j=1}^{n} j^{s_j} (t_j)_{s_j}$, 另一方面

$$\frac{\mathrm{d}^s}{\mathrm{d}y^s} (jy)^t \bigg|_{y=0} = \begin{cases} 0 & (s \neq t) \\ j^s s! & (s = t) \end{cases}$$

所以

$$\sum_{f \in B^A, fg = hf} w(f) = \left[\left(\frac{\partial}{\partial y_1} \right)^{s_1(g)} \left(\frac{\partial}{\partial y_2} \right)^{s_2(g)} \cdots \left(\frac{\partial}{\partial y_n} \right)^{s_n(g)} (y_1)^{t_1(h)} \right.$$
$$\left. \cdot (2y_2)^{t_2(h)} \cdots (ny_n)^{t_n(h)} \right]_{y_1 = y_2 = \cdots = y_n = 0}$$

从而 B^A 的——映射 (G,H)-轨道的个数为

$$\frac{1}{|G| \cdot |H|} \sum_{g \in G, h \in H} \left[\left(\frac{\partial}{\partial y_1} \right)^{s_1(g)} \left(\frac{\partial}{\partial y_2} \right)^{s_2(g)} \cdots \left(\frac{\partial}{\partial y_n} \right)^{s_n(g)} (y_1)^{t_1(h)} \right.$$
$$\left. \cdot (2y_2)^{t_2(h)} \cdots (ny_n)^{t_n(h)} \right]_{y_1 = y_2 = \cdots = y_n = 0}$$
$$= \left[P_G \left(\frac{\partial}{\partial y_1}, \frac{\partial}{\partial y_2}, \cdots, \frac{\partial}{\partial y_n} \right) P_H(y_1, 2y_2, \cdots, ny_n) \right]_{y_1 = y_2 = \cdots = y_n = 0} \quad \square$$

6.2.2　环形排列问题[1]

将 r 种颜色的 n 个珠子串成项链, 求在给定意义下的等价类. 此时项链珠子集 $D = \{1, 2, \cdots, n\}$, 颜色集 $R = \{r_1, r_2, \cdots, r_m\}$, 赋权 $w(r_i) = a_i (1 \leqslant i \leqslant m)$, 而 F 就是 m 元集取 n 个函数的全体. 下面分四种情形讨论.

结论 1　设 $G = \{e\}$(单位群), 则 F 中映射都不等价, 映射即可作为 G 作用于 F 的模式, 那么

$$P_G(\{e\}; m, m, \cdots, m) = m^n$$

$$P_G \left(\{e\}; \sum_{k=1}^{m} a_k, \sum_{k=1}^{m} a_k, \cdots, \sum_{k=1}^{m} a_k \right) = \left(\sum_{k=1}^{m} a_k \right)^n$$

结论 1 是明显的. 因为模式总数即是 m 元集可重 n 排列数. 其中含第 k 种颜色的珠子 $\theta_k\left(1\leqslant k\leqslant m,\sum\limits_{k=1}^{m}\theta_k=n\right)$ 个的模式数 = 模式表中 $a_1^{\theta_1}a_2^{\theta_2}\cdots a_m^{\theta_m}$ 项的系数为 $\begin{pmatrix}n\\\theta_1,\cdots,\theta_m\end{pmatrix}=\dfrac{n!}{\theta_1!\cdots\theta_m!}$.

结论 2　设 $G=S_n$（对称群），则满足 $\{f_1(d):d\in D\}=\{f_2(d):d\in D\}$ 的 f_1，f_2 属于同一模式，那么

$$模式总数\ P_G(S_n;m,m,\cdots,m)=\sum_{\substack{\sum\limits_{j=1}^{n}jb_j=n}}\Big(\prod_{i=1}^{n}\frac{1}{i^{b_i}b_i!}\Big)m^{b_1+b_2+\cdots+b_n}$$

$$=\begin{pmatrix}m+n-1\\n\end{pmatrix}$$

证明　以 $N(b_1,b_2,\cdots,b_n)$ 表示 S_n 中型为 $1^{b_1}2^{b_2}\cdots n^{b_n}$ 的置换个数. 以 $N(k)$ 表示和 $b_1+b_2+\cdots+b_n=k$ 置换的个数, 即 $N(k)$ 是 S_n 中由 k 个轮换构成的置换个数（即第一类 Stirling 数 $|s(n,k)|$）. 因此

$$P_G(S_n;m,m,\cdots,m)=\frac{1}{n!}\sum_{\substack{\sum\limits_{j=1}^{n}jb_j=n}}N(b_1,b_2,\cdots,b_n)m^{b_1+b_2+\cdots+b_n}$$

$$=\frac{1}{n!}\sum_{k}N(k)m^k=\frac{1}{n!}\sum_{k=0}^{n}|s(n,k)|m^k$$

$$=\begin{pmatrix}m+n-1\\n\end{pmatrix}$$

此即 m 元集的可重 n 组合数. 显然第 k 种颜色的珠子出现 $\theta_k\left(1\leqslant k\leqslant m,\sum\limits_{k=1}^{m}\theta_k=n\right)$ 个的模式数是 1. □

结论 3　设 $G=C_n$（循环群），则 F 中同向旋转下相同的映射属于同一模式，那么

$$P_G(C_n;m,m,\cdots,m)=\frac{1}{n}\sum_{d\mid n}\varphi(d)m^{\frac{n}{d}}=\frac{1}{n}\sum_{k=1}^{n}m^{\gcd(k,n)}$$

$$=\sum_{d\mid n}\frac{1}{d}\sum_{d'\mid d}\mu\Big(\frac{d}{d'}\Big)m^{d'}$$

$$模式表=\frac{1}{n}\sum_{d\mid n}\varphi(d)\Big(\sum_{i=1}^{m}a_i^{d}\Big)^{\frac{n}{d}}$$

其中模式表中 $a_1^{\theta_1} a_2^{\theta_2} \cdots a_m^{\theta_m}$ 的系数 $\dfrac{1}{n} \displaystyle\sum_{d \mid \gcd(\theta_1, \cdots, \theta_m)} \varphi(d) \begin{pmatrix} \dfrac{n}{d} \\ \dfrac{\theta_1}{d}, \dfrac{\theta_2}{d}, \cdots, \dfrac{\theta_m}{d} \end{pmatrix}$ 即是含第 k

种颜色的珠子出现 $\theta_k \left(1 \leqslant k \leqslant m, \displaystyle\sum_{k=1}^{m} \theta_k = n \right)$ 个的模式数.

当最小周期为 n 时,其模式总数 $= \dfrac{1}{n} \displaystyle\sum_{d \mid n} \varphi(d) m^{\frac{n}{d}}$,其中含第 k 种颜色的珠子出

现 $\theta_k \left(1 \leqslant k \leqslant m, \displaystyle\sum_{k=1}^{m} \theta_k = n \right)$ 个的模式数是 $\dfrac{1}{n} \displaystyle\sum_{d \mid \gcd(\theta_1, \cdots, \theta_m)} \varphi(d) \begin{pmatrix} \dfrac{n}{d} \\ \dfrac{\theta_1}{d}, \dfrac{\theta_2}{d}, \cdots, \dfrac{\theta_m}{d} \end{pmatrix}$.

结论 4　设 $G = D_n$(二面体群),则 F 中任意旋转下相同的映射属于同一模式,那么

$$P_G(D_n; m, m, \cdots, m) = \frac{1}{2n} \sum_{d \mid n} \varphi(d) m^{\frac{n}{d}} + \begin{cases} \dfrac{1}{2} m^{\frac{n+1}{2}} & (n \text{ 为奇数}) \\[2mm] \dfrac{1}{4} (m^{\frac{n}{2}+1} + m^{\frac{n}{2}}) & (n \text{ 为偶数}) \end{cases}$$

$$模式表 = \frac{1}{n} \sum_{d \mid n} \varphi(d) \Big(\sum_{i=1}^{m} a_i^d \Big)^{\frac{n}{d}}$$

$$+ \begin{cases} \dfrac{1}{2} \Big(\sum_{k=1}^{m} a_k \Big) \Big(\sum_{k=1}^{m} a_k^2 \Big)^{\frac{n-1}{2}} & (n \text{ 为奇数}) \\[3mm] \dfrac{1}{4} \Big(\sum_{k=1}^{m} a_k \Big)^2 \Big(\sum_{k=1}^{m} a_k^2 \Big)^{\frac{n-2}{2}} + \dfrac{1}{4} \Big(\sum_{k=1}^{m} a_k \Big)^2 & (n \text{ 为偶数}) \end{cases}$$

含第 k 种颜色的珠子出现 $\theta_k \left(1 \leqslant k \leqslant m, \displaystyle\sum_{k=1}^{m} \theta_k = n \right)$ 个的模式数是模式表中 $a_1^{\theta_1} a_2^{\theta_2} \cdots a_m^{\theta_m}$ 项的系数

$$= \frac{1}{2n} \sum_{d \mid \gcd(\theta_1, \cdots, \theta_m)} \varphi(d) \begin{pmatrix} \dfrac{n}{d} \\ \dfrac{\theta_1}{d}, \dfrac{\theta_2}{d}, \cdots, \dfrac{\theta_m}{d} \end{pmatrix} + \begin{cases} 0 & (\text{奇 } \theta_i \text{ 个数} \geqslant 4) \\[2mm] \dfrac{1}{2} \begin{bmatrix} \displaystyle\sum_{i=1}^{m} \lfloor \frac{\theta_i}{2} \rfloor \\ \lfloor \frac{\theta_1}{2} \rfloor, \cdots, \lfloor \frac{\theta_m}{2} \rfloor \end{bmatrix} & (\text{其他}) \end{cases}$$

证明　只需证明和式的第二部分. 当 n 为奇数时,$\Big(\displaystyle\sum_{k=1}^{m} a_k^2 \Big)^{\frac{n-1}{2}}$ 展开后各指数

都是偶数,故 $\dfrac{1}{2} \Big(\displaystyle\sum_{k=1}^{m} a_k \Big) \Big(\displaystyle\sum_{k=1}^{m} a_k^2 \Big)^{\frac{n-1}{2}}$ 中出现 $a_1^{\theta_1} a_2^{\theta_2} \cdots a_m^{\theta_m}$ 项的充要条件是各 θ_i 中

恰一个为奇数. 而当 n 为偶数时,

$$\frac{1}{4}\Big(\sum_{k=1}^{m}a_k\Big)^2\Big(\sum_{k=1}^{m}a_k^2\Big)^{\frac{n-2}{2}}+\frac{1}{4}\Big(\sum_{k=1}^{m}a_k\Big)^2$$

$$=\frac{1}{4}\Big(\sum_{k=1}^{m}a_k^2\Big)^{\frac{n-2}{2}}\Big(\Big(\sum_{k=1}^{m}a_k\Big)^2+\sum_{k=1}^{m}a_k^2\Big)$$

$$=\frac{1}{2}\Big(\sum_{k=1}^{m}a_k^2\Big)^{\frac{n-2}{2}}\Big(\sum_{k=1}^{m}a_k^2+\sum_{1\leqslant i<j\leqslant m}a_ia_j\Big)$$

$$=\frac{1}{2}\Big(\sum_{k=1}^{m}a_k^2\Big)^{\frac{n}{2}}+\frac{1}{2}\Big(\sum_{k=1}^{m}a_k^2\Big)^{\frac{n-2}{2}}\sum_{1\leqslant i<j\leqslant m}a_ia_j$$

显然,其中出现 $a_1^{\theta_1}a_2^{\theta_2}\cdots a_m^{\theta_m}$ 项的充要条件是 θ_i 中奇数个数等于 0 或 2. 又因为 $\sum_{k=1}^{m}\theta_k=n$ 为偶数,所以 θ_i 中奇数的个数只能是偶数. 于是 $a_1^{\theta_1}a_2^{\theta_2}\cdots a_m^{\theta_m}$ 项不出现的充要条件是 θ_i 中奇数的个数不小于 5. □

推论 6.2.1　相异 n 元做圆排列时,模式总数为

$$P(G)=\begin{cases}n! & (G=E_n)\\(n-1)! & (G=C_n)\\\dfrac{(n-1)!}{2} & (G=D_n)\end{cases}$$

证明　因为此时 $n=m$,且 $\theta_k=1(k=1,2,\cdots,m)$,由前述结论 1、结论 3、结论 4 知

$$\binom{n}{1,1,\cdots,1}=n!,\frac{1}{n}\sum_{d\mid\gcd(1,\cdots,1)}\varphi(d)\begin{pmatrix}\dfrac{n}{d}\\[2mm]\dfrac{1}{d},\dfrac{1}{d},\cdots,\dfrac{1}{d}\end{pmatrix}$$

$$=\frac{\varphi(1)}{n}\binom{n}{1,1,\cdots,1}=(n-1)!\frac{1}{2n}\sum_{d\mid\gcd(1,\cdots,1)}\varphi(d)\begin{pmatrix}\dfrac{n}{d}\\[2mm]\dfrac{1}{d},\dfrac{1}{d},\cdots,\dfrac{1}{d}\end{pmatrix}$$

$$+\frac{1}{2}\begin{pmatrix}\sum_{i=1}^{m}\lfloor\dfrac{1}{2}\rfloor\\[2mm]\lfloor\dfrac{1}{2}\rfloor,\cdots,\lfloor\dfrac{1}{2}\rfloor\end{pmatrix}=\frac{(n-1)!}{2}$$

□

6.2.3　杂例

设 D,R 是有限集合,非配问题可以看作是映射集合 $F=\{f\mid f:D\rightarrow R\}$. 设 G

是 D 上的置换群,对分配问题进行分类是求在 G 的作用下,F 中不同的等价类.若要用 Burnside 引理对 F 进行分类,必须用置换群 G 找出对应的 F 上的置换群.当 $|D|$ 和 $|R|$ 稍微大些时,这是一件很困难的事情.而由 Pólya 计数定理知,只需将 G 中每个置换表示成不相交的轮换之积,写出 G 的轮换指标就是对 F 进行分类.

在用 Pólya 计数定理对计数问题进行分类时,关键是要找出 D 上的置换群,对于某些应用问题来说,求出 D 上的置换群并不是一件很容易的事情,下面我们将通过一些例子说明 Pólya 计数定理的应用.

例 6.2.1 将正三角形的三个顶点用红、蓝、绿 3 种颜色进行着色,问有多少种不同的方案? 如果:

(1) 经旋转能重合的方案认为是相同的;

(2) 经旋转和翻转能重合的方案认为是相同的.

解　(1) $D = \{1,2,3\}, R = \{c_1, c_2, c_3\}, w(c_1) = r, w(c_2) = b, w(c_3) = g.\ D$ 上的置换群

$$G = \{\sigma_I, (123), (132)\}$$

其轮换指标为

$$P_G(x_1, x_2, x_3) = \frac{1}{3}(x_1^3 + 2x_3)$$

于是,等价类的个数为 $P_G(3,3,3) = \frac{1}{3}(3^3 + 2 \times 3) = 11$.

(2) 只是将(1)中的置换群变成

$$G = \{\sigma_I, (123), (132), (13), (12), (23)\}$$

其轮换指标为 $P_G(x_1, x_2, x_3) = \frac{1}{6}(x_1^3 + 2x_3 + 3x_1 x_2)$,于是,等价类的个数为

$$P_G(3,3,3) = \frac{1}{6}(3^3 + 2 \times 3 + 3 \times 3^2) = 10$$

这些方案如图 6.2.1 所示.

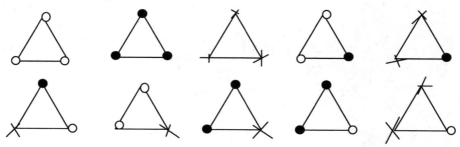

图 6.2.1　染色方案示意图

在(1)中,在图 6.2.1 染色方案示意图的基础上还要增加一个方案,如图 6.2.2 染色方案示意图所示. □

例 6.2.2 对正方形的 6 个面用红、蓝、绿 3 种颜色进行着色,问有多少种不同的方案? 又问 3 种颜色各出现 2 次的着色方案有多少种?

图 6.2.2 染色方案示意图

解 正立方体六个面的置换群 G 有 24 个元素,它们是:

(1) 不动的置换,型为 1^6,有 1 个;

(2) 绕相对两面中心旋转 $90°,270°$ 的置换,型为 $1^2 4^1$,有 6 个;旋转 $180°$ 的置换,型为 $1^2 2^2$,有 3 个;

(3) 绕相对两顶点连线旋转 $120°,240°$ 的置换,型为 3^2,有 8 个;

(4) 绕相对两边中点连线旋转 $180°$ 的置换,型为 2^3,有 6 个.

所以,该置换群的轮换指标为

$$P_G(x_1,x_2,\cdots,x_6) = \frac{1}{24}(x_1^6 + 6x_1^2 x_4 + 3x_1^2 x_2^2 + 8x_3^2 + 6x_2^3)$$

等价类的个数为

$$L = P_G(3,3,\cdots,3) = \frac{1}{24}(3^6 + 6 \cdot 3^2 \cdot 3 + 3 \cdot 3^2 \cdot 3^2 + 8 \cdot 3^2 + 6 \cdot 3^3) = 57$$

下面计算全部着色模式. 这里,$R = \{c_1,c_2,c_3\}, w(c_1) = r, w(c_2) = b, w(c_3) = g$,于是

$$\begin{aligned} F \text{ 的全部模式表} = \frac{1}{24}&((r + b + g)^6 + 6(r + b + g)^2(r^4 + b^4 + g^4) \\ &+ 3(r + b + g)^2(r^2 + b^2 + g^2)^2 \\ &+ 8(r^3 + b^3 + g^3)^2 + 6(r^2 + b^2 + g^2)^3) \end{aligned}$$

其中红色、蓝色、绿色各出现两次的方案数就是上述展开式中项 $r^2 b^2 g^2$ 的系数,即

$$\frac{1}{24}\left(\frac{6!}{2! \ 2! \ 2!} + 3 \cdot 6 + 6 \cdot \frac{3!}{1! \ 1! \ 1!}\right) = 6.$$

我们也可用定理 6.2.5 求出红色、蓝色、绿色出现两次的方案数 N.

$$N = \left[P_G\left(\frac{\partial}{\partial y_1},\frac{\partial}{\partial y_2},\cdots,\frac{\partial}{\partial y_n}\right)P_H(y_1,2y_2,\cdots,ny_n)\right]_{y_1 = y_2 = \cdots = y_6 = 0}$$

$$= \frac{1}{24 \times 8}\left[\left(\left(\frac{\partial}{\partial y_1}\right)^6 + 6\left(\frac{\partial}{\partial y_2}\right)^3 + 8\left(\frac{\partial}{\partial y_3}\right)^2 + 3\left(\frac{\partial}{\partial y_1}\right)^2\left(\frac{\partial}{\partial y_2}\right)^2\right.\right.$$

$$\left.\left. + 6\left(\frac{\partial}{\partial y_1}\right)^2\left(\frac{\partial}{\partial y_4}\right)\right)(y_1^6 + 3y_1^4(2y_2) + 3y_1^2(2y_2)^2 + (2y_2)^3)\right]_{y_1 = y_2 = \cdots = y_6 = 0}$$

$$= \frac{1}{192}(6! + 6 \cdot 2^3 \cdot 3! + 3 \cdot 3 \cdot 2! \cdot 2^2 \cdot 2!) = 6 \qquad \square$$

例 6.2.3 骰子的 6 个面上分别标有 $1, 2, \cdots, 6$,问有多少种不同的骰子?

解 下面用三种方法求解.

方法 1 6 个面分别标上不同的点数,相当于用 6 种不同的颜色对它着色,并且每种颜色出现且只出现一次,共有 6! 种方案,但这些方案经过正立方体的旋转可能会发生重合,全部方案上的置换群 G 显然有 24 个元素,由于每个面着色全不相同,只有恒等置换 σ_I 保持 6! 种方案不变,即

$$c_1(\sigma_I) = 6!, \quad c_1(p) = 0 \quad (p \neq \sigma_I)$$

由 Burnside 引理知

$$L = \frac{1}{|G|} \sum_{\pi \in G} c_1(\pi) = \frac{1}{24}(6! + 0 + 0 + \cdots + 0) = 30$$

方法 2 在上例中已得到关于正立方体 6 个面的置换群轮换指标,如果用 k 种颜色进行着色,则不同的着色方案数为

$$L_k = \frac{1}{24}(k^6 + 6 \cdot k^2 \cdot k + 3 \cdot k^2 \cdot k^2 + 8 \cdot k^2 + 6 \cdot k^3)$$

$$= \frac{1}{24}(k^6 + 3 \cdot k^4 + 8k^2 + 12k^3)$$

由于 L_k 是至多用 k 种颜色着色的方案数,由上式知

$$L_1 = 1, \quad L_2 = 10, \quad L_3 = 57, \quad L_4 = 240, \quad L_5 = 800, \quad L_6 = 2226$$

设 l_j 表示恰好用 j 种颜色着色的方案数,根据容斥原理得

$$l_1 = L_1 = 1, \quad l_2 = L_2 - \binom{2}{1}l_1 = 8, \quad l_3 = L_3 - \binom{3}{2}l_2 - \binom{3}{1}l_1 = 30$$

$$l_4 = L_4 - \binom{4}{3}l_3 - \binom{4}{2}l_2 - \binom{4}{1}l_1 = 68$$

$$l_5 = L_5 - \binom{5}{4}l_4 - \binom{5}{3}l_3 - \binom{5}{2}l_2 - \binom{5}{1}l_1 = 75$$

$$l_6 = L_6 - \binom{6}{5}l_5 - \binom{6}{4}l_4 - \binom{6}{3}l_3 - \binom{6}{2}l_2 - \binom{6}{1}l_1 = 30$$

方法 3 令 $R = \{c_1, c_2, \cdots, c_6\}, w(c_i) = w_i (1 \leqslant i \leqslant 6)$,正立方体 6 个面的置换群 G 轮换指标为

$$P_G(x_1, x_2, \cdots, x_6) = \frac{1}{24}(x_1^6 + 6x_1^2 x_4 + 3x_1^2 x_2^2 + 8x_3^2 + 6x_2^3)$$

于是 F 的全部模式表为

$$P_G\left(\sum_{r \in R} w(r), \sum_{r \in R} w^2(r), \cdots, \sum_{r \in R} w^6(r)\right)$$

$$= \frac{1}{24}\Big[(w_1 + \cdots + w_6)^6 + 6(w_1^2 + \cdots + w_6^2)^3$$

$$+ 3(w_1 + \cdots + w_6)^2(w_1^2 + \cdots + w_6^2)^2 + 6(w_1 + \cdots + w_6)^2(w_1^4 + \cdots + w_6^4)$$

$$+ 8(w_1^3 + \cdots + w_6^3)^2\Big]$$

其中展开式中 $w_1, w_2, w_3, w_4, w_5, w_6$ 项的系数就是用 6 种颜色对 6 个面着色且每个面颜色不同的方案数,它等于 $\frac{1}{24} \cdot \frac{6!}{1!\ 1!\ \cdots 1!} = 30$.　　　　　　□

例 6.2.4　用红、粉红、黄、绿 4 种颜色对正方形的 6 个面进行染色,使染成黄色和绿色的面各一个,染成红色和粉红色的面各有两个. 某人有些色盲,对于两个着色正方体 V_6 和 V_6',如果 V_6' 是把 V_6 中染成红色的两个面改染成粉红色,把染成粉红色的两个面改染成红色而得到,某人由于色盲,就视为 V_6 和 V_6' 是一样的,求在某人的识别方法之下染成式样不同的着色正方体的个数.

解　用 A 表示正方形的 6 个面之集,以 $a_1, a_2, a_3, a_3', a_4, a_4'$ 表示 6 种不同的颜色,令 $B = \{a_1, a_2, a_3, a_3', a_4, a_4'\}$. 以 $(D, *)$ 表示正方体的旋转群,$(G, \circ)$ 是由 $(D, *)$ 导出的面置换群,以 $(H, \cdot)$ 表示集合 B 上的如下的置换群: $H = \{h_1, h_2, \cdots, h_8\}$,其中

$$h_1 = (a_1)(a_2)(a_3)(a_3')(a_4)(a_4'), \quad h_2 = (a_1)(a_2)(a_3 a_3')(a_4)(a_4')$$

$$h_3 = (a_1)(a_2)(a_3)(a_3')(a_4 a_4'), \quad h_4 = (a_1)(a_2)(a_3 a_3')(a_4 a_4')$$

$$h_5 = (a_1)(a_2)(a_3 a_4)(a_3' a_4'), \quad h_6 = (a_1)(a_2)(a_3 a_4')(a_3' a_4)$$

$$h_7 = (a_1)(a_2)(a_3 a_4 a_3' a_4'), \quad h_8 = (a_1)(a_2)(a_3 a_4' a_3' a_4)$$

则 $(G, \circ)$ 的轮换指标为

$$P_G(x_1, x_2, \cdots, x_6) = \frac{1}{24}(x_1^6 + 6x_1^2 x_4 + 3x_1^2 x_2^2 + 8x_3^2 + 6x_2^3)$$

$(H, \cdot)$ 的轮换指标为

$$P_G(x_1, x_2, \cdots, x_6) = \frac{1}{8}(x_1^6 + 2x_1^4 x_2 + 3x_1^2 x_2^2 + 2x_1^2 x_4)$$

根据例 6.2.2 的讨论知,所求的样式不同的着色正方体的个数 N 等于 B^A 的一一映射 (G, H)-轨道的个数. 由定理 6.2.5 得

$$N = \frac{1}{24 \times 8}\left\{\left[\left(\frac{\partial}{\partial y_1}\right)^6 + 6\left(\frac{\partial}{\partial y_2}\right)^3 + 8\left(\frac{\partial}{\partial y_3}\right)^2 + 3\left(\frac{\partial}{\partial y_1}\right)^2\left(\frac{\partial}{\partial y_2}\right)^2\right.\right.$$

$$\left.\left. + 6\left(\frac{\partial}{\partial y_1}\right)^2\left(\frac{\partial}{\partial y_4}\right)\right]\left[y_1^6 + 2y_1^4(2y_2) + 3y_1^2(2y_2)^2 + 2y_1^2(4y_4)\right]\right\}\Bigg|_{y_1 = y_2 = \cdots = y_6 = 0}$$

$$= \frac{1}{192}(6! + 3 \cdot 3 \cdot 2! \cdot 2^2 \cdot 2! + 6 \cdot 2 \cdot 2! \cdot 4) = 5$$　　　　　　□

例 6.2.5　将两个相同的白球和两个相同的黑球放入两个不同的盒子里,问

有多少种不同的放法？列出全部方案.又问每个盒中有两个球的放法有多少种？

解　令 $D = \{w_1, w_2, b_1, b_2\}, R = \{盒1, 盒2\}$，四个球往两个盒子里放的放法是 $F: D \to R$.由于 w_1, w_2 是两个相同的白球，b_1, b_2 是两个相同的黑球，由此确定出 D 上的置换群为

$$G = \{\sigma_I, (w_1 w_2), (b_1 b_2), (w_1 w_2)(b_1 b_2)\}$$

其轮换指标为

$$P_G(x_1, x_2, x_3, x_4) = \frac{1}{4}(x_1^4 + 2x_1^2 x_2 + x_2^2)$$

于是 F 上的等价类个数为

$$L = P_G(2, 2, 2, 2) = \frac{1}{4}(2^4 + 2 \cdot 2^3 + 2^2) = 9$$

这 9 个不同的方案分别为

$$(\varnothing, wwbb), \quad (w, wbb), \quad (b, wwb)$$
$$(ww, bb), \quad (wb, wb), \quad (wwbb, \varnothing)$$
$$(wbb, w), \quad (wwb, b), \quad (bb, ww)$$

令 $w(盒1) = x, w(盒2) = y$，则 F 上的全部模式表为

$$P_G(x + y, x^2 + y^2, x^3 + y^3, x^4 + y^4)$$
$$= \frac{1}{4}\left[(x + y)^4 + 2(x + y)^2(x^2 + y^2) + (x^2 + y^2)^2\right]$$
$$= x^4 + 2x^3 y + 3x^2 y^2 + 2xy^3 + y^4$$

盒 1 与盒 2 中各放两个球的方案是 $x^2 y^2$ 项的系数，即为 3.具体方案如下：

$$(ww, bb), \quad (bb, ww), \quad (wb, wb) \qquad \square$$

例 6.2.6　三元布尔函数可以看成是有三个输入端的布尔电路，而一个布尔电路通过交换输入端可以表示多个布尔函数.求实现所有三元布尔函数需要布尔电路的个数.

解　三元布尔函数 $f(x_1, x_2, x_3)$ 共有 $2^{2^3} = 256$ 个，见表 6.2.1.

表 6.2.1

d	x_1	x_2	x_3	f_0	f_1	$\cdots$	f_{255}
0	0	0	0	0	0	$\cdots$	1
1	0	0	1	0	0	$\cdots$	1
2	0	1	1	0	0	$\cdots$	1
$\vdots$	$\vdots$	$\vdots$	$\vdots$	$\vdots$	$\vdots$		$\vdots$
7	1	1	1	0	1	$\cdots$	1

令 $F = \{f \mid f: D \to R\}$，其中 $D = \{0, 1, 2, \cdots, 7\}, R = \{0, 1\}$，则三元布尔函数与

F 中的函数——对应.由 x_1,x_2,x_3 的置换确定了 D 上的置换,见表 6.2.2.所以 D 上的置换群为

$$G = \{\sigma_I,(142)(356),(124)(365),(24)(35),(14)(36),(12)(56)\}$$

G 的轮换指标为

$$P_G(x_1,x_2,\cdots,x_8) = \frac{1}{6}(x_1^8 + 2x_1^2x_3^2 + 3x_1^4x_2^2)$$

F 上等价类的个数就是不同的布尔电路数,即

$$l = P_G(2,2,\cdots,2) = \frac{1}{6}(2^8 + 2 \cdot 2^4 + 3 \cdot 2^6) = 80$$

表 6.2.2

x_1,x_2,x_3 的置换	D 上的置换
$(x_1)(x_2)(x_3)$	$\begin{pmatrix} 0 & 1 & 2 & 3 & 4 & 5 & 6 & 7 \\ 0 & 1 & 2 & 3 & 4 & 5 & 6 & 7 \end{pmatrix}$
$(x_1x_2x_3)$	$\begin{pmatrix} 0 & 1 & 2 & 3 & 4 & 5 & 6 & 7 \\ 0 & 4 & 1 & 5 & 2 & 6 & 3 & 7 \end{pmatrix}$
$(x_1x_3x_2)$	$\begin{pmatrix} 0 & 1 & 2 & 3 & 4 & 5 & 6 & 7 \\ 0 & 2 & 4 & 6 & 1 & 3 & 5 & 7 \end{pmatrix}$
$(x_1)(x_2x_3)$	$\begin{pmatrix} 0 & 1 & 2 & 3 & 4 & 5 & 6 & 7 \\ 0 & 2 & 1 & 3 & 4 & 6 & 5 & 7 \end{pmatrix}$
$(x_2)(x_1x_3)$	$\begin{pmatrix} 0 & 1 & 2 & 3 & 4 & 5 & 6 & 7 \\ 0 & 4 & 2 & 6 & 1 & 5 & 3 & 7 \end{pmatrix}$
$(x_3)(x_1x_2)$	$\begin{pmatrix} 0 & 1 & 2 & 3 & 4 & 5 & 6 & 7 \\ 0 & 1 & 4 & 5 & 2 & 3 & 6 & 7 \end{pmatrix}$

参 考 文 献

［1］　孙淑玲,许胤龙.组合数学引论[M].合肥:中国科学技术大学出版社,1999,2:198-221.

［2］　康庆德.组合学笔记[M].北京:科学出版社,2009(5):158-213.

［3］　柯召,魏万迪.组合论:上册[M].北京:科学出版社,1981:365-387.

［4］　王天明.近代组合学[M].大连:大连理工大学出版社,2008(9):264-276.

［5］　Brualdi R A. Introductory Combinatorics[M]. 4th. Hong Kong:Pearson Education Asia Limited,2004:28-69,330-350.

［6］　曹汝成.组合数学[M].广州:华南理工大学出版社,2001:193-251.

第 7 章 几个图论极值问题

这一章将探讨图论中几个极值问题.7.1 节研究一个平图问题,推广图论中圈、平图的概念,给出扩充欧氏空间中具有 a_0 个顶点的 n 维规则极大平复形 M 中的各维最小圈个数的计数公式,进一步给出长度为定值的圈的计数公式,证明 M 为 2 维的 Hamilton 图.猜想 M 也是其他不大于 M 自身维数的各维 Hamilton 图.7.2 节给出极大平图的几个注记,提出若干猜想.7.1 节与 7.2 节的内容是作者于 20 世纪 90 年代与近些年对极大平图研究的一些结果.7.3 节探讨染色图中同色三角形的一个极值问题.7.4 节介绍 Ramsey 函数的估值和图论中的渐近方法.

7.1 极大平图概念的推广与极大单形剖分问题

极图理论是图论中重要的理论分支.它不仅在图论、计算机科学诸方面有着重要的应用,而且在离散与组合几何等方面也有着广泛的应用前景.近年来人们对极图的研究甚为关注,尤其是它在组合几何中的应用研究,获得了很多重要的成果[1-10].以下为研究的方便,将推广圈、平图等概念,以此来研究高维空间中具有 a_0 个顶点的 n 维的单纯复形 M,以及将 M 进行极大单形剖分后,它具有多少个互不内交的各维最小圈以及固定长的圈的计数问题.后面将给出几个计数公式,并证明规则极大单行剖分平复形必是 2 维的 Hamilton 图,猜想它必是不高于自身维数的各个维数的 Hamilton 图.

首先约定将含有无穷远点的 $m(m \geqslant 1, m \in \mathbf{N})$ 维欧氏空间称为扩充的 m 维欧氏空间,记为 $E^m(\infty)$.

7.1.1 定义

定义 7.1.1 如果 $E^m(\infty)(m \geqslant 2)$ 中 m 维复形 M 同胚于 $m+1$ 维球的球面 S^m,则称复形 M 为 m 维平复形.

由定义 7.1.1 知,当 $m=2$ 时,M 即是图论中的平图.故平复形的概念是平图概念的推广.

定义 7.1.2 设 K 为 $E^m(\infty)$ 中的 $n(n\leqslant m)$ 维复形,M_1,M_2 是 K 的两个不同的子复形或单形,如果 $(M_1-\partial M_1)\bigcap(M_2-\partial M_2)=\varnothing$,则称 M_1 与 M_2 互不内交.否则就称它们是相互内交的.

定义 7.1.3 设 M_1,M_2 是 $E^m(\infty)$ 中的两个不同的复形或单形,如果 $M_1\bigcap M_2$ 是空集或是 M_1 与 M_2 的若干个公共面,则称 M_1 与 M_2 规则相处.

注 7.1.1 定义 7.1.3 中"若干个公共面"的维数比 M_1 与 M_2 维数一定低,而且有可能低很多.此外,M_1 与 M_2 的维数不一定相同.

定义 7.1.4 设 M 是 $E^m(\infty)$ 中的 m 维单纯复形,它的 $q(q=0,1,2,\cdots,m)$ 维子单形分别是 $s_1^q,s_2^q,\cdots,s_{a_q}^q$,$M$ 中与 $s_i^q(1\leqslant i\leqslant a_q)$ 相邻接的 p 维子单形的个数称为复形 M 的 q 维单形关于 p 维单形的度,记为 $ds_i^q(p)$.

定义 7.1.5 设 M 为 $E^m(\infty)$ 中的 m 维平复形,$M=\bigcup\limits_{i=1}^{a_m}s_i^m$,$s_i^m(i=1,2,\cdots,a_m)$ 是以 M 的顶点为顶点的 m 维单形,s_i^m 的每个侧面是以 M 的顶点为顶点的 $m-1$ 维单形,若每个 s_i^m 关于它的侧面的度都是 $m+1$,且 $\forall i,j\in\{1,2,\cdots,a_m\}$,当 $i\neq j$,s_i^m 与 s_j^m 互不内交,则称 M 为 m 维规则极大单形剖分复形.或称 m 维规则极大平复形.

注 7.1.2 由定义 7.1.5 知,m 维规则极大平复形 M 的每个单形的边界都是 M 中的一个区域的边界.特别地,当 $m=2$ 时,M 即是图论中的关于平图的一种极大单行剖分平图,这种极大单行剖分图的每个三角形都是 M 中一个区域的边界.

定义 7.1.6 设 M 为 $E^m(\infty)(m\geqslant 2)$ 中的 m 维单纯复形,若将 M 进行单形剖分,剖分后的每个 m 维子单形满足:

① 它的顶点为 M 的顶点;

② 它关于 M 的 $m-1$ 维子单形的度都是 $m+1$;

③ 任意两个不同的 m 维子单形都规则相处.

则称将 M 进行极大单形剖分.

由定义 7.1.6 即知,将 M 进行极大单形剖分,即是将 M 剖分成规则极大平复形.

定义 7.1.7 设 $E^m(\infty)$ 中 r 个互不内交的 $q-1(2\leqslant q\leqslant m)$ 维单形 t_1^{q-1},$t_2^{q-1},\cdots,t_r^{q-1}$ 满足如下条件:

① 存在 q 维复形 $M\subseteq E^m(\infty)$,M 的 $q-1$ 维边界 $\partial M=\bigcup\limits_{i=1}^{r}t_i^{q-1}$.

② 当 t_i^{q-1} 与 t_j^{q-1} 为 M 的同一个 q 维子单形的侧面时,$t_i^{q-1}\bigcap t_j^{q-1}=t_{ij}^{q-2}$ (t_{ij}^{q-2} 为 $q-2$ 维单形);当 t_i^{q-1} 与 t_j^{q-1} 不是 M 的同一个 q 维子单形的侧面时,$t_i^{q-1}\bigcap t_j^{q-1}=\varnothing$.

则称 $t_1^{q-1}, t_2^{q-1}, \cdots, t_r^{q-1}$ 为一个 $q-1$ 维圈的边,记这个圈为 $C(t_1^{q-1}, t_2^{q-1}, \cdots,$ $t_r^{q-1})$ 或 $C(\partial M)$. r 称为这个圈的长度.

注 7.1.3　从定义 7.1.7 与定义 7.1.2 知,圈 $C(t_1^{q-1}, t_2^{q-1}, \cdots, t_r^{q-1})$ 中各边是互不内交的.显然,当 $q-1$ 维圈 $C(t_1^{q-1}, t_2^{q-1}, \cdots, t_r^{q-1})$ 中 $q=2$ 时,即是图论中所定义的圈的概念.由此定义即知 $q-1$ 维最小圈即是一个 q 维单形的所有 $q-1$ 维的侧面,其长度为 $\begin{pmatrix} q+1 \\ q \end{pmatrix}$.

定义 7.1.8　在定义 7.1.7 中,若 M 中所有 $q-2$ 维子单形之并恰等于 $\bigcup\limits_{1 \leqslant i < j \leqslant r} t_{ij}^{q-2}$,则称圈 $C(t_1^{q-1}, t_2^{q-1}, \cdots, t_r^{q-1})$ 为 M 的 $q-1$ 维的 Hamilton 圈.此时 M 也称为 q 维 Hamilton 图.

定义 7.1.8 推广了图论中的 Hamilton 圈的概念.不难验证,当 $q=2$ 时,$q-1$ 维 Hamilton 圈即是通常的 Hamilton 圈的概念.

定义 7.1.9　对于两个不同的圈 $C(\partial M_1)$ 与 $C(\partial M_2)$,若
$$(M_1 - \partial M_1) \bigcap (M_2 - \partial M_2) = \varnothing$$
则称这两个圈互不内交,否则称它们是内交的.

7.1.2　引理

引理 7.1.1　在扩充欧氏空间 $E^m(\infty)$ 中将具有 $t+1$ 个顶点的 $n(n \leqslant m, t > n)$ 维单纯复形 M 进行极大单形剖分,则剖分后 M 中所有互不内交的 k 维单形的个数 a_k 满足如下等式:
$$a_k = \begin{pmatrix} n+1 \\ k \end{pmatrix} + a'_k \quad (k = 0, 1, 2, \cdots, n)$$
这里 a'_k 是 M 中去掉一个顶点后所剩下具有 t 个顶点的子复形 M',将 M' 进行极大单形剖分后它的所有互不内交的 k 维单形的个数.

证明　对 $t+1$ 个顶点的 n 维单纯复形 M 进行极大单形剖分,将其任意去掉一个顶点,不妨设这个顶点为 v_{t+1},由剩下 t 个顶点所构成的复形 $M' \subset M$,由于 $E^m(\infty)$ 是扩充欧氏空间,无论 v_{t+1} 在 M' 的外部或内部,那么 v_{t+1} 都在对 M' 进行极大单形剖分后的一个 n 维单形 σ_n 中(如 v_{t+1} 在 M' 的外部,则 σ_n 含 ∞ 点),设 σ_n 的顶点为 $v'_1, v'_2, \cdots, v'_{n+1}$,极大平复形 M 与极大平复形 M' 的 $k(0 \leqslant k \leqslant n)$ 维单形的个数分别为 a_k 与 a'_k,现将 M 中 k 维单形分成两类:一类是 M 与 M' 中公共的 k 维单形,由于 $M' \subset M$,故此类的 k 维单形有 a'_k 个;另一类是 M 的顶点 v_{t+1} 在 M' 的子单形 σ_n 内,而由顶点 $v'_1, v'_2, \cdots, v'_{n+1}$ 中任意 k 个顶点与顶点 v_{t+1} 这 $k+1$ 个顶点构成的 k 维单形,这类的 k 维单形的个数为 $\begin{pmatrix} n+1 \\ k \end{pmatrix}$,由互不内交的定义知,

以上所述的 k 维单形都互不内交,而规则极大平复形 M 的 k 维单形的个数为这两类不同且互不内交的 k 维单形个数之和,即

$$a_k = \binom{n+1}{k} + a'_k \quad (k = 0,1,2,\cdots,n) \qquad \square$$

引理 7.1.2　对于 $E^{n+1}(\infty)$ 中球面 S^n 有

$$\chi(S^n) = 1 + (-1)^n$$

这里 $\chi(S^n)$ 为球面 S^n 的 Euler-Poincaré 示性数.

由定义 7.1.1 知,n 维平复形的多面体 $|M|$ 与 $n+1$ 维实心球的表面 S^n 同胚.故有如下推论:

推论 7.1.1　设 M 为 $E^n(\infty)$ 中平复形,那么有

$$\sum_{k=0}^{n} (-1)^k a_k = \chi(M) = 1 + (-1)^n$$

这里 $a_k(k=0,1,2,\cdots,n)$ 是 M 中 k 维单形的个数与 k 维复形的个数之和,$\chi(M)$ 为复形 M 的 Euler-Poincaré 示性数.

利用二项式反演公式或生成函数理论可证如下组合恒等式:

引理 7.1.3[12]　$\displaystyle\sum_{k=0}^{n+1} \frac{(-1)^k}{k+1} \binom{n+1}{k} = \frac{1}{n+2}.$

引理 7.1.4[9,10]　完全图 K_m 是 Hamilton 图,且对 K_m 中任意一条边 e,必存在一个 Hamilton 圈 $C(K_m)$ 使得 e 为 $C(K_m)$ 中的一条边.

7.1.3　主要结果

定理 7.1.1　$E^n(\infty)(n \in \mathbf{N}^+)$ 中具有 a_0 个顶点的 n 维的规则极大平复形 M 中 $k(0 \leqslant k \leqslant n-1)$ 维单形的个数为 a_k,那么

$$a_k = a_0 \binom{n+1}{k} - \frac{(n+2)k}{k+1} \binom{n+1}{k} \qquad (7.1.1)$$

证明　由于 M 为 n 维的,故 $a_0 \geqslant n+1$.当 $a_0 = n+1$ 时,则 M 为 n 维单形,即 M 中任意 $k+1$ 个顶点构成的互不内交的 k 维单形的个数 $a_k = \binom{n+1}{k+1}$,而

$$\binom{n+1}{k+1} = (n+1)\binom{n+1}{k} - \frac{(n+2)k}{k+1}\binom{n+1}{k}$$

即(7.1.1)式成立.

假设 $a_0 = t(t \geqslant n+1)$ 时(7.1.1)式成立,那么当 $a_0 = t+1$ 时,由引理 7.1.1 知,$a_k = \binom{n+1}{k} + a'_k$,由归纳假设知

$$a'_k = a'_0\binom{n+1}{k} - \frac{(n+2)k}{k+1}\binom{n+1}{k} = t\binom{n+1}{k} - \frac{(n+2)k}{k+1}\binom{n+1}{k}$$

所以

$$a_k = \binom{n+1}{k} + a'_k = \binom{n+1}{k} + t\binom{n+1}{k} - \frac{(n+2)k}{k+1}\binom{n+1}{k}$$

$$= (t+1)\binom{n+1}{k} - \frac{(n+2)k}{k+1}\binom{n+1}{k}$$

$$= a_0\binom{n+1}{k} - \frac{(n+2)k}{k+1}\binom{n+1}{k}$$

故 $a_0 = t+1$ 时(7.1.1)式也成立. □

定理 7.1.2 设 M 为 $E^n(\infty)(n \in \mathbf{N}^+)$ 中具有 a_0 个顶点的 n 维的规则极大平复形,则 M 有

$$n(a_0 - n - 1) + 2 \quad (a_0 \geqslant n+1, n, a_0 \in \mathbf{N}^+)$$

个不同的 n 维子单形.

证明 由于 M 是规则极大平复形,由引理 7.1.2 的推论知

$$\sum_{k=0}^{n} (-1)^k a_k = \chi(M) = 1 + (-1)^n \tag{7.1.2}$$

由(7.1.1)式与(7.1.2)式得

$$\sum_{k=0}^{n-1} (-1)^k \left[a_0\binom{n+1}{k} - \frac{(n+2)k}{k+1}\binom{n+1}{k} \right] + (-1)^n a_n = 1 + (-1)^n$$

于是

$$(-1)^{n+1} a_n + 1 + (-1)^n$$

$$= \sum_{k=0}^{n-1} (-1)^k \left[a_0\binom{n+1}{k} - \frac{(n+2)k}{k+1}\binom{n+1}{k} \right]$$

$$= \left[a_0 - (n+2) \right]\left[\sum_{k=0}^{n+1} (-1)^k \binom{n+1}{k} - (-1)^n\binom{n+1}{n} - (-1)^{n+1}\binom{n+1}{n+1} \right]$$

$$+ (n+2)\left[\sum_{k=0}^{n+1} \frac{(-1)^k}{k+1}\binom{n+1}{k} - \frac{(-1)^n}{n+1}\binom{n+1}{n} - \frac{(-1)^{n+1}}{n+2}\binom{n+1}{n+1} \right]$$

$$\tag{7.1.3}$$

由二项式定理与引理 7.1.3 知

$$\sum_{k=0}^{n+1} (-1)^k \binom{n+1}{k} = 0, \quad \sum_{k=0}^{n+1} \frac{(-1)^k}{k+1}\binom{n+1}{k} = \frac{1}{n+2}$$

将这两个式子代入(7.1.3)式整理得

$$(-1)^{n+1} a_n + 1 + (-1)^n$$

$$= \left[a_0 - (n+2)\right]\left[(-1)^{n+1}(n+1) - (-1)^{n+1}\right]$$
$$+ 1 + (-1)^{n+2}(n+2) + (-1)^{n+2}$$

故 $a_n = n(a_0 - n - 1) + 2$. □

由定义 7.1.7、定理 7.1.1 与定理 7.1.2 还可叙述为：

定理 7.1.1′　设 M 为 $E^n(\infty)(n \in \mathbf{N}^+)$ 中具有 a_0 个顶点的 n 维的规则极大平复形，则 M 有 $a_0 \dbinom{n+1}{k} - \dfrac{(n+2)k}{k+1}\dbinom{n+1}{k}$ 个互不内交的 $k-1(1 \leqslant k \leqslant n-1)$ 维最小圈.

定理 7.1.2′　设 M 为 $E^n(\infty)(n \in \mathbf{N}^+)$ 中具有 a_0 个顶点的 n 维的规则极大平复形，则 M 有 $n(a_0 - n - 1) + 2 (a_0 \geqslant n + 1, n, a_0 \in \mathbf{N}^+)$ 个互不内交的 $n-1$ 维最小圈.

注 7.1.4　在定理 7.1.1′ 中，当 $n = 2, k = 1$ 时，其 0 维最小圈（即线段或边）的个数为

$$a_1 = a_0 \dbinom{2+1}{1} - \dfrac{2+2}{1+1}\dbinom{2+1}{1} = 3a_0 - 6$$

这正是我们熟知的极大平图中一个重要结论.

定理 7.1.3　$E^n(\infty)(n \in \mathbf{N}^+)$ 中具有 a_0 个顶点的 n 维的规则极大平复形 M，长度为 $(t-1)(k-1) + k + 1 (t, k \in \mathbf{N}^+, k < n - 1)$ 且互不内交的 $k-1$ 维圈的个数为

$$\left\lfloor \dfrac{1}{t}\dbinom{n+1}{k}\left(a_0 - \dfrac{(n+2)k}{k+1}\right) \right\rfloor$$

这里 $\lfloor x \rfloor$ 表示不超过 x 的最大整数.

证明　由于 $t(t \geqslant 1)$ 个 k 维单形依次相邻且规则相处所形成的单纯复形有 $(t-1)(k-1) + k + 1$ 个 $k-1$ 维单形的侧面，这些侧面形成一个长度为 $(t-1)(k-1) + k + 1$ 的 $k-1$ 维的圈. 由定理 7.1.1 知，M 的 k 维单形的个数为

$$a_k = a_0 \dbinom{n+1}{k} - \dfrac{(n+2)k}{k+1}\dbinom{n+1}{k}$$

而这些单形都规则相处，故 M 有 $\left\lfloor \dfrac{1}{t}a_k \right\rfloor$ 个互不内交的子复形 $K_1, K_2, \cdots, K_{\lfloor \frac{1}{t}a_k \rfloor}$，其中 $K_i\left(i = 1, 2, \cdots, \left\lfloor \dfrac{1}{t}a_k \right\rfloor\right)$ 是 M 中 t 个依次相邻的 k 维单形所构成的复形. 而圈 $C(\partial K_i)$ 的长度都是 $(t-1)(k-1) + k + 1$，至此，命题获证. □

定理 7.1.3 是定理 7.1.1′ 的推广. 定理 7.1.1′ 是定理 7.1.3 中当 $t = 1$ 时的特例. 用类似的方法可推广定理 7.1.2′，即有如下结果：

定理 7.1.4　$E^n(\infty)(n \in \mathbf{N}^+)$ 中具有 a_0 个顶点的 n 维的规则极大平复形

M, 长度为 $(t-1)(n-1)+n+1$ ($t,n \in \mathbf{N}^+$) 且互不内交的 $n-1$ 维圈的个数为 $\left\lfloor \dfrac{1}{t}(n(a_0-n-1)+2) \right\rfloor$.

注 7.1.5　在定理 7.1.4 中, 当 $n=t=2$ 时, 其长度为 4 的互不内交的 1 维圈的个数为 a_0-2, 即具有 a_0 个顶点的规则极大平图有 a_0-2 个互不内交的 4 边形. 当 $n=2, t=3$ 时, 其长度为 5 的互不内交的 1 维圈的个数为 $\left\lfloor \dfrac{2}{3}(a_0+1) \right\rfloor - 2$, 即具有 a_0 个顶点的规则极大平图有 $\left\lfloor \dfrac{2}{3}(a_0+1) \right\rfloor - 2$ 个互不内交的 5 边形. 当 $n=3, t=2$ 时, 其长度为 6 的互不内交的 2 维圈的个数为 $\left\lfloor \dfrac{3}{2}a_0 \right\rfloor - 5$, 即具有 a_0 个顶点的规则极大平复形有 $\left\lfloor \dfrac{3}{2}a_0 \right\rfloor - 5$ 个互不内交的 6 面体. 如此等等, 由定理 7.1.4 我们可以得到很多有用的结果.

定理 7.1.5　设 M 为 $E^n(\infty)$ ($n \in \mathbf{N}^+$, $n \geqslant 2$) 中具有 a_0 个顶点的 n 维规则极大平复形, 则 M 是 2 维的 Hamilton 图, 且 $\forall e \in E(M)$, 必存在一个 1 维 Hamilton 圈 $C_1(M)$ 使得 e 为 $C_1(M)$ 中的一条边. 这里 $E(M)$ 为 M 中 1 维边的集合.

证明　由于 M 为 n 维的, 所以 $a_0 \geqslant n+1$. 当 $a_0 = n+1$ 时, 则 M 为 n 维单形. 于是 M 中任意两个顶点有且只有一条边相连, 故单形 M 与完全图 K_{n+1} 是等同的. 由引理 7.1.4 知, 完全图 K_{n+1} 是 Hamilton 图, 且对 K_{n+1} 中任意一条边 e, 必存在一个 Hamilton 圈 $C_1(K_{n+1})$ 使得 e 为 $C_1(K_{n+1})$ 中的一条边. 故 $a_0 = n+1$ 时命题成立.

假设 $a_0 = k$ ($k \geqslant n+1$) 时命题成立, 那么当 $a_0 = k+1$ 时, M 为具有 $k+1$ 个顶点的 n 维规则极大平复形. 现在考虑对任一顶点 $v \in V(M)$ ($V(M)$ 为 M 的顶点集), $|V(M)| = k+1$. 由于 M 为极大平复形, 所以只需考虑任意与 v 为同一个 n 维单形的顶点的集合即可. 设 $v_1, v_2, \cdots, v_n \in V(M)$, $v_1, v_2, \cdots, v_n$ 是 $V(M)$ 中任意与顶点 v 同为一个 n 维单形 σ_n ($\sigma_n \sqsubseteq M$) 的顶点. 下证对 $\forall i \in \{1,2,\cdots,n\}$, 边 $v_i v$ 为某个 Hamilton 圈中的边.

对任意的边 $v_i v_j$ ($i,j \in \{1,2,\cdots,n\}$), 由于 M 去掉顶点 v 后有 k 个顶点, 由归纳假设知, 其导出子图是 Hamilton 图, 且边 $e = v_i v_j$ 为某个 Hamilton 圈中的一条边. 于是可设这个 Hamilton 圈为 $v_1' e_1 v_2' e_2 \cdots v_i e v_j' \cdots v_k' e_k v_1'$ (长度为 k), 而 v_i, v_j 与 v 为同一个单形 σ_n 的顶点, 于是 v_i 与 v 以及 v_j 与 v 都有边相连接, 记 $v_i v = e_i'$, $vv_j = e_j'$, 于是

$$v_1' e_1 v_2' e_2 \cdots v_i e_i' v e_j' v_j \cdots v_k' e_k v_1'$$

为经过 M 所有顶点且长度为 $k+1$ 的圈, 故 M 是 Hamilton 图, 且由 $v_i v$ 的任意性

知,$a_0 = k+1$ 时,命题也成立.由数学归纳法原理即可证. □

在定理 7.1.5 中,当 $n=2$ 时,即有如下结果:

推论 7.1.2[9],[13]　设 M 为具有 a_0 个顶点的规则极大平图,则 M 为 Hamilton 图,且 $\forall e \in E(M)$,必存在一个 Hamilton 圈 $C_1(M)$ 使得 e 为 $C_1(M)$ 中的一条边.这里 $E(M)$ 为 M 中边的集合.

由文献[13]知,极大平图不一定是 Hamilton 图,规则极大平图一定是 Hamilton 图.

猜想 7.1.1　设 M 为 $E^n(\infty)(n \in \mathbf{N}^+, n \geqslant 2)$ 中具有 a_0 个顶点的 n 维规则极大平复形,记 M 的所有不同 $k(1 \leqslant k \leqslant n-1)$ 维子单形的集合为 $E_k(M)$,则 M 是 k 维的 Hamilton 图,且对 $\forall e \in E_k(M)$,必存在一个 k 维 Hamilton 圈 $C_k(M)$ 使得 e 为 $C_k(M)$ 中的一条 k 维边.

定理 7.1.6　对于单纯复形 M,将其进行单形剖分,那么有

$$\sum_{k=1}^{a_q} ds_k^q(p) = \sum_{k=1}^{a_p} ds_k^p(q)$$

这里 s_k^q, s_k^p 分别表示 M 剖分后的 q, p 维的子单形,a_q, a_p 分别表示 M 剖分后的 q, p 维的子单形个数.

证明　考察其关联矩阵 (a_{ij}),其中

$$a_{ij} = \begin{cases} 0 & (s_i^q \text{ 与 } s_j^p \text{ 不关联}) \\ 1 & (s_i^q \text{ 与 } s_j^p \text{ 相关联}) \end{cases}$$

那么 $\sum_{k=1}^{a_q} ds_k^q(p)$ 即是 M 剖分后的所有 q 维单形关于 p 维单形的度,它恰是矩阵 (a_{ij}) 各行元素之和再累加,即 $\sum_{k=1}^{a_q} ds_k^q(p) = \sum_{i=1}^{a_q} \sum_{j=1}^{a_p} a_{ij}$；另一方面,$\sum_{k=1}^{a_p} ds_k^p(q)$ 是 M 剖分后的所有 p 维单形关于 q 维单形的度,它恰是矩阵 (a_{ij}) 各列元素之和再累加,即 $\sum_{k=1}^{a_p} ds_k^p(q) = \sum_{j=1}^{a_p} \sum_{i=1}^{a_q} a_{ij}$.所以

$$\sum_{k=1}^{a_q} ds_k^q(p) = \sum_{i=1}^{a_q} \sum_{j=1}^{a_p} a_{ij} = \sum_{j=1}^{a_p} \sum_{i=1}^{a_q} a_{ij} = \sum_{k=1}^{a_p} ds_k^p(q)$$ □

7.2　极大单形剖分问题的若干注记

这一节先给出定理 7.1.2 的又一证明,再考虑 n 维规则平复形进行极大单形

剖分后有多少不同构的情形.

定理 7.1.2 的又一证明 用数学归纳法. 当 $a_0 = n+1$ 时, 此时 M 的内侧与外侧分别形成 $E^n(\infty)(n \in \mathbf{N}^+, n \geqslant 2)$ 中的两个 n 维单形, 即有 2 个单形, 于是当 $a_0 = n+1$ 时, 有 $a_n = [a_0 - (n+1)]n + 2 = 2$, 此时命题成立. 假设当 $a_0 = m(m \geqslant n+1)$ 时, $a_n = [a_0 - (n+1)]n + 2 = [m - (n+1)]n + 2$, 那么当 $a_0 = m+1$ 时, 设 M 的顶点为 $v_1, \cdots, v_m, v_{m+1}$, 由假设知, 由顶点 $v_1, \cdots, v_m$ 构成的平复形进行极大单形剖分后, 共有 $[m-(n+1)]n+2$ 个 n 维单形, 设这 $[m-(n+1)]n+2$ 个 n 维单形分别为 $M_1, M_2, \cdots, M_{[m-(n+1)]n+2}$. 由于 $v_{m+1} \in E^n(\infty)$, 又因为进行极大单形剖分, 故无 $n+1$ 个点共 $n-1$ 维面, 即 v_{m+1} 在 $M_1, M_2, \cdots, M_{[m-(n+1)]n+2}$ 中某个的内部, 不妨设 $v_{m+1} \in M_1$, 且 v_{m+1} 不在 M_1 的 $n-1$ 维侧面上, 将 v_{m+1} 与 n 维单形 M_1 的 $n+1$ 个顶点相连进行单形剖分, 则 M_1 剖分成 $n+1$ 个 n 维小单形, 故新增 n 个 n 维单形, 此时

$$a_n = [(m+1) - (n+1)]n + 2 = [a_0 - (n+1)]n + 2$$

即 $a_0 = m+1$ 时, 命题也成立, 由数学归纳法原理, 命题得证. □

由引理 7.1.2 的推论与定理 7.1.1 与定理 7.1.2, 我们有如下组合恒等式:

定理 7.2.1 对任意正整数 n 与 $a_0 (a_0 \geqslant n+1)$ 有如下等式成立:

$$[a_0 - (n+1)]n + 2 + \sum_{k=0}^{n-1} (-1)^k \left(a_0 - \frac{(n+2)k}{k+1}\right)\binom{n+1}{k}$$

$$= \begin{cases} 0 & (n = 2m-1, m \in \mathbf{N}^+) \\ 2 & (n = 2m, m \in \mathbf{N}^+) \end{cases}$$

特别地, 当 $a_0 = n+1$ 且 n 为偶数时, 有

$$\sum_{k=0}^{n-1} (-1)^k \left(n+1 - \frac{(n+2)k}{k+1}\right)\binom{n+1}{k} = 0$$

当 $a_0 = n+1$ 且 n 为奇数时, 有

$$2 + \sum_{k=0}^{n-1} (-1)^k \left(n+1 - \frac{(n+2)k}{k+1}\right)\binom{n+1}{k} = 0$$

证明 由引理 7.1.2 的推论知, $\sum\limits_{k=0}^{n} (-1)^k a_k = \chi(M) = 1 + (-1)^n$. 由定理 7.1.1 与定理 7.1.2 得

$$a_k = a_0 \binom{n+1}{k} - \frac{(n+2)k}{k+1}\binom{n+1}{k} \quad (0 \leqslant k \leqslant n-1)$$

$$a_n = [a_0 - (n+1)]n + 2$$

于是

$$\sum_{k=0}^{n} (-1)^k a_k = a_n + \sum_{k=0}^{n-1} (-1)^k a_k$$

$$= \left[a_0 - (n+1)\right]n + 2 + \sum_{k=0}^{n-1}(-1)^k\left(a_0\binom{n+1}{k} - \frac{(n+2)k}{k+1}\binom{n+1}{k}\right)$$

$$= 1 + (-1)^n = \begin{cases} 0 & (n = 2m - 1, m \in \mathbf{N}^+) \\ 2 & (n = 2m, m \in \mathbf{N}^+) \end{cases} \qquad \square$$

下面再考虑对 $E^n(\infty)$ 中平复形 M 进行极大单形剖分时,按同构分类,有多少不同的剖分方法.先看 $E^2(\infty)$ 中的情形.简记顶点 v 关于边的度为 $d(v)$.若 M 有 4 个顶点,进行极大单形剖分,有两种不同构(按各顶点的度分类)的情形如下:

① $(d(v_1), d(v_2), d(v_3), d(v_4)) = (4,2,2,4)$(图 7.2.1①);

② $(d(v_1), d(v_2), d(v_3), d(v_4)) = (3,3,3,3)$(图 7.2.1②).

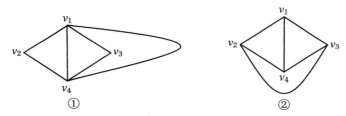

图 7.2.1　$E^2(\infty)$ 中 4 个顶点平复形极大单形剖分示意图

易证 4 个顶点平复形进行极大单形剖分,仅有这两种不同构(按各顶点的度分类)的情形.

若 M 有 5 个顶点,进行极大单形剖分,有 3 种不同构(按各顶点的度分类)的情形如下:

① $(d(v_1), d(v_2), d(v_3), d(v_4), d(v_5)) = (2,3,3,5,5)$(图 7.2.2①);

② $(d(v_1), d(v_2), d(v_3), d(v_4), d(v_5)) = (2,2,4,4,6)$(图 7.2.2②);

③ $(d(v_1), d(v_2), d(v_3), d(v_4), d(v_5)) = (3,3,4,4,4)$(图 7.2.2③).

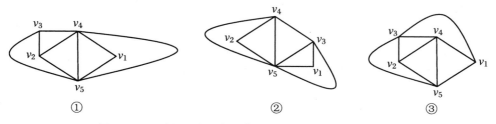

图 7.2.2　$E^2(\infty)$ 中 5 个顶点平复形极大单形剖分示意图

易证对 5 个顶点平复形进行极大单形剖分,仅有这 3 种不同构(按各顶点的度分类)的情形.

若 M 有 6 个顶点,进行极大单形剖分,有 5 种不同构(按各顶点的度分类)的情形如下:

① $(d(v_1), d(v_2), d(v_3), d(v_4), d(v_5), d(v_6)) = (2,2,4,4,6,6)$(图 7.2.3①);

② $(d(v_1), d(v_2), d(v_3), d(v_4), d(v_5), d(v_6)) = (2,3,4,4,5,6)$(图 7.2.3②);

③ $(d(v_1), d(v_2), d(v_3), d(v_4), d(v_5), d(v_6)) = (2,2,2,6,6,6)$(图 7.2.3③);

④ $(d(v_1), d(v_2), d(v_3), d(v_4), d(v_5), d(v_6)) = (3,3,4,4,5,5)$(图 7.2.3④);

⑤ $(d(v_1), d(v_2), d(v_3), d(v_4), d(v_5), d(v_6)) = (4,4,4,4,4,4)$(图 7.2.3⑤).

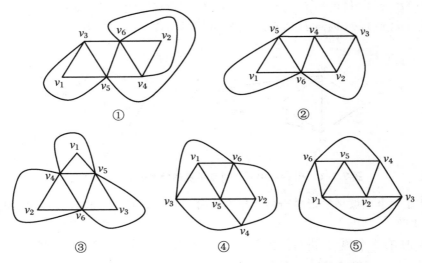

图 7.2.3　$E^2(\infty)$ 中 6 个顶点平复形极大单形剖分示意图

易证对 6 个顶点平复形进行极大单形剖分,仅有这 5 种不同构(按各顶点的度分类)的情形.

若 M 有 7 个顶点,进行极大单形剖分,至少有 10 种不同构(按各顶点的度分类)的情形如下:

① $(d(v_1), d(v_2), d(v_3), d(v_4), d(v_5), d(v_6), d(v_7)) = (2,2,2,4,6,6,8)$;

② $(d(v_1), d(v_2), d(v_3), d(v_4), d(v_5), d(v_6), d(v_7)) = (2,2,2,5,5,7,7)$;

③ $(d(v_1), d(v_2), d(v_3), d(v_4), d(v_5), d(v_6), d(v_7)) = (2,2,3,3,6,7,7)$;

④ $(d(v_1), d(v_2), d(v_3), d(v_4), d(v_5), d(v_6), d(v_7)) = (2,2,3,4,6,6,7)$;

⑤ $(d(v_1), d(v_2), d(v_3), d(v_4), d(v_5), d(v_6), d(v_7)) = (2,2,4,5,5,6,6)$;

⑥ $(d(v_1), d(v_2), d(v_3), d(v_4), d(v_5), d(v_6), d(v_7)) = (2,3,3,3,5,6,8)$;

⑦ $(d(v_1), d(v_2), d(v_3), d(v_4), d(v_5), d(v_6), d(v_7)) = (2,3,4,4,5,5,7)$;

⑧ $(d(v_1), d(v_2), d(v_3), d(v_4), d(v_5), d(v_6), d(v_7)) = (3,3,4,4,5,5,6)$;

⑨ $(d(v_1), d(v_2), d(v_3), d(v_4), d(v_5), d(v_6), d(v_7)) = (3,4,4,4,5,5,5)$;

⑩ $(d(v_1), d(v_2), d(v_3), d(v_4), d(v_5), d(v_6), d(v_7)) = (4, 4, 4, 4, 4, 5, 5)$.

总之，在 $E^2(\infty)$ 中有如下结论：

定理 7.2.2　在 $E^2(\infty)$ 中具有 4 个顶点的极大单形剖分平图只有 2 种；具有 5 个顶点的极大单形剖分平图只有 3 种；具有 6 个顶点的极大单形剖分平图只有 5 种；具有 7 个顶点的极大单形剖分平图不少于 10 种.

一般地，在 $E^2(\infty)$ 中具有 $n(n \geqslant 7)$ 个顶点的极大单形剖分平图有多少种不同构？这是一个值得研究的问题，用 Pólya 计数定理来研究可能有作用，但难度可能较大. 对一般 $E^m(\infty)(m \geqslant 3)$ 中具有 $n(n \geqslant m+1)$ 个顶点的极大单形剖分平图有多少种不同构？这个问题将更困难.

对每个 n 维单形，它有 $n+1$ 个顶点，根据定理 7.1.1，它有

$$\left(n+1 - \frac{k(n+2)}{k+1}\right)\binom{n+1}{k}$$

个 $k(0 \leqslant k \leqslant n-1)$ 维单形，即每个 n 维单形它关于 $k(0 \leqslant k \leqslant n-1)$ 维单形的度为

$$\left(n+1 - \frac{k(n+2)}{k+1}\right)\binom{n+1}{k}$$

而具有 a_0 个顶点的极大单形剖分平图，根据定理 7.1.2，它有 $[a_0 - (n+1)]n + 2$ 个 n 维单形，因此这些单形关于 $k(0 \leqslant k \leqslant n-1)$ 维单形的度的和为

$$([a_0 - (n+1)]n + 2)\left(n+1 - \frac{k(n+2)}{k+1}\right)\binom{n+1}{k}$$

设具有 $a_0(a_0 \geqslant n+1)$ 个顶点的极大单形剖分平图中含有 n 维单形分别为 M_1, $M_2, \cdots, M_{[m-(n+1)]n+2}$，简记 n 维单形 $M_i(i=1, 2, \cdots, n(a_0 - n - 1) + 2)$ 关于 $k(0 \leqslant k \leqslant n-1)$ 维单形的度为 $d_k(M_i)$，于是

$$\sum_{k=0}^{n-1} \sum_{i=1}^{n(a_0-n-1)+2} d_k(M_i) = \sum_{k=0}^{n-1} ([a_0 - (n+1)]n + 2)\left(n+1 - \frac{k(n+2)}{k+1}\right)\binom{n+1}{k}$$

设具有 a_0 个顶点的极大单形剖分平图中各个顶点分别为 $v_1, v_2, \cdots, v_{a_0}$，简记顶点 $v_i(i=1, 2, \cdots, a_0)$ 关于 $k(1 \leqslant k \leqslant n)$ 维单形的度为 $d_k(v_i)$，于是由定理 7.1.6 得

$$\sum_{k=1}^{n} \sum_{i=1}^{a_0} d_k(v_i) = \sum_{k=0}^{n-1} \sum_{i=1}^{n(a_0-n-1)+2} d_k(M_i)$$
$$= \sum_{k=0}^{n-1} ([a_0 - (n+1)]n + 2)\left(n+1 - \frac{k(n+2)}{k+1}\right)\binom{n+1}{k}$$

一般地，根据这一结论以及定理 7.1.6 我们有如下定理：

定理 7.2.3　具有 $a_0(a_0 \geqslant n+1)$ 个顶点的极大单形剖分平图中所有 $m(0 \leqslant$

$m \leqslant n$)维单形关于 $k(k \neq m, k \in \{0, 1, 2, \cdots, n\})$ 维单形的度简记为 d_m^k, 那么有

$$\sum_{\substack{k \neq m, \\ k \in \{0, 1, 2, \cdots, n\}}} \sum_{m=0}^{n} d_m^k = \sum_{k=1}^{n} \sum_{i=1}^{a_0} d_k(v_i) = \sum_{k=0}^{n-1} \sum_{i=1}^{n(a_0-n-1)+2} d_k(M_i)$$

$$= \sum_{k=0}^{n-1} ([a_0 - (n+1)]n + 2)\left(n + 1 - \frac{k(n+2)}{k+1}\right)\binom{n+1}{k}$$

7.3　一个图论极值问题

这一节介绍 2-色图的一个极值问题,这一问题是由冯跃峰于 2010 年提出并解决的[14]. 由 n 个点两两用边连接得到的图叫作 n 阶完全图,记为 K_n,将图中的边用红、蓝两种颜色染色,得到的图叫作 2-色图,对于 2-色图中的一个三角形,如果它的 3 条边都同色,则称之为同色三角形,我们有如下一个常见的问题:

求证:在 2-色 K_n 中,至少有 $\frac{1}{24}n(n-1)(n-5)$ 个同色三角形.

这个问题并不难,我们称两条共顶点的异色边为一个异色角,设 K_n 中共有 f_n 个同色三角形,计算 K_n 中异色角的总数 S.

一方面,同色三角形中没有异色角,而每个异色的三角形中有 2 个异色角,由于有 $\binom{n}{3} - f_n$ 个异色三角形,于是 $S = 2\left[\binom{n}{3} - f_n\right]$.

另一方面,对每个顶点 $a_i(i=1, 2, \cdots, n)$. 设 a_i 引出了 x_i 条红色边,$n-1-x_i$ 条蓝色边,则以 a_i 为顶点的异色角的个数为 $x_i(n-1-x_i)$,于是

$$S = \sum_{i=1}^{n} x_i(n-1-x_i)$$

所以 $2\left[\binom{n}{3} - f_n\right] = S = \sum_{i=1}^{n} x_i(n-1-x_i)$,于是

$$f_n = \binom{n}{3} - \frac{1}{2}\sum_{i=1}^{n} x_i(n-1-x_i) \geqslant \binom{n}{3} - \frac{1}{2}\sum_{i=1}^{n} \frac{(n-1)^2}{4}$$

$$= \frac{1}{24}n(n-1)(n-5)$$

在一般的情况下,上述不等式中的等号不成立. 那么,一个自然的问题是,在 2-色 K_n 中,同色三角形个数的最小值是多少?

假定 2-色 K_n 中同色三角形个数的最小值是 c_n,我们有如下结论:

定理 7.3.1　（1）对任何 2-色的 K_n，其中同色三角形个数 $f_n \geqslant c_n$；

（2）存在一个 2-色的 K_n，其中同色三角形个数 $f_n = c_n$.

其中（1）的解决是比较容易的，而（2）属构造问题，需要一定的技巧.

证明　我们先解决（1）.

设 K_n 中共有 f_n 个同色三角形，计算 K_n 中异色角的总数 S.

如上所述，

$$S = \sum_{i=1}^{n} x_i(n-1-x_i) = \sum_{i=1}^{n} \left[x_i(n-1) - x_i^2 \right]$$

$$= \sum_{i=1}^{n} \left[-\left(x_i - \frac{n-1}{2} \right)^2 + \left(\frac{n-1}{2} \right)^2 \right]$$

当 n 为偶数时，$\dfrac{n-1}{2}$ 非整数，所以 $\left| x_i - \dfrac{n-1}{2} \right| \geqslant \dfrac{1}{2}$，因此

$$S = \sum_{i=1}^{n} \left[-\left(x_i - \frac{n-1}{2} \right)^2 + \left(\frac{n-1}{2} \right)^2 \right]$$

$$\leqslant \sum_{i=1}^{n} \left[-\left(\frac{1}{2} \right)^2 + \left(\frac{n-1}{2} \right)^2 \right] = \frac{n^2(n-2)}{4}$$

所以

$$2\left[\binom{n}{3} - f_n \right] = S \leqslant \frac{n^2(n-2)}{4}$$

即

$$2f_n \geqslant 2\binom{n}{3} - \frac{n^2(n-2)}{4} = \frac{n(n-1)(n-2)}{3} - \frac{n^2(n-2)}{4} = \frac{n(n-2)(n-4)}{12}$$

所以 $f_n \geqslant \dfrac{n(n-2)(n-4)}{24}$，等号在所有 $\left| x_i - \dfrac{n-1}{2} \right| = \dfrac{1}{2}$ 时成立（$1 \leqslant i \leqslant n$），此时每个点引出的红边数与蓝边数都恰好相差 1；

当 n 为奇数时，

$$S = \sum_{i=1}^{n} \left[-\left(x_i - \frac{n-1}{2} \right)^2 + \left(\frac{n-1}{2} \right)^2 \right] \leqslant \sum_{i=1}^{n} \left(\frac{n-1}{2} \right)^2 = \frac{n(n-1)^2}{4}$$

但若 $S = \dfrac{n(n-1)^2}{4}$，则对所有 $i = 1, 2, \cdots, n$，有 $x_i = \dfrac{n-1}{2}$，此时 $\sum\limits_{i=1}^{n} x_i = \dfrac{n(n-1)}{2}$，从而所有红色边数为 $\dfrac{1}{2} \sum\limits_{i=1}^{n} x_i = \dfrac{n(n-1)}{4}$，因为 n 为奇数，有 $(n, 4) = 1$，所以 $4 \mid (n-1)$. 由此可见，要使不等式成立等号，必须 $4 \mid (n-1)$. 于是，当 $n = 4m+1$ 时，$S \leqslant \dfrac{n(n-1)^2}{4}$，此时 $2\left[\binom{n}{3} - f_n \right] = S \leqslant \dfrac{n(n-1)^2}{4}$，所以

$$2f_n \geqslant 2\binom{n}{3} - \frac{n(n-1)^2}{4} = \frac{n(n-1)(n-5)}{12}$$

即 $f_n \geqslant \dfrac{n(n-1)(n-5)}{24}$，等号在所有 $x_i = \dfrac{n-1}{2}$ 时成立 $(1 \leqslant i \leqslant n)$，此时每个点引出的红边数与蓝边数都相等；

当 $n = 4m + 3$ 时，$S \neq \dfrac{n(n-1)^2}{4}$，从而 $S \leqslant \dfrac{n(n-1)^2}{4} - 1$. 此时

$$2\left[\binom{n}{3} - f_n\right] = S \leqslant \frac{n(n-1)^2}{4} - 1$$

所以

$$2f_n \geqslant 2\binom{n}{3} - \frac{n(n-1)^2}{4} + 1 = \frac{(n+1)(n-3)(n-4)}{12}$$

即 $f_n \geqslant \dfrac{(n+1)(n-3)(n-4)}{24}$，等号在有 $n-1$ 个 $i \in \{1,2,\cdots,n\}$，使 $x_i = \dfrac{n-1}{2}$，且另一个 $i \in \{1,2,\cdots,n\}$，使 $\left| x_i - \dfrac{n-1}{2} \right| = 1$ 时成立，此时有 $n-1$ 个点，每点引出的红边数与蓝边数都相等. 而另外一个点引出的红边数与蓝边数相差 2. 所以

$$f_n \geqslant \begin{cases} \dfrac{n(n-2)(n-4)}{24} & (n \equiv 0 (\bmod 2)) \\[3mm] \dfrac{n(n-1)(n-5)}{24} & (n \equiv 1 (\bmod 4)) \\[3mm] \dfrac{(n+1)(n-3)(n-4)}{24} & (n \equiv 3 (\bmod 4)) \end{cases}$$

下面构造适当的 2-色 K_n，使上述不等式成立等号.

为叙述问题方便，设想 n 个点 $A_1, A_2, \cdots, A_n$ 在圆周上将圆周 n 等分，对于边 $A_i A_j (1 \leqslant i < j \leqslant n)$，如果它所对的不大于半圆的弧上有 $k-1$ 个已知点，则称之为 k 级边.

当 n 为偶数时，有两种构造方案.

构造方案 1：从成立等号的条件入手，因为每个点引出 $n-1$ 条边，其中 1，$2, \cdots, \dfrac{n}{2} - 1$ 级的边各有 2 条，而 $\dfrac{n}{2}$ 级边恰有 1 条.

将级别为奇数的所有边染红色，其余的边染蓝色，则每个点引出的红色边比蓝色边多一条，此时对所有 $i = 1, 2, \cdots, n$，有 $x_i = \dfrac{n+1}{2}$，于是 $\left| x_i - \dfrac{n-1}{2} \right| = \dfrac{1}{2}$，从而上述不等式成立等号，故

$$c_n = \frac{n(n-2)(n-4)}{24} \quad (n \equiv 0 (\mathrm{mod}\, 2))$$

构造方案 2：从数据特征入手，注意到

$$\frac{n(n-2)(n-4)}{24} = \frac{1}{3} \frac{n}{2} \left(\frac{n}{2}-1\right)\left(\frac{n}{2}-2\right) = 2\binom{\frac{n}{2}}{3}$$

做两个 $\frac{n}{2}$ 阶完全图 $K_{\frac{n}{2}}^1, K_{\frac{n}{2}}^2$，将它们的边都染红色，而对于 $K_{\frac{n}{2}}^1, K_{\frac{n}{2}}^2$ 之间的边则染蓝色，此时没有蓝色三角形，而红色三角形的个数为 $2\binom{\frac{n}{2}}{3} = \frac{n(n-2)(n-4)}{24}$，故

$$c_n = \frac{n(n-2)(n-4)}{24}.$$

当 $n=4m+1$ 时，每个点引出 $4m$ 条边，其中 $1,2,\cdots,2m$ 级的边各有 2 条，将级别为奇数的所有边染红色，其余的边染蓝色，则每个点引出的红色边数与蓝色边数相等，此时对所有 $i=1,2,\cdots,n$ 有 $x_i = \frac{n-1}{2}$，于是 $\left|x_i - \frac{n-1}{2}\right| = 0$，从而上述不等式成立等号，故

$$c_n = \frac{n(n-1)(n-5)}{24} \quad (n \equiv 1(\mathrm{mod}\, 4))$$

当 $n=4m+3$ 时，每个点引出 $4m+2$ 条边，其中 $1,2,\cdots,2m+1$ 级的边各有 2 条，将级别为小于 $2m+1$ 的奇数的所有边染红色，级别为偶数的所有边染蓝色，此外，考察所有级别为 $2m+1$ 的边，它们在图中恰好构成一个长为 n 的圈 $A_1 A_{2m+2} A_{4m+3} A_{2m+1} A_{4m+2} A_{2m} \cdots A_{2m+3} A_1$，在此圈中，将边 $A_1 A_{2m+2}, A_{2m+3} A_1$ 染红色，而其他的边的染色使得圈中其他任何两条相邻的边都异色，则除顶点 A_1 外，其他每个点都引出 1 条红色的 $2m+1$ 级的边和 1 条蓝色的 $2m+1$ 级的边，而顶点 A_1 则引出 2 条红色的 $2m+1$ 级的边，于是，除顶点 A_1 外，其他每个点引出的红色边数与蓝色边数相等，而顶点 A_1 引出的红色边数比蓝色边数多 2，这样，对所有 $i=2,3,\cdots,n$，有 $x_i = \frac{n-1}{2}$，即 $\left|x_i - \frac{n-1}{2}\right| = 0 (2 \leqslant i \leqslant n)$，而 $x_1 = \frac{n-1}{2}+1$ $= \frac{n+1}{2}$，即 $\left|x_1 - \frac{n-1}{2}\right| = 1$，从而上述不等式成立等号，故 $c_n = \frac{(n+1)(n-3)(n-4)}{24}$.

综上所述，我们得到

$$c_n \geqslant \begin{cases} \dfrac{n(n-2)(n-4)}{24} & (n \equiv 0 (\bmod\ 2)) \\[2mm] \dfrac{n(n-1)(n-5)}{24} & (n \equiv 1 (\bmod\ 4)) \\[2mm] \dfrac{(n+1)(n-3)(n-4)}{24} & (n \equiv 3 (\bmod\ 4)) \end{cases}$$

上式可统一为

$$c_n = \frac{1}{24}\big[n(n-1)(n-4) - n(n-4) - 3r \cdot |\, r-2\,| \cdot (n-2r+2) \big]$$

其中 $r = n - 4\left[\dfrac{n}{4}\right]$ 是 n 除以 4 所得的余数. 　　　　　　　　□

7.4　Ramsey 函数估值和图论中的渐近方法

由于 Ramsey 数的计算非常困难,如何来精确地估计 Ramsey 数,自然显得特别重要,李雨生与臧文安于 2001 年在文献[15]中介绍近些年来,人们用概率与渐近估计的方法对 Ramsey 函数进行估值. 以下的内容取材于文献[15].

对任何自然数 m 和 n,我们定义 $r(m,n)$:若最小的自然数 N,使得每一个有 N 个顶点的图 G,或者 G 包含完全图 K_m 作为子图,或者 G 的补图 $\overline{G}$ 包含完全图 K_n 作为子图. 注意 $\overline{G}$ 中的最大完全图就是 G 的最大独立点集,因而它的点数就是 G 的独立数. 所以 $N = r(m,n) - 1$ 是所有自身不含 m 个顶点的完全子图,其独立数又小于 n 的图的最大可能顶点数. 这种说法我们在后面的证明中要多次用到. 显然,$r(m,n) = r(n,m)$,并且我们有:$r(1,n) = 1$ 和 $r(2,n) = n$. 第一个非平凡 Ramsey 数是:$r(3,3) = 6$,它就曾经作为国际中学生数学竞赛题出现过. 其证明是这样的. 因顶点数为 5 的圈 C_5 不含 K_3,其补图也是 C_5,也不含 K_3. 因此 $r(3,3) > 5$. 但在一个顶点数为 6 的图 G 中,任取一顶点,记为 A,它或者和 G 的其余 5 点中的 3 个点,记为 B,C,D 都相连,或者和 5 点中的 3 个点都不相连. 不妨设为前者. 这样,若与 B,C,D 中的两点相连,比方说 B 和 C,则 A,B,C 组成一个 K_3. 否则 B,C,D 组成 $\overline{G}$ 中的 K_3. Erdős 很早就研究对角的 Ramsey 数:$r(n,n)$ 和当 m 固定,n 趋向于 ∞ 时,特别是 $r(3,n)$ 的渐近上界和渐近下界. 他的两篇关于 Ramsey 函数下界的奠基性论文,标志着随机图论的正式诞生.

如果一个概率空间中的每一个点(基本事件)都是一个图,则我们称这些图为随机图. 最广泛应用的一类随机图 $G(n,p)$ 是这样构成的:概率空间由以 $\{1,2,\cdots,$

n}为顶点集的所有图组成. 这里 n 个点是可区别的,就是说,同构的两个图被认为是不同的图,$0 \leqslant p \leqslant 1$. 每一条边以概率 p 独立地出现. 完全图 K_n 有 $N = \begin{pmatrix} n \\ 2 \end{pmatrix}$ 条边且有 2^N 个子图. 对任一个图 H,随机图 $G(n,p)$,H 出现的概率是 $p^{e(H)} q^{N-e(H)}$. 这里 $e(H)$ 是 H 的边数,$q = 1 - p$. 注意,随机图 $G(n,p)$ 中边的随机出现,等价于用两种颜色,比方说红色和蓝色,随机地给边着色,使每边着红色的概率 p,着蓝色的概率是 q,且各边着色相互独立. 在 $G(n,1/2)$ 中,每一个图均等可能地出现,概率是 2^{-N}. 对 Ramsey 数的定义,随机图边的随机出现和随机两颜色着色之间的等价性预示着随机图在 Ramsey 数的研究中有很多的应用.

近年来,极值图论特别是图的 Ramsey 理论之所以成为焦点问题,除了图论本身的要求以及它的研究带来了新的方法和新的思想外,另一个重要原因是它与算法复杂性的关系. 许多与图相关的 NP 问题,它的真正难度常常表现在 Ramsey 图或者渐近的 Ramsey 图上. 随机图论证明的某些图类的大量存在性,我们却几乎不能给出它们任何一类的构造. 这正是某些 NP 问题真正症结所在. 这种构造上的难度,说明了我们到现在为止所知道的绝大部分离散结构,远不能代表真正大部分的离散结构. 那些被构造出的离散结构,是因为它们有某种一致性构造,因而可以描述清楚. 换句话说,它们的构造并不太乱. 而 Ramsey 图或渐近的 Ramsey 图不在目前可具体构造之列.

1. 几个重要下界和随机图方法

我们来看看 Erdős 下面的关于对角 Ramsey 数下界的渐近估计. 它被认为是概率图论的非正式开始,因为它没有明确地使用现代概率的语言. 我们将使用分析语言 $f(n) \geqslant [1 - o(1)] g(n)$ 表示对任何 $\varepsilon > 0$,当 n 充分大(即存在 N,当 $n \geqslant N$ 时,$f(n) \geqslant (1 - \varepsilon) g(n)$. 类似地,可定义 $f(n) \leqslant [1 + o(1)] g(n)$.

定理 7.4.1　$r(n,n) \geqslant [1 - o(1)] \dfrac{n \sqrt{2^n}}{e \sqrt{2}}$.

证明　考虑随机图 $G(N,1/2)$. 令 $m = \begin{pmatrix} N \\ n \end{pmatrix}$. 将顶点集 {$1,2,\cdots,N$} 的所有 n 个点的子集以任意方式编号为 $S_1, S_2, \cdots, S_m$,定义随机变量 $X_k (k = 1,2,\cdots,m)$: 如果 S_k 在 $G(N,1/2)$ 生成一个完全图 K_n 或者 S_k 生成一个独立的点集 $\overline{K}_n$ 时,$X_k = 1$,否则取值为 0. 则 X_k 的数学期望为

$$E(X_k) \geqslant 2 \left(\frac{1}{2} \right)^{\binom{n}{2}}$$

设 $X = \sum_{k=1}^{m} X_k$,由数学期望的线性性质,我们得到

$$E(X) \geqslant 2\binom{N}{n}\left(\frac{1}{2}\right)^{\binom{n}{2}}$$

由于一定存在事件,它的值不超过数学期望值.故当 $E(X)<1$ 时,便有图存在,它既不含有点数为 n 的完全图,也不含点数为 n 的独立点集.若这个图的顶点数是 N,则我们有 $r(n,n) \geqslant N+1$.下面寻找 N 的最大可能渐近表达式.由 Stirling 公式

$$n! = \sqrt{2\pi n}\left(\frac{n}{e}\right)^{n}\exp\left\{\frac{1}{12n+\theta_n}\right\} \quad (0<\theta_n<1)$$

得 $n! > \left(\frac{n}{e}\right)^{n}$,且 $\binom{N}{n}<\frac{N^n}{n!}<\left(\frac{eN}{n}\right)^{n}$.由此可得

$$E(X) < \left(\frac{eN}{n}\right)^{n}\frac{2}{2^{n(n-1)/2}} = 2\left[\frac{e\sqrt{2}N}{n2^{n/2}}\right]^{n}$$

故欲 $E(X)<1$,只要 $\frac{e\sqrt{2}N}{n2^{n/2}}<1$,对任意 $\varepsilon>0$,当 n 充分大,任何满足下式的 N,

$$N < \left(1-\frac{\varepsilon}{2}\right)\frac{n}{e\sqrt{2}}2^{n/2}$$

均可使得 $E(X)<1$,事实上 $E(X)\to 0$.所以 $r(n,n) \geqslant (1-\varepsilon)\frac{n\sqrt{2^n}}{e\sqrt{2}}$.　　□

上面的下界中的渐近阶是 $n\sqrt{2^n}$.可能离真值相差甚远.上面的证明是从数学期望趋于 0 来的,即几乎所有的图 $G(N,1/2)$ 都能给出定理中的下界.具有讽刺意义的是半个世纪以来,没有人能构造出与这个下界相应的图序列.Erdős 当时甚至悬赏 100 美元寻求 $r(n,n) \geqslant ca^n$ 的构造性证明,这里 a 是任意一个大于 1 的常数.Ramsey 理论的研究所揭露的这些事实有点像我们对有理数和无理数的认识.我们能具体写出来的实数绝大多数都是有理数,但这只是个表面现象.事实上无理数的"数量"是有理数的"数量"所无法比拟的.这里我们看到了随机工具在离散数学中的力量,更重要的是它说明了有限结构远比我们通常想象得复杂.

1959 年,以随机图作为工具,用巧妙的方法,Erdős 证明了 $r(3,n) \geqslant c\left(\frac{n}{\ln n}\right)^n$.这里,他证明了一类"稀少"图的存在性.1995 年,贝尔实验室(Bell Lab.)的年轻数学家 Kim 把 Erdős 关于 $r(3,n)$ 的下界改进为 $r(3,n) \geqslant c_1\frac{n^2}{\ln n}$.结合当时已经知道的上界(我们也会在后面证明)$r(3,n) \leqslant c_2 n^2/\ln n$.Kim 从而

确定了 $r(3,n)$ 的渐近阶是 $n^2/\ln n$. Kim 因此获得了 1997 年度由美国数学会颁发的 Fulkerson 奖. 这是组合数学和图论界的一件大事, 说明了数学家对 Ramsey 理论的重视. Kim 在随机图中非常巧妙地使用了现代概率论的手段, 特别是鞍论 (Martingale), 成功地得到了一些大变差的相当精确估计. 关于图论中的鞍的定义和初步使用, 读者可参见相关文献. 一般的下界是由 Spencer 于 1977 年得到的,

$$r(m,n) \geqslant c\left(\frac{n}{\ln n}\right)^{(m+1)/2}$$

Spencer 使用了现在已被广泛应用于组合论、图论、随机算法理论、数论等的 Lovász 局部引理 (Local Lemma). Lovász 是 1999 年 Wolf 奖得主, 局部引理是他的最重要数学贡献之一. 局部引理其实是一种抽象的筛法. 常常用以证明一些小概率事件的存在性, 它已被证明是一个有力的工具. 为了向读者介绍局部引理, 我们先定义随机事件的相关性图.

设 $A_1, A_2, \cdots, A_n$ 是一个概率空间的一组事件. 定义在顶点集 $V(D) = \{1, 2, \cdots, n\}$ 上的图 $D = (V, E)$ 为该组事件的相关性图: $E(D)$ 包含这些边使得事件 A_i 与事件组 $\{A_j \mid ij \notin E(D)\}$ 相互独立 (mutually independent). 注意, 尽管在大多数使用中, 确定 $ij \notin E(D)$ 与否, 只要看事件 A_i 和 A_j 相关与否, 但上述定义是与之略有不同的. 这是因为一个事件与另一个事件组中的每一个独立并不能导致该事件和这个事件组相互独立.

定理 7.4.2　设 $A_1, A_2, \cdots, A_n$ 是一个概率空间的事件. 若存在 0 和 1 间的实数 $x_1, x_2, \cdots, x_n$ 使得对每一个 i 都有 $P(A_i) \leqslant x_i \prod_{ij \in E(D)}(1 - x_j)$. 则有

$$P\left(\bigcap_{i=1}^n \overline{A}_i\right) \geqslant \prod_{i=1}^n (1 - x_i) > 0$$

定理 7.4.3（局部引理的对称形式）　当上述定理中的每一事件的概率都至多是 p, 相关图的最大度至多是 d, 且满足 $ep(d+l) < 1$, 这里 e 是自然对数的底, 则

$$P\left(\bigcap_{i=1}^n \overline{A}_i\right) \geqslant \left(\frac{d}{d+1}\right)^n > 0$$

定理 7.4.4　$r(n,n) \geqslant [1 - o(1)]\dfrac{\sqrt{2}}{e} n \sqrt{2^n}$.

证明　考虑用两种颜色随机地给顶点数为 N 的完全图的边着色, 使每边着任一种颜色的概率是 1/2, 且各边的着色相互独立. 用 A_s 表示事件 S 是单色的 (指诱导出一个单色完全图), 这里 S 遍及所有的点数为 n 的子集. 这种子集共有 $\binom{N}{n}$ 个, 因而我们考虑的事件也有 $\binom{N}{n}$ 个. 以 S 作为事件 A_s 在相关性图中对应的一个顶

点. 定义 S 和 T 在相关性图中相连当且仅当 S 和 T 至少有两个公共点. 容易验证这里所定义的图确为这些事件的相关性图. 注意到 $P(A_s) = 2^{1-\binom{n}{2}}$ 和顶点 S 的度为

$$d = |\{T: |S \cap T| \geqslant 2\}| < \binom{n}{2}\binom{N}{n-2}$$

由局部引理可知, 只要

$$e\binom{n}{2}\binom{N}{n-2}2^{1-\binom{n}{2}} < 1$$

则存在对顶点数为 N 的完全图的边的二颜色着色, 使得在这种着色中, 没有顶点数为 n 的单色图, 故 $r(n,n) > N$. 完全类似定理 7.4.1 证明中的分析可知, 只要取 $N = [1 - o(1)]\frac{\sqrt{2}}{e}n\sqrt{2^n}$ 即可. $\qquad\square$

这里使用了深刻的局部引理, 令人无奈的是, 它竟然只改进了前面用初等概率方法所得结果的一个渐近常系数 2. 无疑这个改进不是根本性的. 但我们已经知道局部引理本身是不可能有重大改进的.

2. 上界和分析方法

1935 年, 使用相当初等的方法(数学归纳法, 基本上相同于我们在前面给出的 $r(3,3) = 6$ 的证明), Erdős 和 Szekeres 就证明了

$$r(m,n) \leqslant r(m-1,n) + r(m,n-1) \leqslant \binom{m+n-2}{m-1}$$

当 m 固定和 $n \to \infty$ 时, 这个上界渐近相等于 $n^{m-1}/(m-1)!$. 1980 年, Ajtai, Komlós, Szemerédi 证明了对于固定的 m, $r(m,n) \leqslant (5000)^m \dfrac{n^{m-1}}{(\ln n)^{m-2}}$.

其后, Bollobás 将这个"天文"系数 $(5000)^m$ 改进为 $c(20)^m$. 这两个上界的证明也都是使用随机图方法.

最近, 对固定的 $m \geqslant 2$ 且 $n \to \infty$ 的情形, 我们将渐近上界改进为

$$r(m,n) \leqslant [1 + o(1)]\dfrac{n^{m-1}}{(\ln n)^{m-2}}$$

这个结果已引起了数学界的注意. 我们拓展了一位数学家 Shearer 的一个关于独立数下界的非常优美分析技巧. 这个技巧自 1983 年发明以来, 受到了广泛的注意, 但由于分析上的难度一直未得到拓展. 我们的关键是用分析方法证明了下面的结果, 这个结果的最初的形式出现在文献[26]中, 它的改进形式出现在文献[27]中, 并且文献[27]中的证明也简化了很多.

定理 7.4.5 设图 G 的顶点数是 N 且平均度数至多是 d. 如果任何顶点邻域

的导出子图的最大度数不超过 a，则 G 的独立数至少是 $Nf_{a+1}(d)$，这里

$$f_a(x) = \int_0^1 \frac{(1-t)^{1/a}\mathrm{d}t}{a+(x-a)t}$$

函数 f_a 是一个特殊的 Gauss 超几何函数. 我们需要 $f_a(x)$ 的许多分析性质. 例如，它满足下面的微分方程

$$x(x-a)f'(x) + (x+1)f(x) = 1$$

并且它是完全单调的，即 $(-1)^k f_a^{(k)}(x) \geqslant 0$，特别地，它是非负的，单调递减的和凸的. 作为上述定理的一个应用，我们现在证明：

定理 7.4.6　当 $m \geqslant 2$ 是一个固定的整数且 $n \to \infty$ 时，

$$r(m,n) \leqslant [1+o(1)] \frac{n^{m-1}}{(\ln n)^{m-2}}$$

证明　我们对 m 使用归纳法. 因为 $r(2,n)=n$，故上述结果当 $m=2$ 显然成立. 在应用函数 $f_a(x)$ 之前，让我们注意一下它的渐近性质：当 $a \geqslant 1$ 且 $a \neq x > 0$ 时，

$$f_a(x) \geqslant \int_0^1 \frac{(1-t)\mathrm{d}t}{a+(x-a)t} = \frac{x\ln(x/a)-(x-a)}{(x-a)^2} > \frac{\ln(x/a)-1}{x}$$

最后的一步等价于 $(2x-a)\ln(x/a) > x-a$ 或者 $(2t-a)\ln t > t-1$，这里 $t>0$ 且 $t \neq 1$. 这是很容易验证的.

现在设 G 是一个顶点数为 $N = r(3,n)-1$ 的图，G 不包含 K_3 且 G 的独立点数至多为 $n-1$. 易知每个由 G 的邻域都是一个独立点集，故它的最大度数从而平均度数至多为 $n-1$. 由定理 7.4.5 知，

$$n > n-1 \geqslant Nf_1(n) > N\frac{\ln n-1}{n}$$

因此我们得到 $r(3,n) = N+1 \leqslant [1+o(1)]n^2/\ln n$，这样 $m=3$ 的情形得以证明. 下面设对 $2,3,\cdots,m \geqslant 3$ 结论都成立，我们来证明对 $m+1$ 也成立. 让 G 是一个顶点数 $N = r(m+1,n)-1$ 的图，G 不包含 K_m 且它的独立数至多为 $n-1$. 由定义易知 G 的最大度数，从而平均度数至多为 $r(m,n)-1$，且每个由 G 的邻域导出的子图的最大度数至多为 $r(m-1,n)-1$. 记 $a = r(m-1,n)$，再次由前面的定理 7.4.5，我们有

$$n > Nf_a(r(m,n)) \geqslant [1-o(1)]N\frac{\ln[r(m,n)/r(m-1,n)]}{r(m,n)}$$

对任意一个小的实数 $\varepsilon > 0$，我们将自然数集 $\{n\}$ 依照下面的不等式分成 $S = \{n'\}$ 和 $T = \{n''\}$，

$$\frac{r(m,n')}{r(m-1,n')} > (n')^{1-\varepsilon}, \qquad \frac{r(m,n'')}{r(m-1,n'')} \leqslant (n'')^{1-\varepsilon}$$

不失一般性,设 S 和 T 都是无穷集.当 $n \in S$ 时,

$$n \geqslant (1-\varepsilon)[1+o(1)]N\ln n / r(m,n)$$

从而由对 m 应用归纳假设得

$$N \leqslant (1+\varepsilon)[1+o(1)]r(m,n)n/\ln n \leqslant (1+\varepsilon)[1+o(1)]n^m/(\ln n)^{m-1}$$

我们还需要 Turán 定理:图 G 的独立数至少是 $N/(d+1)$,这里 d 是 G 的平均度.现在,对正在讨论的图 G 和 $n \in T$,我们有

$$n > N/r(m,n) \geqslant N/(n^{1-\varepsilon}r(m-1,n))$$

从而由对 $m-1$ 应用归纳假设得

$$N \leqslant n^{2-\varepsilon}r(m-1,n) \leqslant [1+o(1)]\frac{n^{m-\varepsilon}}{(\ln n)^{m-3}} = o\left[\frac{n^m}{(\ln n)^{m-1}}\right]$$

注意到 ε 可以任意小,我们就这明了 $m+1$ 的情形,从而完成了归纳证明. □

有趣的是,我们在文献[27]中有更一般性的结果,有一种情况和 Chvátal 的一个著名结果渐近相等.一般的看法是我们的最新上界已非常接近于真值.让我们看 $m=2$ 和 $m=3$ 的情形.这个上界对 $m=2$ 代表了渐近公式:$r(2,n)=n$.准确的 Ramsey 数难找是众所周知的.已知的 9 个准确的 Ramsey 数中,有 7 个形如 $r(3,n)$ 的数,它们对应于 $n=3,4,\cdots,9$.其中:$r(3,8)$ 的最后确定是我国数学家张克民和澳大利亚数学家 McKay 借助于计算机得到的成果.让我们比较 7 个准确数和渐近上界 $r(3,n) \leqslant (1+\varepsilon)[1+o(1)]n^2/\ln n$,看看它们的误差有多大(表 7.4.1).

表 7.4.1

n	3	4	5	6	7	8	9
$r(3,n)$	6	9	14	18	23	28	36
$n^2/\ln n$	8.19	11.54	15.53	20.29	25.18	30.78	36.84
误差(%)	36.5	28.2	11.0	11.6	9.5	9.9	2.4

随着社会信息化的进一步发展,离散数学和图论必将有进一步的发展.无论我们提到的随机图方法还是分析方法,实质都是经典数学在离散数学中的应用.这种数学各分支的相互交叉,可能代表数学发展的一个最重要趋势.Ramsey 理论方面的不少研究者,都工作在高新技术大公司的数学研究中心,例如 Bell Lab,IBM,Microsoft.这些反映了高新技术对组合论问题解决的要求.值得一提的是 Erdős 生前反复讲到,Ramsey 理论的研究还会带来新的方法和概念,他多次提醒我们注意改进 $r(4,n)$ 和 $r(n,n)$ 的渐近上下界,他认为获得以 $r(4,n)$ 渐近界的方法可能会代表一般性的获得 $r(m,n)$(m 固定)渐近界的方法,对待 $r(n,n)$ 方法上可能要有所突破.由前面的所述,

$$[1 - o(1)] \frac{\sqrt{2}}{e} n 2^{n/2} \leqslant r(n, n) \leqslant \binom{2n-1}{n-1} \leqslant [1 + o(1)] \frac{1}{4\sqrt{n\pi}} 4^n$$

其中最后一个等式是由 Stirling 公式得到的. 这个由初等上界演变的渐近上界在经历了半个世纪后并没有实质性的改进, 只有 Thomason 于 1988 在文献[31]中轻微地改进为 $c 4^n / n$. 而一般的猜测是 $[r(n, n)]^{1/n} \to 2$.

在另一个 Ramsey 数的渐近性研究中, 大家 (不仅是数学工作者) 也处境十分尴尬. 若把前面 Ramsey 数定义中的两种颜色改为 k 种颜色, 使得每单色图都避免完全子图 K_m, 我们便得到 k 色 Ramsey 数 $r_k(m)$ 的定义. 使用初等方法很容易证明 $c_1 2^k \leqslant r_k(3) \leqslant c_2 k!$, 这个上界和下界在几十年中都没有实质的改进. 从通信领域的研究中提出了一个重要问题: 是否对任何 $M > 0$, 当 k 充分大, 有 $r_k(3) > M^k$? 新的方法和理论等着我们去探索, 前面的路还很遥远.

参 考 文 献

[1] Pach J, Tardos G. Isosceles triangles determined by a planar point set[J]. Graphs and Combinatorics, 2002(18):769-779.

[2] Györi E, Pach J, Simonovits M. On the maximal number of certain subgraphs In K_r-free graphs[J]. Graphs and Combinatorics, 1991(7):31-37.

[3] Pach J, Agarwal P K. Combinatorial Geometry[J]. John Wiley and Sons, Ltd., 1995.

[4] Erdős P, Simonovits M. Supersaturated graphs[J]. Combinatorica, 1983(3):181-192.

[5] Erdős P, Purdy G. Extremal problems in combinatorial geometry[C]//Handbook of Combinatorics: Vol.1. Amsterdam:Elsevier, 1995.

[6] Brass P, Moser W, Pach J. Research problems in discrete geometry[M]. New York: Springer Science, 2005.

[7] 朱玉扬. 离散与组合几何引论[M]. 合肥:中国科学技术大学出版社,2008.

[8] Dirac G A. Extensions of Turáns theorem on graphs[J]. Acta Mathematica Academiae Scientiarum Hungarica, 1963(14):417-422.

[9] Harary F. Graph Theory[M]. Philippines:Westview Press, 1969.

[10] Bondy J A, Murty U S R. Graph Theory with Applications[M]. London and Basingstoke: Macmillan Press, 1976:145-179.

[11] 江泽涵. 拓扑学引论[M]. 上海:上海科学技术出版社,1978:116-120.

[12] Brualdi R A. Introductory Combinatorics[M]. 4th. Upper Saddle River:Prentice-Hall, Inc. 2004:100-120.

[13] Whitney H. Non-separable and planar graphs[J]. Trans Amer. Math. Soc., 1932(34): 339-362.

[14] 冯跃峰. 一个图论极值问题[J]. 数学通报,2010,49(3):56-58.

[15] 李雨生,臧文安. Ramsey 函数估值和图论中的渐近方法[J]. 数学进展,2001,30(1):1-8.

[16] Ajtai M, Komlós J, Szemerédi E. A note on Ramsey numbers[J]. J. Combin. Theory Ser. A, 1980(29): 354-360.

[17] Alon N, Spencer J. The Probabilistic Method[M]. New York: Wiley-Interseience, 1992.

[18] Bollobás B. Extremal Graph Theory[M]. London: Academic Press, 1978.

[19] Bollobás B. Random Graphs[M]. London: Academic Press, 1985.

[20] Chung F, Graham R. Erdős on Graphs-His Legacy of Unsolved Problems[M]. Massachusetts: A K Peters, 1998.

[21] Chvátal V. Tree-complete graph Ramsey numbers[J]. J. Graph Theory, 1977(1):93.

[22] Erdős P. Some remarks on the theory of graphs[J]. Bull. Amer. Math., Soc., 1947 (53):292-294.

[23] Erdős P. Graph theory and probability[J]. Canad. J. Math., 1959(11):34-38.

[24] Erdős P. Graph theory and probability II[J]. Canad. J. Math., 1961(13):346-352.

[25] Kim J H. The Ramsey number $r(3, t)$ has order of magnitude $t^2/\log t$ [J]. Random Structure and Algorithms, 1995(7):173-207.

[26] Li Yusheng, Rousseau C. On book-complete graph Ramsey numbers[J]. J. Combin. Theory Ser. B, 1996(68):36-44.

[27] Li Y S, Rousseau C, Zang W A. Asymptotic upper bounds for Ramsey functions[J]. Graphs and Combin., 2001,17(1):123-128.

[28] McKay B, Zhang kemin. The value of the Ramsey number $R(3,8)$ [J]. J. Graph Theory, 1995(19):309-322.

[29] Shearer J B. A note on the independence number of triangle-free graphs. [J]. Discrete Math., 1983(46):83-87.

[30] Spencer J. Asymptotic lower bounds for Ramsey functions[J]. Discrete Math., 1977 (20):69-76.

[31] Thomason A. An upper bound for some Ramsey numbers[J]. J. Graph Theory, 1988 (12):509-517.

第 8 章　组合分析方法的几个实例

　　这一章先介绍作者近些年来用组合分析的方法研究 Riemann 假设的一个等价问题,即 Robin 不等式的渐近性问题,证明 Robin 不等式的渐近成立的概率为 1,从而证明 Riemann 假设成立的概率为 1.8.3 节介绍孙燮华于 20 世纪 80 年代用组合分析的方法给出 Euler 公式的推广的结果.8.4 节介绍一个博弈问题的相关结果.

8.1　Riemann 假设的一个等价命题的研究

8.1.1　引言

　　Riemann[1] 于 1859 年提出,$\zeta(s) = \sum_{k=1}^{\infty} \frac{1}{k^s}$ 的非平凡零点必然在直线 $\mathrm{Re}(s)$ $= \frac{1}{2}$ 上.这一假设的提出已有 160 多年的历史.它在数论、代数几何、拓扑等诸多领域具有重要的理论价值与应用价值[2-5].Riemann 假设与理论物理中的量子理论,弦理论有一定的相关性[6-8],人们一直在寻求它的证明,但时至今日,这一问题仍然未获解决.

　　在这 160 多年的历史中,第一个给出具有重要意义的结果的是 Hardy,1914 年他证明了 Riemann ζ 函数有无穷多个非平凡零点位于临界线上[9].1921 年,Hardy 与 Littlewood[10] 进一步指出,存在常数 $K > 0, T_0 > 0$,使得对所有 $T > T_0$,Riemann ζ 函数在临界线 $0 \leqslant \mathrm{Im}(s) \leqslant T$ 的区间内的非平凡零点数目不小于 KT.1942 年,Selberg[11] 给出了更好的结论:存在常数 $K > 0, T_0 > 0$,使得对所有 $T > T_0$,Riemann ζ 函数在临界线 $0 \leqslant \mathrm{Im}(s) \leqslant T$ 的区间内的非平凡零点数目不小于 $KT \ln T$.1974 年,Levinson[12,13] 创立了一种新的方法,通过研究 $\zeta'(s)$ 的零点分布与 $\zeta(s)$ 的关系得到如下结果:存在常数 $T_0 > 0$,使得对所有 $T > T_0$,有 $N_0(T) \geqslant$

$\dfrac{1}{3}N(T).$ 1980 年,楼世拓与姚琦证明了 $N_0(T) \geqslant 0.35N(T).$ 1989 年,Conrey[14]

证明了 $N_0(T) \geqslant \dfrac{2}{5}N(T).$

1984 年,G. Robin[15] 指出,如果 Riemann 假设成立,那么当 $n \geqslant 5041$ 时,有

$$\sum_{d \mid n} d \leqslant \mathrm{e}^\gamma n \ln \ln n$$

这里 γ 是 Euler 常数.另一方面还指出,如果 Riemann 假设不成立,那么,存在常

数 $0 < \beta < \dfrac{1}{2}$ 与 $C > 0$,有无限多个自然数 n 满足下面不等式:

$$\sigma(n) = \sum_{d \mid n} d \geqslant \mathrm{e}^\gamma n \ln \ln n + \frac{Cn \ln \ln n}{(\ln n)^\beta}$$

2002 年,J. C. Lagarias[16,17] 根据 G. Robin 的结果指出:Riemann 假设成立的

充要条件是,对于任意自然数 n,有不等式 $H_n + \exp(H_n) \ln(H_n) - \sum_{d \mid n} d \geqslant 0$ 成

立,等号取得仅当 $n = 1$.这里 $H_n = \displaystyle\sum_{k=1}^n \dfrac{1}{k}.$

实际上,运用 G. Robin 的结果,可以得到如下更强的结论:

定理 8.1.1　Riemann 假设成立的充要条件是:存在正常数 A,对所有自然

数 $n \geqslant A$,有

$$\exp(H_n) \ln(H_n) - \sum_{d \mid n} d \geqslant 0$$

这里 $H_n = \displaystyle\sum_{k=1}^n \dfrac{1}{k}.$

对于定理 8.1.1,朱玉扬[29-32] 于 2013 年给出定理 8.1.2,定理 8.1.3 与定理

8.1.4.

定理 8.1.2　设 $H_n = \displaystyle\sum_{k=1}^n \dfrac{1}{k}$($n$ 为自然数),则有

$$\lim_{n \to +\infty} \frac{1}{n} \Big(\exp(H_n) \ln(H_n) - \sum_{d \mid n} d \Big) \geqslant 0 \qquad (8.1.1)$$

由定理 8.1.1 与定理 8.1.2 即知,Riemann 假设成立概率较大.但是,定理

8.1.2 推不出定理 8.1.1 的充分条件成立(例如,$F(n) = -n^{-2}$,$G(n) = -n^{-1}$,

$\displaystyle\lim_{n \to +\infty} F(n) = \lim_{n \to +\infty} G(n) = 0$,$F(n) > G(n)$,但对 $\forall n \in \mathbf{N}$,$F(n) = -n^{-2} < 0$),所

以,我们仍然不知 Riemann 假设是否成立.对于定理 8.1.1 的充分条件,在某些条

件下有如下两个结论:

定理 8.1.3　存在正常数 A,对所有自然数 $n = q_1 q_2 \cdots q_m$($q_1, q_2, \cdots, q_m$ 皆

为素数,且 $q_1 < q_2 < \cdots < q_m$),$n \geqslant A$,有

$$\exp(H_n)\ln(H_n) - \sum_{d \mid n} d \geqslant 0$$

定理 8.1.4　存在正常数 A,对所有自然数 $n = q_1^{\alpha_1} q_2^{\alpha_2} \cdots q_m^{\alpha_m}$ ($q_1, q_2, \cdots, q_m$ 皆为素数,且 $q_1 < q_2 < \cdots < q_m$,$\alpha_i \geqslant 2$,$\alpha_i \in \mathbf{N}$,$i = 1, 2, \cdots, m$),$n \geqslant A$,有

$$\exp(H_n)\ln(H_n) - \sum_{d \mid n} d \geqslant 0$$

由定理 8.1.3 以及定理 8.1.4 知,对于充分大的自然数 n,若它所含不同素因子都是单个的,或者所含不同素因子都是重的时,必有不等式

$$\exp(H_n)\ln(H_n) - \sum_{d \mid n} d \geqslant 0$$

成立.因此,由定理 8.1.1 知,若能证明:对于充分大的自然数 n,当它所含不同素因子中既有单的又有重的时,有不等式

$$\exp(H_n)\ln(H_n) - \sum_{d \mid n} d \geqslant 0$$

成立,那么就证明了 Riemann 假设成立.当然解决这一问题肯定非常困难.

本书中最关键的命题是引理 8.1.1,通过这个引理,可以将任意自然数的素数分解式中的不同素数因子 $q_1, q_2, \cdots, q_m$ 转化为按照素数集合中从小到大顺序排列的 m 个素数 $p_1 = 2, p_2 = 3, \cdots, p_m$ 的情形来求证,由此可方便地利用素数定理的相关性质来证明定理 8.1.2.

8.1.2　引理

为叙述方便,本书中所述的自然数不为零,自然数集合记为 $\mathbf{N}$,全体素数的集合记为 P.

引理 8.1.1　设 $f(q_1, q_2, \cdots, q_m) = \mathrm{e}^{\gamma} \ln \ln \prod_{h=1}^{m} q_h^{\alpha_h} - \prod_{h=1}^{m} \dfrac{q_h - \dfrac{1}{q_h^{\alpha_h}}}{q_h - 1}$ (q_h 为素数,$\alpha_h \in \mathbf{N}$,α_h 是常数,$h = 1, 2, \cdots, m$,且 $q_1, q_2, \cdots, q_m$ 互不相同),那么 $f(q_1, q_2, \cdots, q_m)$ 的最小值为

$$f(p_1, p_2, \cdots, p_m) = f(2, 3, 5, \cdots, p_m)$$

这里 p_h 为 P 的所有元素按自小到大排列的第 h($h = 1, 2, \cdots, m$)个元素,γ 是 Euler 常数.

证法 1　由于

$$\frac{\partial f}{\partial q_k} = \mathrm{e}^{\gamma} \frac{\alpha_k q_k^{\alpha_k - 1} \prod_{h \neq k, 1 \leqslant h \leqslant m} q_h^{\alpha_h}}{\left(\ln \prod_{h=1}^{m} q_h^{\alpha_h} \right) \prod_{h=1}^{m} q_h^{\alpha_h}} - \prod_{h \neq k, 1 \leqslant h \leqslant m} \frac{q_h - \dfrac{1}{q_h^{\alpha_h}}}{q_h - 1} \left[\frac{1 + \dfrac{\alpha_k}{q_k^{\alpha_k + 1}}}{q_k - 1} - \frac{q_k - \dfrac{1}{q_k^{\alpha_k}}}{(q_k - 1)^2} \right]$$

$$= \mathrm{e}^{\gamma} \frac{\alpha_k}{q_k \left(\ln \prod\limits_{h=1}^{m} q_h^{\alpha_h} \right)} - \prod_{h \neq k, 1 \leqslant h \leqslant m}^{m} \frac{q_h - \dfrac{1}{q_h^{\alpha_h}}}{q_h - 1} \left(\frac{\alpha_k}{q_k^{\alpha_k}} + \frac{1}{q_k^{\alpha_k}} - 1 - \frac{\alpha_k}{q_k^{\alpha_k+1}} \right) \frac{1}{(q_k - 1)^2}$$

$$(8.1.2)$$

下证 $\dfrac{\alpha_k}{q_k^{\alpha_k}} + \dfrac{1}{q_k^{\alpha_k}} - 1 - \dfrac{\alpha_k}{q_k^{\alpha_k+1}} < 0$. 即要证 $(\alpha_k + 1) q_k - q_k^{\alpha_k+1} - \alpha_k < 0$. 令

$$g(q_k) = (\alpha_k + 1) q_k - q_k^{\alpha_k+1} - \alpha_k$$

那么 $g'(q_k) = (\alpha_k + 1) - (\alpha_k + 1) q_k^{\alpha_k} = (\alpha_k + 1)(1 - q_k^{\alpha_k})$, 因为 $\alpha_k \geqslant 1, q_k \geqslant 2$, 于是 $g'(q_k) < 0$, 所以 $g(q_k)$ 关于 q_k 单调减, 所以 $g(q_k) \leqslant g(2) = \alpha_k + 2 - 2^{\alpha_k+1}$, 令 $t(\alpha_k) = \alpha_k + 2 - 2^{\alpha_k+1}$, 则 $t'(\alpha_k) = 1 - 2^{\alpha_k+1} \ln 2$. 由于 $\alpha_k \geqslant 1$, 所以 $t'(\alpha_k) < 0$, 于是 $t(\alpha_k) \leqslant t(1) = 1 + 2 - 2^{1+1} < 0$, 总之有 $g(q_k) < 0$, 由 (8.1.2) 式知, $\dfrac{\partial f}{\partial q_k} > 0 (k = 1, 2, \cdots, m)$, 所以 $f(q_1, q_2, \cdots, q_m)$ 在区域

$D: \{(q_1, q_2, \cdots, q_m) \,|\, 2 \leqslant q_1 < q_2 < \cdots < q_m, q_h \in P, h = 1, 2, \cdots, m\}$ 中无稳定点, 故 $f(q_1, q_2, \cdots, q_m)$ 的最小值在区域 D 的边界 ∂D 上取得[18]. 由于 $\dfrac{\partial f}{\partial q_k} > 0 \ (k = 1, 2, \cdots, m)$, 所以 $f(q_1, q_2, \cdots, q_m)$ 关于任一 q_k 是单调增加的, 由于 $q_1 < q_2 < \cdots < q_m$, 因此 $f(q_1, q_2, \cdots, q_m)$ 在区域 D 的边界点 $(q_1, q_2, \cdots, q_m) = (2, 3, 5, \cdots, p_m)$($p_m$ 为 P 的所有元素按自小到大排列的第 m 个元素) 处取得最小值. 即

$$\min_{(q_1, q_2, \cdots, q_m) \in D} f(q_1, q_2, \cdots, q_m) = f(p_1, p_2, \cdots, p_m) = f(2, 3, 5, \cdots, p_m) \qquad \square$$

证法 2 令 $f_1(q_1, q_2, \cdots, q_m) = \mathrm{e}^{\gamma} \ln \ln \prod\limits_{h=1}^{m} q_h^{\alpha_h}$, 由于自然对数函数是单调递增的, 且 $p_1 = 2 \leqslant q_1, p_2 = 3 \leqslant q_2, p_3 = 5 \leqslant q_3, \cdots, p_m \leqslant q_m, \alpha_h \geqslant 1 (h = 1, 2, \cdots, m)$, 所以

$$f_1(q_1, q_2, \cdots, q_m) \geqslant f_1(2, 3, 5, \cdots, p_m)$$

令 $f_2(q_1, q_2, \cdots, q_m) = -\prod\limits_{h=1}^{m} \dfrac{q_h - \dfrac{1}{q_h^{\alpha_h}}}{q_h - 1}, \rho(q_h) = \dfrac{q_h - \dfrac{1}{q_h^{\alpha_h}}}{q_h - 1}, \alpha_h \geqslant 1 (h = 1, 2, \cdots, m)$, 那么

$$\rho'(q_h) = \left(\frac{\alpha_h}{q_h^{\alpha_h}} + \frac{1}{q_h^{\alpha_h}} - 1 - \frac{\alpha_h}{q_h^{\alpha_h+1}} \right) \frac{1}{(q_h - 1)^2}$$

同样要证 $\dfrac{\alpha_h}{q_h^{\alpha_h}} + \dfrac{1}{q_h^{\alpha_h}} - 1 - \dfrac{\alpha_h}{q_h^{\alpha_h+1}} < 0$，即要证 $(\alpha_h + 1)q_h - q_h^{\alpha_h+1} - \alpha_h < 0$，此易证（可见证法 1），所以 $\rho'(q_h) < 0$，从而 $\rho(q_h)$ 单调递减（实际上，可以不用微分学而用初等方法直接证出它单调递减），又 $p_1 = 2 \leqslant q_1, p_2 = 3 \leqslant q_2, p_3 = 5 \leqslant q_3, \cdots, p_m \leqslant q_m$，由此知，$\rho(q_1) \leqslant \rho(2), \rho(q_2) \leqslant \rho(3), \rho(q_3) \leqslant \rho(5), \cdots, \rho(q_m) \leqslant \rho(p_m)$，又因为 $\rho(q_h) > 0 (h = 1, 2, \cdots, m)$，所以

$$
\begin{aligned}
- f_2(q_1, q_2, \cdots, q_m) &= \prod_{h=1}^{m} \frac{q_h - \dfrac{1}{q_h^{\alpha_h}}}{q_h - 1} \\
&\leqslant \frac{2 - \dfrac{1}{2^{\alpha_1}}}{2 - 1} \frac{3 - \dfrac{1}{3^{\alpha_2}}}{3 - 1} \cdots \frac{p_m - \dfrac{1}{p_m^{\alpha_m}}}{p_m - 1} \\
&= \prod_{h=1}^{m} \frac{p_h - \dfrac{1}{p_h^{\alpha_h}}}{p_h - 1} = - f_2(2, 3, 5, \cdots, p_m)
\end{aligned}
$$

于是 $f_2(q_1, q_2, \cdots, q_m) \geqslant f_2(2, 3, 5, \cdots, p_m)$，但

$$f(q_1, q_2, \cdots, q_m) = f_1(q_1, q_2, \cdots, q_m) + f_2(q_1, q_2, \cdots, q_m)$$

由以上知，$f(q_1, q_2, \cdots, q_m) \geqslant f(2, 3, \cdots, p_m) = f(p_1, p_2, \cdots, p_m)$，即

$$\min_{(q_1, q_2, \cdots, q_m) \in D} f(q_1, q_2, \cdots, q_m) = f(2, 3, 5, \cdots, p_m) \qquad \square$$

引理 8.1.2[19]　$\displaystyle\prod_{p \leqslant x} \left(1 - \frac{1}{p}\right) = \frac{1}{\mathrm{e}^{\gamma} \ln x} \{1 + O(\mathrm{e}^{-c\ln^{\frac{3}{5} - \varepsilon} x})\} (x \geqslant 2)$. 这里 γ 是 Euler 常数，c 是大于零的常数，ε 为任意小的正数，p 为素数.

引理 8.1.3　对 $\forall m \in \mathbf{N}, \alpha_k \geqslant 1 (k = 1, 2, \cdots, m)$，则有

$$\prod_{k=1}^{m} \frac{p_k - \dfrac{1}{p_k^{\alpha_k}}}{p_k - 1} < \mathrm{e}^{\gamma} \ln p_m \{1 + O(\mathrm{e}^{-c\ln^{\frac{3}{5} - \varepsilon} p_m})\}^{-1} \qquad (8.1.3)$$

这里 p_k 为 P 的所有元素按自小到大排列的第 k 个元素，γ 是 Euler 常数，c 是大于零的常数，ε 为任意小的正数.

证明　由于 $m \in \mathbf{N}, \alpha_k \geqslant 1 (k = 1, 2, \cdots, m)$，所以

$$\prod_{k=1}^{m} \frac{p_k - \dfrac{1}{p_k^{\alpha_k}}}{p_k - 1} < \prod_{k=1}^{m} \frac{p_k}{p_k - 1} = \prod_{p \leqslant p_m} \frac{p}{p - 1} = \left(\prod_{p \leqslant p_m} \frac{p - 1}{p}\right)^{-1} = \left\{\prod_{p \leqslant p_m} \left(1 - \frac{1}{p}\right)\right\}^{-1}$$

由引理 8.1.2 得

$$\left\{\prod_{p \leqslant p_m} \left(1 - \frac{1}{p}\right)\right\}^{-1} = \left(\frac{1}{\mathrm{e}^{\gamma} \ln p_m} \{1 + O(\mathrm{e}^{-c\ln^{\frac{3}{5} - \varepsilon} p_m})\}\right)^{-1}$$

$$= (\mathrm{e}^\gamma \ln p_m)\{1 + O(\mathrm{e}^{-c\ln^{\frac{3}{5}-\varepsilon} p_m})\}^{-1}　　\Box$$

引理 8.1.4　对 $\forall\, \alpha_k \geqslant 1$，有

$$\ln \prod_{k=1}^{m} p_k^{\alpha_k} \geqslant \sum_{p \leqslant p_m} \ln p = \vartheta(p_m)$$

这里 p_k 为 P 的所有元素按自小到大排列的第 k 个元素.

证明　$\ln \prod_{k=1}^{m} p_k^{\alpha_k} = \sum_{k=1}^{m} \alpha_k \ln p_k \geqslant \sum_{k=1}^{m} \ln p_k = \sum_{p \leqslant p_m} \ln p = \vartheta(p_m)$.　　$\Box$

由素数定理知，Chebyshev 函数 $\vartheta(p_m)$ 有如下性质：

引理 8.1.5　$\vartheta(p_m) = p_m + O\left(\dfrac{p_m}{\ln p_m}\right)$.

证明　$\pi(x)$ 表示不超过 x 的素数的个数，那么[20,21]

$$\frac{x}{\ln x}\left(1 + \frac{1}{2\ln x}\right) < \pi(x) < \frac{x}{\ln x}\left(1 + \frac{3}{2\ln x}\right)$$

所以

$$\pi(x)\ln x = x + O\left(\frac{x}{\ln x}\right)$$

另一方面[22]

$$\pi(x) = \frac{\vartheta(x)}{\ln x} + O\left(1 + \frac{x}{(\ln x)^2}\right)$$

所以

$$\vartheta(x) = x + O\left(\frac{x}{\ln x}\right)$$

当 $x = p_m$ 时，即证毕.　　$\Box$

引理 8.1.6　若 $0 < \varepsilon < \dfrac{1}{5}$，$c$ 为正的常数，则 $\lim\limits_{x \to +\infty} (\ln x) O(\mathrm{e}^{-c\ln^{\frac{3}{5}-\varepsilon} x}) = 0$.

证明　由 $O(\mathrm{e}^{-c\ln^{\frac{3}{5}-\varepsilon} x})$ 的意义知，存在正常数 A 使得

$$-A\mathrm{e}^{-c\ln^{\frac{3}{5}-\varepsilon} x} \leqslant O(\mathrm{e}^{-c\ln^{\frac{3}{5}-\varepsilon} x}) \leqslant A\mathrm{e}^{-c\ln^{\frac{3}{5}-\varepsilon} x}$$

由 L'Hospital 法则得到

$$\lim_{x \to +\infty} (\ln x) A\mathrm{e}^{-c\ln^{\frac{3}{5}-\varepsilon} x} = \lim_{x \to +\infty} \frac{A\ln x}{\mathrm{e}^{c\ln^{\frac{3}{5}-\varepsilon} x}} = \lim_{x \to +\infty} \frac{A\ln^{\frac{2}{5}+\varepsilon} x}{c\left(\dfrac{3}{5} - \varepsilon\right)\mathrm{e}^{c\ln^{\frac{3}{5}-\varepsilon} x}}$$

令 $\mu = \ln x$，那么

$$\lim_{x \to +\infty} (\ln x) A\mathrm{e}^{-c\ln^{\frac{3}{5}-\varepsilon} x} = \lim_{x \to +\infty} \frac{A\ln x}{\mathrm{e}^{c\ln^{\frac{3}{5}-\varepsilon} x}} = \lim_{\mu \to +\infty} \frac{A\mu^{\frac{2}{5}+\varepsilon}}{c\left(\dfrac{3}{5} - \varepsilon\right)\mathrm{e}^{c\mu^{\frac{3}{5}-\varepsilon}}}$$

再运用 L'Hospital 法则得到

$$\lim_{x \to +\infty} (\ln x) A \mathrm{e}^{-c \ln^{\frac{3}{5} - \varepsilon} x} = \lim_{\mu \to +\infty} \frac{A \mu^{\frac{2}{5} + \varepsilon}}{c \left(\frac{3}{5} - \varepsilon \right) \mathrm{e}^{c \mu^{\frac{3}{5} - \varepsilon}}} = \lim_{\mu \to +\infty} \frac{A \left(\frac{2}{5} + \varepsilon \right) \mu^{2\varepsilon - \frac{1}{5}}}{c^2 \left(\frac{3}{5} - \varepsilon \right)^2 \mathrm{e}^{c \mu^{\frac{3}{5} - \varepsilon}}}$$

如果 $2\varepsilon - \dfrac{1}{5} \leqslant 0$，那么 $\lim\limits_{\mu \to +\infty} \dfrac{A \left(\frac{2}{5} + \varepsilon \right) \mu^{2\varepsilon - \frac{1}{5}}}{c^2 \left(\frac{3}{5} - \varepsilon \right)^2 \mathrm{e}^{c \mu^{\frac{3}{5} - \varepsilon}}} = 0.$ 如果 $2\varepsilon - \dfrac{1}{5} > 0$，因为 $0 < \varepsilon <$

$\dfrac{1}{5}$，　所以 $3\varepsilon - \dfrac{4}{5} < 0$，再运用 L'Hospital 法则得到

$$\lim_{\mu \to +\infty} \frac{A \left(\frac{2}{5} + \varepsilon \right) \mu^{2\varepsilon - \frac{1}{5}}}{c^2 \left(\frac{3}{5} - \varepsilon \right)^2 \mathrm{e}^{c \mu^{\frac{3}{5} - \varepsilon}}} = \lim_{\mu \to +\infty} \frac{A \left(\frac{2}{5} + \varepsilon \right) \left(2\varepsilon - \frac{1}{5} \right) \mu^{3\varepsilon - \frac{4}{5}}}{c^3 \left(\frac{3}{5} - \varepsilon \right)^3 \mathrm{e}^{c \mu^{\frac{3}{5} - \varepsilon}}} = 0$$

同理，$\lim\limits_{x \to +\infty} (\ln x)(- A \mathrm{e}^{- c \ln^{\frac{3}{5} - \varepsilon} x}) = 0$，由两边夹定理得

$$\lim_{x \to +\infty} (\ln x) O(\mathrm{e}^{-c \ln^{\frac{3}{5} - \varepsilon} x}) = 0. \qquad \square$$

注 8.1.1　在引理 8.1.6 中，如果 $0 < \varepsilon < \dfrac{3}{5}$，也有同样的结论.

引理 8.1.7

$$\lim_{m \to +\infty} \left(\mathrm{e}^{\gamma} \ln \ln \prod_{k=1}^{m} p_k^{\alpha_k} - \prod_{k=1}^{m} \frac{p_k - \dfrac{1}{p_k^{\alpha_k}}}{p_k - 1} \right) \geqslant 0 \qquad (8.1.4)$$

这里 γ 是 Euler 常数，p_k 为 P 的所有元素按自小到大排列的第 k 个元素.

证明　由推论 8.1.3 的 (8.1.3) 式知，

$$\prod_{k=1}^{m} \frac{p_k - \dfrac{1}{p_k^{\alpha_k}}}{p_k - 1} < (\mathrm{e}^{\gamma} \ln p_m) \{ 1 + O(\mathrm{e}^{-c \ln^{\frac{3}{5} - \varepsilon} p_m}) \}^{-1}$$

另一方面，由引理 8.1.4 知，

$$\mathrm{e}^{\gamma} \ln \ln \prod_{k=1}^{m} p_k^{\alpha_k} \geqslant \mathrm{e}^{\gamma} \ln (\vartheta(p_m))$$

由引理 8.1.5 知，

$$\vartheta(p_m) = p_m + O\left(\frac{p_m}{\ln p_m} \right)$$

所以

$$\lim_{m \to +\infty} \left\{ \mathrm{e}^{\gamma} \ln \ln \prod_{k=1}^{m} p_k^{\alpha_k} - \prod_{k=1}^{m} \frac{p_k - \dfrac{1}{p_k^{\alpha_k}}}{p_k - 1} \right\}$$

$$\geqslant \lim_{m \to +\infty} \left\{ \mathrm{e}^{\gamma} \ln \left[\vartheta(p_m) \right] - \left(\mathrm{e}^{\gamma} \ln p_m \right) \left[1 + O\left(\mathrm{e}^{-c\ln^{\frac{3}{5} - \varepsilon} p_m} \right) \right]^{-1} \right\}$$

$$= \lim_{m \to +\infty} \left\{ \mathrm{e}^{\gamma} \ln \left[p_m + O\left(\frac{p_m}{\ln p_m} \right) \right] - \left(\mathrm{e}^{\gamma} \ln p_m \right) \left[1 + O\left(\mathrm{e}^{-c\ln^{\frac{3}{5} - \varepsilon} p_m} \right) \right]^{-1} \right\}$$

$$= \mathrm{e}^{\gamma} \lim_{p_m \to +\infty} \left\{ \ln \left[p_m + O\left(\frac{p_m}{\ln p_m} \right) \right] - \left(\ln p_m \right) \left[1 + O\left(\mathrm{e}^{-c\ln^{\frac{3}{5} - \varepsilon} p_m} \right) \right]^{-1} \right\}$$

$$= \mathrm{e}^{\gamma} \lim_{p_m \to +\infty} \left\{ \ln p_m + \ln \left[1 + \frac{O\left(\dfrac{p_m}{\ln p_m} \right)}{p_m} \right] - \left(\ln p_m \right) \left[1 + O\left(\mathrm{e}^{-c\ln^{\frac{3}{5} - \varepsilon} p_m} \right) \right]^{-1} \right\}$$

$$= \mathrm{e}^{\gamma} \lim_{p_m \to +\infty} \left\{ \frac{(\ln p_m) O\left(\mathrm{e}^{-c\ln^{\frac{3}{5} - \varepsilon} p_m} \right)}{1 + O\left(\mathrm{e}^{-c\ln^{\frac{3}{5} - \varepsilon} p_m} \right)} + \ln \left[1 + \frac{O\left(\dfrac{p_m}{\ln p_m} \right)}{p_m} \right] \right\}$$

由于 ε 为任意小的正数, 故由引理 8.1.6 得

$$\mathrm{e}^{\gamma} \lim_{p_m \to +\infty} \left\{ \frac{(\ln p_m) O\left(\mathrm{e}^{-c\ln^{\frac{3}{5} - \varepsilon} p_m} \right)}{1 + O\left(\mathrm{e}^{-c\ln^{\frac{3}{5} - \varepsilon} p_m} \right)} + \ln \left[1 + \frac{O\left(\dfrac{p_m}{\ln p_m} \right)}{p_m} \right] \right\}$$

$$= \mathrm{e}^{\gamma} \left\{ \frac{\displaystyle\lim_{p_m \to +\infty} (\ln p_m) O\left(\mathrm{e}^{-c\ln^{\frac{3}{5} - \varepsilon} p_m} \right)}{\displaystyle\lim_{p_m \to +\infty} \left[1 + O\left(\mathrm{e}^{-c\ln^{\frac{3}{5} - \varepsilon} p_m} \right) \right]} + \lim_{p_m \to +\infty} \ln \left[1 + \frac{O\left(\dfrac{p_m}{\ln p_m} \right)}{p_m} \right] \right\}$$

$$= \mathrm{e}^{\gamma} \left(\frac{0}{1} + 0 \right) = 0$$

因此 (8.1.4) 式成立. □

应用 Euler-Maclaurin 求和公式可得[22]如下结论:

引理 8.1.8 $H_n = \sum_{k=1}^{n} \frac{1}{k} = \ln n + \gamma + \frac{1}{2n} - \frac{1}{12n^2} + \frac{\theta}{64n^4}$. 这里 γ 是 Euler 常数, $\theta \in [0, 1]$.

由引理 8.1.8 即得:

引理 8.1.9

$$H_n > \gamma + \ln n \tag{8.1.5}$$

引理 8.1.10[15]　　如果 Riemann 假设不成立,那么,存在常数 $0 < \beta < \dfrac{1}{2}$ 与 $C > 0$,有无限多个自然数 n 满足下面不等式:

$$\sum_{d \mid n} d \geqslant e^{\gamma} n \ln \ln n + \frac{Cn \ln \ln n}{(\ln n)^{\beta}}$$

引理 8.1.11[16]　　如果 $n \geqslant 3$,那么

$$e^{\gamma} n \ln \ln n + \frac{Cn \ln \ln n}{(\ln n)^{\beta}} \geqslant H_n + \exp(H_n) \ln(H_n) > \exp(H_n) \ln(H_n)$$

这里 $H_n = \sum\limits_{k=1}^{n} \dfrac{1}{k}$.

引理 8.1.12[15]　　如果 Riemann 假设成立,那么 $n \geqslant 5041$ 时,有

$$\sum_{d \mid n} d \leqslant e^{\gamma} n \ln \ln n$$

这里 γ 是 Euler 常数.

引理 8.1.13[22]　　$\sum\limits_{p \leqslant p_m} \dfrac{1}{p} = \ln \ln p_m + c_1 + O\left(\dfrac{1}{\ln p_m}\right)$. 这里 $c_1 = 0.2614 \cdots$.

引理 8.1.14[27]　　记 $\theta(p_m) = \sum\limits_{k=1}^{m} \ln p_k$,如果 $p_m > 10544111$,那么

$$0.998684 p_m < \theta(p_m) < 1.001102 p_m$$

$$p_m - \frac{0.0066788 p_m}{\ln p_m} < \theta(p_m) < p_m + \frac{0.0066788 p_m}{\ln p_m}$$

这里 $p_1, p_2, \cdots, p_m$ 都为素数.

引理 8.1.15　　$p_k = k\left[\ln k + \ln \ln k - 1 + O\left(\dfrac{\ln \ln k}{\ln k}\right)\right]$. 这里 p_k 为素数集 P 中的按自小到大排序中第 k 个素数.

8.1.3　定理的证明

定理 8.1.1 的证明　　由引理 8.1.12 知,如果 Riemann 假设成立,那么存在正常数 $A = 5041$,对所有自然数 $n \geqslant A$,有

$$e^{H_n} \ln(H_n) - \sum_{d \mid n} d \geqslant 0$$

这里 $H_n = \sum\limits_{k=1}^{n} \dfrac{1}{k}$. 所以存在正常数 A,对所有自然数 $n \geqslant A > 0$,有

$$\frac{1}{n}\left[e^{H_n} \ln(H_n) - \sum_{d \mid n} d\right] \geqslant 0$$

另一方面,如果存在正常数 A,对所有自然数 $n \geqslant A > 0$,有

$$\frac{1}{n}\Big[\mathrm{e}^{H_n} \ln(H_n) - \sum_{d \mid n} d \Big] \geqslant 0$$

由此即得,最多只有有限个自然数 n 满足如下不等式

$$\frac{1}{n}\Big[\mathrm{e}^{H_n} \ln(H_n) - \sum_{d \mid n} d \Big] < 0$$

即

$$\mathrm{e}^{H_n} \ln(H_n) - \sum_{d \mid n} d < 0$$

如果 Riemann 假设不成立,由引理 8.1.10 知,那么存在常数 $0 < \beta < \dfrac{1}{2}$ 与 $C > 0$,有无限多个自然数 n 满足下面不等式:

$$\sigma(n) = \sum_{d \mid n} d \geqslant \mathrm{e}^{\gamma} n \ln \ln n + \frac{Cn \ln \ln n}{(\ln n)^{\beta}}$$

于是,由引理 8.1.11 知,存在无限多个自然数 n 使得

$$\sum_{d \mid n} d \geqslant \mathrm{e}^{\gamma} n \ln \ln n + \frac{Cn \ln \ln n}{(\ln n)^{\beta}} > \mathrm{e}^{H_n} \ln(H_n)$$

此与最多只有有限个自然数 n 满足如下不等式 $\displaystyle\sum_{d \mid n} d > \mathrm{e}^{H_n} \ln(H_n)$ 矛盾.因此,Riemann 假设必成立. □

定理 8.1.2 的证明　设自然数 n 的标准分解式是 $n = \displaystyle\prod_{k=1}^{m} q_k^{\alpha_k}$,这里 $\alpha_k \in \mathbf{N}$,q_k 为素数,$k = 1, 2, \cdots, m$,且 $q_1, q_2, \cdots, q_m$ 互不相同.则

$$\sum_{d \mid n} d = \prod_{k=1}^{m} \frac{q_k^{\alpha_k+1} - 1}{q_k - 1} = \Big(\prod_{k=1}^{m} q_k^{\alpha_k} \Big) \Big(\prod_{k=1}^{m} \frac{q_k - \dfrac{1}{q_k^{\alpha_k}}}{q_k - 1} \Big) = n \prod_{k=1}^{m} \frac{q_k - \dfrac{1}{q_k^{\alpha_k}}}{q_k - 1}$$

由引理 8.1.9 中的 (8.1.5) 式知,

$$\mathrm{e}^{H_n} \ln(H_n) > \mathrm{e}^{\gamma + \ln n} \ln(\gamma + \ln n) > \mathrm{e}^{\gamma} n \ln \ln n$$

所以

$$\frac{1}{n}\Big[\mathrm{e}^{H_n} \ln(H_n) - \sum_{d \mid n} d \Big] > \mathrm{e}^{\gamma} \ln \ln n - \prod_{k=1}^{m} \frac{q_k - \dfrac{1}{q_k^{\alpha_k}}}{q_k - 1} \tag{8.1.6}$$

故由 (8.1.6) 式知,要证 (8.1.1) 式,即要证下面 (8.1.7) 式.

$$\lim_{n \to +\infty} \Big(\mathrm{e}^{\gamma} \ln \ln n - \prod_{k=1}^{m} \frac{q_k - \dfrac{1}{q_k^{\alpha_k}}}{q_k - 1} \Big) \geqslant 0 \tag{8.1.7}$$

由于 $n = \prod_{k=1}^{m} q_k^{\alpha_k}$，所以要证(8.1.7)式即要证明

$$\lim_{n \to +\infty} \left[e^{\gamma} \ln \ln \left(\prod_{k=1}^{m} q_k^{\alpha_k} \right) - \prod_{k=1}^{m} \frac{q_k - \dfrac{1}{q_k^{\alpha_k}}}{q_k - 1} \right] \geqslant 0 \qquad (8.1.8)$$

由于 $n = \prod_{k=1}^{m} q_k^{\alpha_k}$，所以 $n \to +\infty$ 时有如下两类情形：

(1) m 是无限大的，即 $m \to +\infty$；

(2) m 是有限的，那么由 $n = \prod_{k=1}^{m} q_k^{\alpha_k} \to +\infty$ 知，此时又有两种情形：

① m 有限，$\exists\, a_1, a_2, \cdots, a_r \in \{1, 2, \cdots, m\}(a_1 < a_2 < \cdots < a_r)$ 使得 $q_{a_j} \to +\infty\,(j = 1, 2, \cdots, r; 1 \leqslant r \leqslant m)$.

② m 有限，$\exists\, b_1, b_2, \cdots, b_l \in \{1, 2, \cdots, m\}$，使得 $\alpha_{b_j} \to +\infty\,(j = 1, 2, \cdots, l; 1 \leqslant l \leqslant m)$.

在(2)的 ① 与 ② 情形中，无论 $q_{a_j} \to +\infty$ 或 $\alpha_{b_j} \to +\infty$，都有 $e^{\gamma} \ln \ln \left(\prod_{k=1}^{m} q_k^{\alpha_k} \right) \to$

$+\infty$，但 $\prod_{k=1}^{m} \dfrac{q_k - \dfrac{1}{q_k^{\alpha_k}}}{q_k - 1} < 2^m$ 是有限的，此时(8.1.8)式成立. 因此，现在要证明在

(1) 的情形下，(8.1.8)式也成立.

由引理 8.1.1 得

$$f(q_1, q_2, \cdots, q_m) = e^{\gamma} \ln \ln \prod_{h=1}^{m} q_h^{\alpha_h} - \prod_{h=1}^{m} \frac{q_h - \dfrac{1}{q_h^{\alpha_h}}}{q_h - 1}$$

$$\geqslant f(p_1, p_2, \cdots, p_m)$$

$$= e^{\gamma} \ln \ln \prod_{k=1}^{m} p_k^{\alpha_k} - \prod_{k=1}^{m} \frac{p_k - \dfrac{1}{p_k^{\alpha_k}}}{p_k - 1}$$

这里 p_k 为 P 的所有元素按自小到大排列的第 k 个元素. 由引理 8.1.7 的(8.1.4)式得

$$\lim_{m \to +\infty} \left(e^{\gamma} \ln \ln \prod_{k=1}^{m} p_k^{\alpha_k} - \prod_{k=1}^{m} \frac{p_k - \dfrac{1}{p_k^{\alpha_k}}}{p_k - 1} \right) \geqslant 0$$

所以

$$\lim_{m \to +\infty} \left[\mathrm{e}^\gamma \ln \ln \left(\prod_{k=1}^{m} q_k^{\alpha_k} \right) - \prod_{k=1}^{m} \frac{q_k - \dfrac{1}{q_k^{\alpha_k}}}{q_k - 1} \right]$$

$$\geqslant \lim_{m \to +\infty} \left[\mathrm{e}^\gamma \ln \ln \prod_{k=1}^{m} p_k^{\alpha_k} - \prod_{k=1}^{m} \frac{p_k - \dfrac{1}{p_k^{\alpha_k}}}{p_k - 1} \right] \geqslant 0$$

即(8.1.8)式也成立. 所以(8.1.1)成立. □

定理 8.1.3 的证明　只要证明满足定理条件下有

$$\lim_{n \to +\infty} \left[\mathrm{e}^{H_n} \ln (H_n) - \sum_{d \mid n} d \right] > 0$$

即可.

设 $n = q_1 q_2 \cdots q_m (q_1, q_2, \cdots, q_m$ 皆为素数, 且 $q_1 < q_2 < \cdots < q_m)$, 若 m 有限, 当 $n \to +\infty$ 时, m 是有限的, 那么由 $n = q_1 q_2 \cdots q_m \to +\infty$ 知, 因此 $\exists a_1, a_2, \cdots, a_r \in \{1, 2, \cdots, m\} (a_1 < a_2 < \cdots < a_r)$ 使得 $q_{a_j} \to +\infty (j = 1, 2, \cdots, r. 1 \leqslant r \leqslant m)$. 所以有

$$\mathrm{e}^\gamma \ln \ln \left(\prod_{k=1}^{m} q_k \right) \to +\infty$$

但 $\displaystyle\prod_{k=1}^{m} \frac{q_k - \dfrac{1}{q_k}}{q_k - 1} < 2^m$ 是有限的, 所以

$$\lim_{n \to +\infty} \left[\mathrm{e}^{H_n} \ln (H_n) - \sum_{d \mid n} d \right] > 0$$

此时定理的结论正确.

若 $m \to +\infty$, 由于 $q_1, q_2, \cdots, q_m$ 为互不相同的素数, $q_1 < q_2 < \cdots < q_m$, 由引理 8.1.1 知, 只要证明 $q_1 = 2, q_2 = 3, \cdots, q_m = p_m$ (p_k 为 P 的所有元素按自小到大排列的第 $k (k = 1, 2, \cdots, m)$ 个元素) 时的情形即可. 此时 $n = p_1 p_2 \cdots p_m$, 由引理 8.1.9 得

$$\frac{1}{n} \left[\mathrm{e}^{H_n} \ln (H_n) - \sum_{d \mid n} d \right] > \frac{1}{n} \left[\mathrm{e}^{\ln n + \gamma} \ln (\ln n + \gamma) - \prod_{k=1}^{m} \frac{p_k^2 - 1}{p_k - 1} \right]$$

$$= \mathrm{e}^\gamma \ln (\ln n + \gamma) - \prod_{k=1}^{m} \frac{p_k - \dfrac{1}{p_k}}{p_k - 1}$$

$$> \mathrm{e}^\gamma \ln \ln n - \prod_{k=1}^{m} \frac{p_k - \dfrac{1}{p_k}}{p_k - 1}$$

$$= e^{\gamma} \ln \sum_{p \leqslant p_m} \ln p - \prod_{k=1}^{m} \frac{p_k - \dfrac{1}{p_k}}{p_k - 1} \tag{8.1.9}$$

由引理 8.1.4 与引理 8.1.5 知,(8.1.9)式右端的第一项

$$e^{\gamma} \ln \sum_{p \leqslant p_m} \ln p = e^{\gamma} \ln \vartheta(p_m) = e^{\gamma} \ln \left[p_m + O\left(\frac{p_m}{\ln p_m}\right) \right]$$

$$> e^{\gamma} \ln \left(p_m - \frac{0.0066788 p_m}{\ln p_m} \right)$$

第二项

$$\prod_{k=1}^{m} \frac{p_k - \dfrac{1}{p_k}}{p_k - 1} = \exp\left\{ \sum_{k=1}^{m} \ln \frac{p_k - \dfrac{1}{p_k}}{p_k - 1} \right\} = \exp\left\{ \sum_{k=1}^{m} \ln \left(1 + \frac{1}{p_k} \right) \right\}$$

$$\sum_{k=1}^{m} \ln \left(1 + \frac{1}{p_k} \right) = \sum_{p \leqslant p_k} \ln \left(1 + \frac{1}{p} \right) < \sum_{p \leqslant p_k} \frac{1}{p}$$

由引理 8.1.13 知,$\displaystyle\sum_{p \leqslant p_k} \frac{1}{p} = \ln \ln p_m + c_1 + O\left(\frac{1}{\ln p_m}\right)$(这里 $c_1 = 0.2614\cdots$),于是

$$\exp\left\{ \sum_{k=1}^{m} \ln \left(1 + \frac{1}{p_k} \right) \right\} < \exp\left\{ \sum_{p \leqslant p_k} \frac{1}{p} \right\} = \exp\left\{ \ln \ln p_m + c_1 + O\left(\frac{1}{\ln p_m}\right) \right\}$$

$$= e^{c_1} \exp\left\{ O\left(\frac{1}{\ln p_m}\right) \right\} \ln p_m$$

所以由(8.1.9)式得

$$\frac{1}{n} \left[e^{H_n} \ln (H_n) - \sum_{d \mid n} d \right]$$

$$> e^{\gamma} \ln \sum_{p \leqslant p_m} \ln p - \prod_{k=1}^{m} \frac{p_k - \dfrac{1}{p_k}}{p_k - 1}$$

$$> e^{\gamma} \ln \left(p_m - \frac{0.0066788 p_m}{\ln p_m} \right) - e^{c_1} \exp\left\{ O\left(\frac{1}{\ln p_m}\right) \right\} \ln p_m$$

$$= \ln p_m \left\{ e^{\gamma} \left[1 + \frac{1}{\ln p_m} \ln \left(1 - \frac{0.0066788}{\ln p_m} \right) \right] - e^{c_1} \exp\left\{ O\left(\frac{1}{\ln p_m}\right) \right\} \right\}$$

$$\tag{8.1.10}$$

从(8.1.10)式的右端知,当 $m \to +\infty$ 时,则 $p_m \to +\infty$,此时有

$$\lim_{n \to +\infty} \frac{1}{n} \left[e^{H_n} \ln (H_n) - \sum_{d \mid n} d \right]$$

$$\geqslant \lim_{n \to +\infty} \ln p_m \left\{ \mathrm{e}^{\gamma} \left[1 + \frac{1}{\ln p_m} \ln \left(1 - \frac{0.0066788}{\ln p_m} \right) \right] - \mathrm{e}^{c_1} \exp \left\{ O\left(\frac{1}{\ln p_m} \right) \right\} \right\}$$

$$= \lim_{p_m \to +\infty} \ln p_m \left\{ \mathrm{e}^{\gamma} \left[1 + \frac{1}{\ln p_m} \ln \left(1 - \frac{0.0066788}{\ln p_m} \right) \right] - \mathrm{e}^{c_1} \exp \left\{ O\left(\frac{1}{\ln p_m} \right) \right\} \right\}$$

$$= (\mathrm{e}^{\gamma} - \mathrm{e}^{c_1}) \lim_{p_m \to +\infty} \ln p_m = +\infty$$

即存在正常数 A，对所有自然数 $n = p_1 p_2 \cdots p_m, n \geqslant A$，有

$$\frac{1}{n} \left[\mathrm{e}^{H_n} \ln (H_n) - \sum_{d \mid n} d \right] > 0$$

从而有 $\mathrm{e}^{H_n} \ln (H_n) - \sum_{d \mid n} d > 0$. 　　　　　　　　　　　　　　□

定理 8.1.4 的证明　　只要证明 $\lim_{n \to +\infty} \left[\mathrm{e}^{H_n} \ln (H_n) - \sum_{d \mid n} d \right] > 0$ 即可.

设 $n = q_1^{\alpha_1} q_2^{\alpha_2} \cdots q_m^{\alpha_m} (q_1, q_2, \cdots, q_m$ 皆为素数，且 $q_1 < q_2 < \cdots < q_m, \alpha_i \geqslant 2, \alpha_i \in \mathbf{N}, i = 1, 2, \cdots, m)$，若 m 有限，当 $n \to +\infty$ 时，则存在 $q_k \to +\infty$ 或 $\alpha_k \to +\infty$，此时由定理 8.1.2 的证明中(2)的情形知有

$$\lim_{n \to +\infty} \left[\mathrm{e}^{H_n} \ln (H_n) - \sum_{d \mid n} d \right] = +\infty$$

此时定理的结论正确.

若 $m \to +\infty$，由引理 8.1.1 知，只要证明 $q_1 = 2, q_2 = 3, \cdots, q_m = p_m (p_k$ 为 P 的所有元素按自小到大排列的第 $k (k = 1, 2, \cdots, m)$ 个元素) 时的情形即可. 此时 $n = \prod_{k=1}^{m} p_k^{\alpha_k}$，而 $\alpha_i \geqslant 2, \alpha_i \in \mathbf{N}, i = 1, 2, \cdots, m$，所以 $n = \prod_{k=1}^{m} p_k^{\alpha_k} \geqslant \prod_{k=1}^{m} p_k^2 = \prod_{p \leqslant p_m} p^2$，于是由引理 8.1.9，引理 8.1.14 得，当 n 充分大时

$$\exp(H_n) \ln (H_n) > \mathrm{e}^{\gamma + \ln n} \ln (\gamma + \ln n) > n \mathrm{e}^{\gamma} \ln \ln n$$

$$\geqslant n \mathrm{e}^{\gamma} \ln \ln \prod_{p \leqslant p_m} p^2 = n \mathrm{e}^{\gamma} \ln 2 \sum_{p \leqslant p_m} \ln p$$

$$> \mathrm{e}^{\gamma} n \ln 2 + \mathrm{e}^{\gamma} n \ln \left(p_m - \frac{0.0066788 p_m}{\ln p_m} \right)$$

由引理 8.1.5 知

$$\sum_{d \mid n} d = n \prod_{k=1}^{m} \frac{p_k - \dfrac{1}{p_k^{\alpha_k}}}{p_k - 1} < \mathrm{e}^{\gamma} n \ln p_m \left\{ 1 + O\left(\mathrm{e}^{-c \ln^{\frac{3}{5} - \varepsilon} p_m} \right) \right\}^{-1}$$

所以

$$\lim_{n \to +\infty} \frac{1}{n} \left[\mathrm{e}^{H_n} \ln (H_n) - \sum_{d \mid n} d \right] \geqslant \mathrm{e}^{\gamma} \ln 2 > 0$$

从而

$$\lim_{n \to +\infty} \left[e^{H_n} \ln (H_n) - \sum_{d \mid n} d \right] = + \infty$$

所以存在正常数 $A, n \geqslant A$, 有

$$e^{H_n} \ln (H_n) - \sum_{d \mid n} d > 0 \qquad\qquad \square$$

8.2　Riemann 假设成立的概率为 1 的证明

这一节继续探讨与 Riemann 假设相关的 Robin 不等式. 由上节的结论知, 如能证明存在正常数 A, 对一切自然数 $n \geqslant A$, 有不等式 $e^{H_n} \ln (H_n) - \sum_{d \mid n} d > 0$ 成立, 那么 Riemann 假设必成立. 由定理 8.1.3 与定理 8.1.4 知, 存在正常数 A, 对所有自然数 $n = q_1^{\alpha_1} q_2^{\alpha_2} \cdots q_m^{\alpha_m} (q_1, q_2, \cdots, q_m$ 皆为素数, 且 $q_1 < q_2 < \cdots < q_m$, 如果 $\alpha_i = 1$, 或者 $\alpha_i \geqslant 2, (\alpha_i \in \mathbf{N}, i = 1, 2, \cdots, m)$, 当 $n \geqslant A$ 时, 有不等式 $e^{H_n} \ln (H_n) - \sum_{d \mid n} d \geqslant 0$ 成立. 因此, 若能证明: 对于充分大的自然数 n, 它所含不同素因子中既有单的又有重的时, 有不等式

$$e^{H_n} \ln (H_n) - \sum_{d \mid n} d \geqslant 0$$

成立, 那么就证明了 Riemann 假设成立. 由此即知, 若能证明: 对于充分大的自然数 n, 它所含不同素因子中既有单的又有重的时, 有不等式

$$\lim_{n \to \infty} \frac{1}{n} \left[e^{H_n} \ln (H_n) - \sum_{d \mid n} d \right] > 0$$

成立, 那么就证明了 Riemann 假设成立. 为此, 本节将探讨与 $\frac{1}{n} \left[e^{H_n} \ln (H_n) - \sum_{d \mid n} d \right]$ 相关的不等式.

引理 8.2.1　若 $1 \leqslant \alpha \leqslant \beta, 1 < a \leqslant b$, 则

$$\left(1 - \frac{1}{a^\alpha} \right) \left(1 - \frac{1}{b^\beta} \right) \leqslant \left(1 - \frac{1}{a^\beta} \right) \left(1 - \frac{1}{b^\alpha} \right) \qquad (8.2.1)$$

证明　由于 $1 \leqslant \alpha \leqslant \beta, 1 < a \leqslant b$, 所以 (8.2.1) 式等价于

$$\left(1 - \frac{1}{a^\alpha} \right) \left(1 - \frac{1}{a^\beta} \right)^{-1} \leqslant \left(1 - \frac{1}{b^\alpha} \right) \left(1 - \frac{1}{b^\beta} \right)^{-1} \qquad (8.2.2)$$

令 $f(x) = \left(1 - \frac{1}{x^\alpha} \right) \left(1 - \frac{1}{x^\beta} \right)^{-1}$, 只要证明 $f(x)$ 为增函数即可. 因为

$$f'(x) = \frac{\alpha}{x^{\alpha+1}} \left(1 - \frac{1}{x^\beta}\right)^{-1} - \frac{\beta}{x^{\beta+1}} \left(1 - \frac{1}{x^\alpha}\right) \left(1 - \frac{1}{x^\beta}\right)^{-2}$$

$$= \frac{1}{x^{\alpha+\beta+1}} \left(1 - \frac{1}{x^\beta}\right)^{-2} (\alpha x^\beta - \beta x^\alpha + \beta - \alpha) \qquad (8.2.3)$$

因为 $x > 1$，$\frac{1}{x^{\alpha+\beta+1}} \left(1 - \frac{1}{x^\beta}\right)^{-2} > 0$，所以要证 $f'(x) \geq 0$，只需要证明 $\alpha x^\beta - \beta x^\alpha + \beta - \alpha$ 非负即可. 令 $g(x) = \alpha x^\beta - \beta x^\alpha + \beta - \alpha$，那么 $g'(x) = \alpha\beta x^{\beta-1} - \alpha\beta x^{\alpha-1} = \alpha\beta(x^{\beta-1} - x^{\alpha-1})$，由于 $x > 1$，$1 \leq \alpha \leq \beta$，所以 $g'(x) = \alpha\beta(x^{\beta-1} - x^{\alpha-1}) \geq 0$，即 $g(x)$ 是单调增函数，由于 $1 \leq \alpha \leq \beta$，故 $g(x)$ 在 $x = 1$ 处连续，从而在 $[1, +\infty)$ 单调增，所以当 $x \geq 1$ 时总有

$$g(x) \geq g(1) = 0$$

由此得 $\alpha x^\beta - \beta x^\alpha + \beta - \alpha \geq 0$，由(8.2.3)式知 $f'(x) \geq 0$，故 $f(x)$ 为增函数，从而 (8.2.2)式成立，于是(8.2.1)式也成立. □

由于 $1 \leq \alpha \leq \beta$，所以 $1 < \alpha + 1 \leq \beta + 1$，由(8.2.1)式即得如下结果：

推论 8.2.1　若 $1 \leq \alpha \leq \beta$，$1 < a \leq b$，则

$$\left(1 - \frac{1}{a^{\alpha+1}}\right) \left(1 - \frac{1}{b^{\beta+1}}\right) \leq \left(1 - \frac{1}{a^{\beta+1}}\right) \left(1 - \frac{1}{b^{\alpha+1}}\right) \qquad (8.2.4)$$

由(8.2.4)式得

$$ab\left(1 - \frac{1}{a^{\alpha+1}}\right) \left(1 - \frac{1}{b^{\beta+1}}\right) \leq ab\left(1 - \frac{1}{a^{\beta+1}}\right) \left(1 - \frac{1}{b^{\alpha+1}}\right)$$

即

$$\left(a - \frac{1}{a^\alpha}\right) \left(b - \frac{1}{b^\beta}\right) \leq \left(a - \frac{1}{a^\beta}\right) \left(b - \frac{1}{b^\alpha}\right)$$

于是有如下结论：

推论 8.2.2　若 $1 \leq \alpha \leq \beta$，$1 < a \leq b$，则

$$\left(a - \frac{1}{a^\alpha}\right) \left(b - \frac{1}{b^\beta}\right) \leq \left(a - \frac{1}{a^\beta}\right) \left(b - \frac{1}{b^\alpha}\right) \qquad (8.2.5)$$

由引理 8.2.1 的推论 8.2.2 以及数学归纳法原理可得如下结果：

引理 8.2.2　设 $\alpha_i \geq 1 (i = 1, 2, \cdots, m)$，$1 < q_1 \leq q_2 \leq \cdots \leq q_m$，$\beta_1, \beta_2, \cdots, \beta_m$ 是 $\alpha_1, \alpha_2, \cdots, \alpha_m$ 的一个排列，且 $\beta_1 \geq \beta_2 \geq \cdots \geq \beta_m$，那么有

$$\prod_{i=1}^m \left(q_i - \frac{1}{q_i^{\alpha_i}}\right) \leq \prod_{i=1}^m \left(q_i - \frac{1}{q_i^{\beta_i}}\right) \qquad (8.2.6)$$

证明　当 $m = 2$ 时，由引理 8.2.1 的推论 8.2.2 知命题成立. 假设 $m = k(k \geq 2)$ 时命题成立，那么 $m = k + 1$ 时，设 $\beta_1 = \max\{\alpha_1, \alpha_2, \cdots, \alpha_{k+1}\} = \alpha_r (1 \leq r \leq k + 1)$，下面将分两种情形来证明：

（1）如果 $\beta_1 \neq \alpha_1$，那么 $\beta_1 = \alpha_r$，则 $2 \leqslant r \leqslant k+1$，由引理 8.2.1 的推论 8.2.2 知

$$\prod_{i=1}^{k+1}\left(q_i - \frac{1}{q_i^{\alpha_i}}\right) = \left(q_1 - \frac{1}{q_1^{\alpha_1}}\right)\left(q_r - \frac{1}{q_r^{\alpha_r}}\right)\prod_{2 \leqslant i \leqslant k+1\, i \neq r}\left(q_i - \frac{1}{q_i^{\alpha_i}}\right)$$

$$\leqslant \left(q_1 - \frac{1}{q_1^{\alpha_r}}\right)\left(q_r - \frac{1}{q_r^{\alpha_r}}\right)\prod_{2 \leqslant i \leqslant k+1\, i \neq r}\left(q_i - \frac{1}{q_i^{\alpha_i}}\right)$$

$$= \left(q_1 - \frac{1}{q_1^{\beta_1}}\right)\left[\left(q_r - \frac{1}{q_r^{\alpha_r}}\right)\prod_{\substack{2 \leqslant i \leqslant k+1 \\ i \neq r}}\left(q_i - \frac{1}{q_i^{\alpha_i}}\right)\right] \tag{8.2.7}$$

由 $m = k$ 的假设知

$$\left(q_r - \frac{1}{q_r^{\alpha_r}}\right)\prod_{\substack{2 \leqslant i \leqslant k+1 \\ i \neq r}}\left(q_i - \frac{1}{q_i^{\alpha_i}}\right) \leqslant \prod_{i=2}^{k+1}\left(q_i - \frac{1}{q_i^{\beta_i}}\right) \tag{8.2.8}$$

将（8.2.8）式代入（8.2.7）式即知（8.2.6）式成立.

（2）如果 $\beta_1 = \alpha_1$，那么由 $m = k$ 的假设知

$$\prod_{i=2}^{k+1}\left(q_i - \frac{1}{q_i^{\alpha_i}}\right) \leqslant \prod_{i=2}^{k+1}\left(q_i - \frac{1}{q_i^{\beta_i}}\right) \tag{8.2.9}$$

由此（8.2.9）式得

$$\prod_{i=1}^{k+1}\left(q_i - \frac{1}{q_i^{\alpha_i}}\right) = \left(q_1 - \frac{1}{q_1^{\alpha_1}}\right)\prod_{i=2}^{k+1}\left(q_i - \frac{1}{q_i^{\alpha_i}}\right)$$

$$\leqslant \left(q_1 - \frac{1}{q_1^{\beta_1}}\right)\prod_{i=2}^{k+1}\left(q_i - \frac{1}{q_i^{\beta_i}}\right) = \prod_{i=1}^{k+1}\left(q_i - \frac{1}{q_i^{\beta_i}}\right)$$

总之，当 $m = k+1$ 时，命题成立，由数学归纳法原理即可证. □

推论 8.2.3　设 $\alpha_i \geqslant 1 (i = 1, 2, \cdots, m)$，$1 < q_1 \leqslant q_2 \leqslant \cdots \leqslant q_m$，$\beta_1, \beta_2, \cdots, \beta_m$ 是 $\alpha_1, \alpha_2, \cdots, \alpha_m$ 的一个排列，且 $\beta_1 \geqslant \beta_2 \geqslant \cdots \geqslant \beta_m$，那么有

$$\prod_{i=1}^{m}\frac{q_i - \dfrac{1}{q_i^{\alpha_i}}}{q_i - 1} \leqslant \prod_{i=1}^{m}\frac{q_i - \dfrac{1}{q_i^{\beta_i}}}{q_i - 1} \tag{8.2.10}$$

证明　因为由（8.2.6）式有

$$\prod_{i=1}^{m}\frac{q_i - \dfrac{1}{q_i^{\alpha_i}}}{q_i - 1} = \left(\prod_{i=1}^{m}\frac{1}{q_i - 1}\right)\prod_{i=1}^{m}\left(q_i - \frac{1}{q_i^{\alpha_i}}\right)$$

$$\leqslant \left(\prod_{i=1}^{m}\frac{1}{q_i - 1}\right)\prod_{i=1}^{m}\left(q_i - \frac{1}{q_i^{\beta_i}}\right) = \prod_{i=1}^{m}\frac{q_i - \dfrac{1}{q_i^{\beta_i}}}{q_i - 1} \qquad □$$

引理 8.2.3　若 $1 \leqslant a \leqslant \beta$，$1 < a \leqslant b$，则

$$a^\alpha b^\beta \geqslant a^\beta b^\alpha$$

证明　因为 $a^{\beta-\alpha} \leqslant b^{\beta-\alpha}$,所以 $a^\alpha b^\beta \geqslant a^\beta b^\alpha$.　　　　　　　　　　　　□

由引理 8.2.3 与数学归纳法原理知,应用类似于引理 8.2.2 的证明方法即得如下结论:

引理 8.2.4　设 $\alpha_i \geqslant 1 (i=1,2,\cdots,m), 1 < q_1 \leqslant q_2 \leqslant \cdots \leqslant q_m, \beta_1, \beta_2, \cdots, \beta_m$ 是 $\alpha_1, \alpha_2, \cdots, \alpha_m$ 的一个排列,且 $\beta_1 \geqslant \beta_2 \geqslant \cdots \geqslant \beta_m$,那么有

$$\prod_{h=1}^m q_h^{\alpha_h} \geqslant \prod_{h=1}^m q_h^{\beta_h} \tag{8.2.11}$$

引理 8.2.5　设 $\{\alpha_k\}$ 是一个数列,$\alpha_k \in \mathbf{N}$,且 $\alpha_1 \geqslant \alpha_2 \geqslant \cdots \geqslant \alpha_{m-1} \geqslant \alpha_m$,

$$\prod_{k=1}^m p_k^{\alpha_k} = \left(\prod_{k=1}^m p_k\right)^{1+\varepsilon_m(n)}$$

如果 $\lim\limits_{m \to \infty} \varepsilon_m(n) \neq 0$,那么存在常数 $a > 0$,满足 $\lim\limits_{m \to \infty} \varepsilon_m(n) > 2a > 0$.

证明　设

$$\varepsilon_s = \varepsilon_s(n) = \left(\ln \prod_{k=1}^s p_k^{\alpha_k}\right)\left(\ln \prod_{k=1}^s p_k\right)^{-1} - 1 \quad (s=1,2,\cdots,m)$$

我们要证明 $\varepsilon_1 \geqslant \varepsilon_2 \geqslant \cdots \geqslant \varepsilon_k \geqslant \cdots \geqslant \varepsilon_m \geqslant 0$.

由于 $\alpha_1 \geqslant \alpha_2 \geqslant \cdots \geqslant \alpha_m \geqslant 1, \alpha_1, \alpha_2, \cdots, \alpha_m \in \mathbf{N}$,对于 $k: 1 \leqslant k < m$,有

$$\prod_{i=1}^k p_i^{\alpha_i} = \left(\prod_{i=1}^k p_i\right)^{1+\varepsilon_k}, \quad \prod_{i=1}^{k+1} p_i^{\alpha_i} = \left(\prod_{i=1}^{k+1} p_i\right)^{1+\varepsilon_{k+1}}$$

于是

$$\left(\prod_{i=1}^k p_i\right)^{1+\varepsilon_k} p_{k+1}^{\alpha_{k+1}} = \left(\prod_{i=1}^k p_i^{\alpha_i}\right) p_{k+1}^{\alpha_{k+1}} = \prod_{i=1}^{k+1} p_i^{\alpha_i}$$

$$= \left(\prod_{i=1}^{k+1} p_i\right)^{1+\varepsilon_{k+1}} = \left(\prod_{i=1}^k p_i\right)^{1+\varepsilon_{k+1}} p_{k+1}^{1+\varepsilon_{k+1}}$$

即

$$\left(\prod_{i=1}^k p_i\right)^{1+\varepsilon_{k+1}} p_{k+1}^{1+\varepsilon_{k+1}} = \left(\prod_{i=1}^k p_i\right)^{1+\varepsilon_k} p_{k+1}^{\alpha_{k+1}}$$

另一方面

$$\alpha_1 \geqslant \alpha_2 \geqslant \cdots \geqslant \alpha_k \geqslant \alpha_{k+1}$$

所以

$$\left(\prod_{i=1}^{k+1} p_i\right)^{1+\varepsilon_{k+1}} = \prod_{i=1}^{k+1} p_i^{\alpha_i} \geqslant \prod_{i=1}^{k+1} p_i^{\alpha_{k+1}} = \left(\prod_{i=1}^{k+1} p_i\right)^{\alpha_{k+1}}$$

这样有 $1+\varepsilon_{k+1} \geqslant \alpha_{k+1}$,即有

$$\left(\prod_{i=1}^k p_i\right)^{1+\varepsilon_{k+1}} p_{k+1}^{1+\varepsilon_{k+1}} = \left(\prod_{i=1}^k p_i\right)^{1+\varepsilon_k} p_{k+1}^{\alpha_{k+1}} \leqslant \left(\prod_{i=1}^k p_i\right)^{1+\varepsilon_k} p_{k+1}^{1+\varepsilon_{k+1}}$$

因此，$\varepsilon_k \geqslant \varepsilon_{k+1}$，这样 $\varepsilon_1 \geqslant \varepsilon_2 \geqslant \cdots \geqslant \varepsilon_k \geqslant \cdots \geqslant \varepsilon_m$.

由于

$$\alpha_1 \geqslant \alpha_2 \geqslant \cdots \geqslant \alpha_m \geqslant 1, \left(\prod_{i=1}^{k} p_i\right)^{1+\varepsilon_k} = \prod_{i=1}^{k} p_i^{\alpha_i} \quad (1 \leqslant k \leqslant m)$$

于是 $\varepsilon_1 \geqslant \varepsilon_2 \geqslant \cdots \geqslant \varepsilon_k \geqslant \cdots \geqslant \varepsilon_m \geqslant 0$，又因为 $\lim\limits_{m \to \infty} \varepsilon_m \neq 0$，根据 Cauchy 收敛准则，故存在常数 $a > 0$，满足 $\lim\limits_{m \to \infty} \varepsilon_m > 2a > 0$. □

定理 8.2.1　设 $N = \mathrm{e}^{\gamma} \ln\ln \prod\limits_{h=1}^{m} q_h^{\alpha_h} - \prod\limits_{h=1}^{m} \dfrac{q_h - \dfrac{1}{q_h^{\alpha_h}}}{q_h - 1}$（$q_h$ 为素数，α_h 为正整数，$h = 1, 2, \cdots, m$，且 $q_1 < q_2 < \cdots < q_m, \beta_1, \beta_2, \cdots, \beta_m$ 是 $\alpha_1, \alpha_2, \cdots, \alpha_m$ 的一个排列，且 $\beta_1 \geqslant \beta_2 \geqslant \cdots \geqslant \beta_m$），那么

$$N \geqslant \mathrm{e}^{\gamma} \ln\ln \prod_{h=1}^{m} q_h^{\beta_h} - \prod_{h=1}^{m} \frac{q_h - \dfrac{1}{q_h^{\beta_h}}}{q_h - 1} \tag{8.2.12}$$

证明　由 (8.2.11) 式知，

$$\mathrm{e}^{\gamma} \ln\ln \prod_{h=1}^{m} q_h^{\alpha_h} \geqslant \mathrm{e}^{\gamma} \ln\ln \prod_{h=1}^{m} q_h^{\beta_h} \tag{8.2.13}$$

由 (8.2.10) 式知，

$$-\prod_{h=1}^{m} \frac{q_h - \dfrac{1}{q_h^{\alpha_h}}}{q_h - 1} \geqslant -\prod_{h=1}^{m} \frac{q_h - \dfrac{1}{q_h^{\beta_h}}}{q_h - 1} \tag{8.2.14}$$

由 (8.2.13) 与 (8.2.14) 两式即证 (8.2.12) 式成立. □

由定理 8.2.1 以及 8.1 节的引理 8.1.1 即得下面结论：

定理 8.2.2　设 $f(q_1, q_2, \cdots, q_m) = \mathrm{e}^{\gamma} \ln\ln \prod\limits_{h=1}^{m} q_h^{\alpha_h} - \prod\limits_{h=1}^{m} \dfrac{q_h - \dfrac{1}{q_h^{\alpha_h}}}{q_h - 1}$（$q_h$ 为素数，$\alpha_h \in \mathbf{N}$，α_h 是常数，$h = 1, 2, \cdots, m$，且 $q_1, q_2, \cdots, q_m$ 互不相同），$\beta_1, \beta_2, \cdots, \beta_m$ 是 $\alpha_1, \alpha_2, \cdots, \alpha_m$ 的一个排列，且 $\beta_1 \geqslant \beta_2 \geqslant \cdots \geqslant \beta_m, g(q_1, q_2, \cdots, q_m) = \mathrm{e}^{\gamma} \ln\ln \prod\limits_{h=1}^{m} q_h^{\beta_h} - \prod\limits_{h=1}^{m} \dfrac{q_h - \dfrac{1}{q_h^{\beta_h}}}{q_h - 1}$，那么

$$f(q_1, q_2, \cdots, q_m) \geqslant g(2, 3, 5, \cdots, p_m) \tag{8.2.15}$$

这里 p_h 为 P 的所有元素按自小到大排列的第 h（$h = 1, 2, \cdots, m$）个元素，γ 是 Euler 常数.

证明　由引理 8.1.1 得
$$f(q_1, q_2, \cdots, q_m) \geqslant f(2, 3, 5, \cdots, p_m) \tag{8.2.16}$$
由定理 8.1.1 得
$$f(2, 3, 5, \cdots, p_m) \geqslant g(2, 3, 5, \cdots, p_m) \tag{8.2.17}$$
由(8.2.16)与(8.2.17)两式即证(8.2.15)式成立.　　　　　　□

由定理 8.2.2 知，如能证明存在正数 A，对任意的自然数 $n = \prod_{i=1}^{m} p_i^{\beta_i}$（这里 β_1, $\beta_2, \cdots, \beta_m$ 是正整数，$\beta_1 \geqslant \beta_2 \geqslant \cdots \geqslant \beta_m$，$p_i$ 为素数集 P 的所有元素按自小到大排列的第 i $(i = 1, 2, \cdots, m)$ 个元素），当 $n > A$ 时有

$$\mathrm{e}^{\gamma} \ln \ln \prod_{i=1}^{m} p_i^{\beta_i} - \prod_{h=1}^{m} \frac{p_i - \dfrac{1}{p_i^{\beta_i}}}{p_i - 1} > 0$$

那么 Riemann 假设成立.

定理 8.2.3　设 $\beta_k \in \mathbf{N}, \beta_1 \geqslant \beta_2 \geqslant \cdots \geqslant \beta_{m-1} \geqslant \beta_m$，$n = \prod_{k=1}^{m} p_k^{\beta_k} = (\prod_{k=1}^{m} p_k)^{1+\varepsilon_m(n)}$，$P$ 是全体素数所组成的集合，$p_k (k = 1, 2, \cdots m)$ 是素数集 P 中元素按自小到大排序的第 k 个元素. 如果 $\lim_{n \to \infty} \varepsilon_m(n) > 0$ 或 $\lim_{n \to \infty} \varepsilon_m(n) = +\infty$，那么

$$\lim_{n \to \infty} [\mathrm{e}^{\gamma} n \ln \ln n - \sigma(n)] = +\infty \tag{8.2.18}$$

由定理 8.2.2 与定理 8.2.3 我们有如下：

推论 8.2.4　如果 $2 \leqslant \alpha_k \in \mathbf{N}, q_k \in P, k = 1, 2, \cdots, m, n = \prod_{k=1}^{m} q_k^{\alpha_k}$，必存在正常数 A，当 $n \geqslant A$ 时，有 $D(n) > 0$. 这里 $D(n) = \mathrm{e}^{\gamma} n \ln \ln n - \sigma(n)$.

定理 8.2.4　Riemann 假设成立的概率等于 1.

定理 8.2.5　设 $\{\alpha_k\}$ 是一个正整数序列，$\alpha_1 \geqslant \alpha_2 \geqslant \cdots \geqslant \alpha_{m-1} \geqslant \alpha_m$，$n = \prod_{k=1}^{m} p_k^{\alpha_k} = (\prod_{k=1}^{m} p_k)^{1+\varepsilon_m(n)}$，$P$ 是全体素数所组成的集合，$p_k (k = 1, 2, \cdots m)$ 是素数集 P 中元素按自小到大排序的第 k 个元素. 那么

(1) 如果 $\lim_{n \to \infty} \varepsilon_m(n) = 0$ 且存在正整数 A, K_0，满足 $A \geqslant \alpha_{K_0} \geqslant \alpha_{K_0+1} \geqslant \cdots \geqslant \alpha_{m-1} \geqslant \alpha_m$，那么

$$\lim_{n \to \infty} [\mathrm{e}^{\gamma} n \ln \ln n - \sigma(n)] > 0$$

(2) 如果 $\lim_{n \to \infty} \varepsilon_m(n) = 0$，那么存在正整数 $K_1, K_2, \cdots, K_s (s \leqslant m)$，满足 $\alpha_i \leqslant K_i (i = 1, 2, \cdots, s)$ 且 $\lim_{n \to \infty} \dfrac{K}{m} = 0$. 这里 $K = \min\{K_1, K_2, \cdots, K_s\}$.

根据定理 8.2.2 以及定理 8.2.5 的(1)，我们有如下结论：

推论 8.2.5　存在正整数 A，对所有形如 $n = q_1 q_2 \cdots q_m$ 的自然数，如果 $n \geqslant A$，那么 $\mathrm{e}^\gamma n \ln \ln n - \sigma(n) > 0$. 这里 $q_1, q_2, \cdots, q_m$ 都是素数.

猜想　设 $\{\alpha_k\}$ 是一个正整数序列，$\alpha_1 \geqslant \alpha_2 \geqslant \cdots \geqslant \alpha_{m-1} \geqslant \alpha_m$，$n = \prod_{k=1}^{m} p_k^{\alpha_k} = \left(\prod_{k=1}^{m} p_k\right)^{1+\varepsilon_m(n)}$，$P$ 是全体素数所组成的集合，$p_k (k = 1, 2, \cdots m)$ 是素数集 P 中元素按自小到大排序的第 k 个元素. 那么 如果 $\lim_{n \to \infty} \varepsilon_m(n) = 0$，那么必有

$$\lim_{n \to \infty} [\mathrm{e}^\gamma n \ln \ln n - \sigma(n)] > 0$$

如果猜想成立，结合前面的定理，Riemann 假设即被证明.

下面我们来证明定理 8.2.3 至定理 8.2.5.

定理 8.2.3 的证明　因为 $n = \prod_{k=1}^{m} p_k^{\beta_k} = \left(\prod_{k=1}^{m} p_k\right)^{1+\varepsilon_m(n)}$，$\beta_1 \geqslant \beta_2 \geqslant \cdots \geqslant \beta_m \geqslant 1$，如果 m 有限，那么存在 $N_0 \in \mathbf{N}$，满足 $m < N_0$. 当 $n \to +\infty$ 时，那么 $\varepsilon_m(n) \to +\infty$（因 $\prod_{k=1}^{N_0} p_k$ 有限）且 $\mathrm{e}^\gamma \ln \ln n \to +\infty$. 由于 N_0 是正常数，m 有限，

$$\prod_{k=1}^{m} \frac{p_k - \dfrac{1}{p_k^{\alpha_k}}}{p_k - 1} < 2^m < 2^{N_0}$$

于是

$$\lim_{n \to \infty} \frac{1}{n} [\mathrm{e}^\gamma n \ln \ln n - \sigma(n)] = \lim_{n \to +\infty} \frac{1}{n} \left(\mathrm{e}^\gamma n \ln \ln n - n \prod_{k=1}^{m} \frac{p_k - \dfrac{1}{p_k^{\alpha_k}}}{p_k - 1} \right)$$

$$\geqslant \lim_{n \to +\infty} [\mathrm{e}^\gamma \ln(\ln n) - 2^{N_0}] = +\infty$$

即

$$\lim_{n \to +\infty} [\mathrm{e}^\gamma n \ln \ln n - \sigma(n)] = +\infty$$

所以当 m 有限时命题成立.

以下我们考虑 $m \to \infty$ 情形. 根据引理 8.2.5，存在常数 $a > 0$，满足 $\lim_{m \to \infty} \varepsilon_m(n) \geqslant 2a > 0$. 又

$$\mathrm{e}^\gamma \ln \ln \prod_{k=1}^{m} p_k^{\beta_k} = \mathrm{e}^\gamma \ln \ln \left(\prod_{k=1}^{m} p_k\right)^{1+\varepsilon_m(n)}$$

$$= \mathrm{e}^\gamma \ln[1 + \varepsilon_m(n)] + \mathrm{e}^\gamma \ln \ln \prod_{k=1}^{m} p_k$$

即

$$\frac{1}{n}\big[e^{\gamma}n\ln\ln n-\sigma(n)\big]=e^{\gamma}\ln\ln\prod_{k=1}^{m}p_k^{\beta_k}-\prod_{k=1}^{m}\frac{p_k-\dfrac{1}{p_k^{\beta_k}}}{p_k-1}$$

$$=e^{\gamma}\ln\big[1+\varepsilon_m(n)\big]+e^{\gamma}\ln\ln\Big(\prod_{k=1}^{m}p_k\Big)-\prod_{k=1}^{m}\frac{p_k-\dfrac{1}{p_k^{\beta_k}}}{p_k-1}$$

当 $m\to+\infty$ 时,根据引理 8.2.5 与引理 8.1.7 得

$$\lim_{n\to\infty}\frac{1}{n}\big[e^{\gamma}n\ln\ln n-\sigma(n)\big]$$

$$=\lim_{m\to\infty}\left\{e^{\gamma}\ln\ln\prod_{k=1}^{m}p_k^{\beta_k}-\prod_{k=1}^{m}\frac{p_k-\dfrac{1}{p_k^{\beta_k}}}{p_k-1}\right\}$$

$$=\lim_{m\to\infty}\left\{e^{\gamma}\ln\big[1+\varepsilon_m(n)\big]+e^{\gamma}\ln\ln\Big(\prod_{k=1}^{m}p_k\Big)-\prod_{k=1}^{m}\frac{p_k-\dfrac{1}{p_k^{\beta_k}}}{p_k-1}\right\}$$

$$=\lim_{m\to\infty}e^{\gamma}\ln\big[1+\varepsilon_m(n)\big]+\lim_{m\to\infty}\left[e^{\gamma}\ln\ln\Big(\prod_{k=1}^{m}p_k\Big)-\prod_{k=1}^{m}\frac{p_k-\dfrac{1}{p_k^{\beta_k}}}{p_k-1}\right]$$

$$\geqslant e^{\gamma}\ln(1+2a)+0>e^{\gamma}\ln(1+a)>0$$

于是

$$\lim_{n\to+\infty}\big[e^{\gamma}n\ln\ln n-\sigma(n)\big]=+\infty\geqslant\lim_{n\to+\infty}ne^{\gamma}\ln(1+a)=+\infty$$

即命题成立.

总之,当 $\lim\limits_{n\to\infty}\varepsilon_m(n)>0$ 或者 $\lim\limits_{n\to\infty}\varepsilon_m(n)=+\infty$ 时,必有

$$\lim_{n\to+\infty}\big[e^{\gamma}n\ln\ln n-\sigma(n)\big]=+\infty \qquad\qquad\square$$

推论 8.2.4 的证明　由于 $\alpha_k\geqslant 2,k=1,2,\cdots,m,\varepsilon_m(n)\geqslant 1,\lim\limits_{n\to\infty}\varepsilon_m(n)\geqslant 1$,根据定理 8.2.2 与定理 8.2.3,我们有 $\lim\limits_{n\to+\infty}\big[e^{\gamma}n\ln\ln n-\sigma(n)\big]=+\infty$,即存在一个正常数 A,对所有自然数 n,如果 $n\geqslant A$,那么 $D(n)=e^{\gamma}n\ln\ln n-\sigma(n)>0$. 　$\square$

定理 8.2.4 的证明　设 $n=\prod\limits_{k=1}^{m}q_k^{\alpha_k}(q_1,q_2,\cdots,q_m\in P,\alpha_1,\alpha_2,\cdots,\alpha_m\in\mathbf{N})$,根据定理 8.2.2,我们仅需考虑 $n=\prod\limits_{k=1}^{m}p_k^{\beta_k}=\Big(\prod\limits_{k=1}^{m}p_k\Big)^{1+\varepsilon_m(n)},\beta_k\in\mathbf{N},\beta_1\geqslant\beta_2\geqslant\cdots\geqslant\beta_m$,由此知 $\varepsilon_m(n)=\Big(\ln\prod\limits_{k=1}^{m}p_k^{\beta_k}\Big)\Big(\ln\prod\limits_{k=1}^{m}p_k\Big)^{-1}-1$ 且 $\varepsilon_m(n)\geqslant 0$. 如果

$\varepsilon_m(n) \in [0,1]$,那么对于 $n_t = \prod\limits_{k=1}^{m} p_k^{t+\beta_k}$ $(t \in \mathbf{N})$,

$$\varepsilon_m(n_t) = \big(\ln \prod_{k=1}^{m} p_k^{t+\beta_k}\big)\big(\ln \prod_{k=1}^{m} p_k\big)^{-1} - 1$$

$$= \big(\ln \prod_{k=1}^{m} p_k^{t} + \ln \prod_{k=1}^{m} p_k^{\beta_k}\big)\big(\ln \prod_{k=1}^{m} p_k\big)^{-1} - 1$$

$$= t + \big(\ln \prod_{k=1}^{m} p_k^{\beta_k}\big)\big(\ln \prod_{k=1}^{m} p_k\big)^{-1} - 1 = t + \varepsilon_m(n)$$

$\varepsilon_m(n_t) = t + \varepsilon_m(n) \in [t, t+1]$.同样,如果 $\varepsilon_m(n) \in [t, t+1]$ $(t \in \mathbf{N})$,则有 $n_{-t} = \prod\limits_{k=1}^{m} p_k^{\beta_k-t}, \varepsilon_m(n_{-t}) = \varepsilon_m(n) - t \in [0,1]$,由于 t 是任意的,所以 $\varepsilon_m(n)$ 平均分布在区间 $[t, t+1]$ $(t = 0,1,2,\cdots)$.根据定理 8.2.3,如果 $\lim\limits_{n \to \infty} \varepsilon_m(n) > 0$ 或 $\lim\limits_{n \to \infty} \varepsilon_m(n) = +\infty$,则有

$$\lim_{n \to \infty}\big[\mathrm{e}^{\gamma} n \ln \ln n - \sigma(n)\big] = +\infty$$

于是,如果 $\lim\limits_{n \to \infty}(\mathrm{e}^{\gamma} n \ln \ln n - \sigma(n)) \leqslant 0$,那么 $\lim\limits_{n \to \infty} \varepsilon_m(n) = 0$.根据 $\lim\limits_{n \to \infty} \varepsilon_m(n) \geqslant 0$ 和定理 8.2.3,Robin 不等式渐近性成立的概率等于 1. $\qquad\square$

定理 8.2.5 的证明　根据定理 8.2.3,当 $n \to +\infty$ 且 $\lim\limits_{n \to \infty} \varepsilon_m(n) = 0$,那么 $m \to +\infty$.否则,m 是有限数,$\ln \prod\limits_{k=1}^{m} p_k$ 有限,

$$\lim_{n \to \infty} \varepsilon_m(n) = \lim_{n \to \infty}\Big[\big(\ln \prod_{k=1}^{m} p_k^{\beta_k}\big)\big(\ln \prod_{k=1}^{m} p_k\big)^{-1} - 1\Big]$$

$$= \lim_{n \to \infty}\Big[(\ln n)\big(\ln \prod_{k=1}^{m} p_k\big)^{-1} - 1\Big] = +\infty$$

这是矛盾的.所以 $\lim\limits_{n \to \infty} \varepsilon_m(n) = 0$ 等价于 $\lim\limits_{m \to \infty} \varepsilon_m(n) = 0$.

由于 $\lim\limits_{n \to \infty} \varepsilon_m(n) = 0$ 等价于 $\lim\limits_{m \to \infty} \varepsilon_m(n) = 0$,我们仅需考虑 $\lim\limits_{m \to \infty} \varepsilon_m(n) = 0$ 的情形.

(1) 令 $R(x) = \mathrm{e}^{\gamma} \ln \ln \prod\limits_{k=1}^{m} p_k^{\alpha_k x} - \prod\limits_{k=1}^{m} \dfrac{p_k - \dfrac{1}{p_k^{\alpha_k x}}}{p_k - 1}$ $(x \in [1,2])$.

$$R'(x) = \frac{\mathrm{e}^{\gamma}}{x} - \sum_{j=1}^{m}\Bigg\{\prod_{k \neq j, 1 \leqslant k \leqslant m} \frac{p_k - \dfrac{1}{p_k^{x\alpha_k}}}{p_k - 1}\Bigg\} \frac{\alpha_j \ln p_j}{(p_j - 1)p_j^{x\alpha_j}}$$

$$
= \frac{\mathrm{e}^\gamma}{x} - \sum_{j=1}^m \left\{ \prod_{k \neq j, 1 \leqslant k \leqslant m} \frac{p_k - \dfrac{1}{p_k^{x_{a_k}}}}{p_k - 1} \cdot \frac{p_j - \dfrac{1}{p_j^{x_{a_j}}}}{p_j - 1} \cdot \frac{1}{p_j - \dfrac{1}{p_j^{x_{a_j}}}} \right\} \frac{\alpha_j \ln p_j}{p_j^{x_{a_j}}}
$$

$$
= \frac{\mathrm{e}^\gamma}{x} - \sum_{j=1}^m \left\{ \prod_{k \neq j, 1 \leqslant k \leqslant m} \frac{p_k - \dfrac{1}{p_k^{x_{a_k}}}}{p_k - 1} \cdot \frac{p_j - \dfrac{1}{p_j^{x_{a_j}}}}{p_j - 1} \right\} \frac{\alpha_j \ln p_j}{\left(p_j - \dfrac{1}{p_j^{x_{a_j}}} \right) p_j^{x_{a_j}}}
$$

$$
= \frac{\mathrm{e}^\gamma}{x} - \sum_{j=1}^m \left(\prod_{k=1}^m \frac{p_k - \dfrac{1}{p_k^{x_{a_k}}}}{p_k - 1} \right) \frac{\alpha_j \ln p_j}{p_j^{x_{a_j}+1} - 1}
$$

$$
= \frac{\mathrm{e}^\gamma}{x} - \left(\prod_{k=1}^m \frac{p_k - \dfrac{1}{p_k^{x_{a_k}}}}{p_k - 1} \right) \sum_{k=1}^m \frac{\alpha_k \ln p_k}{p_k^{x_{a_k}+1} - 1}
$$

$$
< \mathrm{e}^\gamma - \frac{\alpha_{K_0} \ln p_{K_0}}{p_{K_0}^{x_{a_{K_0}}+1} - 1} \prod_{k=1}^m \frac{p_k - \left(\dfrac{1}{p_k^{\alpha_k}} \right)^x}{p_k - 1}
$$

$$
\leqslant \mathrm{e}^\gamma - \frac{\ln p_{K_0}}{p_{K_0}^{Ax+1} - 1} \prod_{k=1}^m \frac{p_k - \left(\dfrac{1}{p_k^{\alpha_k}} \right)^x}{p_k - 1}
$$

$$
\leqslant \mathrm{e}^\gamma - \frac{\ln p_{K_0}}{p_{K_0}^{Ax+1} - 1} \prod_{k=1}^m \frac{p_k - \dfrac{1}{p_k}}{p_k - 1} = \mathrm{e}^\gamma - \frac{\ln p_{K_0}}{p_{K_0}^{Ax+1} - 1} \prod_{k=1}^m \left(\frac{p_k + 1}{p_k} \right)
$$

但是 $\displaystyle \lim_{m \to \infty} \prod_{k=1}^m \left(\frac{p_k + 1}{p_k} \right) = + \infty$，所以

$$
\lim_{m \to \infty} \left[\mathrm{e}^\gamma - \frac{\ln p_{K_0}}{p_{K_0}^{Ax+1} - 1} \prod_{k=1}^m \left(\frac{p_k + 1}{p_k} \right) \right] = - \infty
$$

即 $\displaystyle \lim_{m \to \infty} R'(x) = - \infty$，于是存在正整数 N，当 $m > N$ 时，$R'(x) < 0$，$R(x)$ 单调下降，从而有 $R(1) > R(2)$. 这样，对于 $m > N$，

$$
R(1) = \mathrm{e}^\gamma \ln \ln \prod_{k=1}^m p_k^{\alpha_k} - \prod_{k=1}^m \frac{p_k - \dfrac{1}{p_k^{\alpha_k}}}{p_k - 1}
$$

$$> R(2) = \mathrm{e}^{\gamma} \ln \ln \left(\prod_{k=1}^{m} p_k^{\alpha_k} \right)^2 - \prod_{k=1}^{m} \frac{p_k - \left(\dfrac{1}{p_k^{\alpha_k}} \right)^2}{p_k - 1}$$

$$= \mathrm{e}^{\gamma} \ln \ln \prod_{k=1}^{m} p_k^{2\alpha_k} - \prod_{k=1}^{m} \frac{p_k - \dfrac{1}{p_k^{2\alpha_k}}}{p_k - 1}$$

记 $\omega_k = 2\alpha_k$，则 $\omega_k \geqslant 2 (k = 1, 2, \cdots, m)$. 对于自然数 $\bar{n} = n^2 = \prod_{k=1}^{m} p_k^{\omega_k}$，由于 $\omega_k \geqslant 2, \varepsilon_m(\bar{n}) \geqslant 1 > 0$，根据定理 8.2.3 得

$$\lim_{\bar{n} \to \infty} R(2) = \lim_{\bar{n} \to \infty} \frac{1}{n} [\mathrm{e}^{\gamma} \bar{n} \ln \ln \bar{n} - \sigma(\bar{n})]$$

$$= \lim_{\bar{n} \to \infty} \left\{ \mathrm{e}^{\gamma} \ln \ln \prod_{k=1}^{m} p_k^{2\alpha_k} - \prod_{k=1}^{m} \frac{p_k - \dfrac{1}{p_k^{2\alpha_k}}}{p_k - 1} \right\} > 0$$

$$\lim_{n \to \infty} R(1) = \lim_{n \to \infty} \frac{1}{n} [\mathrm{e}^{\gamma} n \ln \ln n - \sigma(n)]$$

$$= \lim_{n \to \infty} \left\{ \mathrm{e}^{\gamma} \ln \ln \prod_{k=1}^{m} p_k^{\alpha_k} - \prod_{k=1}^{m} \frac{p_k - \dfrac{1}{p_k^{\alpha_k}}}{p_k - 1} \right\} \geqslant \lim_{n \to \infty} R(2)$$

于是 $\lim\limits_{n \to \infty} \dfrac{1}{n} [\mathrm{e}^{\gamma} n \ln \ln n - \sigma(n)] > 0$，即 $\lim\limits_{n \to \infty} [\mathrm{e}^{\gamma} n \ln \ln n - \sigma(n)] = +\infty$.

(2) 根据 $\lim\limits_{m \to \infty} \varepsilon_m(n) = 0, \alpha_1 \geqslant \alpha_2 \geqslant \cdots \geqslant \alpha_m \geqslant 1$，于是存在正整数 $K_1, K_2, \cdots, K_s (s \leqslant m)$，满足 $\alpha_{K_i} \leqslant K_i (i = 1, 2, \cdots, s)$（否则，有 $\forall j \in \{1, 2, \cdots, m\}, \alpha_j > j$，这样 $\varepsilon_m(n) \geqslant 1, \lim\limits_{m \to \infty} \varepsilon_m(n) \geqslant 1$，但是 $\lim\limits_{m \to \infty} \varepsilon_m(n) = 0$，矛盾）.

设 $K_0 = \min\{K_1, K_2, \cdots, K_s\}$，于是 $K_0 \geqslant 1$. 当 $K_0 = 1$，则 $\lim\limits_{m \to \infty} \dfrac{K_0}{m} = \lim\limits_{m \to \infty} \dfrac{1}{m} = 0$. 如果 $K_0 \geqslant 2$，我们需要证明 $\lim\limits_{m \to \infty} \dfrac{K_0}{m} = 0$.

如果 $\lim\limits_{m \to \infty} \dfrac{K_0}{m} = b > 0$，则 $K_0 = bm + r_m$（这里 $\lim\limits_{m \to \infty} r_m = 0$）. 由于

$$n = \prod_{k=1}^{m} p_k^{\alpha_k} = \left(\prod_{k=1}^{m} p_k \right)^{1 + \varepsilon_m(n)} \geqslant \left(\prod_{k=1}^{K_0} p_k^{K_0} \right) \prod_{k=K_0+1}^{m} p_k = \left(\prod_{k=1}^{K_0} p_k^{K_0-1} \right) \prod_{k=1}^{m} p_k$$

即

$$\left(\prod_{k=1}^{m} p_k \right)^{1 + \varepsilon_m(n)} \geqslant \left(\prod_{k=1}^{K_0} p_k^{K_0-1} \right) \prod_{k=1}^{m} p_k$$

则

$$\left(\prod_{k=1}^{m} p_k\right)^{\varepsilon_m(n)} \geqslant \prod_{k=1}^{K_0} p_k^{K_0-1}$$

两边取对数得

$$\varepsilon_m(n)\theta(p_m) = \varepsilon_m(n)\sum_{k=1}^{m}\ln p_k \geqslant (K_0-1)\sum_{k=1}^{K_0}\ln p_k = (K_0-1)\theta(p_{K_0})$$

根据引理 8.1.14 知，当 $p_{K_0} > 10544111$ 时

$$\varepsilon_m(n)p_m\left(1 + \frac{0.0066788}{\ln p_m}\right) > \varepsilon_m(n)\theta(p_m) \geqslant (K_0-1)\theta(p_{K_0})$$

$$> (bm+r_m-1)p_{bm+r_m}\left(1 - \frac{0.0066788}{\ln p_{bm+r_m}}\right)$$

$$(8.2.19)$$

根据引理 8.1.15 以及 (8.2.19) 式知

$$\varepsilon_m(n)\left\{m\left[\ln m + \ln\ln m - 1 + O\left(\frac{\ln\ln m}{\ln m}\right)\right]\right\}\left(1 + \frac{0.0066788}{\ln p_m}\right)$$

$$> (bm+r_m-1)(bm+r_m)$$

$$\cdot \left\{\ln(bm+r_m) + [\ln\ln(bm+r_m)-1] + O\left(\frac{\ln\ln(bm+r_m)}{\ln(bm+r_m)}\right)\right\}$$

$$\cdot \left(1 - \frac{0.0066788}{\ln p_{bm+r_m}}\right)$$

两边同除以 $m\ln m$，得

$$\varepsilon_m(n)\left[1 + \frac{\ln\ln m - 1}{\ln m} + O\left(\frac{\ln\ln m}{(\ln m)^2}\right)\right]\left(1 + \frac{0.0066788}{\ln p_m}\right)$$

$$> \left(b\frac{m}{\ln m} + \frac{r_m-1}{\ln m}\right)\left(b + \frac{r_m}{m}\right)$$

$$\cdot \left\{\ln(bm+r_m) + [\ln\ln(bm+r_m)-1] + O\left(\frac{\ln\ln(bm+r_m)}{\ln(bm+r_m)}\right)\right\}$$

$$\cdot \left(1 - \frac{0.0066788}{\ln p_{bm+r_m}}\right)$$

但

$$\lim_{m\to\infty}\varepsilon_m(n)\left[1 + \frac{\ln\ln m - 1}{\ln m} + O\left(\frac{\ln\ln m}{(\ln m)^2}\right)\right]\left(1 + \frac{0.0066788}{\ln p_m}\right)$$

$$= \lim_{m\to\infty}\varepsilon_m(n) = 0$$

$$\lim_{m\to\infty}\left(b\frac{m}{\ln m} + \frac{r_m-1}{\ln m}\right)\left(b + \frac{r_m}{m}\right)$$

$$\cdot \left\{ \ln\left(bm + r_m\right) + \left[\ln\ln\left(bm + r_m\right) - 1\right] + O\left(\frac{\ln\ln\left(bm + r_m\right)}{\ln\left(bm + r_m\right)}\right)\right\}$$

$$\cdot \left(1 - \frac{0.0066788}{\ln p_{bm + r_m}}\right)$$

$$\geqslant \lim_{m \to \infty}\left(b\,\frac{m}{\ln m} + \frac{r_m - 1}{\ln m}\right)\left(b + \frac{r_m}{m}\right) > b^2 > 0$$

于是

$$\lim_{m \to \infty}\varepsilon_m(n)\left[1 + \frac{\ln\ln m - 1}{\ln m} + O\left(\frac{\ln\ln m}{(\ln m)^2}\right)\right]\left(1 + \frac{0.0066788}{\ln p_m}\right) = 0 > b^2 > 0$$

矛盾. 这样我们证明了 $\lim\limits_{m \to \infty}\dfrac{K_0}{m} = 0$. □

推论 8.2.5 的证明　由于 $1 = \alpha_1 = \alpha_2 = \cdots = \alpha_m, \varepsilon_m(n) = 0, \lim\limits_{n \to \infty}\varepsilon_m(n) = 0, A = K_0 = 1$. 根据定理 8.2.5 知,结论正确. □

8.3　Euler 公式的推广与精化

调和级数的 Euler 公式在分析学以及数论等领域中都有重要的理论与应用价值. 这一节介绍孙燮华于 20 世纪 80 年代给出相关的结果[32].

我们知道调和级数 $\sum\limits_{k=1}^{\infty}\dfrac{1}{k}$ 是发散的. 对于调和级数的部分和 $H_n = \sum\limits_{k=1}^{n}\dfrac{1}{k}$ 的估计,Euler 给出了著名的公式:

$$H_n = c + \ln n + r_n \tag{8.3.1}$$

这里 $c = 0.57721566490\cdots$ 为 Euler 常数,且 $r_n \to 0(n \to \infty)$.

Euler 公式表明,当 n 无限增大时,调和级数的部分和 H_n 像 $\ln n$ 一样增大,利用(8.3.1)式,我们也能估计 H_n 的大小,但是在估计 H_n 时,(8.3.1)式的不足之处是不知道余项 r_n 的大小,确切地说,就是无穷小量 r_n 的阶是什么? 下面将推广 Euler 公式,其次给出余项 r_n 的估计.

设

$$\sum_{k=1}^{\infty}a_k = a_1 + a_2 + \cdots + a_n + \cdots \tag{8.3.2}$$

是一个正项级数,可以收敛,也可以发散. 称 $S_n = \sum\limits_{k=1}^{n}a_k$ 为级数(8.3.2)的部分和. 又假定 $a_k = f(k),(k = 1, 2, \cdots)$,这里 $f(x)$ 是在 $[1, +\infty)$ 上定义的正值连续函数,用

$$F(x) = \int_1^x f(t)\mathrm{d}t \quad (x \geqslant 1)$$

表示 $f(x)$ 的一个原函数. 可以证明有如下结论:

定理 8.3.1　假定函数 $f(x)$ 是区间 $[1, +\infty)$ 上的正值连续函数且单调递减,$a_n = f(n) \to 0 (n \to \infty)$,那么存在常数 c 使得级数(8.3.2)的部分和 S_n 满足

$$S_n = c + F(n) + \theta_n a_n \tag{8.3.3}$$

这里 $0 \leqslant \theta \leqslant 1$.

由(8.3.3)式立即得到部分和 S_n 的估计式:$|S_n - c - F(n)| \leqslant a_n$.

证明　因为 $f(x)$ 是连续函数,所以

$$F'(x) = \left(\int_1^x f(t)\mathrm{d}t \right)' = f(x) \quad (x \geqslant 1)$$

利用微分中值定理,并注意 $f(x)$ 的单调递减性,我们有

$$F(k+1) - F(k) = F'(k+\theta') = f(k+\theta') \leqslant f(k) \quad (0 < \theta' < 1) \tag{8.3.4}$$

$$F(k) - F(k-1) = F'(k-\theta'') = f(k-\theta'') \geqslant f(k) \quad (0 < \theta'' < 1) \tag{8.3.5}$$

由(8.3.4)和(8.3.5)式得

$$0 \leqslant f(k) - [F(k+1) - F(k)] \leqslant [F(k) - F(k-1)] - [F(k+1) - F(k)] \tag{8.3.6}$$

对于(8.3.6)式的右边,令 $k = 2, 3, \cdots, n$,然后相加得

$$\sum_{k=2}^n \{ [F(k) - F(k-1)] - [F(k+1) - F(k)] \} = F(n) - F(n+1) + F(2) \tag{8.3.7}$$

在(8.3.4)式中,令 $k = n$,我们有

$$|F(n) - F(n+1)| = f(n+\theta) \leqslant f(n) = a_n \to 0 (n \to \infty) \quad (0 < \theta < 1) \tag{8.3.8}$$

于是由(8.3.6)和(8.3.7)式推得正项级数

$$\sum_{k=1}^n \{ f(k) - [F(k+1) - F(k)] \} = \sum_{k=2}^n f(k) - F(n+1) \to c \quad (n \to \infty) \tag{8.3.9}$$

记

$$r_n = \sum_{k=1}^n f(k) - F(n) - c = S_n - F(n) - c \tag{8.3.10}$$

由(8.3.8)和(8.3.9)式得 $r_n \to 0 (n \to \infty)$. 这样(8.3.10)式可以写成

$$S_n = F(n) + c + r_n, \quad r_n \to 0 \quad (n \to \infty) \tag{8.3.11}$$

下面进一步估计 r_n 的阶,记

$$\Delta_k = f(k) - \int_k^{k+1} f(t)\mathrm{d}t \quad (k = 1, 2, \cdots)$$

由 $f(x)$ 的单调性得

$$0 = f(k) - f(k) \leqslant \Delta_k \leqslant f(k) - f(k+1) \tag{8.3.12}$$

考虑

$$S_n - F(n) = \sum_{k=1}^n f(k) - \int_1^n f(t)\mathrm{d}t = f(n) + \sum_{k=1}^{n-1} \left[f(k) - \int_k^{k+1} f(t)\mathrm{d}t \right]$$

$$= f(n) + \sum_{k=1}^{n-1} \Delta_k \tag{8.3.13}$$

由(8.3.11)式和 $f(n) \to 0 (n \to \infty)$,从上式推得

$$\sum_{k=1}^\infty \Delta_k = c \tag{8.3.14}$$

(8.3.13)式减去(8.3.14)式得

$$r_n = S_n - F(n) - c = f(n) - \sum_{k=n}^\infty \Delta_k \tag{8.3.15}$$

由(8.3.12)式得

$$0 \leqslant \sum_{k=n}^\infty \Delta_k \leqslant f(n) \tag{8.3.16}$$

最后,由(8.3.15)和(8.3.16)式得到 $0 \leqslant r_n \leqslant f(n) = a_n$. 记 $\theta_n = r_n / a_n$,则 $0 \leqslant \theta_n \leqslant 1$,由 $\theta_n = r_n / a_n$ 和(8.3.11)式得到(8.3.3)式. □

对于(8.3.3)式的余项做更为精确的估计,我们需要应用凸函数的一些性质:

(1) 凸函数的图形(弧)上所有的点都在相应弦的下面,或位于弦上.

(2) 假定函数 $f(x)$ 和它的导数 $f'(x)$ 在区间 I 内有定义且连续,而且 $f(x)$ 在 I 的内部有有限的二阶导数.要使 $f(x)$ 是 I 内的凸函数,充分必要条件是在 I 的内部成立 $f''(x) \geqslant 0$.

(3) 假定函数 $f(x)$ 在区间 I 内有定义且连续,并且有有限的导数 $f'(x)$.要使 $f(x)$ 是 I 内的凸函数,充分必要条件是它的图形(弧)上所有的点落在它的任意切线上面(或落在切线上).

定理 8.3.2 假定 $a_k = f(k)(k = 1, 2, \cdots)$,函数 $f(x)$ 满足:

(1) $f(x)$ 是 $[1, +\infty)$ 上的单调递减的正值连续函数,且 $f(n) \to 0 (n \to \infty)$.

(2) $f(x)$ 是 $[1, +\infty)$ 上的凸函数.

(3) $f(x)$ 在 $[1, +\infty)$ 上存在有限的单调递增的导数 $f'(x)$ 且满足 $\lim\limits_{n \to \infty} \dfrac{f'(n)}{f(n)} = 0$.

那么级数(8.3.2)的部分和成立如下估计式:

$$S_n = c + F(n) + \frac{1}{2}a_n(1 + \delta_n) \tag{8.3.17}$$

这里 $\delta_n \leqslant 0 (n = 1, 2, \cdots)$ 且 $\delta_n \to 0$.

证明 由 (8.3.15) 式,我们只要进一步估计 $\Delta_k (k = 1, 2, \cdots)$ 即可参见图 8.3.1 和图 8.3.2.我们称由平行于 x 轴和 y 轴的线段 $a_k b_{k+1}$, $a_{k+1} b_{k+1}$ 和曲线 $f(x)(k \leqslant x \leqslant k+1)$ 所围成的图形为曲边 $\Delta a_k a_{k+1} b_{k+1}$,用直线连接 a_k 和 a_{k+1},又在 a_k 处作函数 $f(x)$ 的切线,它与直线 $a_{k+1} b_{k+1}$ 交于 c_{k+1},由凸函数的性质(1) 和(3),曲线 $f(x)(k \leqslant x \leqslant k+1)$ 上的所有点全部落在 $\angle a_{k+1} a_k c_{k+1}$ 内,由 Δ_k 的定义知

$$\Delta_k = \text{曲边 } \Delta a_k a_{k+1} b_{k+1} \text{ 的面积}$$

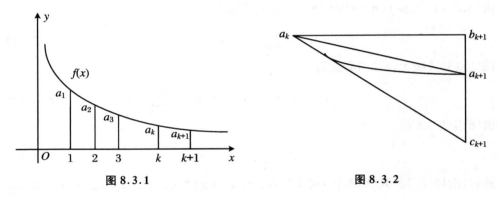

图 8.3.1   图 8.3.2

于是,由上面的论证得

$$\Delta_k \geqslant \Delta a_k a_{k+1} b_{k+1} \text{ 的面积} = \frac{1}{2}(a_k - a_{k+1}) \quad (k = 1, 2, \cdots)$$

所以

$$\sum_{k=n}^{\infty} \Delta_k \geqslant \frac{1}{2}a_n \tag{8.3.18}$$

另一方面

$$\Delta_k \leqslant \Delta a_k b_{k+1} c_{k+1} \text{ 的面积}$$

而直线 $a_k c_{k+1}$ 的斜率为 $f'(x)$,所以点 c_{k+1} 的纵坐标 y_{k+1} 应满足

$$\frac{y_{k+1} - f(k)}{(k+1) - k} = f'(k)$$

即有 $y_{k+1} = f(k) + f'(k)$,于是 $\Delta a_k b_{k+1} c_{k+1}$ 的面积 $= -\frac{1}{2}f'(k)$.由于 $f'(x)$ 单调递增,所以有

$$\sum_{k=n}^{\infty} \Delta_k \leqslant -\frac{1}{2}f'(n) - \frac{1}{2}\int_n^{\infty} f'(t)\mathrm{d}t = -\frac{1}{2}f'(n) + \frac{1}{2}f(n)$$

$$= \frac{1}{2} a_n \left(1 - \frac{f'(n)}{f(n)} \right) \tag{8.3.19}$$

再由(8.3.15)和(8.3.18)式得

$$r_n = a_n - \sum_{k=n}^{\infty} \Delta_k \leqslant \frac{a_n}{2} \tag{8.3.20}$$

而由(8.3.15)和(8.3.19)式得到

$$r_n \geqslant \frac{a_n}{2} \left(1 + \frac{f'(n)}{f(n)} \right) \tag{8.3.21}$$

结合(8.3.20)和(8.3.21)式有

$$\frac{f'(n)}{f(n)} \leqslant \frac{2r_n}{a_n} - 1 < 0 \tag{8.3.22}$$

记 $\delta_n = \dfrac{2r_n}{a_n} - 1$，则有

$$r_n = \frac{a_n}{2} (1 + \delta_n), \quad \delta_n \to 0 \quad (n \to \infty) \tag{8.3.23}$$

将(8.3.23)代入(8.3.11)式即得(8.3.17)式. 至此定理获证. □

上述定理表明,(8.3.3)式中的 $\theta_n \to \dfrac{1}{2} - 0(n \to \infty)$,同时也表明(8.3.17)式余项中的系数 $\dfrac{1}{2}$ 是最佳常数,它不可能再减小.

将定理 8.3.2 应用于函数 $f(x) = \dfrac{1}{x^s}(s>0)$,注意 $f''(x) = \dfrac{s(s+1)}{x^{s+2}} > 0(x \geqslant 1)$,由凸函数的性质(2)知,函数 $f(x) = \dfrac{1}{x^s}(s>0)$ 是凸函数,不难验证它还满足(1)和(3),而且由(8.3.22)式还有

$$\delta_n = \frac{2r_n}{a_n} - 1 > \frac{f'(n)}{f(n)} = -\frac{s}{n} \quad (s>0, n = 1, 2, \cdots)$$

所以我们有:

推论 8.3.1 对于调和级数 H_n 有估计式

$$H_n = c + \ln n + \frac{1}{2n} \left(1 + \frac{\theta_1}{n} \right) \quad (-1 \leqslant \theta_1 \leqslant 0) \tag{8.3.24}$$

推论 8.3.2 对于 p 级数 $\sum\limits_{k=1}^{\infty} \dfrac{1}{k^p}(0<p, p \neq 1)$ 前 n 项部分和 $S_n^{(p)}$ 有估计式

$$S_n^{(p)} = c_{(p)} + \frac{1}{1-p} n^{1-p} + \frac{1}{2n^p} \left(1 + \frac{\theta_2}{n} \right) \quad (-p \leqslant \theta_2 \leqslant 0) \tag{8.3.25}$$

其中 $c_{(p)}$ 是一个仅与 p 有关的常数.

作为定理 8.3.1 与定理 8.3.2 的附注,我们指出凡是涉及"区间 $[1,+\infty)$ 上"的条件都可放宽到"在区间 $[A,+\infty)$ $(A>1)$ 上",因为一个级数的前有限项并不影响级数的敛散性.但是,这时的估计式(8.3.3)和(8.3.17)应加上限制:"当 $n \geqslant A+1$ 时".

前面的(8.3.1),(8.3.3),(8.3.17),(8.3.24)和(8.3.25)式分别可写成

$$H_n = c + \ln n + o(1) \tag{8.3.1'}$$

$$S_n = c + F(n) + O(a_n) \tag{8.3.3'}$$

$$S_n = c + F(n) + \frac{1}{2}a_n + o(a_n) \tag{8.3.17'}$$

$$H_n = c + \ln n + \frac{1}{2n} + O\left(\frac{1}{n^2}\right) \tag{8.3.24'}$$

$$S_n^{(p)} = c_{(p)} + \frac{1}{1-p}n^{1-p} + \frac{1}{2n^p} + O\left(\frac{1}{n^{p+1}}\right) \tag{8.3.25'}$$

例 8.3.1   试证明当 $\alpha>0$ 时,级数

$$1 - \frac{1}{2^\alpha} + \frac{1}{3} - \frac{1}{4^\alpha} + \cdots + \frac{1}{(2n-1)} - \frac{1}{(2n)^\alpha} + \cdots$$

当且仅当 $\alpha=1$ 时收敛.

证明   当 $\alpha=1$ 时,它是熟知的交错级数,因此收敛.但我们用(8.3.1′)式可估计其和.这时

$$S_{2n} = 1 - \frac{1}{2} + \cdots + \frac{1}{2n-1} - \frac{1}{2n} = H_{2n} - 2\left(\frac{1}{2} + \cdots + \frac{1}{2n}\right)$$

$$= H_{2n} - H_n = \ln 2 + o(1)$$

又因为

$$S_{2n-1} = S_{2n} + \frac{1}{2n} = \ln 2 + o(1)$$

所以当 $\alpha=1$ 时,级数收敛.

若 $\alpha \neq 1$,利用(8.3.1′)和(8.3.25′)式,我们有

$$S_{2n} = 1 - \frac{1}{2^\alpha} + \frac{1}{3} - \frac{1}{4^\alpha} + \cdots + \frac{1}{(2n-1)} - \frac{1}{(2n)^\alpha}$$

$$= H_{2n} - \frac{1}{2}H_n - \frac{1}{2^\alpha}\left(\frac{1}{1^\alpha} + \frac{1}{2^\alpha} + \cdots + \frac{1}{n^\alpha}\right)$$

$$= \ln 2 + \frac{1}{2}\ln n + \frac{1}{2}c + o(1) - \frac{1}{2^\alpha}\left[\frac{n^{1-\alpha}}{1-\alpha} + c^{(p)} + O\left(\frac{1}{n^\alpha}\right)\right]$$

$$= \frac{1}{2} \ln n - \frac{n^{1-\alpha}}{2^{\alpha}(1-\alpha)} + o(1)$$

此式表明,当 $\alpha \neq 1, \alpha > 0$ 时,都有

$$\lim_{n \to \infty} |S_{2n}| = +\infty$$

即此式级数发散.　　　　　　　　　　　　　　　　　　　　　　　□

8.4　一个博弈问题

一个游戏问题:有甲乙二人轮流数数,每次每人可数一至二个(按自小到大顺序)连续的自然数,甲从自然数 1 开始数,若哪个最先数到 100,即判为负,另一个人获胜.试问:是先数的甲输还是后数的乙输? 可以证明甲乙两人每次都按正确的方式数,甲必输.

结论 1　在上述数数的规则下,每人都按正确的方法数数,那么对于自然数 $n \equiv 1 \pmod 3$,甲必输,对其他自然数甲必赢.即对任一自然数,甲获胜的概率为 2/3,乙获胜的概率为 1/3.

证明　事实上,当 $n = 1$ 时,因甲先数,故甲必数它,即此时甲必输.显然 $n = 2$ 或 3 时,乙必输.因为若 $n = 2$,甲先数 1,轮到乙数时,乙必须要数 2,因此乙输;若 $n = 3$,甲可以数 1 与 2,则乙必然要数 3,因此乙输.假设 $n = 3k + 1$(k 为非负整数)时甲必输.那么当 $n = 3(k+1) + 1 = 3k + 4$ 时,由于 $n = 3k + 1$ 时甲输,故甲必先数到 $n = 3k + 1$,又因为每次只能数 1 至 2 个连续自然数,所以有两种情况:第 1 种情况是甲最先数到 $3k + 1$ 时让乙接着数;第 2 种情况是甲先数 $3k + 1$ 与 $3k + 2$,让乙接着数.在第 1 种情况下,由于乙可数 1 或 2 个连续的自然数,故乙可数 $3k + 2$ 与 $3k + 3$,接下来让甲数,因此甲必数 $3k + 4$,即甲输.在第 2 种情况下,由于乙可数 1 或 2 个连续的自然数,故乙可数甲数到的 $3k + 2$ 后面一个数 $3k + 3$,接下来让甲数,因此甲必数 $3k + 4$,即甲输.总之,无论哪种情形,只要乙数数的策略正确,甲必先数到 $3(k+1) + 1 = 3k + 4$,故由数学归纳法原理知,对一切自然数 $n \equiv 1 \pmod 3$,按正确的策略数数,甲必输,乙必赢.下证当 $n \equiv 2 \pmod 3$ 以及 $n \equiv 0 \pmod 3$ 时,甲必胜,乙必输.由于已证在正确的策略下,甲必先数到 $3k + 1$,而甲可数 1 或 2 个连续的自然数,故甲只需数 $3k + 1$ 就让乙数,故乙必先数到 $3k + 2$,这就证明了当 $n = 3k + 2$ 时,按正确的策略下,甲必胜,乙必输.同样地,当 $n = 3k + 3$ 时,由于在正确的策略下,甲必先数到 $3k + 1$,而且甲数不到 $3k$,否则若甲最先数到 $3k$,则甲可让乙接下去数数,则乙最先数到 $3k + 1$,与甲必先数到 $3k + 1$ 相矛盾.因此,甲在正确的

策略下,必让乙最先数 $3k$,自己接着数 $3k+1$ 与 $3k+2$,再让乙接着数,故乙必先数 $3k+3$,即 $n=3k+3$ 时,甲必胜. 至此我们证明了在正确的策略下,当 $n\equiv2(\mathrm{mod}\,3)$ 以及 $n\equiv0(\mathrm{mod}\,3)$ 时,甲必胜,乙必输;当 $n\equiv1(\mathrm{mod}\,3)$ 时,甲必输,乙必赢. □

运用如上类似的方法可得到如下更一般的结论:

结论 2 甲、乙二人轮流数数,并且从最小开始数,每次每人可数 1 至 m 个中任意 k ($1\leqslant k\leqslant m$)(按自小到大顺序)个连续的自然数,甲先从自然数 1 开始数,若对某个自然数 n,两人都不想最先数到,则在正确的策略下,若 $n\equiv1(\mathrm{mod}\,(m+1))$,则甲必输,对于其他自然数甲必赢.

参 考 文 献

[1] Riemann G F B. Ueber die Anzahl der Primzalen unter einer gegebenen Grösse[J]. Monatsber. der Berliner Akad, 1859(11):671-680.

[2] Berry M V, Keating J P. The Riemann zeros and eigenvalue asymptotics[J]. SIAM Review, 1999(41):236-266.

[3] Gelbart S. An elementary introduction to the Langlands program[J]. Bull. Amer. Math. Soc., 1984(10):177-219.

[4] Katz N, Sarnak P. Zeros of zeta functions and symmetry[J]. Bull. Amer. Math. Soc., 1999(36):1-26.

[5] Murty M R. A motivated introduction to the Langlands program[C]// Advances in Numbers. New York: Oxford University Press, 1993:37-66.

[6] Elizalde E. Ten Physical Applications of Spectral Zeta Functions[C]// Lecture Notes in Physics. Berlin: Springer-Verlag, 1995.

[7] Hawking S W. Zeta function regularization of path integrals in curved spacetime[J]. Comm. Math., Phys., 1977(55):133-148.

[8] Miller S D, Moore G. Landau-Siegel zeroes and black hole entropy[J]. Asian J. Math., 2000(4):183-211.

[9] Hardy G H. Sur les zeros de la function $\zeta(s)$ de Riemann[J]. C. R. Acad. Sci. Paris, 1914(158):1012-1014.

[10] Hardy G H,, Littlewood J E. The zeros of Riemann's zeta function on the critical line [J]. Math. Z., 2013(10):283-317.

[11] Selberg A. On the zeros of Riemann's zeta-function on the critical line[J]. Skr. Norske Vid. Akad. Oslo, 1942(10):1-69.

[12] Levinson N. More than one third of the zeros of Riemann's zeta function are on $\sigma=1/2$ [J]. Adv. Math., 1974(13):383-436.

[13] Levinson N. A simplification of the proof that $N_0(T)\geqslant\dfrac{1}{3}N(T)$ for Riemann's zeta-function[J]. Adv. Math., 1975(18):239-242.

[14] Conrey J B. More than to fifths of the zeros of the Riemann zeta function are on the critical line[J]. J. reine angew. Math., 1989(399):1-26.

[15] Robin G. Grandes valeurs de la function somme des diviseurs et hypothèse de Riemann [J]. J. Math. Pures Appl., 1984(63):184-213.

[16] Lagarias J C. An Elementary Problem Equivalent to the Riemann Hypothesis[J]. Amer. Math. Monthly., 2002,109(6): 534-543.

[17] Aigner M, Ziegler G M. Proofs from The Book[M]. 4th. Berlin: Springer-Verlag, 2010:20-36.

[18] 黄玉民,李成章.数学分析[M].北京:科学出版社,2000.

[19] Kapauyóa A A. Ochobь Aналитической Теори Чисел Издательство[J]. Наука, 1975: 89-105.

[20] Rosser J B, Schoenfeld L. Approximate formulas for some functions of prime numbers [J]. Illinois J. Math. 1962(6):64-94.

[21] Schoenfeld L. Sharper bounds for the Chebyshev functions $\vartheta(x)$ and $\psi(x)$, II[J]. Math. Comp., 1976(30):337-360.

[22] Tenenbaum G. Introduction to analytic and probability number theory[M]. Cambridge: Cambridge University Press, 1998.

[23] Hadamard J. Sur la distribution des zeros de la function $\zeta(s)$ et ses consequences arithmétiques[J]. Bull. Soc. Math. De France, 1896(14):365-403.

[24] Littlewood J E. On the zeros of the Riemann Zeta-function[J]. Combr. Phil. Soc. Proc., 1924(22):295-318.

[25] Selberg A. Contributions to the theory of the Riemann's zeta-function[J]. Arch. Math. Naturvid., 1946,48(5):89-155.

[26] Siegel C L. Über den Thueschen Satz[J]. Krist. Vid. Selsk. Skr. I, 1921(16):12-13.

[27] Dusart P. Intégalités explicites pour $\psi(x), \theta(x), \pi(x)$ et les nombres premiers[J]. C. R. Math. Rep. Acad. Sci. Canada, 1999(21):53-59.

[28] Dusart P. The kth prime is greater than $k(\ln k + \ln\ln k-1)$ for $k \geqslant 2$[J]. Math. Comp., 1999(68):411-415.

[29] Zhu Y Y. Study on a Riemann Hypothesis related Inequality[EB/OL]. Sciencepaper Online. http//www.paper.edu.cn, 2015-12-10.

[30] 朱玉扬.一个与 Riemann 假设相关不等式的研究[J].合肥学院学报(自然科学版),2016, 26(1):1-8.

[31] Zhu Y Y. The probability of Riemann's hypothesis being true is equal to 1[J]. arXiv: 1609.07555 [math.GM]. 2018.

[32] 孙燮华.Euler 公式的推广及其精确化[J].数学通报,1983(11):22-25.

[33] 菲赫金哥尔茨 Г M.微积分学教程[M].北京:高等教育出版社,1956.